基本単位

長さ	メートル	m	熱力学温度	ケルビン	K
質量	キログラム	kg	物質量	モル	mol
時間	秒	s	光度	カンデラ	cd
電流	アンペア	A			

SI接頭語

10^{24}	ヨタ	Y	10^{3}	キロ	k	10^{-9}	ナノ	n
10^{21}	ゼタ	Z	10^{2}	ヘクト	h	10^{-12}	ピコ	p
10^{18}	エクサ	E	10^{1}	デカ	da	10^{-15}	フェムト	f
10^{15}	ペタ	P	10^{-1}	デシ	d	10^{-18}	アト	a
10^{12}	テラ	T	10^{-2}	センチ	c	10^{-21}	ゼプト	z
10^{9}	ギガ	G	10^{-3}	ミリ	m	10^{-24}	ヨクト	y
10^{6}	メガ	M	10^{-6}	マイクロ	μ			

ルギ	仕事率
J	W
erg	erg/s
f·m	kgf·m/s

算例：1 N＝1/9.806 65 kgf〕

	SI		SI 以外		
量	単位の名称	記号	単位の名称	記号	SI単位からの換算率
ルギ，熱 仕事およ ンタルピ	ジュール (ニュートンメートル)	J (N·m)	エルグ カロリ(国際) 重量キログラムメートル キロワット時 仏馬力時 電子ボルト	erg cal_{IT} kgf·m kW·h PS·h eV	10^{7} 1/4.186 8 1/9.806 65 $1/(3.6\times10^{6})$ $\approx3.776\,72\times10^{-7}$ $\approx6.241\,46\times10^{18}$
力，仕事率， 力および放 束	ワット (ジュール毎秒)	W (J/s)	重量キログラムメートル毎秒 キロカロリ毎時 仏馬力	kgf·m/s kcal/h PS	1/9.806 65 1/1.163 ≈1/735.498 8
度，粘性係	パスカル秒	Pa·s	ポアズ 重量キログラム秒毎平方メートル	P $kgf\cdot s/m^2$	10 1/9.806 65
粘度，動粘 係数	平方メートル毎秒	m^2/s	ストークス	St	10^{4}
度，温度差	ケルビン	K	セルシウス度，度	℃	〔注(1)参照〕
流，起磁力	アンペア	A			
荷，電気量	クーロン	C	(アンペア秒)	(A·s)	1
圧，起電力	ボルト	V	(ワット毎アンペア)	(W/A)	1
界の強さ	ボルト毎メートル	V/m			
電容量	ファラド	F	(クーロン毎ボルト)	(C/V)	1
界の強さ	アンペア毎メートル	A/m	エルステッド	Oe	$4\pi/10^{3}$
束密度	テスラ	T	ガウス ガンマ	Gs γ	10^{4} 10^{9}
束	ウェーバ	Wb	マクスウェル	Mx	10^{8}
気抵抗	オーム	Ω	(ボルト毎アンペア)	(V/A)	1
ダクタンス	ジーメンス	S	(アンペア毎ボルト)	(A/V)	1
ダクタンス	ヘンリー	H	ウェーバ毎アンペア	(Wb/A)	1
束	ルーメン	lm	(カンデラステラジアン)	(cd·sr)	1
度	カンデラ毎平方メートル	cd/m^2	スチルブ	sb	10^{-4}
度	ルクス	lx	フォト	ph	10^{-4}
射能	ベクレル	Bq	キュリー	Ci	$1/(3.7\times10^{10})$
射線量	クーロン毎キログラム	C/kg	レントゲン	R	$1/(2.58\times10^{-4})$
収線量	グレイ	Gy	ラド	rd	10^{2}

(1)　T Kから θ℃への温度の換算は，$\theta=T-273.15$とするが，温度差の場合には $\Delta T=\Delta\theta$である．ただし，ΔTおよび$\Delta\theta$はそれぞれケルビンおよびセルシウス度で測った温度差を表す．

(2)　丸括弧内に記した単位の名称および記号は，その上あるいは左に記した単位の定義を表す．

JN021451

JSMEテキストシリーズ

熱力学

Thermodynamics

日本機械学会

単位の換算率表

（詳しくは，機械工学便覧　基礎編α9（単位・物理定数・数学）あるいは「機械工学ＳＩマニュアル」（日本機械学会編）参照）

SI, CGS系および工学単位系の対照表

単位系＼量	長さ	質量	時間	温度	加速度	力	応力	圧力
SI	m	kg	s	K	m/s^2	N	Pa	Pa
CGS系	cm	g	s	℃	Gal	dyn	dyn/cm^2	dyn/cm^2
工学単位系	m	$kgf \cdot s^2/m$	s	℃	m/s^2	kgf	kgf/m^2	kgf/m^2

単位系＼量	エネルギー	仕事率	粘度	動粘度	磁束	磁束密度	磁界の強さ
SI	J	W	Pa·s	m^2/s	Wb	T	A/m
CGS系	erg	erg/s	P	St	Mx	Gs	Oe
工学単位系	kgf·m	kgf·m/s	$kgf \cdot s/m^2$	m^2/s	—	—	—

SI 単位からの換算率

量	SI 単位の名称	SI 記号	SI以外 単位の名称	SI以外 記号	SI単位からの換算率
角度	ラジアン	rad	度 分 秒	° ′ ″	$180/\pi$ $10\,800/\pi$ $648\,000/\pi$
長さ	メートル	m	ミクロン オングストローム X線単位 フェルミ 海里	μ Å X-unit Fermi M	10^6 10^{10} $\approx 9.979\,3\times10^{12}$ 10^{15} 1/1 852
面積	平方メートル	m^2	アール ヘクタール	a ha	10^{-2} 10^{-4}
体積	立方メートル	m^3	リットル デシリットル	l, L dl, dL	10^3 10^4
時間	秒	s	分 時 日	min h d	1/60 1/3 600 1/86 400
振動数，周波数	ヘルツ	Hz	サイクル	s^{-1}	1
回転数	回毎秒	s^{-1}	回毎分	rpm	60
角速度	ラジアン毎秒	rad/s			
角加速度	ラジアン毎秒毎秒	rad/s^2			
速度	メートル毎秒	m/s	キロメートル毎時 ノット	km/h kn	3 600/1 000 3 600/1 852
加速度	メートル毎秒毎秒	m/s^2	ガル ジー	Gal G	10^2 1/9.806 65
質量	キログラム	kg	トン 原子質量単位	t u	10^{-3} $1/(1.660\,565\,5\times10^{-27})$
力	ニュートン	N	重量キログラム 重量トン ダイン	kgf tf dyn	1/9.806 65 $1/(9.806\,65\times10^3)$ 10^5
トルクおよび力のモーメント	ニュートンメートル	N·m	重量キログラムメートル	kgf·m	1/9.806 65
応力	パスカル（ニュートン毎平方メートル）	Pa (N/m^2)	重量キログラム毎平方メートル 重量キログラム毎平方センチメートル 重量キログラム毎平方ミリメートル	kgf/m^2 kgf/cm^2 kgf/mm^2	1/9.806 65 $1/(9.806\,65\times10^4)$ $1/(9.806\,65\times10^6)$
圧力	パスカル（ニュートン毎平方メートル）	Pa (N/m^2)	重量キログラム毎平方メートル 水柱メートル 水銀柱ミリメートル トル バール 気圧	kgf/m^2 mH_2O mmHg torr bar atm	1/9.806 65 $1/(9.806\,65\times10^3)$ $760/(1.013\,25\times10^5)$ $760/(1.013\,25\times10^5)$ 10^{-5} $1/(1.013\,25\times10^5)$

序

「JSME テキストシリーズ」は，大学学部学生のための機械工学への入門から必須科目の修得までに焦点を当て，機械工学の標準的内容をもち，かつ技術者認定制度に対応する教科書の発行を目的に企画されました．

日本機械学会が直接編集する直営出版の形での教科書の発行は，1988 年の出版事業部会の規程改正により出版が可能になってからも，機械工学の各分野を横断した体系的なものとしての出版には至りませんでした．これは多数の類書が存在することや，本会発行のものとしては機械工学便覧，機械実用便覧などが機械系学科において教科書・副読本として代用されていることが原因であったと思われます．しかし，社会のグローバル化にともなう技術者認証システムの重要性が指摘され，そのための国際標準への対応，あるいは大学学部生への専門教育への動機付けの必要性など，学部教育を取り巻く環境の急速な変化に対応して各大学における教育内容の改革が実施され，そのための教科書が求められるようになってきました．

そのような背景の下に，本シリーズは以下の事項を考慮して企画されました．

① 日本機械学会として大学における機械工学教育の標準を示すための教科書とする．

② 機械工学教育のための導入部から機械工学における必須科目まで連続的に学べるように配慮し，大学学部学生の基礎学力の向上に資する．

③ 国際標準の技術者教育認定制度〔日本技術者教育認定機構(JABEE)〕，技術者認証制度〔米国の工学基礎能力検定試験(FE)，技術士一次試験など〕への対応を考慮するとともに，技術英語を各テキストに導入する．

さらに，編集・執筆にあたっては，

① 比較的多くの執筆者の合議制による企画・執筆の採用，

② 各分野の総力を結集した，可能な限り良質で低価格の出版，

③ ページの片側への図・表の配置および 2 色刷りの採用による見やすさの向上，

④ アメリカの FE 試験（工学基礎能力検定試験(Fundamentals of Engineering Examination)）問題集を参考に英語による問題を採用，

⑤ 分野別のテキストとともに内容理解を深めるための演習書の出版，

により，上記事項を実現するようにしました．

本出版分科会として特に注意したことは，編集・校正には万全を尽くし，学会ならではの良質の出版物になるように心がけたことです．具体的には，各分野別出版分科会および執筆者グループを全て集団体制とし，複数人による合議・チェックを実施し，さらにその分野における経験豊富な総合校閲者による最終チェックを行っています．

本シリーズの発行は，関係者一同の献身的な努力によって実現されました．出版を検討いただいた出版

事業部会・編修理事の方々，出版分科会を構成されました委員の方々，分野別の出版の企画・進行および最終版下作成にあたられた分野別出版分科会委員の方々，とりわけ教科書としての性格上短時間で詳細な形式に合わせた原稿の作成までご協力をお願いいただきました執筆者の方々に改めて深甚なる謝意を表します．また，熱心に出版業務を担当された本会出版グループの関係者各位にお礼申し上げます．

本シリーズが機械系学生の基礎学力向上に役立ち，また多くの大学での講義に採用され技術者教育に貢献できれば，関係者一同の喜びとするところであります．

2002 年 6 月

日本機械学会
JSME テキストシリーズ出版分科会
主　査　宇　高　義　郎

「熱力学」　刊行にあたって

熱力学は，自然界の物理現象を記述する基礎科学の 1 つとして重要であるばかりでなく，機械工学を学ぶ学生にとっても必須です．本書は，機械工学を学んで将来技術者や研究者となる学生を対象に執筆されました．そのため，分かりやすい図表や機械の模式図などを多用し，熱流体機器の設計や動作原理の理解に熱力学を学ぶことが重要であることを示して，熱力学学習の目的意識を持てるように努めています．

今まで機械工学の熱力学ではあまり触れられなかった熱の分子運動論的理解や熱力学第 2 法則の詳しい説明，化学反応や燃焼の導入，実用機器に即した記述，英語の演習問題など，新たな試みも多く取り入れました．本書は，社団法人日本機械学会が編集する JSME テキストシリーズにおいて，初めて出版されることになるので，他のテキストの規範となるようにも努力しました．このため，執筆者間でたびたび議論して内容の調整を行いました．執筆原稿は，総合校閲者に内容のチェックをお願いしたほかに，熱工学の著名な研究者数名に原稿を配布しコメントを頂いた結果を反映しております．さらに，出版後に判明した誤植等を http://www.jsme.or.jp/txt-errata.htm に掲載し，読者へのサービス向上にも努めております．本書の内容でお気づきの点がありましたら textseries@jsme.or.jp にご一報ください．

出版時間の短縮とテキストの価格を抑えるために，図面の作成も含めた完成原稿の作成を依頼しました．したがって，執筆者の方々には，多忙なスケジュールを縫って膨大な労力と執筆時間を費やしていただく結果となりました．また，執筆者の研究室をはじめ，多くの方々の献身的助力がなければ本書の刊行は困難だったことでしょう．これら本書の作成や校正に携わってくださった方々に深く感謝の意を表します．本書によって，熱力学に対する学生の理解が深まり，ひいては，わが国の機械工学や科学技術の発展にわずかでも資することができれば望外の幸せです．

2002 年 6 月
JSME テキストシリーズ出版分科会
熱力学テキスト
主査　円山重直

熱力学　執筆者・出版分科会委員

執筆者	井上剛良	(東京工業大学)	第 2 章
執筆者	塩路昌宏	(京都大学)	第 8 章
執筆者	長坂雄次	(慶應義塾大学)	第 4 章，第 5 章
執筆者・委員	花村克悟	(東京工業大学)	第 1 章，索引
執筆者	飛原英治	(東京大学)	第 9 章，第 10 章
執筆者	平井秀一郎	(東京工業大学)	第 7 章
執筆者・委員	円山重直	(東北大学)	第 1 章，第 2 章，第 3 章
執筆者・委員	森棟隆昭	(湘南工科大学)	第 6 章
総合校閲者	伊藤猛宏	(九州大学)	

目次

第 1 章

概　論

Introduction

1・1　熱力学の意義 (significance of thermodynamics)

熱力学(thermodynamics)は，熱(heat)を機械仕事(mechanical work)へ変換するための学問として発達し，自然界がエネルギー(energy)の変化を伴いながらその姿を変えてゆく過程を論ずる科学として完成した．熱力学は，エネルギーを取り扱う基礎科学であり，工学を学ぶ学生の必須科目である．自動車や航空機などの輸送機械，発電所などの動力プラントのエネルギー機器・システム，熱・流体機器の設計には熱力学が不可欠である．本書は，機械工学やその関連科目を学ぶ学部学生をおもな対象に編集されたものであり，機械工学的な立場から工業熱力学(engineering thermodynamics)を論じている．本書を学んだ学生は，エネルギーに関連する諸現象の把握だけでなく，エネルギーを扱う機械の定量的理解ができるよう配慮してある．

熱はエネルギーの 1 つの形態であり，他の形態のエネルギーに変え得るものである．人類は熱が他のエネルギー形態に変わることを利用し，文明を発展させてきた．しかし，熱力学第 1 法則(the first law of thermodynamics)が述べるように，エネルギーの総量は変化しないので，形態が変わる過程でいかに効率良く人類に有用なエネルギーとして利用するかが工学に与えられた使命であった．図 1.1 は，日本のエネルギー供給・消費の経路を示したものである[1]が，燃焼などの化学変化等で得られたエネルギーで有効に使われるのは総量の 1/3 で，あとの 2/3 は利用されず捨てられている．有効利用されたエネルギーも最後には常温の排熱となって環境に排出され

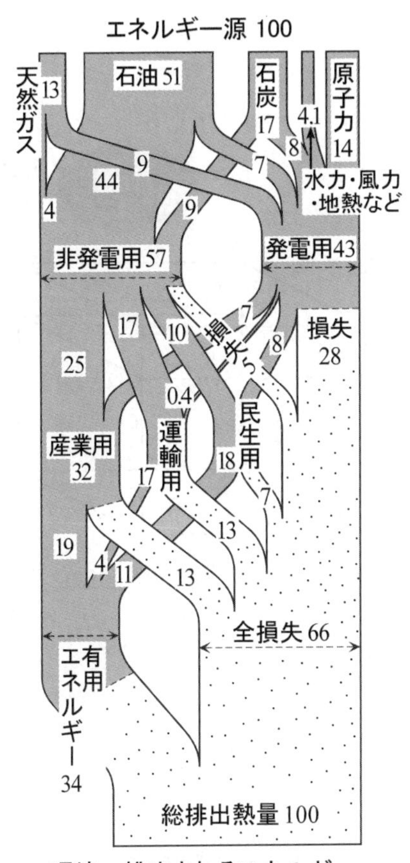

図 1.1　日本のエネルギー供給・消費のフローチャート，（1998 年度の 1 次エネルギー国内供給量 2.2×10^{19} J を 100 としたときの収支）（文献(1)から引用）

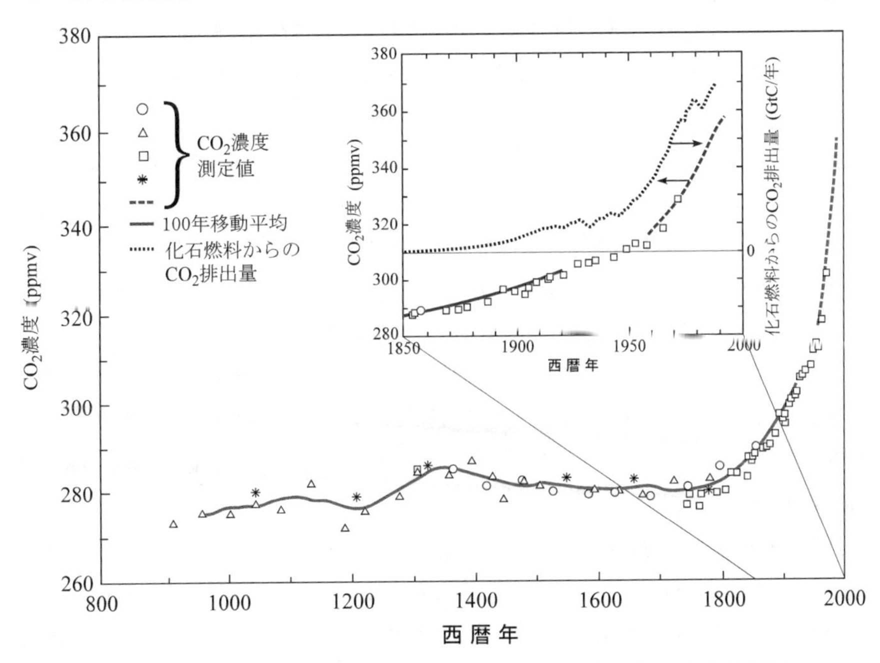

図 1.2　地球大気の二酸化炭素濃度と排出量の変化（点線以外の濃度計測値は南極の氷床コアの測定値），（文献(4)から引用）

る．熱を動力などの仕事に変えるときの変換効率(efficiency)の上限が熱力学第2法則(the second law of thermodynamics)で述べられている．また，エンジンなどの実在機器が，熱を有効なエネルギーにどのように変換するかを熱力学は教えてくれる．さらに，燃焼や燃料電池で起こる化学変化過程を説明するためにも熱力学は不可欠である．

近年人類が排出する熱が急増し，ヒートアイランドなどの局所的な気候の変動[2]や，地球の温暖化などの環境問題を引き起こしている．しかし，太陽から地球に到達するエネルギーは膨大なため，人類の熱排出量が2倍になっても地球全体の平均温度は6/1000 ℃しか増加しない[3]である．図1.2に示すように化石燃料(fossil fuel)から動力を得ることができるようになった産業革命以後，二酸化炭素など温室効果ガス(greenhouse gas)の排出量が増大し，地球の急激な温暖化を起こしているといわれている．大気中の二酸化炭素濃度が現在の2倍になると地球の平均温度は約2K増大すると予測されている[4]．環境に対する負荷を小さくしていかにエネルギーを有効に利用するかが，これから熱力学を学ぶものに課せられた課題でもある．

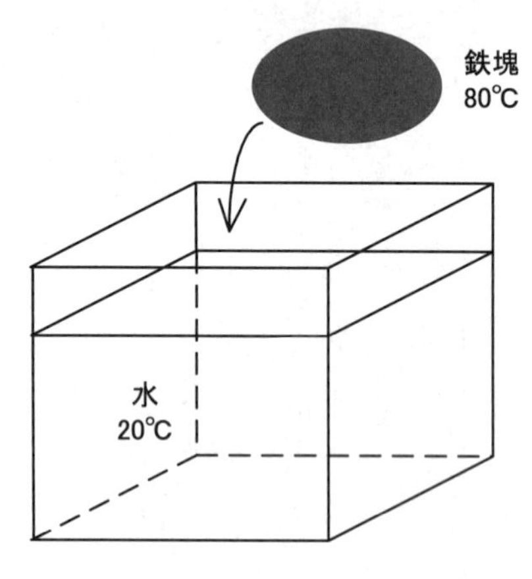

図1.3　熱力学の法則（模擬実験）

1・2　熱の授受と熱力学 (way of thinking for thermodynamics)

熱力学(thermodynamics)は，基本的に熱力学第0法則，第1法則，第2法則(the zeroth, first and second laws of thermodynamics)を柱として組み立てられている．これらの法則は以下のような模擬実験を通しても理解される．いま，図1.3に示されるように20 ℃の水の中に 80 ℃の鉄の塊を入れるものとしよう．周囲への熱損失(heat loss)は無いものとすると，図 1.4 の太い実線のように水と鉄塊の平均温度(mean temperature)が時間とともに変化する．すなわち，水温は次第に上昇し，鉄塊温度は次第に低下する．そして十分に時間が経過すると水も鉄塊も同じ温度となることを我々は経験的に知っている．この熱的に平衡状態となることを表現しているのが熱力学第0法則(the zeroth law of thermodynamics)である．また，十分時間が経過した後に達する温度は，鉄塊が失うエネルギー(energy)と水が得るエネルギーが等しいとして求められる．このエネルギーが消滅することはなく，移動もしくは変換されるのみで，保存されることを表現しているのが熱力学第 1 法則(the first law of thermodynamics)である．

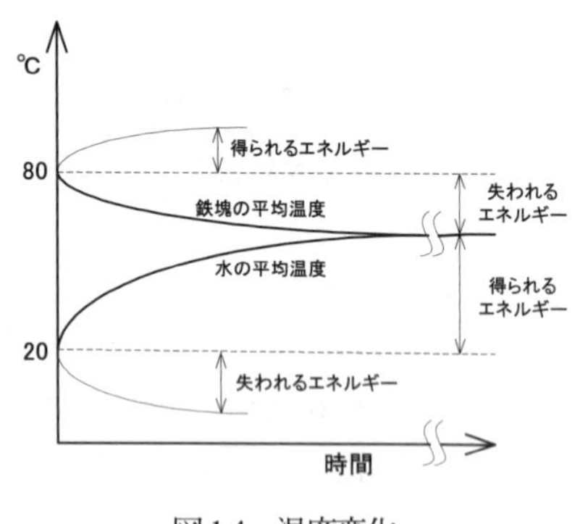

図1.4　温度変化

さて，上述のように水に鉄塊を入れるのみで，ほかに何も手を加えない場合には，水温が上昇し，鉄塊温度が低下し，けっして細い実線のように，水温がさらに低下し鉄塊温度がさらに上昇することはないことも経験的に知っている．たとえ失われるエネルギーと得られるエネルギーが等しいとしてもこのようなことは生じない．これはいい換えると，熱力学第1法則のみでは現象を把握することは不十分であること，すなわち温度の高いところから低いところへ向かってのみ熱の移動が生ずることを示しており，熱力学の中で生ずる現象にはある一定の方向性があることを示している．これを表現しているのが熱力学第 2 法則(the second law of thermodynamics)である．

逆に，外部から動力を加えれば細い実線のように水温をさらに低下させ，鉄塊温度をさらに上昇させる，いわゆるクーラ（エアコン）や冷蔵庫の実現が可能であることも熱力学第2法則は表現している．これを図1.5で説明してみよう．常に水と鉄塊が接しているので熱は太線矢印のように鉄塊から水へ自然に流れている．そこで，まず水温より低い10 ℃の空気を封入したピストンシリンダを考え，水の中に浸しておけば，水から熱を奪い，水温を下げようとすると同時に内部の空気温度は20 ℃まで上昇する．これを急激に圧縮する（外部から動力を加える）と，空気の温度は容易に80 ℃以上（ここでは100 ℃）となる．これは，たとえば自転車の空気入れでタイヤに空気を入れる際にポンプのシリンダ部が熱くなることからも確かめられる．そのピストンシリンダを工夫して鉄塊のみに接しさせ，空気から鉄塊へ熱を移動させる．このとき，シリンダ内の空気温度は低下する．次にピストンシリンダを鉄塊から離し，急激に膨張させる（外部から動力を加える）と，内部の空気は容易に20 ℃以下（ここでは10 ℃）となり水に浸せば再び水から熱を奪うことができる．すなわち，20 ℃の水から，シリンダ内の空気（水に接し 10 ℃から20 ℃へ，さらに圧縮することで 100 ℃まで上昇）を介し，80 ℃の鉄塊へ熱が移動することになる．この熱が太線矢印の熱を上回れば鉄塊の温度は上昇し，水温は低下する．このとき，太線矢印の熱は高温から低温へ連続的に移動するので，上記のピストンシリンダによる操作も連続的（継続的）に行う必要がある．

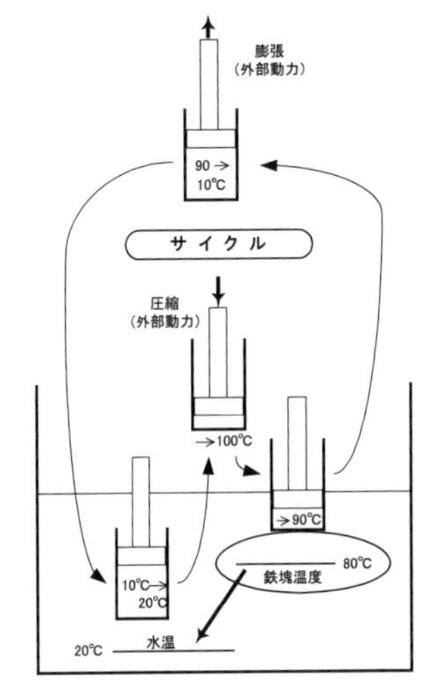

図1.5　外部動力により低温から高温へ熱をくみ上げるサイクル

このように外部から動力を用いて連続的に熱を移動させる仕組みをサイクル(cycle)もしくはヒートポンプ(heat pump)という．したがって，熱力学第2法則で問題となる「現象の進む方向」を議論する場合にこのサイクルを用いる場合が多い．

なお，時間とともに水や鉄塊の平均温度もしくは内部の温度分布がどのように変化するかを記述するのが伝熱学(heat transfer)であり，その内容はこのテキストシリーズの「伝熱工学」に詳しく解説する予定である．

1・3　熱力学の歴史的背景(historical background of thermodynamics) ＊

熱力学を理解する上で，その発展過程を知ることや社会的影響を論ずることも工学技術者にとって重要であろう．本節では，熱力学が形成された歴史的背景について概説する．

古代ギリシャ時代のアリストテレス(Aristoteles, BC384 – BC322)は，自然界が「火」「空気」「水」「土」の4元素で成り立つとし，以後，火（熱）は自然界を構成する重要な構成物質として認識されてきた．熱は物体を通過できるある種の物質である熱素(calorique)として考えられていた．18 世紀までは，物質の比熱(specific heat)や，相変化に必要な潜熱(latent heat)が熱素理論で説明されていた．

熱がエネルギーの 1 形態であることが認識されたのは比較的新しく，マイヤー(Julius R. von Mayer)が熱と仕事の等価性を見いだし，ジュール(James P. Joule)が熱と仕事の等量を測定した．熱と共に熱力学で重要な指標である温度は，ガリレイ(Galileo Galilei, 1564 – 1642)の時代に温度計が発明され，種々の定義で用いられていたが，トムソン，後のケルビン卿(William Thomson, Lord Kelvin)が熱力学的な絶対温度(absolute temperature)を提唱した．

人類は長い間人力と家畜の力を仕事として利用してきた．一部水車や風車も使われていたが，熱は主に物体を加熱することに使用されていた．実用的に熱を動力に変換して使用したのはニューコメン(Thomas Newcomen)の熱機関(heat engine)が発明されてからである．この熱機関はワット(James Watt)によって改良され，18 世紀後半に興った産業革命に貢献した．産業革命に伴い熱力学は急速に発展してゆく．それまでの蒸気機関は，図1.6に示すように，シリンダ中の水蒸気を凝縮させ，大気圧で駆動する機関であったが，技術の発展により大気圧より高圧の水蒸気を利用する蒸気機関が発明され，熱機関の燃料消費量の減少が重要な課題となった．

表1.1　熱力学上の主要な発見・発明（文献(5),(6)から抜粋）

世紀	年	事項
十八世紀	1712年	ニューコメンの蒸気機関
	1761年	ブラックの熱素による潜熱・熱容量の説明
	1700年代後半	イギリスの産業革命
	1776年	ワットのはん用蒸気機関
十九世紀	1824年	カルノー，カルノーの原理
	1842年	マイヤー，エネルギー保存
	1843年	ジュール，熱の仕事当量
	1848年	ケルビン，絶対温度目盛
	1850年	クラウジウス，熱力学第2法則
	1854年	ジュール・トムソン効果
	1854年	ランキンサイクルの提唱
	1859年	マクスウェル，気体分子運動論
	1865年	クラウジウス，エントロピー増大の原理
	1876年	オットー，4サイクル内燃機関
	1877年	ボルツマン 熱力学第2法則の統計学
	1897年	ディーゼル，圧縮着火内燃機関
	1900年	プランク，ふく射の量子論
二十世紀	1902年	ギブス，統計力学
	1903年	ライト兄弟，初飛行
	1905年	アインシュタイン，光量子仮説
	1906年	ネルンスト，熱力学第3法則
	1908年	フォード，自動車の量産開始
	1951年	原子力発電に成功
	1969年	アポロ11号月面着陸，燃料電池搭載

カルノー(N.L. Sadi Carnot)はこの課題に対して，熱を仕事に変換するためには熱を一部捨てなければいけないことや，熱機関の効率には上限があることを明らかにした．さらに，この結果は熱力学第 2 法則の基礎とクラウジウス(Rudolf J.E. Clausius)によって整理されるエントロピー(entropy)の概念の基礎となった．

熱現象は，原子や分子の無秩序な運動に帰着されるが，古典熱力学は，マクスウェル(James C. Maxwell)，ボルツマン(Ludwig Boltzmann)，ギブス(Josiah W. Gibbs)らによって多数の粒子の熱的挙動を扱う統計力学(statistical mechanics)として発展した．さらに，これらの研究は，プランク(Max K.E.L. Plank)の量子論に始まる量子力学(quantum mechanics)への発展をみて近代物理化学の基礎となっている．ここで注目したいのは，熱力学が産業革命で発展したことと同様に，プランクの量子仮説の基となった黒体放射(black body emission)の研究は，当時ドイツが力を入れていた製鉄用溶鉱炉の温度を計測する要請から始まっていることである．近代の科学と技術は，それ自体で生まれることは希で，むしろ産業や社会基盤と密接に結びついている．

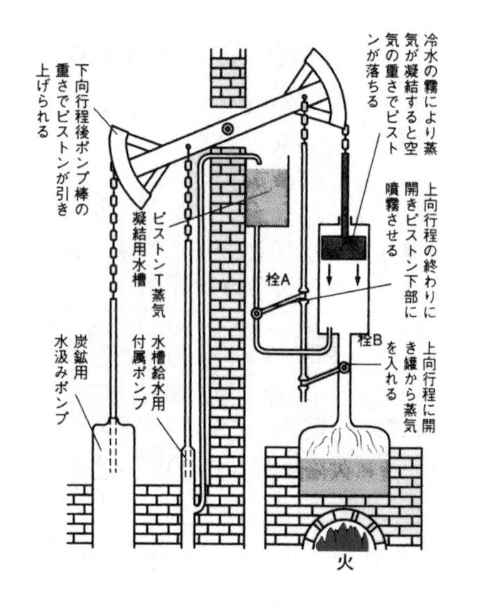

図1.6　ニューコメンの蒸気機関
（出典　富塚清，動力物語，岩波新書）

熱力学の発展と呼応して，熱を仕事に変換する熱機関が多数発明された．自動車エンジンとして用いられるオットーサイクル(Otto cycle)やディーゼルサイクル(Diesel cycle)，ジェットエンジンのブレイトンサイクル(Brayton cycle)，大規模発電所や冷蔵庫に使用されるランキンサイクル(Rankine cycle)など，現在実用化されている熱機関のほとんどが 19 世紀に考案されている．

20 世紀には，前世紀に考案された熱機関が広く実用化された．ライト兄弟(Wilbur Wright & Orville Wright) による飛行機の発明やフォード(Henry Ford)による自動車の大量生産など，種々の輸送機械や動力機械として普及することになる．20 世紀後半には，原子炉(nuclear reactor)による発電がはじめられ，人類は新しいエネルギー源を手に入れた．さらに，人類を初めて月に送り込んだアポロ宇宙船をきっかけにして，燃焼による熱の変換を伴わずに電力を発生させる燃料電池(fuel cell)の実用化が目前である．また，シリコン半導体(semiconductor)を使用し太陽光を直接電力に換える太陽電池(solar cell)が普及しつつある．

図 1.6 に示す初期熱機関では，燃料が発生する熱を仕事に変える効率は 1%前後で出力は約 4 kW であったといいわれている[5]．現在では，図 1.7 に示す液化天然

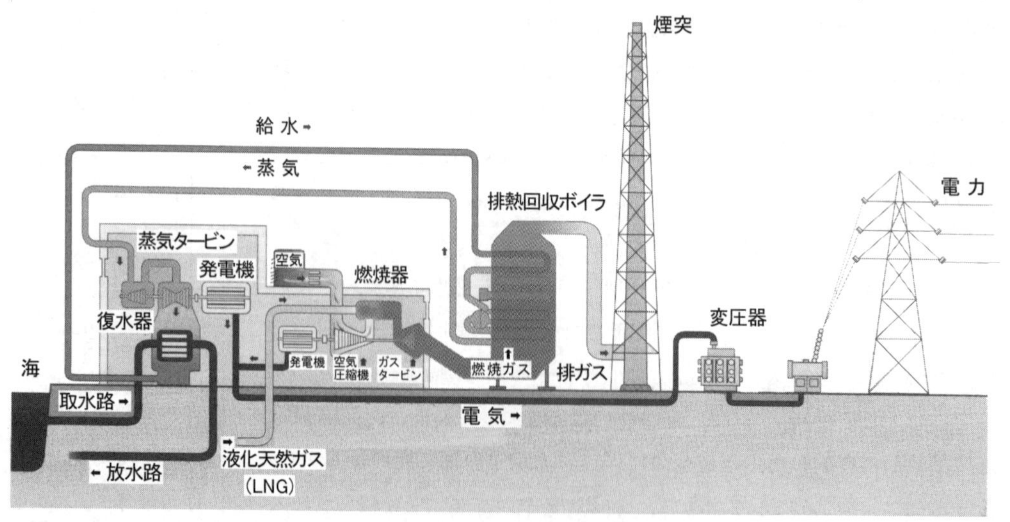

図1.7　ブレイトンサイクルとランキンサイクルの複合サイクルによる，火力発電所の概略図
（資料　東北電力(株)提供）

ガス(LNG)を燃料とするガスタービンと蒸気タービンの複合サイクルによる電力変換効率は 50%以上で出力は 1 機で 80 万 5 千 kW である． 熱力学が貢献して熱機関の効率は著しく向上したが，人類が消費するエネルギーの総量も増大したために，20 世紀後半の 50 年間で化石燃料消費による二酸化炭素排出量は 4 倍に達している[7]．

21 世紀の工学技術者は，個々の機器の効率や性能の向上だけでなくシステム全体として環境負荷の少ない技術を生み出すことが望まれている．熱力学では，環境負荷を小さくすることは第 4 章で学ぶエントロピーの増大を小さくすることになる．持続的発展(sustainable development)が可能な社会を作るためにも熱力学の知識は 21 世紀の工学技術者にとって必要不可欠である．

1・4　本書の使用法 (how to use this book)

本書は全 10 章で構成されている．熱力学を理解する上で必要と思われる内容は全て網羅されている．順次読み進めることで熱力学の基本的な概念からその応用まで自然に理解されるよう平易に，かつ丁寧に記述されている．また，本書の全てを読まなくとも熱力学の基本となる熱力学第 0 法則，第 1 法則，第 2 法則が第 1 章から第 4 章にわたって記述されているので，まずはこれらの章をじっくり読むことをお薦めする．ここまで理解できれば，第 5 章からは熱力学第 1 法則や第 2 法則の応用であるから，興味を引くところを摘み読みすることもできるし，将来に残しておいてもよい．

本書を熱力学の講義に利用される場合には，上述したように熱力学の基本となる第 1 章から第 4 章までを前半に，第 5 章以降を後半にといった配分が望ましい．これは一見不つり合いにも思えるが，第 5 章以降は応用であって，全てを丁寧に講義する必要がないこと，また第 6 章の「熱力学の一般関係式」は数式表として活かすに留め，必ずしも講義に含める必要がないこと，を考えればそれほど不具合でもない．また，第 8 章から第 10 章までの各種のサイクルは，独立してではなく，熱力学第 0 法則，第 1 法則，第 2 法則を講義する上で，適宜取り上げられることや，また章末にある問題や本文中にある例題を演習問題として取り上げられることがよりよい理解に効果的である場合もある．また，熱力学の講義が前期のみ，もしくは後期のみの場合には，基本となる第 2 章から第 4 章までを中心に，かつ各章において読み飛ばしても以後の理解には支障が生じない節には ＊ （アスタリスク）記号が付けてあるので，これを参考に第 5 章以降の応用例を織りまぜることをお薦めする．さらに，演習問題で ＊ 記号が付いているものは多少難しいので読者にチャレンジして欲しい。

また，本書には実機や実機に近い図表（実機の概略図，最新の蒸気表や線図）や内容も含まれているので，機械工学の実務に携わる技術者にとっても有用なテキストとなる．特にアメリカで行われている FE 試験(Fundamentals of Engineering examination)や PE 試験(Professional Engineering examination)では，これらの図表が手渡された上でサイクル効率を計算する問題が多く，こうした実務的な試験にも，もちろん実社会でもほとんどがこの手法で設計されているが，十分対処できるよう本書では配慮がなされている．

さらに我が国でも試験的に JABEE(日本技術者認定機構，Japan Accreditation Board for Engineering Education)が発足し，技術者教育プログラムの認定審査を検討中であるが，この中で要求されるキーワードなども考慮されている．

第１章の文献

(1)　平田賢, 21 世紀 :「水素の時代」を担う分散型エネルギーシステム，機械の研究, Vol.54, (2002), 423-431，養賢堂.

(2)　齋藤武雄，地球と都市の温暖化, (1992)，森北出版.

(3)　円山重直，光エネルギー工学, (2004), 49，養賢堂

(4)　気象庁編，地球温暖化の実体と見通し, (1996), 14, 39.

(5)　日本機械学会編，機械工学事典, (1997), 932-933.

(6)　庄司正弘，伝熱工学, (1999), 248，東京大学出版会.

(7)　ワールドウォッチ研究所編，地球データブック 1998-99, (1998), 76.

第 2 章
基本概念と熱力学第 0 法則
Basic Concepts and the Zeroth Law of Thermodynamics

2・1　系・物質・エネルギー (system, matter and energy)

2・1・1　系 (system)

熱力学を論じる上で重要な概念が系(system)である．分子などの粒子で構成される物質(matter)の要素で作られる機械などを考えるとき，ある空間領域あるいは物質の特定部分を外界もしくは周囲(surroundings)から境界(boundary)で隔てた検査体積(control volume)として考える．検査体積内の物質あるいは領域を系という．

系は多数の粒子で構成された全ての物体もしくは空間に対して定義できる．図 2.1 に示すように，系は，ある空間内の分子群の場合もあるし，車のエンジンや冷蔵庫などの機械，ジェット機など多くの機械要素で構成されるものもある．系は，分子群や機械だけでなく，教室内の教師と学生や，地球など，境界で隔てることができる全ての物体と空間で系が定義できる．

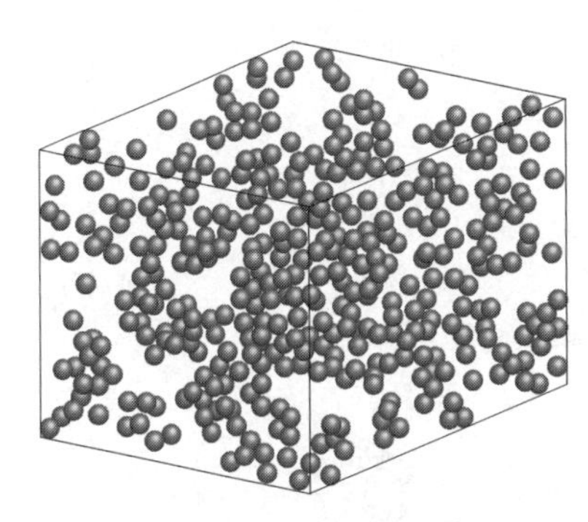

(a)　空間内の分子群

(c)　冷蔵庫

(d)　ジェット機（ダイヤモンドエアサービス(株)提供）

(b)　自動車のエンジン（トヨタ(株)提供）

図 2.1　周囲と境界で隔てられた系の例

2・1・2　閉じた系と開いた系 (closed and open systems)

系には，境界を通した物質の流入・流出がない閉じた系(closed system)と，物質の流入・流出が可能な開いた系(open system)がある．どちらの系もエネルギーの流入・流出は可能である．系と周囲との間に物質の交換もエネルギーの交換もない系を孤立系(isolated system)という．

閉じた系内の質量は変化せず保存される(conserved)が，多くの場合，検査体積は大きさが変化する．開いた系は，コンプレッサや羽根車など多くの機械の評価に用いられる．このような機械の定常状態を記述するために，検査体積は変化せず，系内の物質の流入と流出が等しい開いた系を定常流動系(steady flow system)という．

2・1・3　エネルギーの形態 (forms of energy)

エネルギー(energy)は，運動エネルギー(kinetic energy)・ポテンシャルエネルギー(potential energy)・電磁気エネルギー(electromagnetic energy)・化学エネルギー(chemical energy)・核エネルギー(nuclear energy)などの形態をとる．このとき系が保有するエネルギーを，E(J) と表す．

全体の質量 m (kg) の系全体が同じ速度 w (m/s) で並進運動するとき，系の保有する運動エネルギーは，

$$E_K = \frac{mw^2}{2} \text{ (J)} \tag{2.1}$$

慣性モーメント I (kg・m^2) の系が，重心のまわりに角運動速度 ω (rad/s) で回転するときの運動エネルギーは，

$$E_K = \frac{I\omega^2}{2} \text{ (J)} \tag{2.2}$$

加速度 g (m/s^2) の重力場に置かれた質量 m (kg) の物体が基準高さから z (m) に置かれているときのポテンシャルエネルギーは，

$$E_P = mgz \text{ (J)} \tag{2.3}$$

ばね定数 k (N/m) のばねをつり合いの状態から x (m) 変形させたとき，ばねに蓄えられたポテンシャルエネルギーは，

$$E_P = \frac{kx^2}{2} \text{ (J)} \tag{2.4}$$

である．

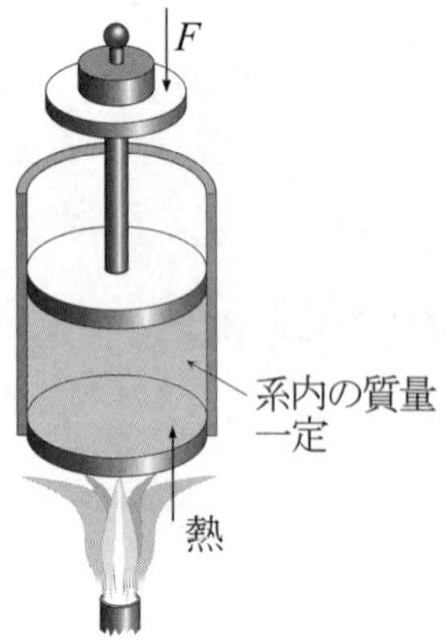

図 2.2　閉じた系

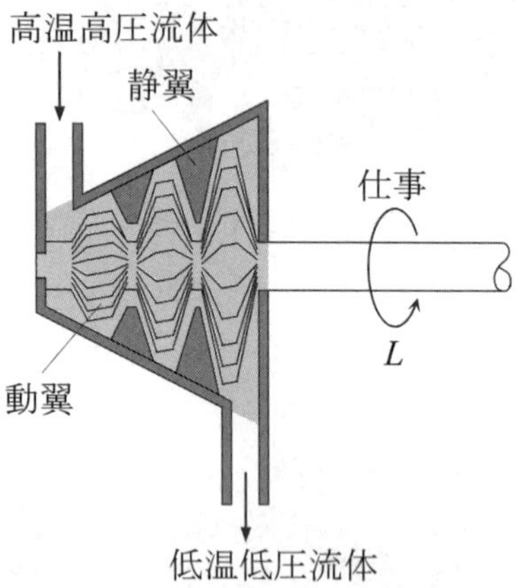

図 2.3　開いた系（定常流動系）

2・1・4　エネルギーの巨視的形態と微視的形態 (macroscopic and microscopic forms of energy)

多数の分子などの粒子で構成される系は，前項に示した系の運動エネルギーやポテンシャルエネルギーのように，系外部の座標系に対して系全体が運動するときの巨視的エネルギーをもっている．一方，系を構成する粒子はお互いに相互作用を及ぼし合いながら微視的な運動をしており，粒子の微視的エネルギーをもっている．

たとえば，図 2.5(a)に示すように，高圧タンク内のガス分子は羽根車と常に高速で衝突しているが，その合力が 0 のため，羽根車は回転しない．しかし，ノズルを用いてガス分子の運動を一様方向にそろえると巨視的なガス流となり，図 2.5(b)のように羽根車を回転させることができる．図 2.5(a)に示すタンク内のガス分子のように，系全体での運動はしていないが粒子が相互作

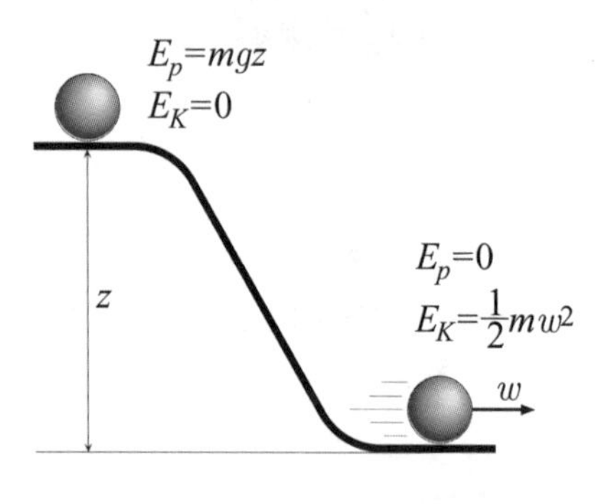

図 2.4　運動エネルギーとポテンシャルエネルギー

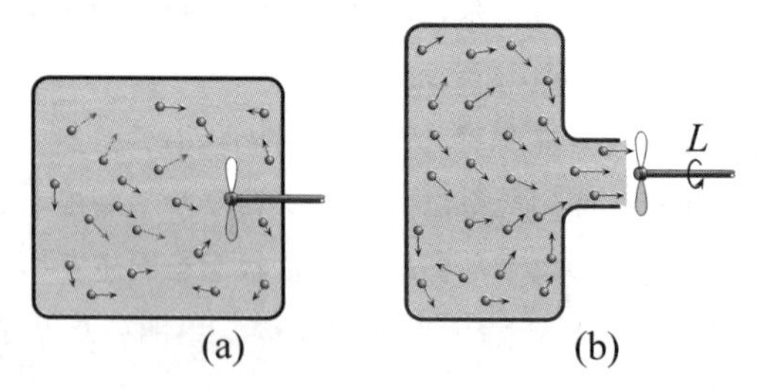

図 2.5　高圧タンク内に蓄えられたガスの微視的エネルギーと巨視的エネルギー

用を及ぼし合いながら運動したりポテンシャルとして蓄えている微視的なエネルギーが**内部エネルギー**(internal energy)である．

2・1・5　内部エネルギー (internal energy)

物質を構成する粒子の微視的エネルギーが内部エネルギーであるが，内部エネルギーには種々の形態がある．図 2.6 に示すように，ガス分子の並進運動エネルギーや回転運動エネルギー，固体分子の振動エネルギーなどがある．金属固体の場合は，分子の振動エネルギーと自由電子の運動エネルギーが相互作用を及ぼし合いながら共存している．これらの内部エネルギーが増大すると，系の温度も上昇するので，このような分子の微視的運動エネルギーを**顕熱**(sensible heat)という．

液体が蒸発する時には，束縛状態の分子を自由運動させるためのエネルギーが必要である．図 2.7 に示すように，温度が同じでも液体と気体では内部エネルギーが異なる．このように，等温・等圧下で固体・液体・気体などの相(phase)の変化に伴う内部エネルギーの変化つまり，**潜熱**(latent heat)が存在する．

その他の内部エネルギーとしては，分子の結合に関する**化学エネルギー**(chemical energy)や原子核の結合・分裂にかかわる**核エネルギー**(nuclear energy)などがある．粒子の微視的運動や粒子間ポテンシャルエネルギーと相変化に関するエネルギー，つまり顕熱と潜熱は熱に関係する内部エネルギーなので，機械工学の分野では**熱エネルギー**(thermal energy)と呼ぶことが多い．

(a)　並進運動エネルギー

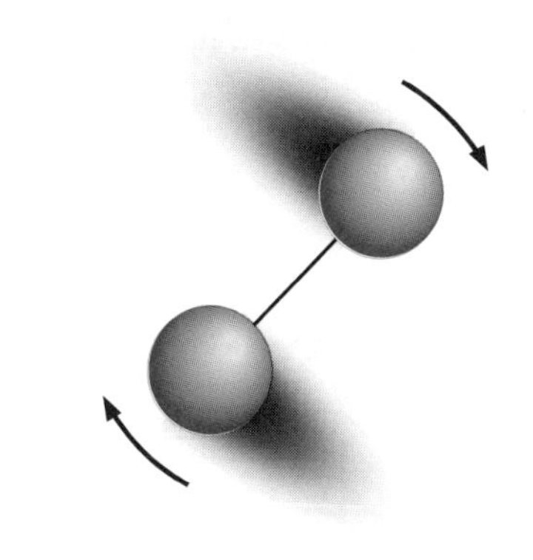

(b)　回転運動エネルギー

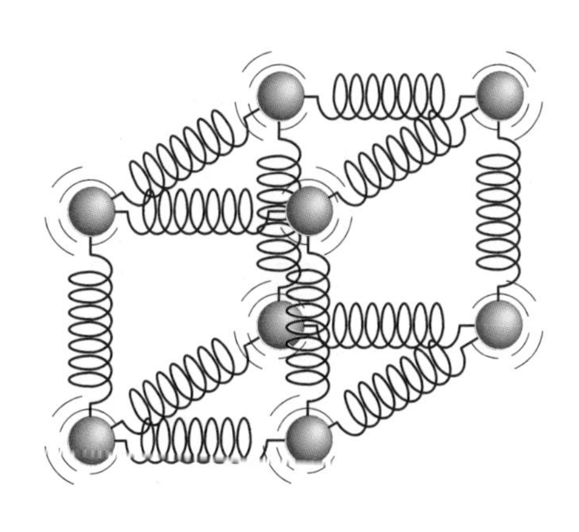

(c)　振動の運動エネルギーと
ポテンシャルエネルギー

図 2.6　分子の微視的エネルギー

2・2　熱力学の微視的理解 (microscopic understanding of thermodynamics) *

2・2・1　質点系の内部エネルギー (internal energy of point-mass system)

いま，N 個の粒子で構成されている系を考え，それぞれの位置ベクトルと速度ベクトルを $\vec{x}_i$，$\vec{v}_i$，$(i=1,2\cdots N)$ とする．簡単のために，単原子気体(mono-atomic gas)のように分子の並進運動のみの場合を考えると，系全体の質量と重心の座標はそれぞれ，

$$M=\sum_{i=1}^{N}m_i,\ \vec{X}=\sum_{i=1}^{N}m_i\vec{x}_i/M \tag{2.5}$$

重心から見た相対座標での粒子の相対座標と相対速度はそれぞれ，

$$\vec{x}'_i=\vec{x}_i-\vec{X},\ \vec{v}'_i=\vec{v}_i-\vec{V} \tag{2.6}$$

ここで，$\vec{V}=\mathrm{d}\vec{X}/\mathrm{d}t$．式(2.5)および式(2.6)から

$$\sum_{i=1}^{N}m_i\vec{v}'_i/M=0 \tag{2.7}$$

系の保有する全運動エネルギーは，

$$E_K=\sum_{i=1}^{N}\frac{1}{2}m_i\vec{v}_i\cdot\vec{v}_i=\sum_{i=1}^{N}\frac{1}{2}m_iv_i^2 \tag{2.8}$$

ここで $\vec{v}_i\cdot\vec{v}_i$ はベクトルのスカラ積を表す．式(2.6)を代入すると，

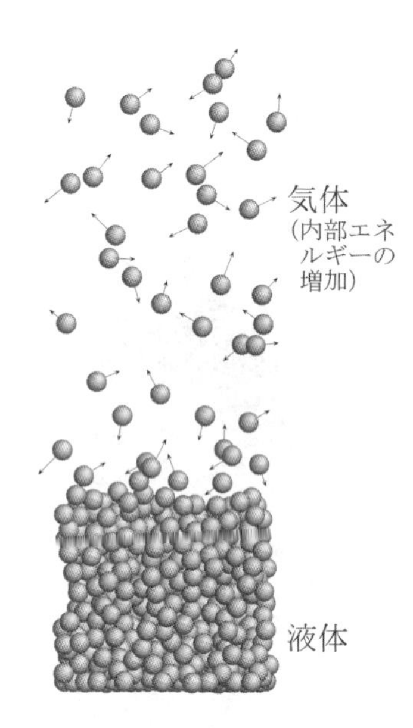

図2.7　温度が等しい飽和状態の液体と気体の内部エネルギー

$$E_K = \frac{1}{2}V^2\sum_{i=1}^{N} m_i + \sum_{i=1}^{N}\frac{1}{2}m_i v'^2_i + \vec{V}\sum_{i=1}^{N} m_i \vec{v}'_i \tag{2.9}$$

式(2.7)より，式(2.9)の右辺第3項は0となるから，

$$E_K = \frac{1}{2}MV^2 + \sum_{i=1}^{N}\frac{1}{2}m_i v'^2_i \tag{2.10}$$

となり，式(2.10)の右辺第1項が巨視的運動エネルギー，第2項が内部エネルギーとなる．

固体中の分子のように，粒子間にポテンシャルエネルギーが存在する場合，力の作用・反作用によって2つの粒子の相互作用は大きさが等しく向きが反対である．この関係を用いると外力を受ける粒子系の巨視的ポテンシャルエネルギーと粒子の内部エネルギーとを分離することができる．

2・2・2　分子運動と物質の状態・相変化 (molecular motions, states of matter and phase changes)

気体や液体，固体の性質を，それらを構成している分子の運動から説明する理論を分子運動論(kinetic theory)という．

分子は0.3 nm（3×10^{-9} m）程度の大きさ（質量は10^{-27} kg程度）であり，分子間には電磁気的な引力や斥力が働く．これを**分子間力**(intermolecular force)，ポテンシャルの形で表したものを**分子間ポテンシャル**(intermolecular potential)という．また，このように分子間で影響を及ぼしあうことを**分子間相互作用**(interaction between molecules)という．図2.8に2つの単原子分子間に働く分子間ポテンシャルと分子間力を示す．分子間距離が大きい場合には分子間には引力が作用し（ポテンシャル曲線の傾きが正），分子同士が接近すると斥力が作用する（傾きが負）．固体，液体の場合には分子間距離が小さい（0.5 nm 程度）ため分子間相互作用は大きいが，気体の場合には分子と分子は数nm程度離れており，分子同士の衝突時以外では分子間相互作用は小さい．

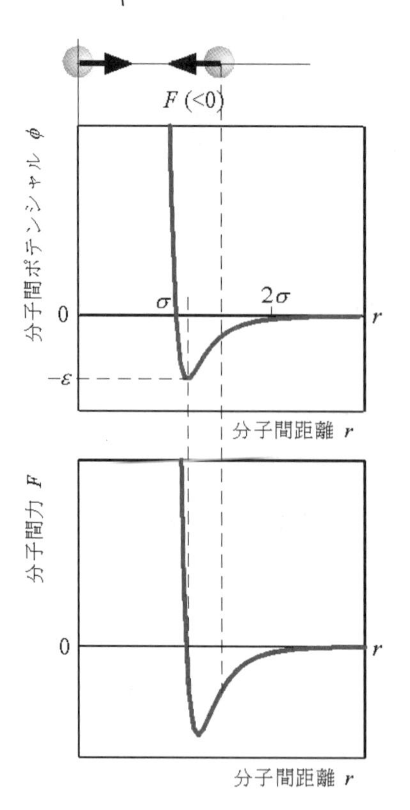

$$F = -\frac{\partial\phi(r)}{\partial r}$$

$$\phi(r) = 4\varepsilon\left\{\left(\frac{\sigma}{r}\right)^{12} - \left(\frac{\sigma}{r}\right)^{6}\right\}$$

(アルゴンの場合，

$\sigma = 0.3418$ nm, $\varepsilon/k = 124$ K)

図2.8　分子間ポテンシャルと分子間力

固体では一般に分子は格子点と呼ばれる位置に規則正しく配列しており（結晶構造），分子と分子が非線形なばねで結合されたモデルとして考えることができる（図2.6.(c)）．分子はこの格子点を中心としてランダムな（分子間）振動運動をしている．これは熱振動と呼ばれ，この振動エネルギーから固体の温度が求められる．温度が高くなると分子の振動が大きくなり，やがて規則正しい結晶構造を維持できなくなる．その結果，固体から液体へと相変化（融解）する．このとき分子間距離が大きくなるために分子はエネルギーをもらって（融解熱(heat of fusion)）高いポテンシャルエネルギーの状態になることが必要である．また多原子分子では振動運動だけでなく回転運動も可能となり，2種類の運動形態でエネルギーを保有することが可能となる．このような理由で，固体から液体へと相変化する場合には一般的に熱を加えなければならない．また，系を構成する分子群の振動運動や回転運動のエネルギーから液体の温度が求まる．

さらに温度が高くなり，分子間相互作用に打ち勝つだけの運動エネルギーを得ると，分子は図2.8に示すポテンシャルの井戸から飛び出すことが可能となる．これが液体から気体への相変化（蒸発）であり，このとき必要なエネルギーが気化熱（蒸発熱）(heat of evaporation)である．蒸発により並進運動が可能となった気体分子は，並進運動エネルギー（多原子分子ではこれに加えて回転運動エネルギー）を有するが，この中で，気体分子群のランダムな並進運動エネルギー［式(2.10)の右辺第2項. 右辺第1項は気体の流速を表し，気体温度とは関係しない］が気体の温度と関係する.

いま，対象を気体とした分子運動論を考える．これは**気体分子運動論**(kinetic theory of gases)と呼ばれている．簡単のため、単原子気体を対象とする．気体分子を質点（質量 m）と考え，衝突は完全弾性衝突，衝突時以外の分子間相互作用を無視すると，気体分子の運動に質点系の力学が適用できるようになる.

1 辺の長さが L の立方体容器中の気体を考える．座標系として立方体の 3 辺に平行に x, y, z 軸をとる．気体の分子数を N とし，ある時刻の分子 i の速度 V_i を (u_i, v_i, w_i) とすると，次の式(2.11)が成り立つ.

$$V_i^2 = u_i^2 + v_i^2 + w_i^2 \tag{2.11}$$

この分子が x 軸に垂直な壁に衝突すると，分子の x 軸方向の運動量は mu_i から $-mu_i$ に変化するので，壁に $2mu_i$ の力積 $F_x \cdot t$ を与えることになる．この分子は $2L/u_i$ の時間で容器の x 方向を往復するので 1 秒間に壁と衝突する回数は $u_i/2L$ と見積もることができる．これより，単位時間あたりに壁に及ぼす力は $F_x = 2mu_i \times u_i/2L = mu_i^2/L$ となる. すべての分子について考えることにより，圧力（単位面積あたりに働く力）は，

$$p_x = \frac{1}{L^2}\sum_{i=1}^{N}\frac{mu_i^2}{L} = \frac{1}{L^3}\sum_{i=1}^{N}mu_i^2 \tag{2.12}$$

となる．y 軸方向，z 軸方向も同様に考えると，

$$p_y = \frac{1}{L^2}\sum_{i=1}^{N}\frac{mv_i^2}{L} = \frac{1}{L^3}\sum_{i=1}^{N}mv_i^2 \tag{2.13}$$

$$p_z = \frac{1}{L^2}\sum_{i=1}^{N}\frac{mw_i^2}{L} = \frac{1}{L^3}\sum_{i=1}^{N}mw_i^2 \tag{2.14}$$

となる．分子の並進運動はランダムとすると，十分大きな N に関しては，

$$\sum_{i=1}^{N}mu_i^2 = \sum_{i=1}^{N}mv_i^2 = \sum_{i=1}^{N}mw_i^2 = \frac{1}{3}\sum_{i=1}^{N}mV_i^2 = \frac{1}{3}mN(\frac{1}{N}\sum_{i=1}^{N}V_i^2) = \frac{1}{3}Nm\bar{V}^2 \tag{2.15}$$

が成り立つと考えられる．ここで，**二乗平均速度**(mean square velocity) $\bar{V}^2 = \frac{1}{N}\sum_{i=1}^{N}V_i^2$ を用いた．これにより，

$$p = p_x = p_y = p_z = \frac{Nm\bar{V}^2}{3L^3} = \frac{Nm\bar{V}^2}{3V} \tag{2.16}$$

となり（$V = L^3$ は容器の体積），等方的な圧力 p が求まる．分子 1 個あたりの運動エネルギーは $e_k = \frac{1}{2}m\bar{V}^2$ と考えることができるので，式(2.16)は

$$pV = \frac{Nm\bar{V}^2}{3} = \frac{2}{3}N(\frac{1}{2}m\bar{V}^2) = \frac{2}{3}Ne_k \tag{2.17}$$

となる．1 mol あたりの分子数である**アボガドロ数**(Avogadro's number)を N_A とすると容器内の気体のモル数は $n = N/N_A$ であるので，

表2.1　物理定数

アボガドロ数
$N_A = 6.022\times10^{23}$　1/mol
一般気体定数
$R_0 = 8.314$　J/(mol·K)
ボルツマン定数
$k = 1.381\times10^{-23}$　J/K

表2.2　おもな理想気体の分子量と気体定数

気体	分子量 M	気体定数 R (J/(kg·K))
Ar	39.948	208.12
He	4.0030	2076.9
H_2	2.0160	4124.0
N_2	28.013	296.79
O_2	31.999	259.82
air	28.970	286.99
CO_2	44.010	188.91
H_2O	18.015	461.50
CH_4	16.043	518.23
C_2H_4	28.054	296.36

$$pV = \frac{2}{3}Ne_k = \frac{2}{3}nN_A e_k \tag{2.18}$$

となる．

いま，分子1個あたりの運動エネルギーの平均が温度 T に比例すると仮定し，次の式(2.19)で与えられるとすると，

$$e_k = \frac{3}{2}kT \tag{2.19}$$

式(2.18)は，次のように書き直すことができる．

$$pV = \frac{2}{3}nN_A\frac{3}{2}kT = nN_AkT = nR_0T = nMRT \tag{2.20}$$

ここで，M は気体の分子量である．ここで用いられた R_0 は一般気体定数(universal gas constant)と呼ばれ,気体の種類に関係なく 8.314 J/(mol·K)である．一方，$R = R_0 / M$ (J/(kg·K))は一般気体定数を分子量で除したものであり，気体定数(gas constant)と呼ばれている．また $k = R_0 / N_A$ は一般気体定数をアボガドロ数で除したものであり，分子1個あたりの気体定数と考えることができる．これをボルツマン定数(Boltzmann's constant)と呼ぶ．

以上，気体分子運動論から理想気体の状態方程式を導くことが可能であることから，巨視的な理論である熱力学は分子運動に基づく微視的理論のサポートを得たことになる．以下の節では，ふたたび巨視的な視点に戻って熱力学を考えることとしよう．

2・3　温度と熱平衡（熱力学第0法則） (temperature and thermal equilibrium (the zeroth law of thermodynamics))

2・3・1　熱平衡（熱力学第0法則） (thermal equilibrium, the zeroth law of thermodynamics)

われわれは，物体の「温かい」,「冷たい」という状態を示す指標として温度について慣れ親しんでいる．また，温度が異なる2つの物体を接触させると，高温の物体の温度は低くなるとともに低温の物体の温度は高くなり，十分時間が経つと同じ温度になることを経験的に知っている．このとき，温度の高い物体から低い物体へ熱が移動し，最終的に同じ温度になったと理解する．

孤立系を十分に長い時間放置しておくと，系の温度が時間的に変化しない状態になる．この状態を熱平衡または温度平衡(thermal equilibrium)の状態という．2つの系（系1と系2）を接触させて新しい1つの孤立系を考えた場合も，十分時間が経てば，やはり熱平衡状態になる．この場合，系1と系2それぞれも熱平衡状態にあり，2つの系の間の接触を断ってもいずれの系にも変化は起こらない．このことから，以下の熱力学第0法則(the zeroth law of thermodynamics)が成り立つ．

系1と系3が熱平衡にあり，系2と系3が熱平衡であれば，
系1と系2は熱平衡の状態にある．

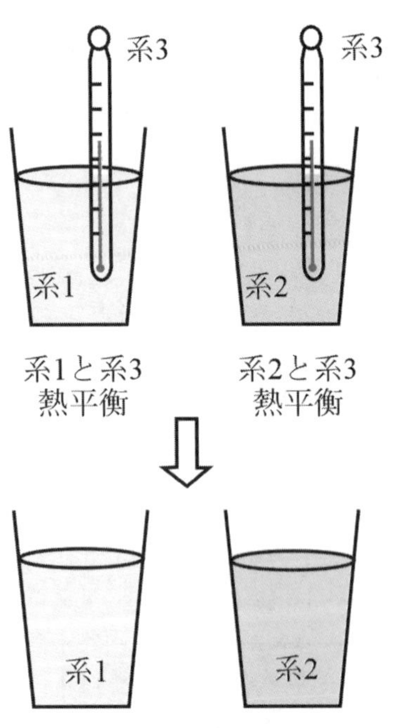

図2.9　熱力学第0法則

2・3・2　温度 (temperature)

熱平衡は，系が経てきた変化の道筋にはよらず現在の状態のみに関係する何らかの物理量が等しくなったと考えると理解しやすい．温度(temperature)は熱平衡状態を規定する状態量であり，系 1 と系 2 が同じ温度であるなら，これらの系は熱平衡状態にある．前述した熱力学第 0 法則において，系 3 は温度計(thermometer)の役割を果たしているといえる．

熱力学第 0 法則は温度の存在を示しているが，その目盛りの取り方については何も示していない．熱力学では，温度の定義の仕方によって理想気体温度と熱力学的温度が用いられるが，理論的にこれらは一致することが示されている．

一般に，気体は低圧，高温［大気圧以下程度の圧力，気体の液化点より十分高い温度］においてはボイル－シャルルの法則にしたがうことが実験的に明らかにされている．ある質量の気体を，体積一定の条件のもとで温度を変化させてそのときの圧力を測定することにより温度 T－圧力 p 曲線を作成し，この線を低温まで外挿すると，気体の種類によらず，ある温度で圧力がゼロとなる．この温度を原点として，水の三重点(triple point)［三重点については第 6 章および第 9 章で詳述する］を 273.16 K とする温度目盛りを理想気体温度目盛りという．

一方，どのような物質にも依存しない温度を理論的に導出することが可能であり，これを熱力学的温度(thermodynamic temperature)と呼ぶ．その詳細については後の章で述べる．理想気体温度の温度原点が理論上の最低温度（絶対零度）であることから，これを原点として測った温度を絶対温度(absolute temperature)という．絶対温度 T の単位としてはケルビン(Kelvin) (K)が用いられ，摂氏温度(Celcius) t(°C)とは

$$t\,(°\mathrm{C}) = T\,(\mathrm{K}) - 273.15 \tag{2.21}$$

の関係にある．またアメリカでは華氏温度 t_F (Fahrenheit) (°F) が用いられることが多い．華氏温度目盛りを用いた絶対温度 T_F にはランキン(Rankine) (°R)という単位が用いられる．これらの間には，表 2.3 に示す関係がある．

表 2.3　温度の換算

$t\,(°\mathrm{C}) = T\,(\mathrm{K}) - 273.15$
$t_F\,(°\mathrm{F}) = 1.8\,t\,(°\mathrm{C}) + 32$
$t_F\,(°\mathrm{F}) = T_F\,(°\mathrm{R}) - 459.67$
$T_F\,(°\mathrm{R}) = 1.8\,T\,(\mathrm{K})$

微視的には，温度は系を構成する分子の不規則な運動エネルギーから定義される．ここで，分子群の組織だった運動は巨視的な運動エネルギーであり，不規則な運動が熱運動と呼ばれることを明確に区別しなければならない．たとえば，系として N 個の単原子分子からなる系（気体）を考えた場合は，以下の式(2.22)から絶対温度 T が求まる．

$$E_k = \sum_{i=1}^{N} \frac{1}{2} m_i v_i'^2 = \frac{3}{2} NkT \tag{2.22}$$

2・4　熱量と比熱 (heat and specific heat)

高温の系 A と低温の系 B を接触させると，高温の系から低温の系にエネルギーが移動する．この場合の移動しているエネルギーを熱(heat)と呼び，量として考える場合は熱量(quantity of heat)という．高温の系 A の内部エネルギー，その一部が系 B に移動するがそのときに熱という形態で移動したのである．

表 2.4　熱容量と比熱

C：熱容量
c_v：定積比熱
c_p：定圧比熱

系に熱を加え，系の温度を上昇させることを考える．このとき，系の温度を1K上げるのに要する熱量を系の**熱容量**(heat capacity) C(J/K)，単位質量あたりの熱容量を**比熱**(specific heat) c(J/(kg·K))と呼ぶ．比熱は系の温度や圧力だけでなく，加熱するときの条件によっても異なる．特に重要なのは体積一定または圧力一定条件での比熱であり，それぞれ**定積比熱** (specific heat at constant volume) c_v，**定圧比熱** (specific heat at constant pressure) c_p と呼ばれている．一般に，定圧比熱が定積比熱より大きいが，固体や液体では温度上昇による体積変化が小さいためこれらの差は無視できるほど小さいことから，単に比熱 c が用いられる．

表2.5　状態量

示量性状態量
体積（容積）: V (m^3)
内部エネルギー : U (J)
エンタルピー : H (J)
エントロピー : S (J/K)

示強性状態量
温　度 : T (K)
圧　力 : p (Pa)
比体積 : v (m^3/kg)
密　度 : ρ (kg/m^3)

2・5　状態量 (quantity of state)

系の状態がつり合っていて温度を含むすべての量が変化しないときを熱力学的平衡状態という．熱力学的平衡については3・3項で学ぶ．系の現在の状態を記述しようとした場合，一般にはその系がどのような変化をたどって現在の状態に至ったのかを考える必要がある．たとえば非平衡状態にある系を考える場合には現在の状態には過去の履歴が深く関係しているであろう．しかし，熱力学的平衡状態にある系に関しては現在の状態で定義される物理量のみで表すことが可能である．このような物理量を**状態量**(quantity of state)と呼ぶ．状態量としては，温度 T(K)，圧力 p(Pa)，体積（容積）V(m^3)，密度 ρ(kg/m^3)，内部エネルギー U(J)，エンタルピー H(J)，エントロピー S(J/K)などがある．

系の質量をたとえば2倍にした場合，これに伴って容積，内部エネルギーなどの状態量は2倍に増大することから，これらを**示量性状態量**(extensive quantity, extensive property)と呼ぶ．一方，温度，圧力などは系の質量に依存しないことから**示強性状態量**(intensive quantity, intensive property)と呼ばれる．示量性状態量に対しては比容積のように単位質量あたりの物理量を考えることが可能である．この場合，その物理量の前に「比(specific)」をつけ，小文字の記号を用いることが多い．たとえば，**比体積（比容積）**(specific volume) v (m^3/kg)，**比内部エネルギー**(specific internal energy) u (J/kg)などが用いられる．**密度**(density)．(kg/m^3)は単位体積あたりの質量であり，比体積 v とは $\rho = 1/v$ の関係にある．

ここでは，以下において単位質量あたりの物理量を小文字で表記する．

表2.6　単位質量あたりの物理量

v : 比体積（比容積）
u : 比内部エネルギー
h : 比エンタルピー
s : 比エントロピー

2・6　単位系と単位 (system unit, unit)

国際単位系(SI, The International System of Units)は1960年の国際度量衡総会において採択されたメートル系の標準的単位系である．従来はメートル系の単位系としてもMKS単位系，CGS単位系，工学単位系等などさまざまな単位系が用いられてきたが，現在は世界的にこの単位系に移行している．しかし，単位系は長い間の習慣にも関係するため，現在もまだ工学単位系を使用する国々や産業分野もあり，SIへの移行は完了していないのが現状である．

2・6・1　SI (The International System of Units)

SIは基本単位，補助単位，組立単位からなるSI単位とこれらの単位にSI接頭語をつけて構成するSI単位の10の整数乗倍とから構成されている．SIの全体の構成を図 2.10 に示す．また，基本単位と補助単位を表 2.7 および表 2.8 に示す．これら以外の次元の量は基本単位と補助単位を物理法則にしたがって組み合わせることにより誘導した組立単位によって計量する．組立単位には力の単位のニュートン，圧力の単位のパスカルなどのように固有の名称をもつ単位と粘度の単位であるパスカル秒のように固有の名称をもたない単位に分けられる．固有の名称をもつ組立単位を表 2.9 に示す．

SI では SI 接頭語を用いて SI 単位の 10 の整数乗倍を構成する．SI 接頭語を表 2.10 に示す．

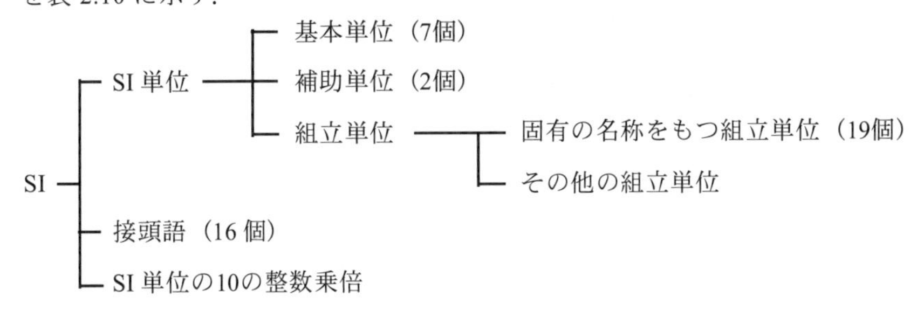

図 2.10　SI の構成

表 2.7　SI 基本単位

長さ	メートル	m
質量	キログラム	kg
時間	秒	s
電流	アンペア	A
熱力学温度	ケルビン	K
物質量	モル	mol
光度	カンデラ	cd

表 2.8　SI 補助単位

平面角	ラジアン	rad
立体角	ステラジアン	sr

表 2.9　SI 組立単位

量	名　称	記　号	定　義
周　波　数	ヘルツ	Hz	s^{-1}
力	ニュートン	N	$kg \cdot m/s^2$
圧力・応力	パスカル	Pa	N/m^2
エネルギー・仕事・熱量	ジュール	J	N·m
仕事率（工率）・放射束	ワット	W	J/s
電気量・電荷	クーロン	C	A·s
電圧・電位	ボルト	V	W/A
静 電 容 量	ファラド	F	C/V
電 気 抵 抗	オーム	Ω	V/A
コンダクタンス	ジーメンス	S	A/V
磁　　束	ウェーバ	Wb	V·s
磁 束 密 度	テスラ	T	Wb/m^2
インダクタンス	ヘンリー	H	Wb/A
セルシウス温度	セルシウス度	℃	t ℃ ＝ (t+273.15) K
光　　束	ルーメン	lm	cd·sr
照　　度	ルクス	lx	lm/m^2
放　射　能	ベクレル	Bq	s^{-1}
吸 収 線 量	グレイ	Gy	J/kg
線 量 当 量	シーベルト	Sv	J/kg

表 2.10　SI 接頭語

倍数	接頭語	記号
10^{18}	エクサ	E
10^{15}	ペ　タ	P
10^{12}	テ　ラ	T
10^{9}	ギ　ガ	G
10^{6}	メ　ガ	M
10^{3}	キ　ロ	k
10^{2}	ヘクト	h
10^{1}	デ　カ	da
10^{-1}	デ　シ	d
10^{-2}	センチ	c
10^{-3}	ミ　リ	m
10^{-6}	マイクロ	μ
10^{-9}	ナ　ノ	n
10^{-12}	ピ　コ	p
10^{-15}	フェムト	f
10^{-18}	ア　ト	a

表2.11　SIとの併用が認められている単位

名称	記号	SI単位での値
分	min	1 min = 60 s
時	h	1 h = 60 mins
日	d	1 d = 24 h
度	°	1° = (π/180) rad
分	′	1′= (1/60)°
秒	″	1″= (1/60) ′
リットル	l, L	1 L = 10^{-3} m^3
トン	t	1 t = 10^{0} kg

名称	記号	定義
電子ボルト	eV	1.60219×10^{-19} J
原子質量単位	u	1.66057×10^{-27} kg

表2.12　SIとともに暫定的に維持されるおもな単位

名称	記号	SI単位での値
オングストローム	Å	1 Å=10^{-10} m
バール	bar	1 bar =10^5 Pa
アール	a	1 a = 10^2 m
ヘクタール	ha	1 ha = 10^4 m

表2.13　その他の一般的には推奨しがたい単位

名称	記号	SI単位での値
トール	Torr	1 Torr =
標準大気圧（気圧）	atm	1 atm = 101325 Pa
カロリー	cal	1 cal_{IT} = 4.1868 J 1 cal_{15} = 4.1855 J
重量キログラム （キログラム重）	kgf, kgw	1 kgf = 9.80665 N
ミクロン	μ	1 μ = 10^{-6} m

また，SIではある物理量に対しては原則として1つの単位のみが採用されているが，これまで慣用的に用いられてきたいくつかの単位の併用も認められている．これらの単位を表2.11に示す．

2・6・2　SI以外の単位系と単位 (other system of units)

SIは長さ，質量，時間を基本とした絶対単位系の1つであるが，一方で，長さ，力，時間を基本量として組み立てた単位系もあり，これを工学単位系と呼ぶ．この単位系では，単位質量の物体に作用する重力を力の単位とすることから重力単位系とも呼ばれている．代表的なものとして，わが国で用いられてきたメートル工学単位系，アメリカで現在も用いられているUSCS(the United States Customary System)などがある．メートル工学単位系では，長さにはメートル(m)，力には重力キログラムまたはキログラム重(kgf, kgw)，時間には秒(s)を用いる．USCSでは長さにはフィート(ft)，力には重量ポンド(lbf)，時間には秒(s)を用いる．なお，以前は工学では，キログラム重(kgf, kgw)を単にキログラム(kg)と表記していたこともあり，重量と質量を混同しないように注意が必要である．

おもな物理量の単位の定義と詳細を以下に示す．

力(N)

SIでは質量1 kgの物体を1 m/s^2で加速する場合の力を1ニュートン(N)と定義する．メートル工学単位系では質量1 kgの物体に作用する重力を1 kgf，USCSでは1 lbの物体に作用する重力を1 lbfと定義する．

圧力，応力(Pa)

圧力は単位面積あたりの法線方向の力として定義される．SIの単位は(N/m^2)であるが，これを特にパスカル(Pa)と呼ぶ．10^5 Paをbarと呼び，SIではしばらくの間暫定的に維持することが認められている．従来単位として，標準重力場における標準密度の水銀柱 760 mm の底面に及ぼす圧力として定義される気圧(atm)や水銀柱 1 mm を表すトール(Torr (= mmHg))という単位も用いられてきたが，SI ではそれらの使用を避けて SI 単位に置き換えることを推奨している．なお，一般に，圧力計は大気圧に対する差圧を示すことが多く，これをゲージ圧(gauge pressure)とよび，単位の末尾に g をつける．また，絶対真空を基準とした場合の圧力を絶対圧力(absolute pressure)とよぶ．絶対圧力を特に明示する場合には a をつけるが，省略することが多い．熱力学で用いる圧力は絶対圧力であることに注意しなければならない．

表 2.14　物理量の単位

圧力	
1 atm	= 1.013×10^5 Pa
	= 1013 hPa
	= 1.013 bar
	= 1013 mbar
	= 760 Torr
エネルギー	
1 cal$_{IT}$	= 4.1868 J
1 cal$_{15}$	= 4.1855 J
仕事率	
1 PS	= 0.7355 kW
1 HP	= 0.746 kW

エネルギー (J)

SI では物体に 1 N の力を加えてその向きに 1 m 動かしたときの仕事をエネルギーの単位とし，これを 1 ジュール(J) (=(N·m)) と呼ぶ．SI では仕事も熱量もジュール(J)で表すが，従来は熱量の単位としてカロリー(cal)を用いてきた．定義によって 5 種類のカロリー（国際カロリー(cal$_{IT}$)，15 度カロリー(cal$_{15}$)など）があり，それぞれわずかに値が異なる．熱工学では一般に国際カロリーが使用されてきた．メートル工学単位系では kgf·m，USCS では lbf·m がエネルギーの単位である．

仕事率(W)

単位時間あたりにする仕事を仕事率（工率，パワー，動力）と呼ぶ．単位は(J/s)であるがこれを特にワット(W)と呼ぶ．慣用的には馬力という単位が使用されてきた．馬力には，1 秒間に 75 kgf·m の割合でおこなわれる仕事率を表すメートル馬力 (1 PS=0.7355 kW) と 1 秒間に 550 ft·lbf の割合でおこなわれる仕事率を表す（英国馬力，1 HP=0.746 kW ）がある．馬力を表す場合，普通は HP を使用するが，メートル馬力を表す場合には PS を使用する．

＝＝＝＝＝　練習問題　＝＝＝＝＝＝＝＝＝＝＝＝＝＝＝＝＝＝＝＝＝＝＝＝

【2・1】 A 5 kg object is subjected to an upward force of 60 N. Determine the acceleration of the object in m/s^2. The acceleration of gravity is assumed to be 9.8 m/s^2.

【2・2】 Convert the following pressures:

(a) 2 atm to MPa

(b) 2 atmg to MPa

(c) 3 bar to psi

【2・3】 真空容器に取り付けた呼び径 150 の真空フランジ（直径 235 mm）に，容器内外の圧力差によって加わっている力 F を求めよ．ただし，このフランジに適用する管の外形は 165.2 mm であり，管の肉厚を 2 mm とする．また，容器には大気圧 p_0 が作用するとし，真空容器内の圧力 p は無視できるものとする．

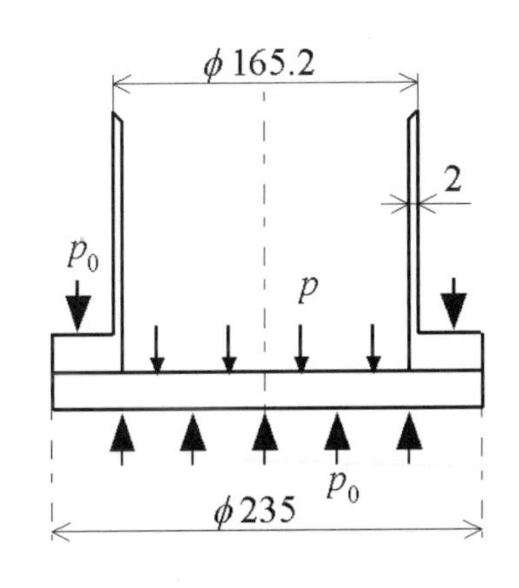

図 2.11　真空フランジ

【2・4】 室温程度の温度においては，気体分子1個あたりの平均の並進エネルギーは$\frac{3}{2}kT$ （k：Boltzmann 定数）となることがわかっている．このことから 300 K における (a) H_2，(b) N_2，(c) CO_2の各分子の平均の並進速度を求めよ．

【解答】

1. 2.2 m/s^2
2. (a) 0.203 MPa　(b) 0.304 MPa　(c) 43.5 psi
3. 2068.0 N
4. (a) H_2 : 1926.6 m/s　(b) N_2 : 516.8 m/s　(c) CO_2 : 412.3 m/s

第3章
熱力学第1法則
The First Law of Thermodynamics

3・1 熱と仕事 (heat and work)

3・1・1 熱 (heat)

熱(heat)は，温度の高い系から低い系に移動するエネルギーの形態として定義される．

熱は，温度差によるエネルギー移動であるから熱平衡(thermal equilibrium)にある系の間では熱によるエネルギー移動はなくなる．つまり，熱は伝熱(heat transfer)によって移動する内部エネルギー（または熱エネルギー）である．伝熱の形態としては，図3.1に示す，熱伝導(heat conduction)，対流熱伝達(convective heat transfer)，ふく射伝熱(radiative heat transfer)に分類される．

熱伝導は，境界で接した2つの系が内部エネルギーの相互作用によってエネルギーを移動するものである．単位面積を単位時間あたりに通過する熱量，または熱流束(heat flux)は，物質内の温度こう配(temperature gradient)に比例する．対流熱伝達は，対流または流体の移動によって境界近傍まで温度の異なる流体を移動させ，境界で熱伝導によって移動するエネルギー移動形態である．ふく射伝熱は，物質の内部エネルギー（熱エネルギー）を可視光や赤外線などの電磁波に変換し，他の系に到達させ再び内部エネルギーに変換するエネルギー移動の形態である．ただし，熱力学では熱移動の効果のみを論じ，単位時間あたりの熱流量(heat transfer rate)は，伝熱学(heat transfer)で扱う．

系が温度差のある周囲に置かれているときでも伝熱が起こらない系を断熱系(adiabatic system)といい，この境界を断熱壁(adiabatic wall)という．断熱壁でない境界を透熱壁(diathermal wall)という．断熱状態は，断熱材などの熱伝導の悪い物質で系を覆い，他のエネルギー移動に比べて境界を通過する熱量が著しく小さいときに近似的に満足される．

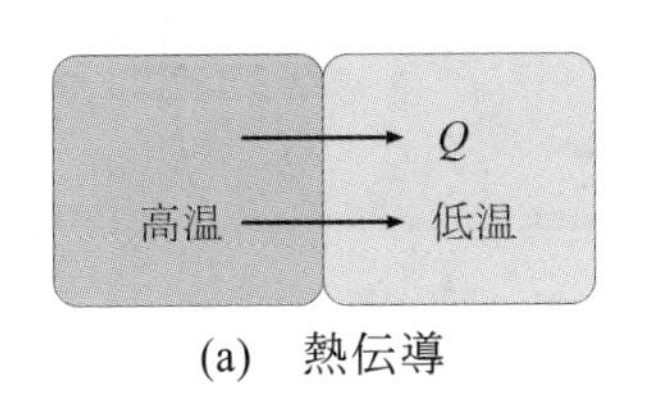

(a) 熱伝導

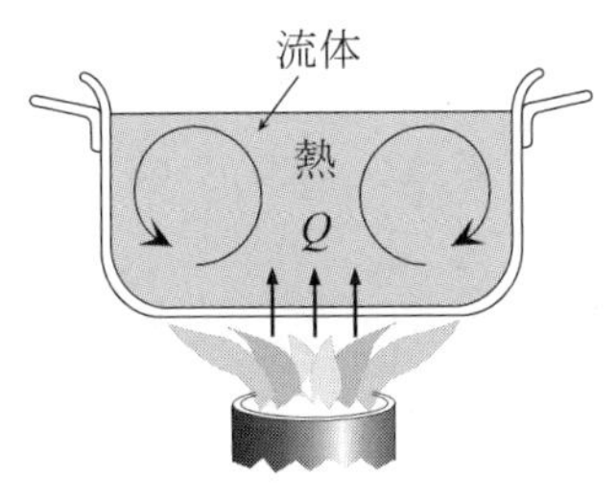

(b) 対流熱伝達

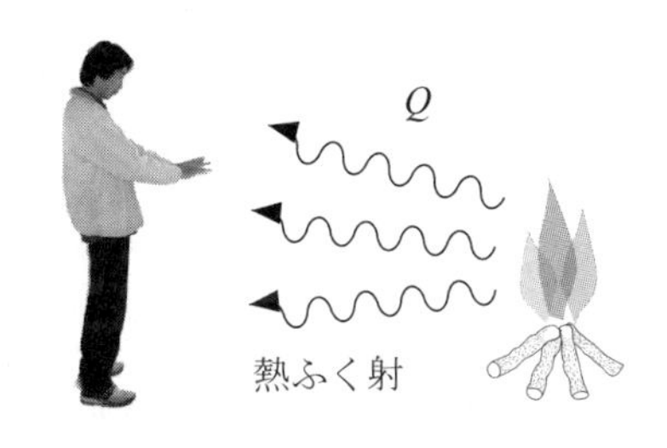

(c) ふく射伝熱

図3.1 熱移動の形態

3・1・2 仕事 (work)

図3.2に示す人間を系として考えると，「系に力が働く作用点に外力 F (N)が作用し，その外力に抗して作用点が x (m)変位したとき，系は周囲に対して

$$L = Fx \ \ (\mathrm{J}) \tag{3.1}$$

の仕事(work)をした」という．図3.3に示すシリンダ・ピストンと作動流体(working fluid)で構成される系を例に考える．外力が一定でなければ，仕事の微小量 $\mathrm{d}L$ の積分によって状態1から2へピストンが外側に移動することによって系が周囲にする仕事が次の式(3.2)によって求められる．

$$L_{12} = \int_1^2 F\mathrm{d}x \ \ (\mathrm{J}) \tag{3.2}$$

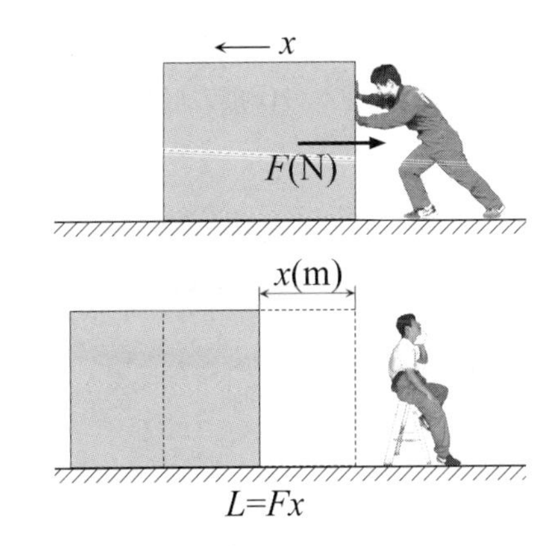

図3.2 仕事

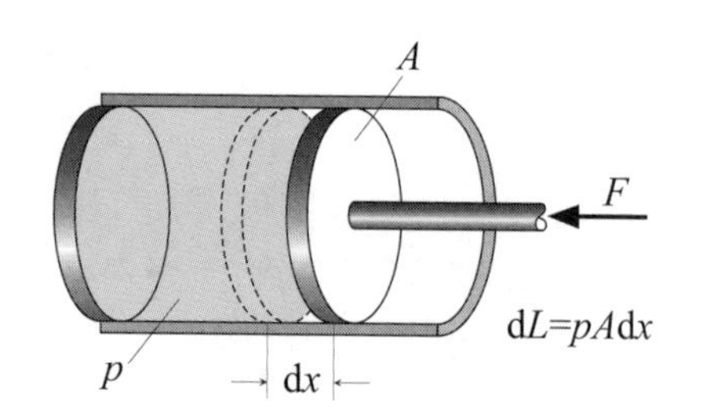

図3.3　移動境界仕事

この積分を実施するためには，作用点が1から2の過程で変位に対してFがどのように変わるかによって仕事が変化する．図3.3の場合では，内部の圧力と力がつり合っているので，$F = pA$となる．

系が周囲に対して仕事をする場合，作用点に力が作用することと，その作用点が移動することが必要である．たとえば，境界を介して系が仕事をするためには，境界に作用する力が存在し，その境界が移動することが必要である．系に力が働かない真空中で境界が移動しても，系は周囲に対して仕事をしないことに注意する．つまり，気体が真空中への自由膨張するときには，気体は真空の周囲に対して仕事をしない．

仕事には力学作用に基づく機械仕事(mechanical work)と作用点に電磁気力が作用する電気仕事(electrical work)などがある．仕事はエネルギーの1形態であるから，機械仕事は2・1・3項で示したエネルギーに対応している．つまり，機械仕事は，図3.3に示すように，閉じた系が外力に抗して検査体積を変化させるための移動境界仕事(boundary work)のほかに，図3.4に示す重力に逆らってなされる重力仕事(gravitational work)，系の速度を変化させるための加速仕事(accelerational work)，軸のトルクに抗して回転させる軸仕事(shaft work)，図3.4(d)に示すように，ばねを変形させてポテンシャルエネルギーを蓄えるばね仕事(spring work)などがある．電気仕事としては，電子が電位差V (V)に沿って運動する仕事として表される．

機械工学では，仕事や熱は単位時間あたりの仕事である仕事率(power) $\dot{L} = \mathrm{d}L/\mathrm{d}t$ (W または J/s)や熱流量(heat transfer rate) $\dot{Q} = \mathrm{d}Q/\mathrm{d}t$ (W または J/s)で表される場合が多い．

また機械工学では，機械や機械要素を系として扱うことが多いので，習慣として系に入る熱量を正，系が周囲に対して作用する仕事を正として定義する．

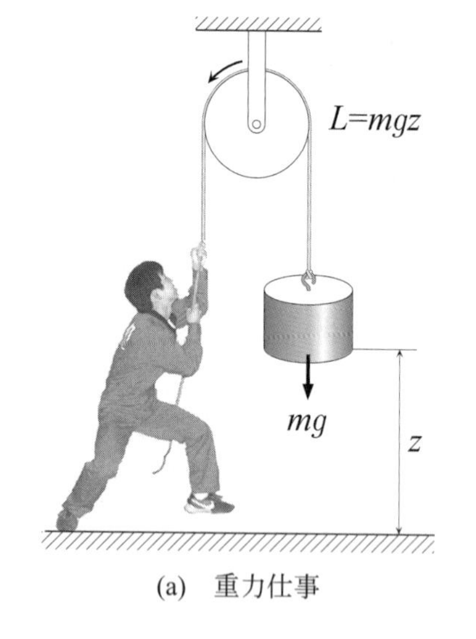

(a)　重力仕事

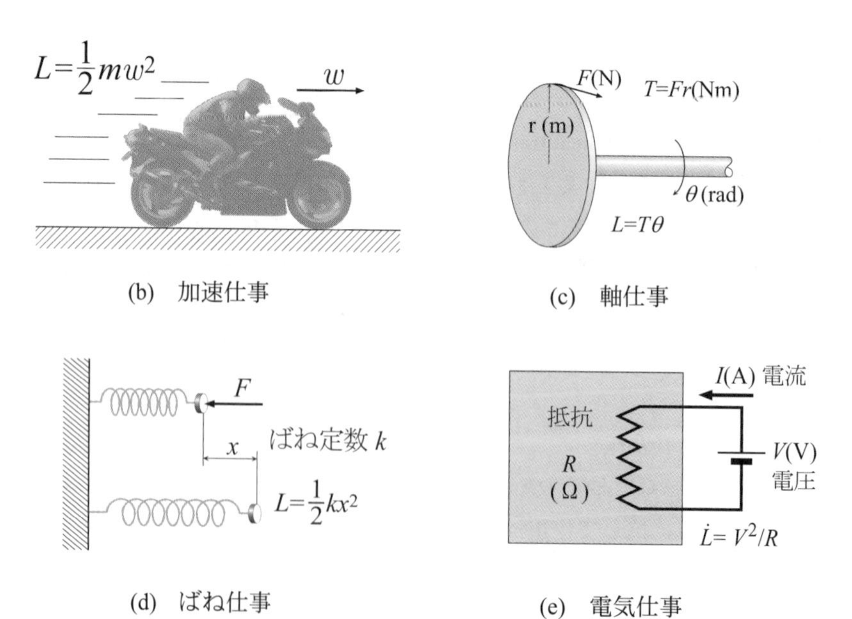

(b)　加速仕事

(c)　軸仕事

(d)　ばね仕事

(e)　電気仕事

図3.4　種々の仕事の形態

3・2　閉じた系の熱力学第1法則 (the first law applied to closed system)

これまで，熱や仕事とエネルギーの種々の形態を示してきたが，これらのエネルギーと熱や仕事を関係づけるものがエネルギー保存則(energy conservation law)として知られている熱力学第 1 法則(the first law of thermodynamics)である.

図 3.5 に示すように，基準高さから z_1 (m) にある質量 m (kg) の自動車を考えよう．この車輪の回転エネルギーや車軸の摩擦，車体の抵抗を無視して，エンジンをかけないで坂を下る．自動車は状態 1 ではポテンシャルエネルギーのみで運動エネルギーはない．状態 2 では，ポテンシャルエネルギーが半分になり，その減少分だけ運動エネルギーが増加している．状態 3 では，ポテンシャルエネルギーは全て運動エネルギーに変換される.

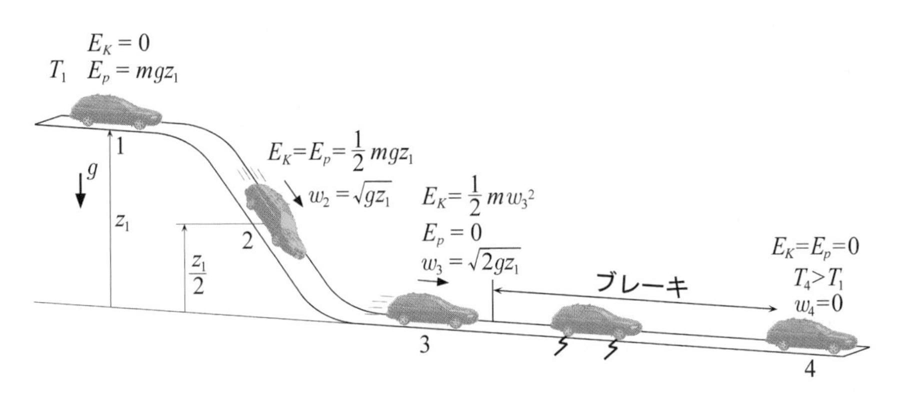

図 3.5　各種エネルギーの変換と保存

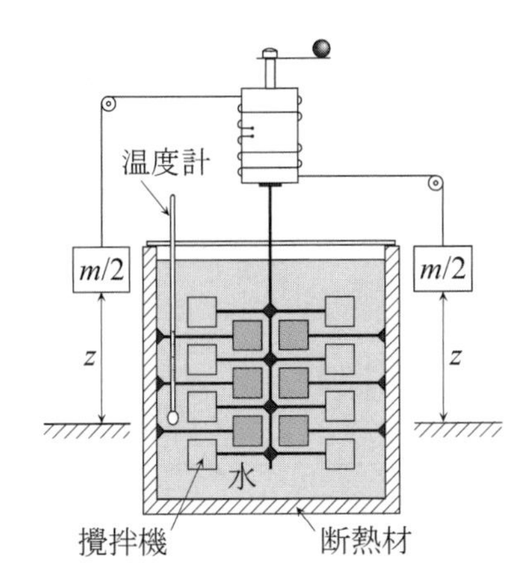

図 3.6　ジュールの実験装置

次に，ブレーキをかけると，運動エネルギーはブレーキの摩擦によって内部エネルギーである顕熱に変換され，ついに自動車は停止する．自動車が断熱系の場合，内部エネルギーの増加によって自動車の温度 T_4 (K) は，初期温度 T_1 より増大する.

ジュール(Sir James Joule)は，図 3.6 の実験装置で，おもりの重力仕事 mgz (J) が断熱状態の水を攪拌（かくはん）し，全てが静止した後の温度上昇を計測した. 同じ温度変化は, 熱を加えることによっても可能であるから, 熱と仕事は等しいものであることを示し，1 kg の水を 1 K 上昇させるためのエネルギー 1 kcal が 4.155 kJ であることを示した．現在は，1 kcal の熱から仕事への変換定数または，熱の仕事当量(mechanical equivalent of heat)は 4.1868 kJ と定められている．ジュールの実験は，重力仕事のエネルギーが, 水分子の微視的エネルギーである内部エネルギーの 1 つである顕熱に変換され，水の温度が上昇したことを示している.

このことから，熱力学第 1 法則(the first law of thermodynamics)は，「熱は本質的に仕事と同じエネルギーの 1 形態であり，仕事を熱に変えることもできるし，その逆も可能である」ということができる．また，エネルギー保存の原理から,「系の保有するエネルギーの総和は，系と周囲との間にエネルギー交換のない限り不変であり，周囲との間に交換のある場合には授受したエネルギー量だけ減少または増加する」または,「孤立系の保有するエネルギーは保存される」ともいうことができる.

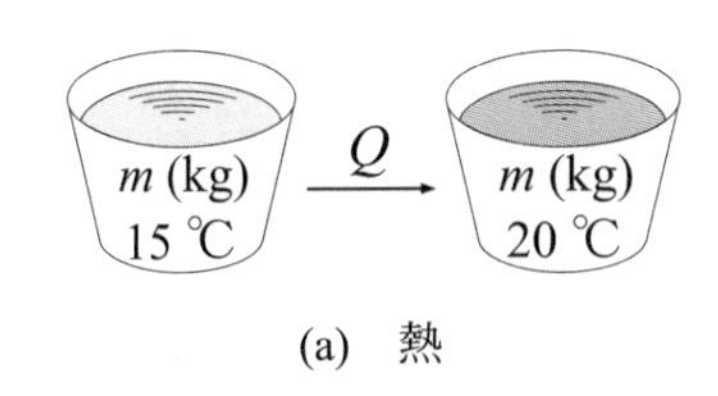

(a)　熱

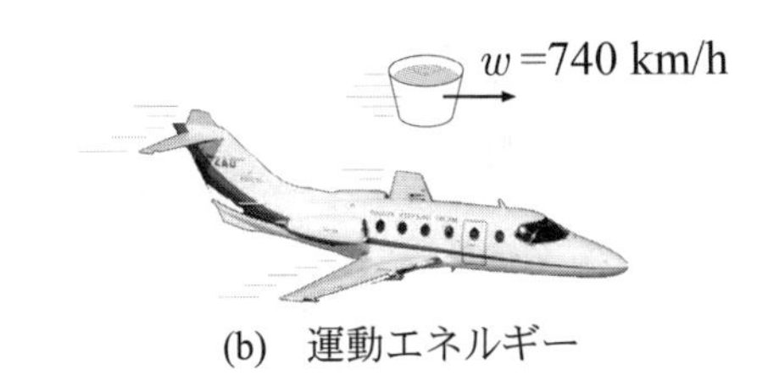

(b)　運動エネルギー

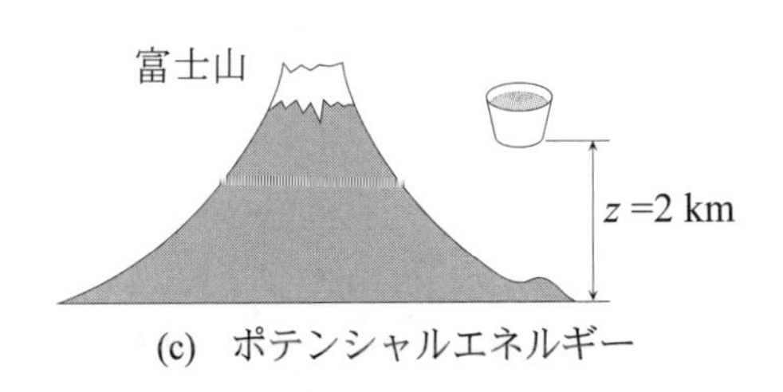

(c)　ポテンシャルエネルギー

図 3.7　水温を 5 K 上昇させるのと等価な仕事

【例題 3・1】　＊＊＊＊＊＊＊＊＊＊＊＊＊＊＊＊＊＊＊＊＊＊＊＊

容器に入った質量 m (kg) の水を 5 K 上昇させるために必要な熱と等価な仕事をして，水を加速した場合の速度と，容器をもち上げたときの高さを計算せよ．ただし，容器の熱容量と重量，水を運動させるときの抵抗は無視し，重力加速度を 9.81 m/s^2 とする．

【解答】 水を 5 K 上昇させるために必要なエネルギーは，熱の仕事等量の定義から，

$$Q = 4.1868\ m\Delta T = 4.1868 \times 5\ m = 20.934\ m\ \ \text{(kJ)} \qquad \text{(ex3.1)}$$

式(2.1)からこれと等しいエネルギーを加速仕事に用いると，速度は

$$v = \sqrt{2Q/m} = \sqrt{4.1868 \times 10^4} = 204.6\ \text{m/s} = 737\ \text{km/h} \qquad \text{(ex3.2)}$$

式(2.3)を用いて重力仕事に変換すると，

$z = Q/(mg) = 2.134$ km の高さまでもち上げることができる．

日常用いている水を加熱するエネルギーは膨大なものである．

＊＊＊＊＊＊＊＊＊＊＊＊＊＊＊＊＊＊＊＊＊＊＊

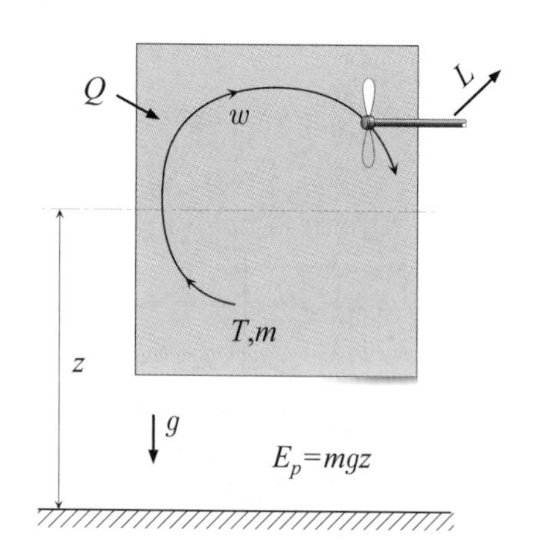

図3.8　閉じた系のエネルギー保存

図 3.8 に示す閉じた系を考える．Q を系の境界を横切る熱量，L を系が周囲に作用する仕事，ΔE_t を系が保有する全エネルギー(total energy)の変化量とすると，系のエネルギー保存則，あるいは熱力学第 1 法則は，

$$\Delta E_t = Q - L\ \ \text{(J)} \qquad (3.3)$$

で表される．検査体積がガスで満たされている系では，全エネルギーは，ガス分子の微視的運動エネルギーである内部エネルギーU，ガスの流動による巨視的運動エネルギー E_K，系のポテンシャルエネルギー E_P から成るから，全エネルギーの変化量は，

$$\Delta E_t = \Delta U + \Delta E_K + \Delta E_P\ \ \text{(J)} \qquad (3.4)$$

である．系内のガス流速が小さいときや系の高さ変化が無視できる場合，つまり静的な閉じた系(stationary closed system)を考えると，熱力学第 1 法則は次のように表される．

$$\Delta U = Q - L\ \ \text{(J)} \qquad (3.5)$$

単位質量あたりの量を考えると，式(3.5)は，

$$\Delta u = q - l\ \ \text{(J/kg)} \qquad (3.6)$$

となる．式(3.5)および式(3.6)は，ガスだけでなく全ての物質について，閉じた系の多くの場合に成り立つ．しかし，気体の自由膨張(free expansion)における過渡現象(transient phenomenon)や大気の上昇過程での膨張現象には，系の運動エネルギーやポテンシャルエネルギーの変化が無視できないために，式(3.4)を考える必要がある．

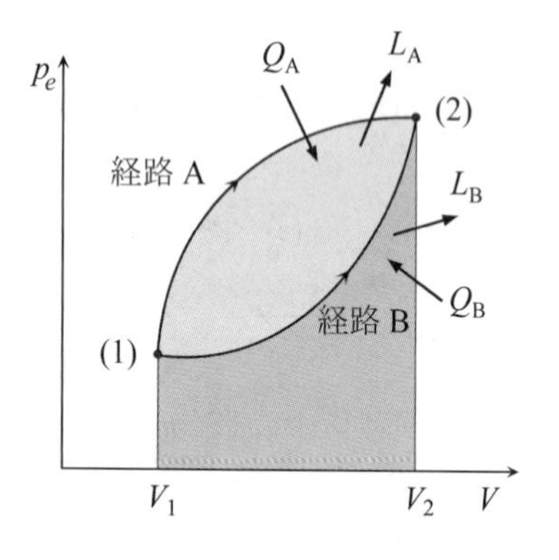

図3.9　状態(1)から状態(2)の変化における仕事と熱

系の微小変化に対して式(3.5)および式(3.6)は

$$\mathrm{d}U = \delta Q - \delta L\ \ \text{(J)} \qquad (3.7)$$

$$\mathrm{d}u = \delta q - \delta l\ \ \text{(J/kg)} \qquad (3.8)$$

図 3.9 は，図 3.3 に示すようにシリンダ・ピストンで構成される系が状態(1)から状態(2)に変化した場合，系が周囲から受ける熱を示したものである．系が周囲に対して行う仕事は，図 3.9 の過程における $V_1-(1)-(2)-V_2$ で囲まれる面積に等しい．このとき，周囲の圧力 p_e は，シリンダ内の作動流体の圧力 p とつり合っているとは限らないので，両者は必ずしも等しくないことに注意する．状態(1)から(2)に系が変化するときの系を横切る熱量と周囲に作用する仕事は式(3.5)を満足するが，これらは系の始めと終わりの状態量によるだ

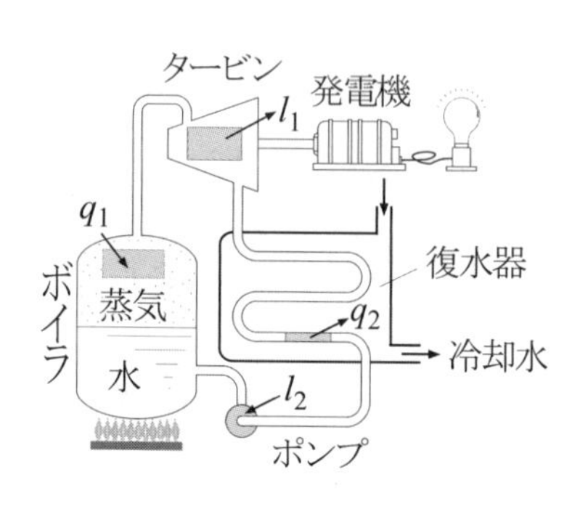

図3.10　火力発電プラント

けでなく途中の状態，すなわち経路 A を通るか経路 B を通るかによっても違ってくる．したがって，微小変化に対する式(3.7)の $\mathrm{d}U$ は状態量の微小変化で，熱力学関数(thermodynamic function)の微分であるが，δQ と δL は状態量ではなく，その微小変化も経路に依存する不完全微分である．つまり熱量と仕事を単なる微小な変化として扱うために δ の記号を使用している．

系の状態が変化し再び元の状態に戻るとき，その状態変化の過程をサイクル(cycle)という．図 3.10 に示す火力発電プラントの作動媒体(working fluid)である水に着目し，単位質量の作動流体を系として考える．ポンプを出てボイラに流入した高圧の水は，ボイラ内の周囲から熱量 q_1 を受け高温高圧の蒸気となる．この蒸気はタービンで断熱膨張し仕事 l_1 を周囲にして低温低圧の蒸気となり，復水器で q_2 の熱を排出し水となり，ポンプで外部から仕事 l_2 を受け再びボイラに流入する．

この時，系は正味の熱 $q = q_1 - q_2$ を受け，周囲に対して正味の仕事 $l = l_1 - l_2$ をするが，1 サイクル終了時には系は元の状態に戻るから $\Delta u = 0$ である．したがって，式(3.6)および式(3.8)よりサイクルでは次の関係が成立する．

$$Q = L \quad \text{または} \quad q = l \tag{3.9}$$

表 3.1　熱力学第 1 法則（運動エネルギーとポテンシャルエネルギーの変化が無視できる場合）

状態 1 から 2 の変化に対して
$U_2 - U_1 = Q_{12} - L_{12}$
$u_2 - u_1 = q_{12} - l_{12}$
微小変化に対して
$\mathrm{d}U = \delta Q - \delta L$
$\mathrm{d}u = \delta q - \delta l$

3・3　熱力学的平衡と準静的過程 (thermodynamic equilibrium and quasi-static process)

3・3・1　熱力学的平衡 (thermodynamical equilibrium)

系の状態がつり合っており外的条件が変化しない限り変わらないとき，系は平衡(equilibrium)であるという．熱平衡(thermal equilibrium)では系内の温度は一様で，系内部の熱移動はない．系内外の力がつり合い状態にある場合を力学平衡という．力学平衡(mechanical equilibrium)では系内の物体は巨視的運動をせず，周囲とも力学的につり合い状態にある．系内の物質の化学組成が変化せず安定状態にあり，系内の濃度などの化学成分分布も一様なとき，系は化学平衡(chemical equilibrium)である．飽和液と蒸気の混合物(saturated liquid-liquid vapor mixture)のように，液体と気体などの異なった相が共存する場合，それぞれの相の割合が一定に保たれている系は相平衡(phase equilibrium)状態にある．上記の全ての平衡が成り立つとき，系は熱力学的平衡(thermodynamic equilibrium)である．逆に，上記の平衡がどれか 1 つでも成り立たない場合，系は熱力学的に非平衡状態である．熱平衡，いわゆる温度平衡のみを熱力学的平衡として考えると，系の過渡運動や物質の拡散が説明できない場合があるので注意する．

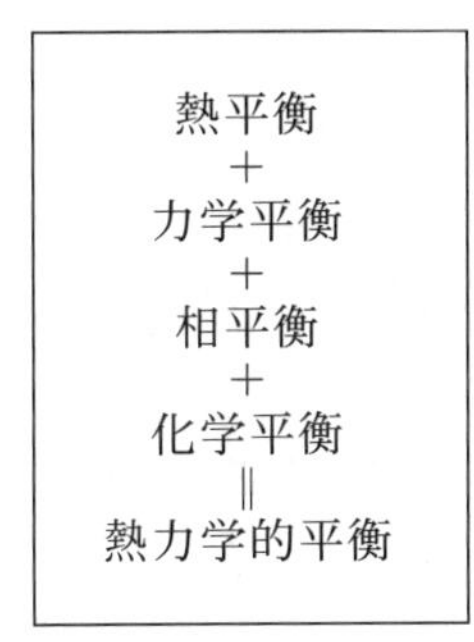

図 3.11　各種平衡と熱力学的平衡

3・3・2　準静的過程 (quasi-static process)

系がある平衡状態から他の平衡状態に変化することを過程(process)という．熱力学は，熱力学的平衡状態にある系を対象としており，熱力学的平衡状態にある温度や圧力などが状態量である．したがって，熱力学的平衡状態の系はいかなる変化も起こらないから，過程も生じないという矛盾が生じる．そこで，熱力学的平衡状態から微小量だけ系が「ゆっくり」変化する仮想的過程である準静的過程(quasi-static process)を導入する．

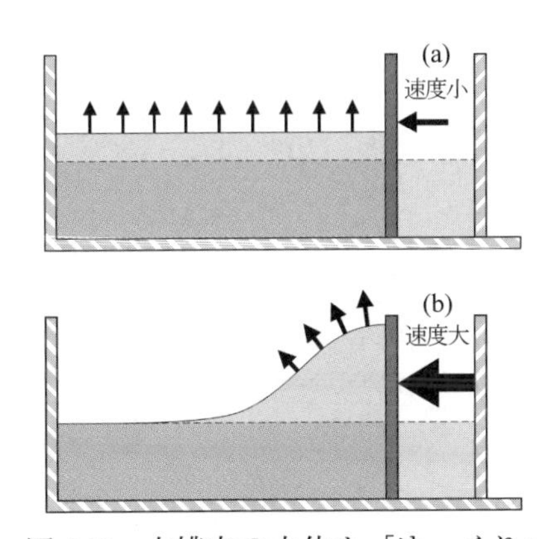

図 3.12　水槽内の水位を「ゆっくり」上昇させる場合(a)，と「急激」に変化させる場合(b)

この場合，「ゆっくり」という意味は，系に作用した微小変化に対し，系内の巨視的エネルギーや状態量の不均一が生じないで，系全体が新たな熱力学的平衡状態を作るのに十分な時間があるということである．図 3.12 に示すように，水槽内に水を入れて一方の壁を動かし，水位を変化させる場合を考えよう．壁をゆっくり動かすと槽内の水は一様に上昇するが，壁を早く動かすと槽内の水位に不均一が生じる．ある系内の全ての示強性状態量が均一となるように変化させる場合が次章 4・2・3 項で述べる内部可逆過程(internally reversible process)と呼ばれる過程である．

一般的な準静的過程では，系と周囲との熱力学的平衡も満足するようにゆっくり変化する理想的過程である．実在の過程は準静的過程ではないが，近似的にこの過程を満足する変化も多い．

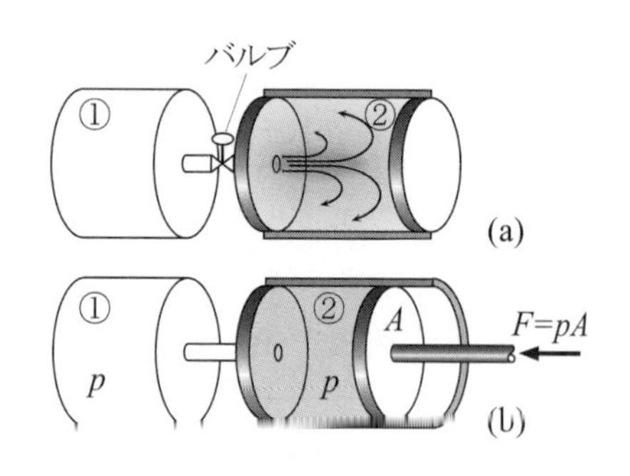

図 3.13　非平衡過程(a)と準静的過程(b)

準静的過程と非平衡過程(non-equilibrium process)の例を図 3.13 に示す．まず，図 3.13(a)に示すように，2 つのシリンダの一方①にガスを満たし，他②を真空にする．このバルブを介してシリンダ①②をつなぎ，バルブを開けるとガスはシリンダ②に自由膨張する．この時，ガスはシリンダ内で膨張し高速で噴出するが，シリンダ内の圧力，温度は不均一で，巨視的な流れが生じているために，シリンダ②は非平衡状態にある．一方，図 3.13(b)に示すように，シリンダ②の左端にピストンを置き，外力 F とピストン内の圧力による力 pA がつり合うようにゆっくり膨張させると，系内のガスは熱力学的平衡を保ちつつ，周囲とも平衡を保ちながら準静的に変化する．

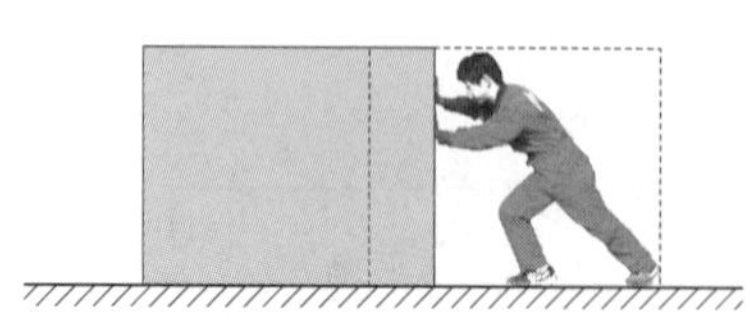
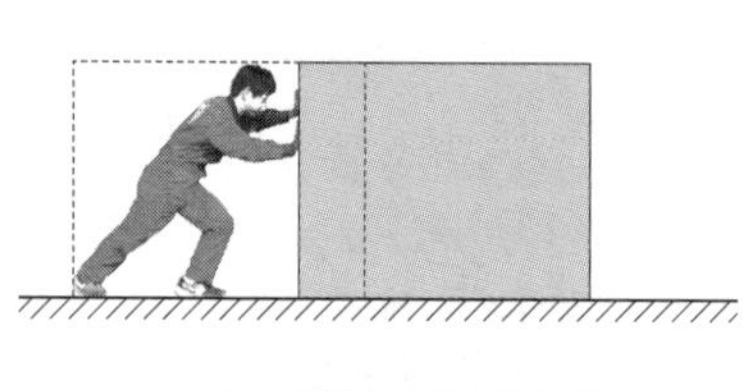
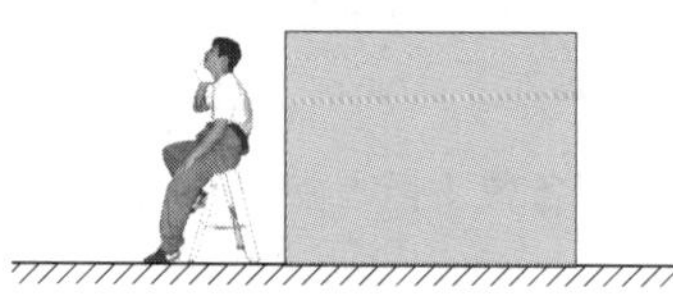
図 3.14　物体を移動させ、また、元に戻す過程

3・3・3　可逆過程と不可逆過程 (reversible and irreversible processes)＊

一般に，状態を元に戻すことができる過程を可逆過程という．しかし熱力学では，「系が周囲に対していかなる痕跡も残すことなく元の状態に戻ることができる過程」を可逆過程(reversible process)という．すなわち，可逆過程で系の状態が元に戻ったとき，周囲も初期状態にもどることを意味する．可逆過程でない過程を不可逆過程(irreversible process)という．

図 3.14 の例では，物体を移動させる過程で物体は元の位置に戻すことができる．しかし，物体を移動させるために人間が摩擦力に抗して仕事をし，その仕事は元の状態に戻らないので，図 3.14 の過程は不可逆過程である．図 3.15 に示すように，摩擦や抵抗がない振り子の運動では，状態 1 のポテンシャルエネルギーは状態 2 で運動エネルギーとなり，状態 5 で再び元の位置に戻る．この時，周囲にいかなる変化も与えないので，この過程は可逆過程である．

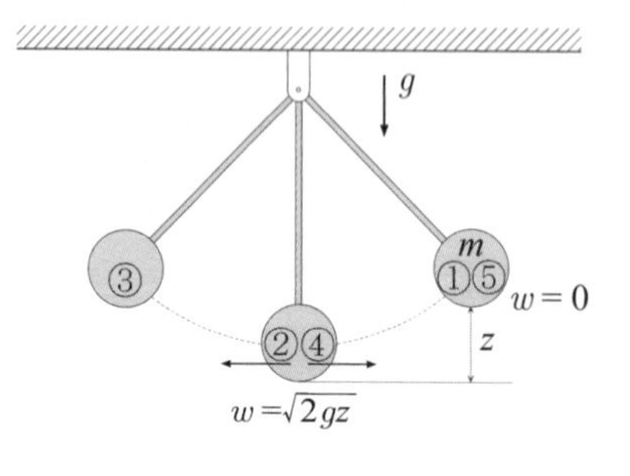

図 3.15　摩擦のない振子の運動

図 3.13(a)の気体の膨張過程を考えると，シリンダ①のガスをバルブを通して自由膨張させると，これを元の状態に戻すには周囲から系に仕事をする必要があるので，この過程は不可逆過程である．一方，図 3.13(b)の準静的過程では，ガスの圧力は外力とつり合いながら膨張し，周囲に仕事をする．この仕事をポテンシャルエネルギー等で蓄え，このエネルギーを使いながら準静的にシリンダ②のガスを圧縮し元の状態に戻すと，周囲に蓄えたエネルギーは系に戻り周囲も初期状態に戻すことが可能である．可逆過程と不可逆過程は 4・2・2 項でさらに議論する．

3・4 準静的過程における閉じた系の熱力学第 1 法則 (the first law applied to quasi-static process of closed system)

3・4・1 熱力学第 1 法則 (the first law of thermodynamics)

図 3.16 に示す，断面積 $A(\mathrm{m}^2)$ のシリンダとピストン，作動流体で構成される系を考える．ピストンに働く摩擦はなく周囲は真空であり，F (N)の力で体積 V (m^3)，圧力 p (Pa)の作動流体をピストンで押している．

ピストンが dx (m) だけ変化し流体の体積が増大すると，熱力学第 1 法則の式(3.7)から，

$$\mathrm{d}U = \delta Q - F\mathrm{d}x \quad \text{(J)} \tag{3.10}$$

準静的過程では外力と圧力がつり合っているので，

$$F = pA \tag{3.11}$$

この変化による体積の増加 $\mathrm{d}V = A\mathrm{d}x$ であるから，式(3.10)は，

$$\mathrm{d}U = \delta Q - p\mathrm{d}V \tag{3.12}$$

となる．これは、系の準静的微小変化に対する熱力学第 1 法則である．

系が，図 3.16 の状態 1 から状態 2 に変化するときの熱量を Q_{12} とすると，内部エネルギーが状態量であることを考慮して式(3.12)から，

$$U_2 - U_1 = Q_{12} - \int_1^2 p\mathrm{d}V \tag{3.13}$$

右辺第 2 項は図 3.16 の $p-V$ 線図の $V_1 - p_1 - p_2 - V_2$ で囲まれる面積が状態 1 から 2 の過程で系が周囲にした仕事となる．微小変化に対する式(3.13)の表現は，

$$\mathrm{d}U = \delta Q - p\mathrm{d}V \quad \text{(J)} \tag{3.14}$$

となり，式(3.12)と同じになる．単位質量あたりの変化は，

$$\mathrm{d}u = \delta q - p\mathrm{d}v \quad \text{(J/kg)} \tag{3.15}$$

となる．

微小変化に対する熱力学第 1 法則は，式(3.7)から，

$$\mathrm{d}U = \delta Q - \delta L \tag{3.16}$$

と表されるが，非平衡過程では微小仕事に関して，

$$\delta L = F\mathrm{d}x \neq p\mathrm{d}V \tag{3.17}$$

なので，式(3.14)および式(3.15)は，準静的過程のみに適用できる式であることに注意する．

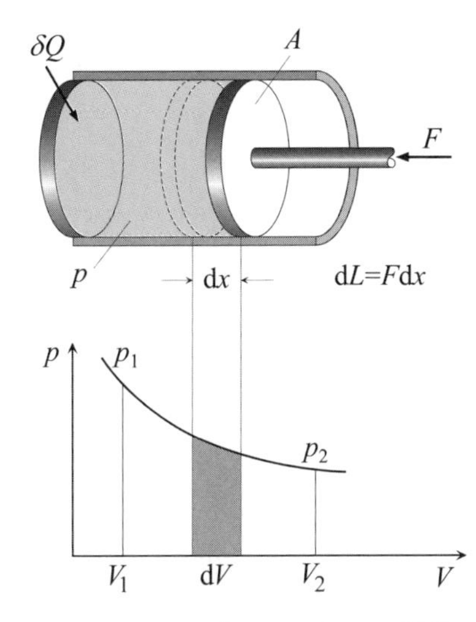

図 3.16 シリンダ・ピストンの準静的過程における仕事

表 3.2 準静的過程の第 1 法則

$\mathrm{d}U = \delta Q - p\mathrm{d}V$
$\mathrm{d}u = \delta q - p\mathrm{d}v$

3・4・2 準静的過程におけるサイクルの正味仕事 (net work during quasi-static process of cycle)

図 3.17 の閉じた系が状態 1 と 2 の間をサイクルとして動作する場合を考える．系が図 3.17 の p-V 線図(p-V diagram)の過程で変化するとき，系は準静的過程 1-A-2 で周囲に仕事 $\int_1^2 p_A \mathrm{d}V$ をする．一方，2-B-1 の準静的過程で周囲から系へする仕事は $\int_2^1 p_B \mathrm{d}V$ で，負の値となる．式(3.9)を考慮して，1 サイクルの間に系が周囲に対してする正味仕事(net work)は，

$$L = \oint p\mathrm{d}V = \int_1^2 p_A \mathrm{d}V + \int_2^1 p_B \mathrm{d}V = \int_1^2 [p_A - p_B]\mathrm{d}V \tag{3.18}$$

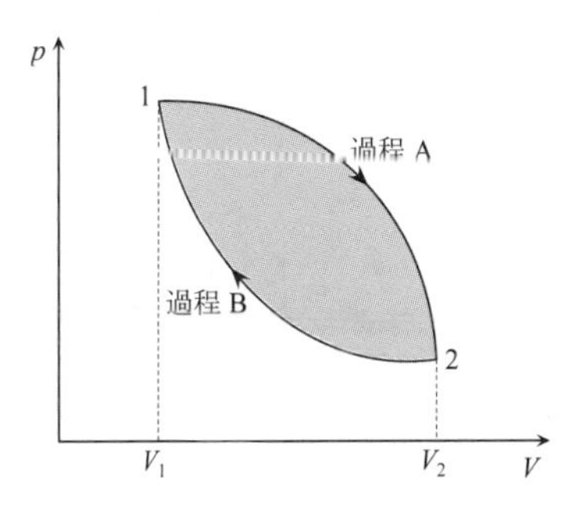

図 3.17 サイクルの $p-V$ 線図

となり，図3.17の経路Aと経路Bに囲まれた面積となる．

過程は p-V 線図において任意の経路(path)を取ることが可能であり，種々の条件で変化するので，経路の条件を定める必要がある．代表的な準静的過程としては，系の体積が一定の等積過程(isochoric process)，圧力が一定の等圧過程(isobaric process)，温度が一定に保たれる等温過程(isothermal process)，周囲と熱交換をしない断熱過程(adiabatic process)がある．

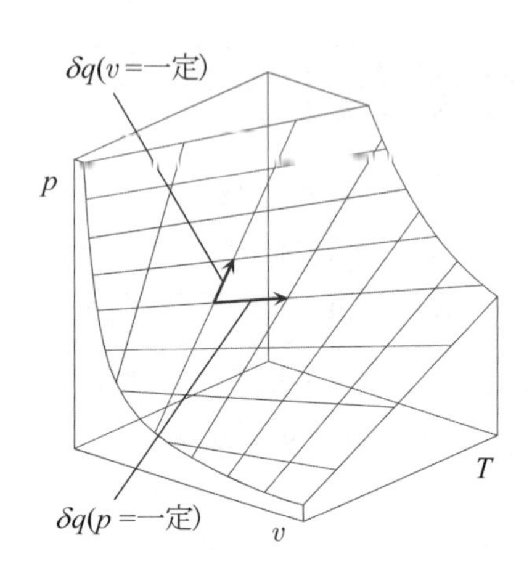

図3.18　物質の $p-v-T$ 面における定積加熱と定圧加熱

3・4・3　定積比熱と定圧比熱 (specific heats at constant volume and constant pressure)

比熱(specific heat)は，単位質量の物質を単位温度上昇させるために必要な熱量であるが，物質の種類だけでなく加熱条件によって変化する．代表的な比熱として，体積一定で温度上昇させる定積比熱(specific heat at constant volume) c_v (J/(kg·K)) と圧力一定で温度上昇させる定圧比熱(specific heat at constant pressure) c_p (J/(kg·K)) がある．これらを，準静的過程における熱力学第1法則を用いて表してみよう．

式(3.15)を書き直すと，

$$\delta q = \mathrm{d}u + p\mathrm{d}v \quad \text{(J/kg)} \tag{3.19}$$

体積一定の変化の場合，$\mathrm{d}v = 0$ であるから，式(3.19)は，

$$\delta q = \mathrm{d}u \quad (v = \text{一定}) \tag{3.20}$$

となる．定積比熱の定義から $c_v = (\partial q/\partial T)_v$ なので，式(3.20)から，

$$c_v = \left(\frac{\partial u}{\partial T}\right)_v \tag{3.21}$$

が得られる．すなわち，定積比熱は単位温度あたりの定積条件下における内部エネルギーの変化に等しい．

定圧比熱を導出する前に，エンタルピー(enthalpy) H (J)または比エンタルピー h (J/kg) を次の式(3.22)および式(3.23)で定義する．

$$H = U + pV \quad \text{(J)} \tag{3.22}$$

$$h = u + pv \quad \text{(J/kg)} \tag{3.23}$$

エンタルピーは，U, p, V で定義され，これらはすべて状態量なのでエンタルピーも状態量である．エンタルピーの物理的意味は，次項で議論する．

式(3.23)を微分すると，

$$\mathrm{d}h = \mathrm{d}u + p\mathrm{d}v + v\mathrm{d}p \tag{3.24}$$

定圧変化は，$\mathrm{d}p = 0$ なので，式(3.19)と比較することにより，圧力一定条件での熱量は，

$$\delta q = \mathrm{d}u + p\mathrm{d}v = \mathrm{d}h \quad (p = \text{一定}) \tag{3.25}$$

定圧比熱の定義から $c_p = (\partial q/\partial T)_p$ なので，式(3.25)から，

$$c_p = \left(\frac{\partial h}{\partial T}\right)_p \tag{3.26}$$

が得られる．すなわち，定圧比熱は単位温度あたりの定圧条件下におけるエンタルピーの変化に等しい．

表3.3　比熱、内部エネルギー、エンタルピーの関係

$$c_v = \left(\frac{\partial u}{\partial T}\right)_v$$

$$c_p = \left(\frac{\partial h}{\partial T}\right)_p$$

$$u_2 - u_1 = \int_1^2 c_v \mathrm{d}T$$

$$h_2 - h_1 = \int_1^2 c_p \mathrm{d}T$$

3・5　開いた系の熱力学第 1 法則 (the first law applied to open system)

3・5・1　定常流動系と質量保存則 (steady flow system and conservation of mass)

3・3 節および 3・4 節では，閉じた系の熱力学第 1 法則を示した．本項では，境界を横切る質量が存在する開いた系について，熱力学第 1 法則を議論する．

開いた系は，図 3.19 に示すように，検査体積が変化する系と，検査体積が変化しない系に分けられる．後者で定常状態の開いた系が定常流動系(steady flow system)である．

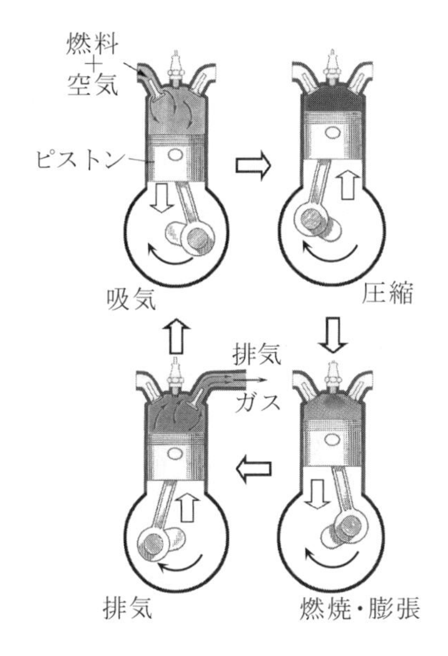

図 3.19　検査体積が変化する開いた系（ピストンエンジン）

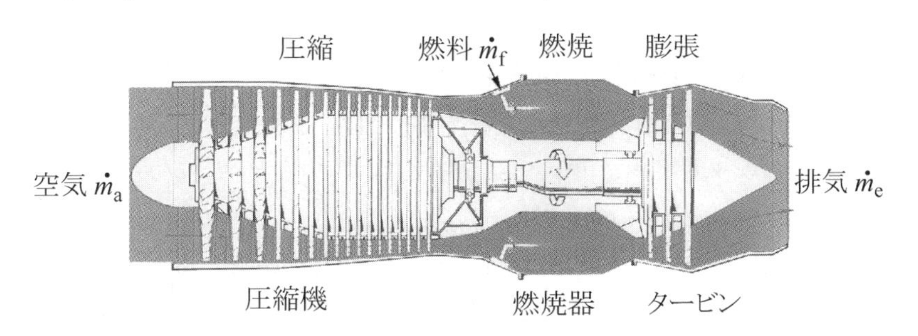

図 3.20　定常流動系（ジェットエンジン）(出典　the Jet engine ROLLS-ROYCE)

定常流動系は，図 3.20 に示すようなジェットエンジンをはじめ，コンプレッサ，タービン，熱交換器など，多くの工業機械のモデルとして用いられる．それらの機器については 3・5・4 項で述べる．

図 3.20 のジェットエンジンでは，単位時間あたりの流入空気量 $\dot{m}_a$ (kg/s) と燃料流量 $\dot{m}_f$ が系に入り，排気ガスとしての質量流量(mass flow rate) $\dot{m}_e$ が系外に流出する．定常流動系では，全体の質量変化はないから，系への流入質量流量と系からの流出質量流量は等しく，

$$\dot{m}_a + \dot{m}_f = \dot{m}_e \quad \text{(kg/s)} \tag{3.27}$$

つまり，$\dot{m}_{1i}$，$\dot{m}_{2j}$ (kg/s) をそれぞれ系に流入・流出する質量流量とすると，定常流動系に対する質量保存(conservation of mass)

$$\sum_i \dot{m}_{1i} - \sum_j \dot{m}_{2j} = 0 \tag{3.28}$$

が成り立つ．この関係は，系内に化学反応が起きても成立する．

3・5・2　流動仕事とエンタルピー (flow work and enthalpy)

開いた系では境界を横切る作動流体(working fluid)を考える．作動流体が系に流入するためには，系入口の圧力に抗して流体を押し込む仕事が必要となる．図 3.21 の開いた系で体積 V の流体が系に流入する場合を考える．この流体要素は上流の流体によって押し込まれるが，それを摩擦のない断面積 A の仮想ピストンで押し込むことに置き換える．流体はこのピストンに力 F で押され x だけ移動して体積 V の流体を押し込む．この時，周囲が系に対してした仕事は，

$$L_f = Fx = pAx = pV \quad \text{(J)} \tag{3.29}$$

ここで，作動流体が流入する時は定常状態で力学的平衡と熱平衡が成り立っ

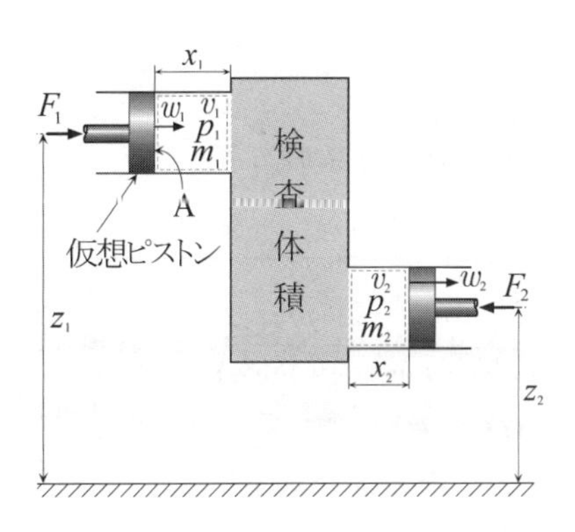

図 3.21　開いた系に流入するエネルギーと流動仕事

ているから，準静的過程を適用している．これは，流体が開いた系に流入するために必要な仕事であるから流動仕事(flow work)または，排除仕事(displacement work)という．流体単位質量あたりの流動仕事は，

$$l_f = pv \quad \text{(J/kg)} \tag{3.30}$$

となる．作動流体が系から流出する場合は，同様な仕事を系が周囲に対してすることになる．

流入する体積V，質量mの作動流体は，Uの内部エネルギーをもっている．さらに，この作動流体が速度w (m/s) で基準高さz (m) から流入するとすると，作動流体は内部エネルギーだけでなく運動エネルギーとポテンシャルエネルギーを伴って系内に流入することになる．つまり，系内に流入する全エネルギーは，

$$E_t = U + pV + mw^2/2 + mgz \quad \text{(J)} \tag{3.31}$$

ここで，比体積と区別するために，速度はw (m/s)を使用している．式(3.22)で定義したエンタルピーを用いると，式(3.31)は，

$$E_t = H + mw^2/2 + mgz \quad \text{(J)} \tag{3.32}$$

となる．つまり，エンタルピーは，開いた系に流体が流入するときのエネルギーを表している．式(3.32)を作動流体単位質量あたりに書き換えると，

$$e_t = h + w^2/2 + gz \quad \text{(J/kg)} \tag{3.33}$$

となる．

3・5・3　定常流動系のエネルギー保存則 (energy conservation of steady flow system)

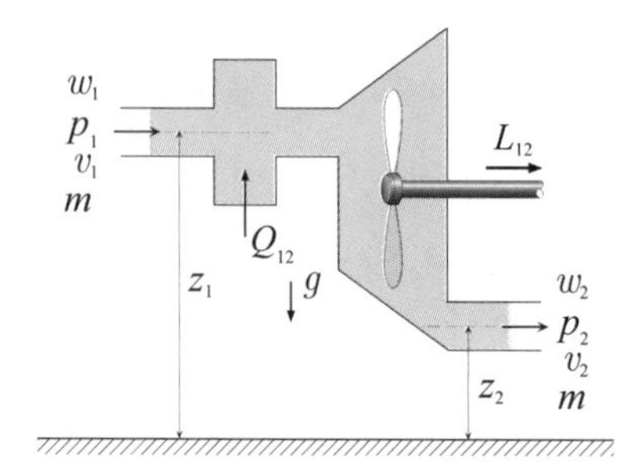

図3.22　開いた系のエネルギー保存則

定常流動系では，系内のエネルギーが一定だから，図3.22の系にエネルギー保存則を適用する．系に流入する全エネルギーE_{t1}および，流出する全エネルギーE_{t2}から，定常流動系の熱力学第1法則は，

$$E_{t2} - E_{t1} = Q_{12} - L_{12} \quad \text{(J)} \tag{3.34}$$

式(3.32)と質量保存則を用いて書き直すと，

$$(H_2 + mw_2^{\,2}/2 + mgz_2) - (H_1 + mw_1^{\,2}/2 + mgz_1) = Q_{12} - L_{12} \quad \text{(J)} \tag{3.35}$$

作動流体単位質量あたりでは，

$$(h_2 - h_1) + \frac{(w_2^{\,2} - w_1^{\,2})}{2} + g(z_2 - z_1) = q_{12} - l_{12} \quad \text{(J/kg)} \tag{3.36}$$

となる．

表3.4　開いた系のエネルギー保存則

$$(H_2 + mw_2^2/2 + mgz_2)$$
$$-(H_1 + mw_1^2/2 + mgz_1)$$
$$= Q_{12} - L_{12}$$
$$(h_2 - h_1) + \frac{(w_2^2 - w_1^2)}{2} + g(z_2 - z_1)$$
$$= q_{12} - l_{12}$$

これまでの議論では、系に作動流体が流入・流出するために要する時間は考えていなかった。しかし，通常の機械では、単位時間あたりの熱量や仕事，作動流体の流量が問題となる場合が多い。そこで、単位時間あたり$\dot{m}$ (kg/s)の流体が定常流動系に流入・流出するときを考えると，式(3.36)は，

$$\dot{m}\left[(h_2 - h_1) + \frac{(w_2^{\,2} - w_1^{\,2})}{2} + g(z_2 - z_1)\right] = \dot{Q}_{12} - \dot{L}_{12} \quad \text{(W)} \tag{3.37}$$

ここで、$\dot{Q}_{12}$と$\dot{L}_{12}$は、それぞれ熱流量と仕事で、単位は(W)または(J/s)である。通常の熱流体機械では式(3.37)を用いることが多い．

流体が系を通過するときの運動エネルギーとポテンシャルエネルギーの変

化が無視できるとき，式(3.36)は次の式(3.38)のように簡略化される．

$$h_2 - h_1 = q_{12} - l_{12} \quad (\mathrm{J/kg}) \tag{3.38}$$

微小変化に対する定常流動系の熱力学第1法則は，

$$\mathrm{d}h = \delta q - \delta l \tag{3.39}$$

となる．

式(3.36)において，エンタルピーには流動仕事が含まれている．したがって，開いた系は仕事 l_{12} のほかに，準静的過程の場合，排除仕事 $(p_2 v_2 - p_1 v_1)$ を周囲にしているから，系の絶対仕事(absolute work)は，$l_{12} + (p_2 v_2 - p_1 v_1)$ である．しかし，流入流出口を除く周囲に対して系は l_{12} の仕事しかしないので，開いた系の仕事 l_{12} を工業仕事(technical work)という場合がある．

いま，図3.22の単位質量の作動流体が状態1で流入し状態2で流出する場合を考える．この作動流体を閉じた系として考えると，閉じた系が状態1から状態2に変化するときの仕事（絶対仕事）l_a(J/kg)は

$$l_a = \int_1^2 p\mathrm{d}v \tag{3.40}$$

となり，図3.23のa-1-2-bで表される．一方，作動流体が系に流入するとき $p_1 v_1$ の仕事をする．これは図3.23のc-1-a-0に相当する．この作動流体が状態2で流出するとき $p_2 v_2$ の仕事を周囲に対して行うが，これらは定常流動系が周囲にする仕事とならない．つまり運動エネルギーとポテンシャルエネルギーが無視できる準静的過程が成り立つ定常流動系の仕事 l_{12} は，図3.23と式(3.38)より

$$l_{12} = \int_1^2 p\mathrm{d}v + p_1 v_1 - p_2 v_2 = \int_2^1 v\mathrm{d}p = h_1 - h_2 + q_{12} \tag{3.41}$$

となり，図3.23の赤色部分に相当する．

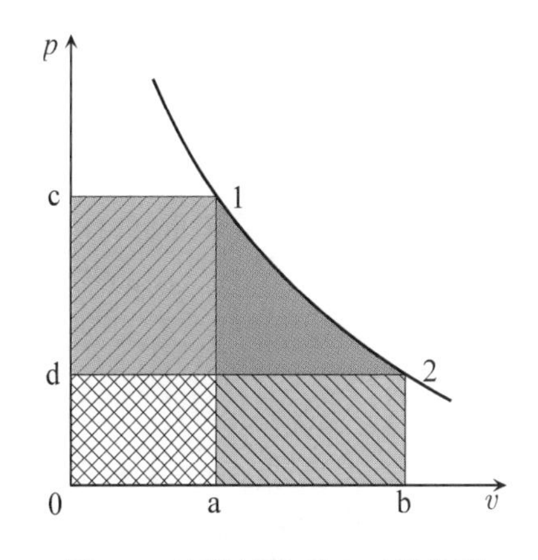

図3.23　定常流動系の工業仕事と絶対仕事の関係

3・5・4　各種機械における定常流動系（steady flow system in machinery）

流体機器など工学機器の多くが定常運転されるとき，その動作特性は定常流動系として記述できる．本項では，代表的な定常流動系の動作機構と熱力学第1法則の式との関係を説明する．

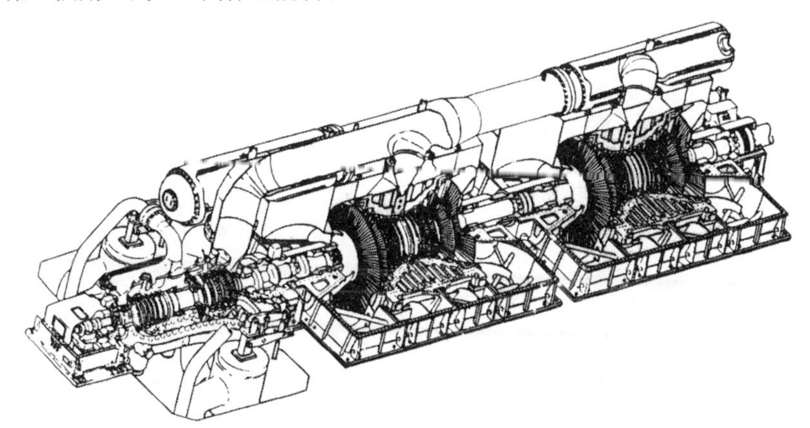
図3.24　動力用蒸気タービン（三菱重工業(株)提供）

タービン(turbine)：　蒸気やガスを用いた動力機器や水力発電所において，

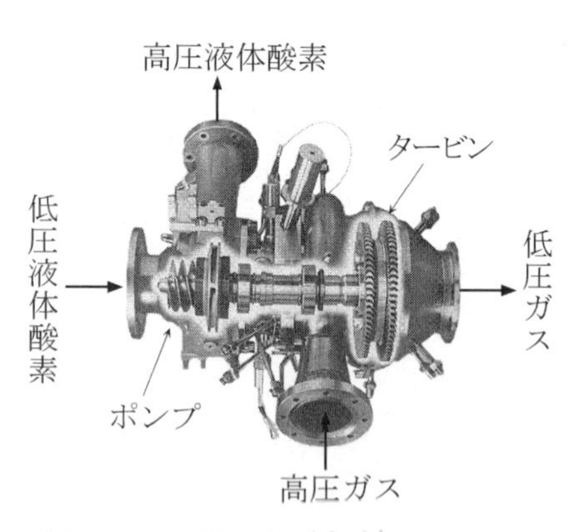

図3.25　ロケットエンジンのタービンと液体酸素ポンプ
（宇宙開発事業団提供）

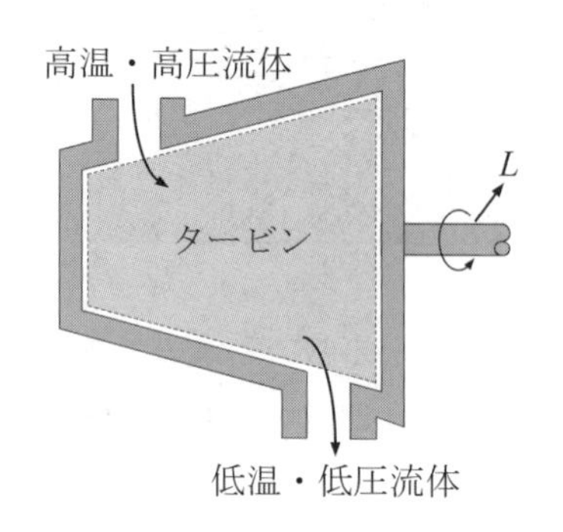

図3.26　タービンの模式図

発電機を駆動する装置はタービンである．タービン内を流体が流れるとき，流体はタービン羽根(turbine blade)と運動量の交換をする結果，軸が発電機のトルクに抗して回転するために，タービンは仕事をする．タービンは周囲に対して仕事をするのでその仕事 $\dot{L}$ は正である．図3.20のジェットエンジンでは，タービンの軸仕事はコンプレッサの駆動に使用され，残りのエネルギーを高速ガス流の運動エネルギーとして後方に噴出する．多くのタービンでは，断熱変化として $\dot{Q}_{12}=0$ が成り立ち，ポテンシャルエネルギーの変化が無視できる．つまり式(3.37)は次の式(3.42)となる．

$$\dot{m}\left[(h_2-h_1)+(w_2{}^2-w_1{}^2)/2\right]=-\dot{L}_{12}\quad(\mathrm{W})\tag{3.42}$$

さらに，発電用タービンのように軸動力を取り出すタービンでは，流体の運動エネルギーの変化も省略できる場合が多いので，タービンの動力 $\dot{L}_{12}$ (W)は式(3.42)によりエンタルピーの減少と等しい．

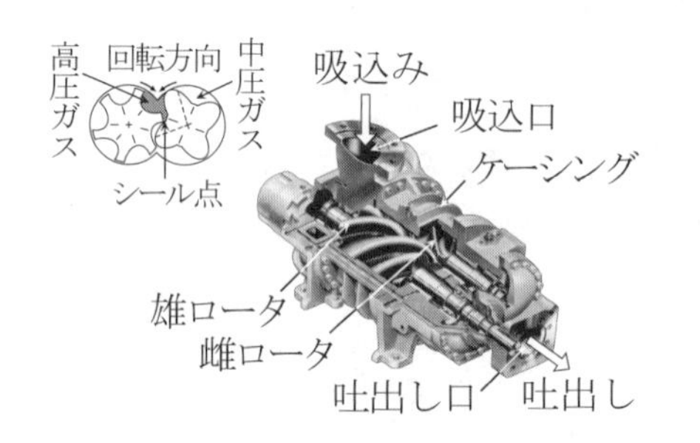

図3.27　冷凍機用ねじ圧縮機
（前川製作所㈱提供）

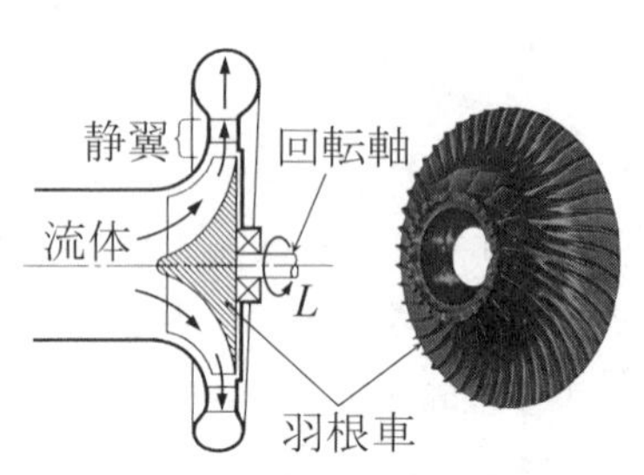

図3.28　遠心ターボ圧縮機

圧縮機(compressor)：　圧縮機は，流体の圧力を増加させるための装置で，外部から圧縮機に仕事が供給されるため，式(3.37)の仕事は負であるが，エネルギー方程式はタービンと同様に式(3.42)で表される．圧縮機は図3.20のジェットエンジンに使用される**軸流圧縮機**(axial-flow compressor)をはじめ，図3.27の**ねじ圧縮機**(screw compressor)など種々の形式がある．

ポンプや**送風機**も圧縮機と同様に仕事を加えて流体の圧力を増加させるための装置である．ポンプは液体などを扱うことが多く，送風機は気体の圧力を上昇させて流体に運動エネルギーを与える機器である．気体の圧力を上げる圧縮機で，通常，圧力上昇が100 kPa以上のものが圧縮機それ以下を送風機といい，圧力上昇が10 kPa以上のものを**ブロワ**(blower)，それ以下をフ

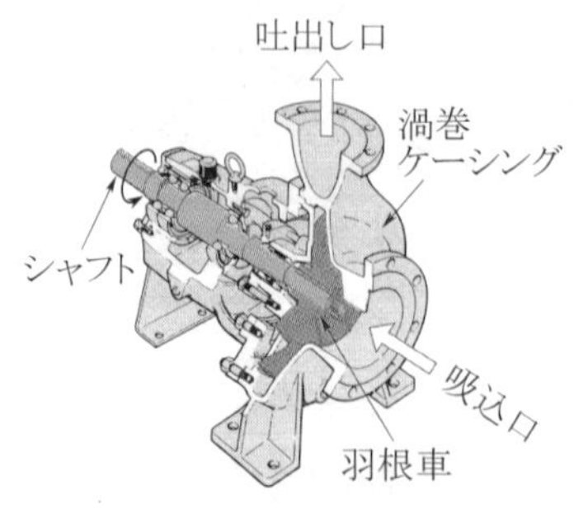

図3.29　片吸込単段渦巻ポンプ
㈱荏原製作所 提供）

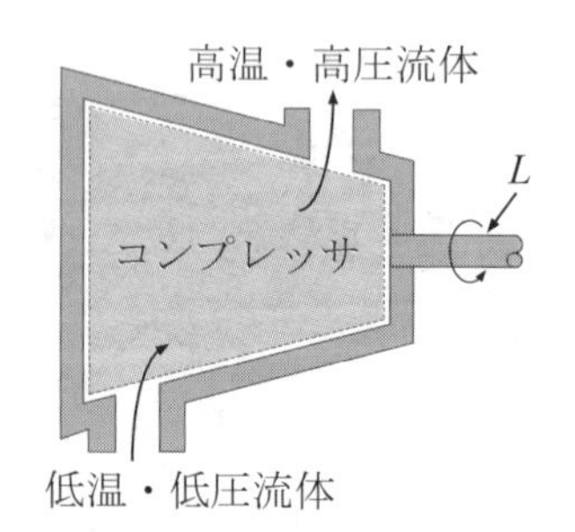

図3.30　圧縮機の模式図

ァン(fan)と呼んでいる．

絞り弁(throttling valve)：　絞り弁は，減圧弁(pressure reducing valve)，膨張弁(expansion valve)とも呼ばれ，一種の流体抵抗要素であり，流体の圧力低下をもたらす．絞り弁としては調圧弁(adjustable valve)，毛細管(capillary tube)，多孔栓(porous plug)などの形式がある．流体が絞り弁を通るときは，断熱で周囲に対して仕事をしない．多くの場合，ポテンシャルエネルギーや運動エネルギーの変化も無視できるから，エネルギーの保存式(3.37)では，

$$h_2 = h_1 \tag{3.43}$$

が成り立つ．

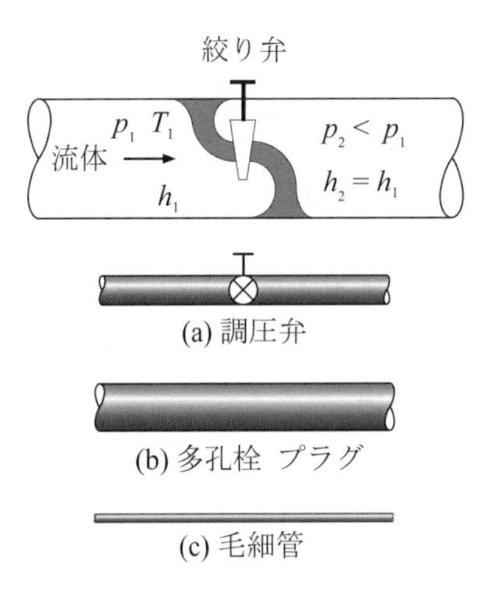

図3.31　絞り弁

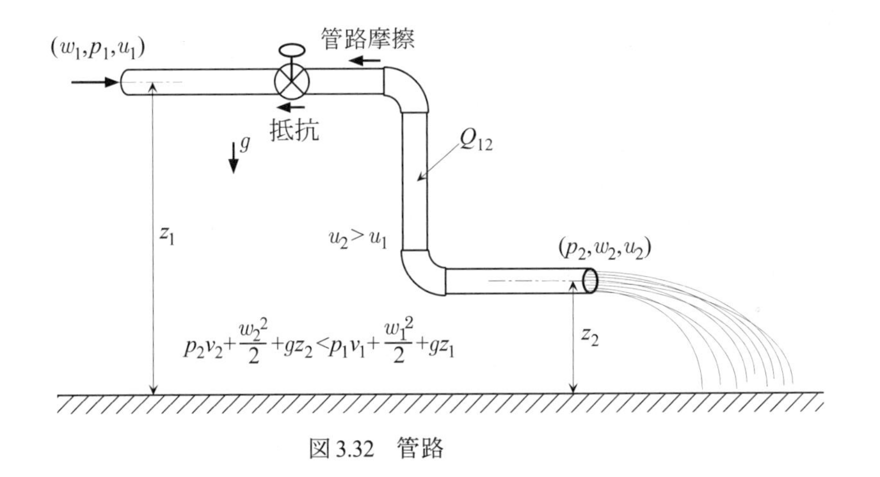

図3.32　管路

管路・ダクト(pipe and duct)：　管路やダクトによる流体輸送は，多くの機械要素として用いられている．この定常流れでは，流体輸送中にダクトは周囲に仕事をしない．管路内の流速が大きく，かつディフューザなどによる管路断面の著しい変化があると，運動エネルギーの変化が無視できない場合がある．多くの場合，管路は長いので作動流体は加熱・冷却される場合がある．流体が管路を流れるとき，管路の高さが変化することが多い．特に，液体輸送の場合はポテンシャルエネルギーの変化が無視できない．つまり，エネルギーの保存式は，

$$\dot{m}\left[(h_2 - h_1) + (w_2^2 - w_1^2)/2 + g(z_2 - z_1)\right] = \dot{Q}_{12} \tag{3.44}$$

となる．さらに，管路の高さ変化や流速の変化，さらに伝熱が無視できるとき，式(3.43)が満足される．管路には，管壁と流体の摩擦や，曲がり管や弁などの流体抵抗がある．したがって，流体が管路を流れる場合，流入圧力 p_1 (Pa)は，流出口での圧力 p_2 よりも大きい．式(3.43)から，エンタルピーの変化はないから，圧力による体積変化が無視できる水などの流体ではこの圧力減少分のエネルギーは，内部エネルギー u の増加となる．

熱交換器(heat exchanger)：　熱交換器は，高温の流体と低温流体間の熱授受を，固体壁などの境界を介して行う装置である．目的により加熱器(heater)，冷却器(cooler)，蒸発器(evaporator)，凝縮器(condenser)などがある．熱交換器は仕事の相互作用を含まず，一般に流体のポテンシャルエネルギーと運動エネルギーの変化は無視できる．熱交換器の内部では2つの流体が熱交換できるようになっており，一般に，周囲と熱交換器は断熱されている．一方の流

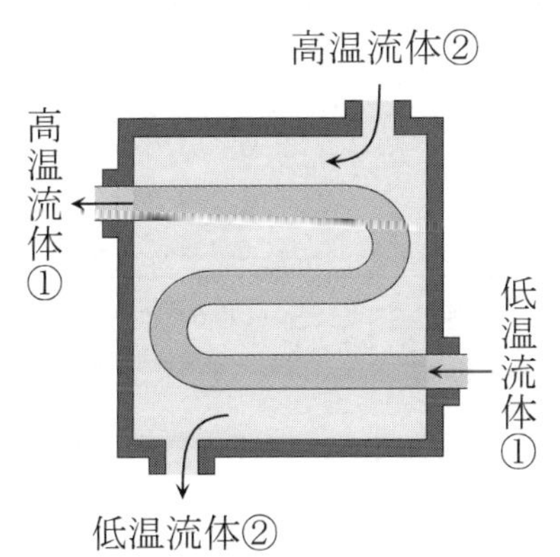

図3.33　熱交換器の模式図

体が失うエネルギーと他方の流体が得るエネルギーは等しいから，熱交換器全体を系として選択すると熱交換量はゼロになる．しかし，一般にはどちらか1つの作動流体に着目して交換熱量が与えられる．図 3.34 の自動車用ラジエータは高温の水を空気で冷却する熱交換器の代表的なものの 1 つである．

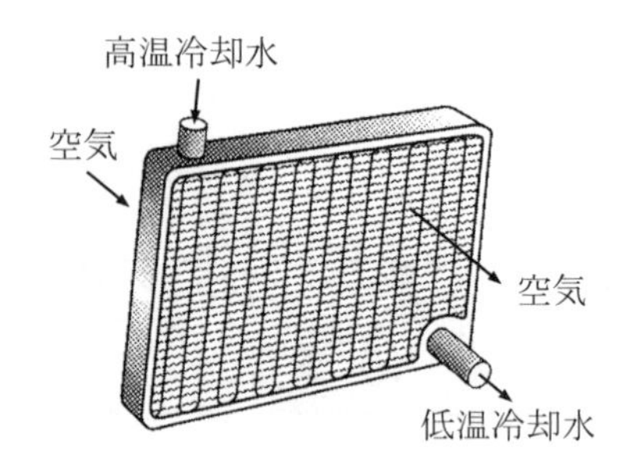

図3.34　自動車用ラジエータ

3・6　理想気体における熱力学第 1 法則 (the first law applied to ideal gas)

3・6・1　理想気体と内部エネルギー (ideal gas and internal energy)

理想気体(ideal gas)とは，実在気体の性質を理想化したもので，完全気体(perfect gas)とも呼ばれる．理想気体は，圧力 p (Pa)，比体積 v (m^3/kg)，体積 V (m^3)，質量 m (kg)，温度 T (K) の間に，

$$pv = RT \quad \text{または} \quad pV = mRT \tag{3.45}$$

の関係が成り立つ．ここで，R (J/(kg･K)) は，気体定数(gas constant)といい，気体の種類によって異なる値をもつ．この関係は，低温や高圧の場合を除いて良い近似で成立する．

表3.5　理想気体

$pv = RT, \quad pV = mRT$
$pV = nR_0T$
$u = u(T)$
$h = h(T)$
理想気体 c_p, c_v 一定
半理想気体
$c_v = c_v(T), c_p = c_p(T)$

式(3.45)において，気体の質量 m は分子量 M とモル数 n の積に等しいから，

$$pV = nMRT = nR_0T \tag{3.46}$$

ここで，R_0 は全ての理想気体について等しい値となり，一般気体定数(universal gas constant)と呼ばれ下記の値を取る．

$$R_0 = MR = 8.314 \ \ \text{J/(mol·K)} \tag{3.47}$$

化学や物理では 1 mol あたりの状態変化を扱うことが多いので，一般気体定数を用いた理想気体の関係式(3.46)を使用する場合が多い．表 3.7 に主要気体の分子量と気体定数を示す．

ジュールは，図 3.35 の装置を用いて気体の自由膨張(free expansion)の実験を行った．まず容器 A に気体を入れ，容器 B は真空にしておく．次にバルブを開いて，A にあった気体を B に流入させる．十分時間が経過した状態で熱力学的平衡状態が達成された後に系の温度を測り，実験前と比較する．ジュールはこの実験でバルブを開く前と開いた後の平衡状態における温度は変化がないことを示した．

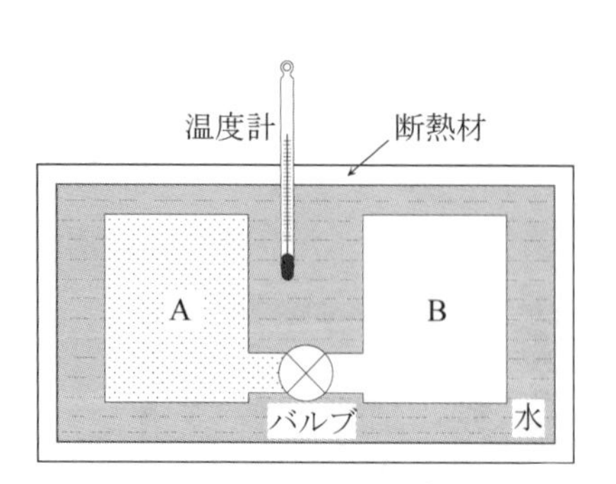

図3.35　ジュールの実験

図 3.35 の装置全体を系とすると，系は外部との間に熱交換がなく，また，仕事もしない．つまり，熱力学の第 1 法則の式(3.6)および式(3.8)からわかるように，過程の前後では系の内部エネルギーが一定に保たれる．一方，比内部エネルギーは一般に比体積と温度の関数として，

$$u = u(T, v) \tag{3.48}$$

と表すことができる．ジュールの実験によると気体の比体積は変化したが温度は変化しなかった．つまり，温度一定で体積が変化しても理想気体の内部エネルギーは変化しないことになる．これを式で表すと，

$$\left(\frac{\partial u}{\partial v}\right)_T = 0 \tag{3.49}$$

が成り立つ．すなわち理想気体の内部エネルギーは比体積に無関係であって，温度のみの関数として表すことができる．この関係は，実在の気体に対して

は近似的にしか成立しない．しかし，式(3.45)を満足する理想気体では，6・4 節に示すように，式(3.49)が厳密に成立する．

理想気体の内部エネルギーは，

$$u = u(T) \tag{3.50}$$

と表されるので，エンタルピーも

$$h = u + pv = u + RT = h(T) \tag{3.51}$$

となり，温度のみの関数となる．

3・6・2　理想気体の比熱 (specific heats of ideal gas)＊

2・2 節で述べたように，**気体分子運動論**(kinetic theory of gases)によると，理想気体分子 1 個の平均内部エネルギーは，1 自由度あたり

$$\overline{e} = \frac{1}{2}kT \ \ (\text{J}) \tag{3.52}$$

と表すことができる．ここで，$k = 1.380650 \times 10^{-23}$ (J/K) でボルツマン定数(Boltzmann's constant)であり，一般気体定数 R_0 と分子量 M の分子 M (g) = 1 (mol) の分子数つまりアボガドロ数 $N_A = 6.022142 \times 10^{23}$ (1/mol) と

$$R_0 = kN_A \tag{3.53}$$

の関係がある．1 (mol) の気体の内部エネルギーを U (J/mol) とすると，**エネルギーの等配則**(principle of equipartition of energy)から，理想気体の内部エネルギーは，

$$U = \frac{\nu}{2}N_A kT = \frac{\nu}{2}R_0 T \ \ (\text{J}) \tag{3.54}$$

と表すことができる．ここで，ν は分子の自由度である．図 3.36 に示すように，単原子気体では空間の 3 軸方向の並進運動エネルギーのみであるから自由度は 3 である． 図 3.37 に示す，窒素や酸素のような 2 原子気体では，並進運動のほかに回転運動エネルギーも保有するが，回転軸が 2 方向のみしか取れない．したがって 2 原子気体の回転運動の自由度は 2 となり，分子全体の運動エネルギーの自由度は 5 となる．

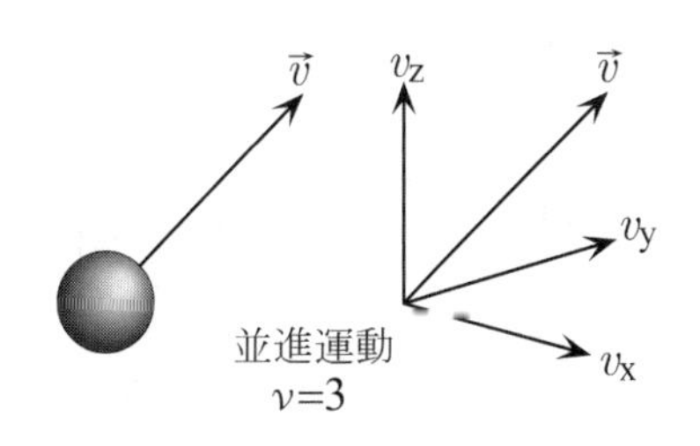

図 3.36　単原子気体の運動の自由度

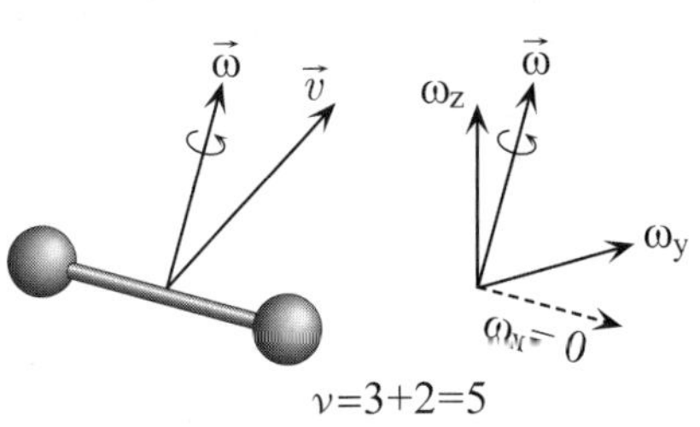

図 3.37　2 原子気体の運動の自由度

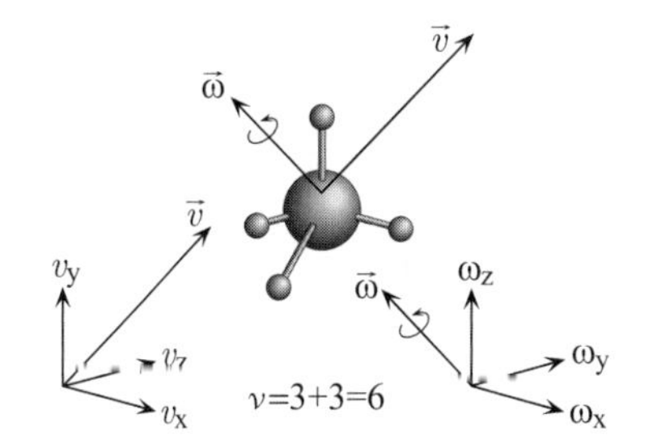

図 3.38　多原子気体の運動の自由度

図 3.38 の多原子気体は剛体として扱うことができるので，3 つの回転軸まわりの回転に対応した自由度があるので，分子の運動エネルギーの自由度は 6 となる．

分子 1 (mol) の気体の定積比熱と定圧比熱をそれぞれ，C_v，C_p (J/(mol･K)) とすると，

$$C_v = \frac{dU}{dT} = \frac{\nu}{2}R_0 \quad (\mathrm{J/(mol \cdot K)}) \tag{3.55}$$

分子1 (mol)の気体の体積をVとすると，定圧比熱は

$$C_p = \frac{dH}{dT} = \frac{d(U+pV)}{dT} = \left(\frac{\nu}{2}+1\right)R_0 \tag{3.56}$$

式(3.55)および式(3.56)から

$$C_p - C_v = R_0 \tag{3.57}$$

定圧比熱と定積比熱の比を比熱比(specific-heat ratio)といい，理想気体の場合は，式(3.55)および式(3.56)から

$$\kappa = \frac{c_p}{c_v} = \frac{C_p}{C_v} = \frac{\nu+2}{\nu} \tag{3.58}$$

となり，比熱と比熱比は温度によらず一定の値となる．理想気体の比熱比κは単原子気体では5/3, 2原子気体では7/5=1.4, 多原子気体では4/3となる．しかし，実在の気体では，2原子気体や多原子気体が高温になると図3.39に示すように，分子間の振動エネルギーが生じる．したがって，実在気体が広い温度範囲にわたり状態変化する場合は比熱や比熱比は温度の関数となる場合が多い．表3.7に標準状態の実在気体の比熱と比熱比を示す．

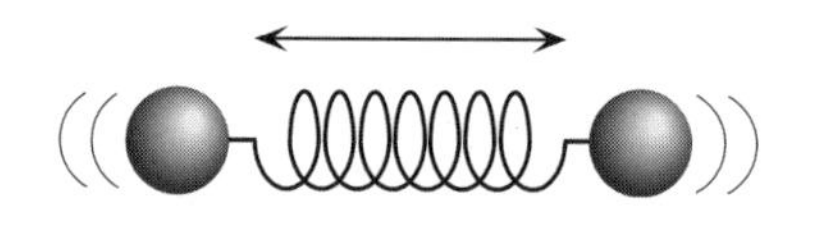

図3.39　高温気体分子の振動エネルギー

表3.7　主要気体の気体定数と分子量,比熱(101.3 kPa, 298 K)
（日本熱物性学会編　熱物性ハンドブックより算出）

気体	分子量 M	気体定数 R (J/(kg･K))	比体積 v (m^3/kg)	定圧比熱 c_p (kJ/(kg･K))	定積比熱 c_v (kJ/(kg･K))	比熱比 κ
ヘリウム, He	4.0030	2076.9	6.110	5.197	3.120	1.666
水素, H_2	2.0160	4124.0	12.13	14.32	10.19	1.405
窒素, N_2	28.013	296.79	0.873	1.040	0.744	1.399
酸素, O_2	31.999	259.82	0.764	0.915	0.655	1.397
空気	28.970	286.99	0.844	1.006	0.719	1.399
一酸化炭素, CO	28.010	296.82	0.873	1.043	0.746	1.398
塩化水素, HCl	36.461	228.02	0.671	0.798	0.570	1.400
一酸化窒素, NO	30.006	277.08	0.815	0.995	0.718	1.386
二酸化炭素, CO_2	44.010	188.91	0.556	0.850	0.661	1.286
水蒸気, H_2O (400K)	18.015	461.50	1.358	2.000	1.538	1.300
二酸化硫黄, SO_2	64.059	129.79	0.382	0.622	0.492	1.264
アセチレン, C_2H_2	26.038	319.30	0.939	1.704	1.385	1.231
アンモニア, NH_3	17.030	488.20	1.436	2.156	1.668	1.293
メタン, CH_4	16.043	518.23	1.525	2.232	1.714	1.302
エチレン, C_2H_4	28.054	296.36	0.872	1.566	1.270	1.233
エタン, C_2H_6	30.069	276.50	0.813	1.767	1.491	1.186

比熱一定の理想気体を狭義の理想気体といい，比熱が温度の関数となる場合を半理想気体という場合がある．

単位質量あたりの状態量で考えると，理想気体の内部エネルギーとエンタルピーの変化は，

$$du = c_v dT,\ dh = c_p dT \tag{3.59}$$

であり，理想気体の準静的過程における熱力学第1法則

$$\delta q = du + p dv = c_v dT + p dv \tag{3.60}$$

$$\delta q = \mathrm{d}h - v\mathrm{d}p = c_p \mathrm{d}T - v\mathrm{d}p \tag{3.61}$$

について，式(3.61)を式(3.60)で引いて，理想気体の関係

$$\mathrm{d}(pv) = p\mathrm{d}v + v\mathrm{d}p = R\mathrm{d}T \tag{3.62}$$

を用いると,

$$c_p - c_v = R \tag{3.63}$$

が得られる. これが理想気体に対するマイヤーの関係(Mayer relation)である. これは6・3節で論議する. 式(3.63)は，半理想気体についても成り立つ. また，式(3.58)および式(3.63)を用いて,

$$c_v = R/(\kappa - 1),\ c_p = \kappa R/(\kappa - 1) \tag{3.64}$$

が得られる.

表3.6　理想気体の比熱

$c_p - c_v = R$
$c_v = R/(\kappa - 1)$
$c_p = \kappa R/(\kappa - 1)$

3・6・3　理想気体の準静的過程 (quasi-static processes of ideal gas)

図 3.40 に示すシリンダとピストンからなる容器内に蓄えられている理想気体が，いくつかの代表的拘束条件（等温，等圧，断熱など）のもとに準静的に変化して，状態1から状態2へ変化する過程を考える.

準静的過程に対する単位質量あたりの状態量に着目すると，熱力学第1法則は，式(3.60)および式(3.61)より,

$$\delta q = c_v \mathrm{d}T + p\mathrm{d}v = c_p \mathrm{d}T - v\mathrm{d}p \tag{3.65}$$

理想気体の状態式は，式(3.45)より,

$$pv = RT \tag{3.66}$$

と表すことができる. 本項では，簡単のために比熱が温度によって変化しない狭義の理想気体を考える.

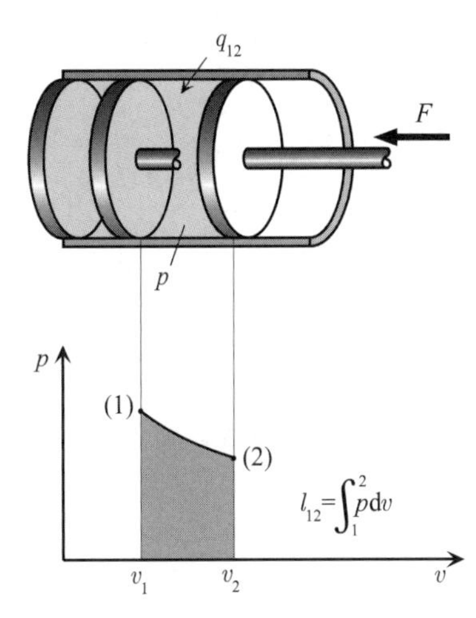

図3.40　理想気体の状態変化と $p-v$ 線図

等温過程(isothermal process)：　温度一定の変化であり，理想気体を加熱しながら膨張させる場合, 式(3.66)においてはじめと終わりの状態を添字1,2で表すと，等温過程では,

$$pv = RT = p_1 v_1 = p_2 v_2 = \text{定数} \tag{3.67}$$

である. 図3.41の $p-v$ 線図で，単位質量の気体が外部になす仕事 l_{12} は面積（1-2-b-a）で表される.

$$l_{12} = \int_1^2 p\mathrm{d}v = p_1 v_1 \int_1^2 \frac{\mathrm{d}v}{v} = p_1 v_1 \ln\frac{v_2}{v_1} = p_1 v_1 \ln\frac{p_1}{p_2} = RT \ln\frac{p_1}{p_2} \tag{3.68}$$

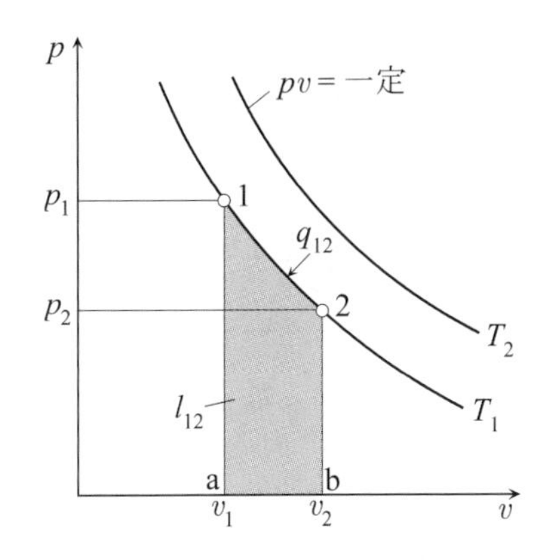

図3.41　等温過程

このとき，膨張過程では $v_2/v_1 = r$ を膨張比(expansion ratio)，圧縮過程では $v_1/v_2 = \varepsilon$ を圧縮比(compression ratio)という.

理想気体の内部エネルギー u は温度のみの関数であり，等温過程では u は一定で変化しない. したがって，第1法則式(3.65)から気体に加えられた熱量 q_{12} は気体が周囲に対して行う外部仕事に等しい. つまり,

$$q_{12} = l_{12} = RT \ln(p_1/p_2) \tag{3.69}$$

である. 質量 m(kg) の気体については加熱量を Q_{12} として

$$Q_{12} = mq_{12} = ml_{12} = mRT \ln(p_1/p_2) \tag{3.70}$$

このように，準静的な等温過程では加えた熱のすべてを仕事に変えることが可能である. 等温圧縮の場合は，圧縮に必要な仕事に相当する熱を外部に捨てる.

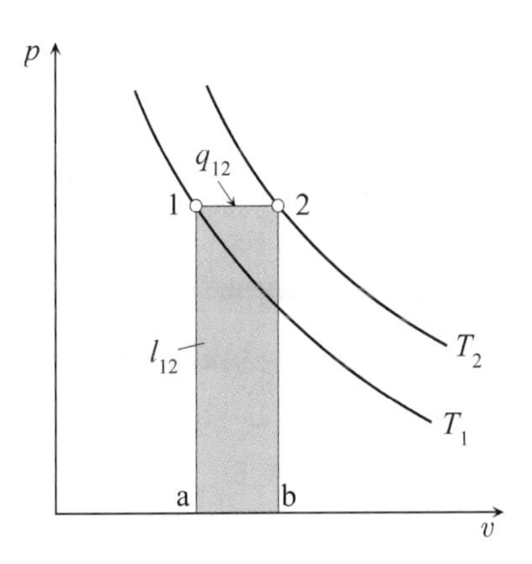

図3.42　等圧過程

等圧過程(isobaric process)：　等圧燃焼過程などに見られる圧力一定の過程で

あり，図 3.42 の $p-v$ 線図で単位質量あたりの気体がする仕事 l_{12} は，長方形（1-2-b-a）で表される．つまり，

$$l_{12}=\int_1^2 p\mathrm{d}v=p(v_2-v_1)=R(T_2-T_1) \tag{3.71}$$

また，式(3.66)より，等圧過程では

$$\frac{T}{v}=\frac{T_1}{v_1}=\frac{T_2}{v_2}=\text{定数} \tag{3.72}$$

である．

熱量は第 1 法則式(3.65)より，

$$q_{12}=h_2-h_1=c_p(T_2-T_1) \tag{3.73}$$

内部エネルギーの変化は式(3.65)および式(3.58)を用いて

$$u_2-u_1=c_v(T_2-T_1)=q_{12}/\kappa \tag{3.74}$$

したがって，$c_p-c_v=R$ より

$$q_{12}=c_p(T_2-T_1)=(R+c_v)(T_2-T_1)=l_{12}+u_2-u_1 \tag{3.75}$$

これは加えられた熱量が，気体が周囲にした仕事と内部エネルギー増加に用いられたことを表す．

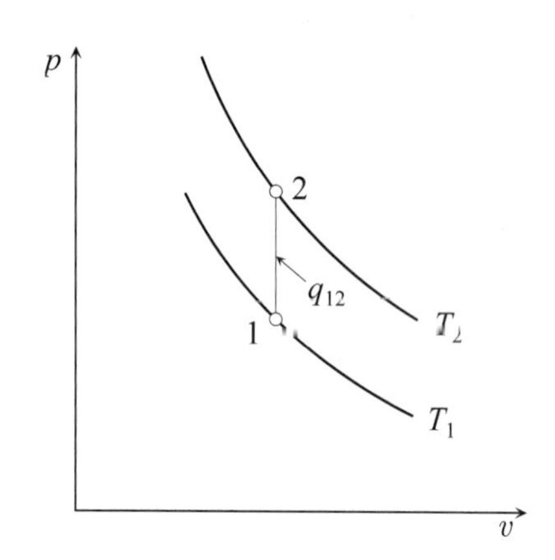

図 3.43　等積過程

等積過程(isochoric process)：　一定体積容器内の気体の加熱や燃焼過程などに見られる．この変化では比体積 v が一定であるから，状態式(3.66)より等積過程では，

$$\frac{T}{p}=\frac{T_1}{p_1}=\frac{T_2}{p_2}=\text{定数} \tag{3.76}$$

である．また，外部仕事 $l_{12}=\int p\mathrm{d}v=0$ となり，変化は図 3.43 に示すように線分 1－2 の垂直線で表される．

加熱量 q_{12} は式(3.65)において $\mathrm{d}v=0$ だから

$$q_{12}=u_2-u_1=c_v(T_2-T_1) \tag{3.77}$$

したがって，加えられた熱量は内部エネルギーの増加のみに用いられる．

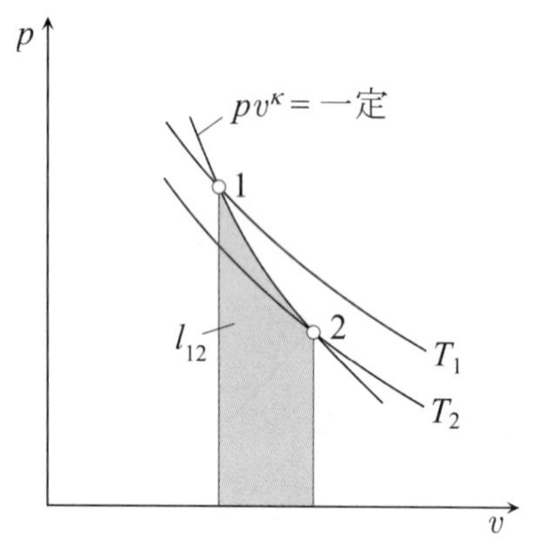

図 3.44　断熱過程

可逆断熱過程(reversible adiabatic process)または等エントロピー過程(isentropic process)：　気体と周囲との間に熱交換がなく，また摩擦などによる内部熱発生のないときの変化である．式(3.65)において $\delta q=0$ とおくと，

$$c_v\mathrm{d}T+p\mathrm{d}v=0 \tag{3.78}$$

理想気体の状態方程式(3.66)を用いて，$T=pv/R$ を式(3.78)に代入すると，

$$c_v(p\mathrm{d}v+v\mathrm{d}p)+Rp\mathrm{d}v=0 \tag{3.79}$$

式(3.63)を代入すると，

$$c_p p\mathrm{d}v+c_v v\mathrm{d}p=0 \tag{3.80}$$

$c_p/c_v=\kappa$ を用いると，

$$\kappa\frac{\mathrm{d}v}{v}+\frac{\mathrm{d}p}{p}=0 \tag{3.81}$$

式(3.81)を積分して

$$\kappa\ln v+\ln p=\text{定数} \tag{3.82}$$

となる．したがって可逆断熱過程では，

$$pv^{\kappa}=p_1v_1^{\kappa}=p_2v_2^{\kappa}=\text{定数} \tag{3.83}$$

表 3.8　理想気体の準静的過程

過程	関係式
等温過程	$pv=RT=\text{定数}$
等圧過程	$T/v=\text{定数}$
等積過程	$T/p=\text{定数}$
断熱過程	$pv^{\kappa}=\text{定数}$
ポリトロープ過程	$pv^{n}=\text{定数}$

である．$p-v$ 線図では図 3.44 のように曲線は $pv^{\kappa}=$ 一定で表される．式(3.83)と状態式(3.66)から次の式(3.84)および式(3.85)が得られる．

$$Tv^{\kappa-1}=T_1 v_1^{\kappa-1}=T_2 v_2^{\kappa-1}=\text{定数} \tag{3.84}$$

$$\frac{T}{p^{(\kappa-1)/\kappa}}=\frac{T_1}{p_1^{(\kappa-1)/\kappa}}=\frac{T_2}{p_2^{(\kappa-1)/\kappa}}=\text{定数} \tag{3.85}$$

の関係が得られる．すなわち，可逆断熱膨張では圧力，温度は減少し，可逆断熱圧縮では増加する．ここで，式(3.82)～(3.85)の定数はおのおのの式で異なった値であることに注意する．

断熱過程において，変化の間に系に出入りする熱量はゼロである．したがって外部に対してなす仕事は，式(3.83)を用いて

$$\begin{aligned} l_{12}&=\int_1^2 p\mathrm{d}v=p_1 v_1^{\kappa}\int_1^2\frac{1}{v^{\kappa}}\mathrm{d}v=p_1 v_1^{\kappa}\frac{1}{-\kappa+1}\left(\frac{1}{v_2^{\kappa-1}}-\frac{1}{v_1^{\kappa-1}}\right)\\ &=\frac{p_1 v_1}{\kappa-1}\left[1-\left(\frac{v_1}{v_2}\right)^{\kappa-1}\right] \end{aligned} \tag{3.86}$$

となる．さらに式(3.83)～(3.85)を用いて

$$\begin{aligned} l_{12}&=\frac{p_1 v_1}{\kappa-1}\left[1-\left(\frac{p_2}{p_1}\right)^{(\kappa-1)/\kappa}\right]\\ &=\frac{1}{\kappa-1}\left(p_1 v_1-p_2 v_2\right)=\frac{R}{\kappa-1}\left(T_1-T_2\right) \end{aligned} \tag{3.87}$$

と表すことができる．

ポリトロープ過程(polytropic process)：　熱機関や圧縮機などで実際に生じる気体の状態変化は，上述の過程では必ずしも表されない．このような場合，可逆断熱過程を一般的にし，変化の過程で熱の出入りがあるが，式(3.83)と類似した次の式(3.88)に従うとし，

$$pv^n=p_1 v_1^n=p_2 v_2^n=\text{定数} \tag{3.88}$$

の形で表される過程を考える．これをポリトロープ過程(polytropic process)といい，定数 n をポリトロープ指数という．

可逆断熱変化の場合と同様に状態式を用いて式(3.88)を変形すると

$$Tv^{n-1}=\text{定数} \tag{3.89}$$

$$\frac{T}{p^{(n-1)/n}}=\text{定数} \tag{3.90}$$

と表すことができる．n が特定の値のとき，ポリトロープ過程は，前述の各項の状態変化を表している．たとえば，$n=0$ とすると等圧変化，$n=1$ とすると等温変化，$n=\kappa$ とすると断熱変化，$n=\infty$ とすると等積変化を表し，図 3.45 の $p-v$ 線図に示すように，それぞれの過程は，ポリトロープ過程の特別な場合として各状態変化が表されることになる．

$n\neq 1$ のとき 1 kg あたりの理想気体が外部に対してなす仕事は式(3.86)と同様に考えると

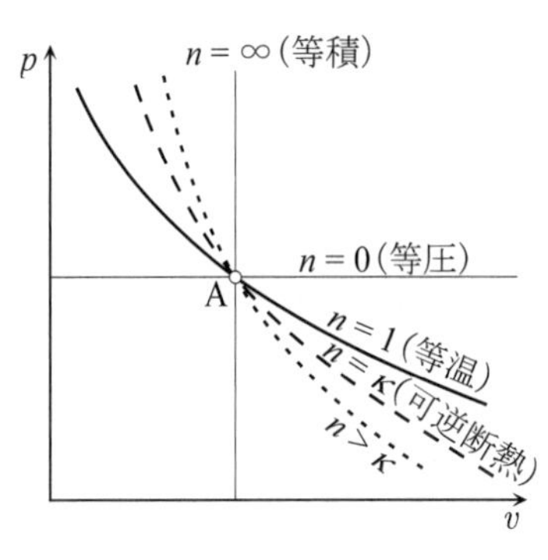

図 3.45　各状態変化の比較

表 3.9　ポリトロープ過程

$n>\kappa$ の場合
膨張過程（$T_2<T_1$）では、$q_{12}<0$（放熱）
圧縮過程（$T_2>T_1$）では、$q_{12}>0$（加熱）

$1<n<\kappa$ の場合
膨張過程（$T_2<T_1$）では、$q_{12}>0$（加熱）
圧縮過程（$T_2>T_1$）では、$q_{12}<0$（放熱）

$$l_{12} = \int_1^2 p\mathrm{d}v = \frac{p_1 v_1}{n-1}\left[1-\left(\frac{v_1}{v_2}\right)^{n-1}\right] = \frac{p_1 v_1}{n-1}\left[1-\left(\frac{p_2}{p_1}\right)^{(n-1)/n}\right]$$
$$= \frac{1}{n-1}\left(p_1 v_1 - p_2 v_2\right) = \frac{R}{n-1}\left(T_1 - T_2\right) \quad (3.91)$$

$n=1$ のとき

$$l_{12} = RT_1 \ln \frac{p_1}{p_2} \quad (3.92)$$

ポリトロープ変化の過程で加えられた熱量 q_{12} は，第1法則の式(3.6)から得た式

$$q_{12} = c_v\left(T_2 - T_1\right) + l_{12} \quad (3.93)$$

を用いて式(3.91)より

$$q_{12} = c_v\left(T_2 - T_1\right) + \frac{R}{n-1}\left(T_1 - T_2\right)$$
$$= \left(c_v - \frac{c_p - c_v}{n-1}\right)\left(T_2 - T_1\right) = c\left(T_2 - T_1\right) \quad (3.94)$$

ここで，

$$c = c_v \frac{n-\kappa}{n-1} \quad (3.95)$$

と表すと，c はポリトロープ変化の比熱を表す．式(3.89)および式(3.94)を考えると，n と κ の大きさの相対的関係によって表3.9に示す正負の値をとる．すなわち，図3.45において点Aから膨張，圧縮を行ったとすれば，可逆断熱線 $n=\kappa$ を境界として，これより上部は加熱され，下部は放熱されていることになる．

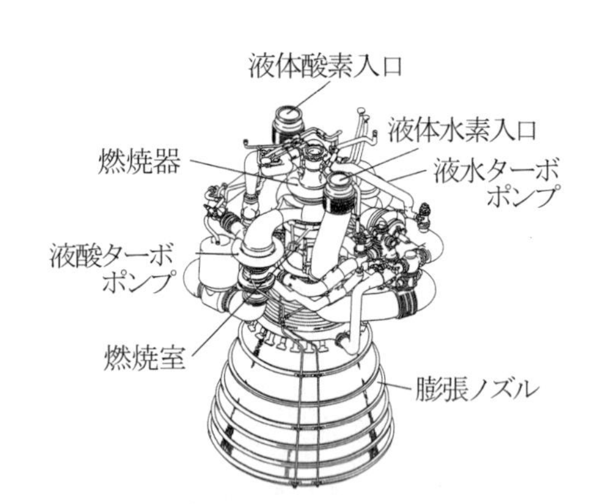

図3.46　液体ロケットエンジン
（宇宙開発事業団 提供）

【例題 3・2】　＊＊＊＊＊＊＊＊＊＊＊＊＊＊＊＊＊＊＊＊＊＊＊

図3.46は，液体酸素と液体水素を燃焼させるロケットエンジンである．液体酸素と液体水素はポンプで加圧され燃焼室で燃焼し高温高圧のガスとなりノズルで断熱膨張することによって高速のガス流となる．そのガスの運動量変化がロケットの推力となる．

これを模式的に示したものが図3.47である．燃焼室で温度3000 K，圧力13 MPaとなった燃焼ガスが250 kg/sで面積0.3 m^{2}のノズル入口(1)に流入する．ノズル出口(2)で圧力0.1MPaとなるとき，ノズル出口におけるガス温度，ガス流速，大気圧0.1 MPa下でのエンジン推力を計算せよ．ただし，燃焼ガスは理想気体として，気体定数 $R=560$ J/(kg･K)，比熱比 $\kappa=1.3$ とする．

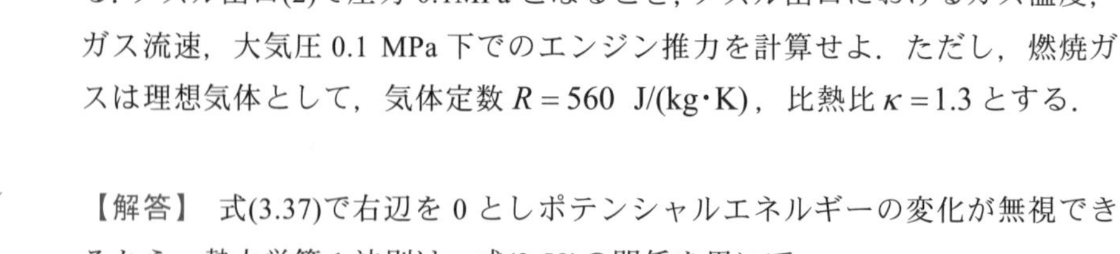

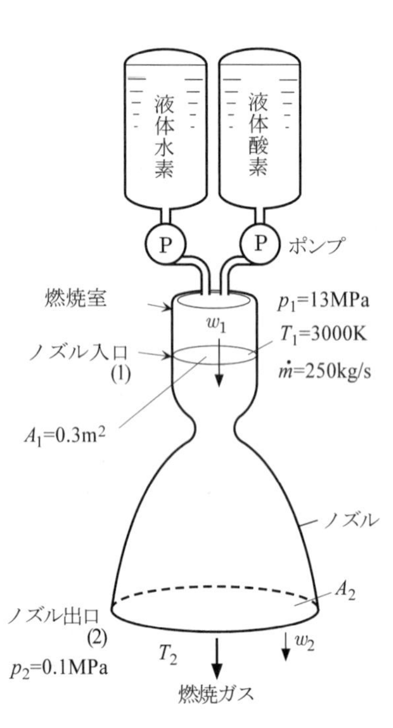

図3.47　ロケットエンジンの模式図

【解答】　式(3.37)で右辺を0としポテンシャルエネルギーの変化が無視できるから，熱力学第1法則は，式(3.59)の関係を用いて，

$$w_2 = \sqrt{2c_p(T_1 - T_2) + w_1^2} \quad (\mathrm{ex}3.3)$$

理想気体の関係式(3.45)と質量流量 $\dot{m}$ から，

$$w_1 = \dot{m}v_1 / A_1 = \dot{m}RT_1 / (p_1 A_1) \quad (\mathrm{ex}3.4)$$

ノズル内の断熱膨張を準静的過程とすると，

$$T_2 = T_1(p_2 / p_1)^{(\kappa-1)/\kappa} \tag{ex3.5}$$

式(3.64)の関係を用いると，式(ex3.3)は，

$$w_2 = \sqrt{2\frac{\kappa R}{(1-\kappa)}T_1[1-(\frac{p_2}{p_1})^{(\kappa-1)/\kappa}]+w_1^2} \tag{ex3.6}$$

したがって，$T_2 = 976$ K，$w_2 = 3134$ m/s となる．初速 0 の燃料が加速されて，$\dot{m}w_2$ の運動量の燃焼ガスを噴出するから，同じ力の反作用が働き $F = 7.83\times10^5$ N，約 80000 kgf (80000 kg 重) の推力がロケットに作用する．

＊＊＊＊＊＊＊＊＊＊＊＊＊＊＊＊＊＊＊＊＊＊＊

3・6・4　理想気体の混合 (ideal gas mixture)＊

数種の反応しない理想気体が拡散・混合する現象は，数個の独立した気体の自由膨張に相当する．混合した気体をまた分離するためには仕事が必要であるから，物質の拡散･混合はガスの自由膨張と同様に代表的な不可逆過程の 1 つである．気体の混合に関しては混合気体の圧力，つまり**全圧**(total pressure)は，各成分気体が混合気体と等しい温度と体積において単独に存在するときの圧力，**分圧**(partial pressure)の和に等しいという**ドルトンの法則**(Dalton's law)が成り立つ．このことは各気体成分が互いに干渉することなく独立性をもつことを意味している．

いま図 3.48 に示すように，圧力，温度などの異なる n 種類の理想気体をそれぞれ別々の室に入れ，その後各室間の仕切りをとると，各気体は拡散によって混合し，ついには均質な混合気体となる．混合前の各成分気体の質量，体積，圧力，温度，モル質量，モル数をそれぞれ m_i , V_i , p_i , T_i , M_i , n_i ($i = 1,2,\cdots,n$) とし，混合後のそれらを m , V , p , T , M , n とすると

$$m = \sum_{i=1}^{n} m_i \tag{3.96}$$

$$V = \sum_{i=1}^{n} V_i \tag{3.97}$$

また各成分の気体に対しては理想気体の状態式が成り立つ．

$$p_i V_i = m_i R_i T_i , \quad pV = mRT \tag{3.98}$$

系全体としては一定体積のもとでの混合なので，外部に対して系は仕事をせず，また容器は外部と断熱されているので熱移動はない．したがって，熱力学第 1 法則より系全体の内部エネルギーは混合前後で変化しない．つまり，

$$mu = \sum_{i=1}^{n} m_i u_i \tag{3.99}$$

混合後の温度を T とすると，

$$T\sum_{i=1}^{n} m_i c_{vi} = \sum_{i=1}^{n} m_i c_{vi} T_i \tag{3.100}$$

これより以下の関係が成立する．

$$T = \frac{\sum_{i=1}^{n} m_i c_{vi} T_i}{\sum_{i=1}^{n} m_i c_{vi}} = \frac{\sum_{i=1}^{n} p_i V_i \frac{c_{vi}}{R_i}}{\sum_{i=1}^{n} \frac{p_i V_i}{T_i}\frac{c_{vi}}{R_i}} = \frac{\sum_{i=1}^{n} \frac{p_i V_i}{\kappa_i - 1}}{\sum_{i=1}^{n} \frac{p_i V_i}{T_i(\kappa_i - 1)}} \tag{3.101}$$

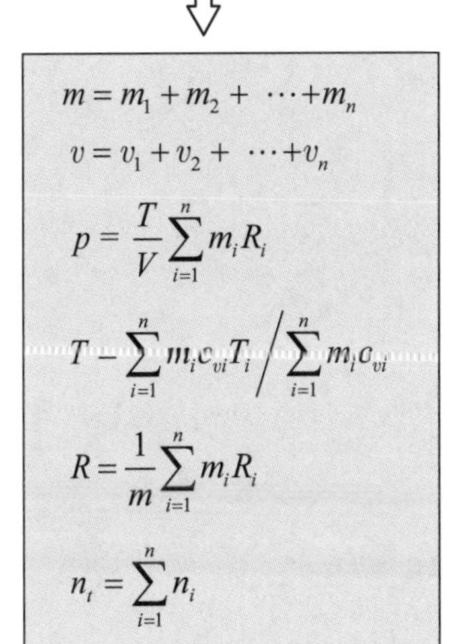

図 3.48　一定体積のもとでの混合

圧力については，各成分気体が混合によって容積V_iからVに膨張し，その圧力はp_iからp_i'になる．p_i'は式(3.98)より

$$p_i' = p_i \frac{V_i}{V}\frac{T}{T_i} \tag{3.102}$$

ここで，p_i'は混合ガスの分圧である．ドルトンの法則から混合気体の圧力は各成分気体の分圧の和に等しいので，混合後の圧力は

$$p = \sum_{i=1}^{n} p_i' = \frac{T}{V}\sum_{i=1}^{n}\frac{p_i V_i}{T_i} = \frac{T}{V}\sum_{i=1}^{n} m_i R_i \tag{3.103}$$

このpが全圧である．

図3.48において，圧力と温度の等しい各成分気体が仕切りで分離されており，次に仕切りを取り去ることによって化学反応を起こすことなく拡散によって均質な混合気体になる場合を考える．VとV_iの関係，式(3.97)，から

$$V = \sum_{i=1}^{n} V_i = \frac{T}{p}\sum_{i=1}^{n} m_i R_i = \frac{mT}{p}\sum_{i=1}^{n}\frac{m_i}{m}R_i = \frac{V}{R}\sum_{i=1}^{n} g_i R_i \tag{3.104}$$

これより混合ガスの気体定数Rを質量比$g_i = m_i/m$で表すと混合ガスの気体定数は，

$$R = \sum_{i=1}^{n} g_i R_i \tag{3.105}$$

混合によって化学変化は生じないとしているので，混合前後の気体全体分子の数，つまりモル数は不変である．混合気体の分子量をM，モル数をn_tとすると

$$n_t = \sum_{i=1}^{n} n_i \tag{3.106}$$

$$n_t = \frac{m}{M}, \quad n_i = \frac{m_i}{M_i} \tag{3.107}$$

これより

$$n_t = \sum_{i=1}^{n} n_i = \sum_{i=1}^{n}\frac{m_i}{M_i} = \frac{m}{M} \tag{3.108}$$

したがって混合気体の分子量Mは

$$M = \frac{1}{\displaystyle\sum_{i=1}^{n}\frac{g_i}{M_i}} \tag{3.109}$$

比熱については，混合気体の温度を定圧または定積のもとで単位温度だけ上昇するのに必要な熱量は，各成分気体の温度をそれぞれ単位温度上昇させるのに要する熱量の和であるので

$$\left.\begin{aligned} mc_p &= \sum_{i=1}^{n} m_i c_{pi}, \quad c_p = \sum_{i=1}^{n} g_i c_{pi} \\ mc_v &= \sum_{i=1}^{n} m_i c_{vi}, \quad c_v = \sum_{i=1}^{n} g_i c_{vi} \end{aligned}\right\} \tag{3.110}$$

混合前後における内部エネルギーu，エンタルピーhは不変であるので

$$u = \sum_{i=1}^{n} g_i u_i, \quad h = \sum_{i=1}^{n} g_i h_i \tag{3.111}$$

表3.10　化学反応を伴わない理想気体の混合

$$m = \sum m_i, \qquad g_i = \frac{m_i}{m}$$

$$u = \sum_{i=1}^{n} g_i u_i, \qquad h = \sum_{i=1}^{n} g_i h_i$$

$$R = \sum_{i=1}^{n} g_i R_i, \qquad M = \frac{1}{\displaystyle\sum_{i=1}^{n}\frac{g_i}{M_i}}$$

$$c_p = \sum_{i=1}^{n} g_i c_{pi}, \qquad c_v = \sum_{i=1}^{n} g_i c_{pi}$$

$$n_t = \sum^{n} \frac{m_i}{M}$$

となる．

＝＝＝＝＝　練習問題　＝＝＝＝＝＝＝＝＝＝＝＝＝＝＝＝＝＝＝＝＝＝＝＝

【3・1】 Steam enters a turbine with a flow rate of 1.8 kg/s, a velocity of 20 m/s and an enthalpy of 3140 kJ/kg. The steam exits the turbine after expanding with an accompanying enthalpy of 2500 kJ/kg at a velocity of 38 m/s. The heat loss and potential energy changes may be disregarded. What power is generated at the turbine shaft?

【3・2】 摩擦のないシリンダー・ピストンの中に入っている理想気体が，体積 10 ft^3，圧力 15 psi の状態から，体積 5 ft^3，圧力 15 psi の状態へ準静的に変化した．この過程で 35 Btu の熱量が放熱されたとすると，(a) 圧縮に要する仕事，(b) 内部エネルギー，(c) エンタルピーの変化 はどれだけか求めよ．

【3・3】 An ideal gas is flowing from point (1) to point (2). The specific heat at constant volume of the gas is 700 J/(kg・K), and its gas constant is 280 J/(kg・K). The properties of the fluid at points (1) and (2) are listed in Table 3.11. Answer the following questions:

(a) What is the increase in kinetic energy between points (1) and (2)?
(b) What is the change in enthalpy between points (1) and (2)?
(c) What is the change in flow energy (i.e., pV-work) between points (1) and (2)?
(d) What is the potential energy between points (1) and (2)?
(e) What is the mass flow rate?
(f) If no work is done by the fluid on the surroundings, what is the total heat transfer (gain) between points (1) and (2)?
(g) If 50 kJ/kg of heat is added to the system between points (1) and (2), what power is transferred to the surroundings?
(h) What is the specific heat at constant pressure of the fluid?

Table 3.11

position	(1)	(2)
diameter (m)	0.15	0.124
density (kg/m^3)	6.0	0.8
velocity (m/s)	60	660
u (kJ/kg)	292	125
p (kPa)	700	40
elevation (m)	0	10

【3・4】 圧力 1 MPa, 温度 300 K, 比熱比 1.4 の理想気体 0.01 m^3 をシリンダ・ピストンで構成される容器に入れて準静的に 0.1 MPa まで膨張させた．この変化が(a) 等温過程の場合と，(b) 断熱過程の場合について，膨張後の気体の体積，温度，気体が周囲に対してした仕事，加えられた熱量を求めよ．

【解答】

1, 1151 kW

2, (a) –13.9 Btu（負号は仕事が気体になされることを表す．）
(b) 第 1 法則より–21.1 Btu（負号は内部エネルギーが減少したことを表す．）
(c) –35.0 Btu（負号はこの過程でエンタルピーが減少したことを表す．）

3, (a) 216 kJ/kg (b) –234 kJ/kg (decrease) (c) –66.7 kJ/kg (decrease)
(d) 98 J/kg (e) 6.4 kg/s (f) –115 kW (g) 435 kW (h) 980 J/(kg・K)

4, (a) 体積：0.1 m^3，温度：300 K，仕事：23 kJ，熱量：23 kJ (b) 体積：0.0518

m^3，温度：155 K，仕事：12 kJ，熱量：0 J

第4章

熱力学第2法則

The Second Law of Thermodynamics

4・1　熱を仕事に変換する効率：カルノーの功績 (conversion efficiency from heat to work : carnot's achievement)

機械工学で利用する熱力学第2法則(the second law of thermodynamics)は，エンジンやガスタービン等の「熱エネルギーを機械的仕事に変換する装置」（以後，「熱 ⇒ 仕事」と記述）の理論最大熱効率を示し，また現実の熱システム（エンジンや空調機等）が，その理論最大熱効率に到達していない要因を定量的に明らかにできる法則である．第1章でも述べたように，地球環境問題やエネルギー・資源問題を工学的に扱っていく上で，熱力学の第2法則（以後，第2法則と記述）の考え方は今後さらに重要になるであろう．第2法則は，それ自体がとても複雑というわけではない．しかしそれを定量的に表現するエントロピーの概念が，人類の経験をベースに長い年月と多くのパイオニアによって築きあげられてきたため，効率的に構築された理論体系ではなく，初めて学ぶ人には難解な部分や誤解されやすい部分も多い．これまで，第2法則を論理的に明快に記述する多くの試みがなされてきている．本章では，これらの成果を踏まえた上で，第2法則の先駆者であるカルノー（図4.1）からスタートし，これからの機械工学に役立つように現代的かつ具体的に第2法則を記述してみる．カルノーの業績は150年以上経過した今日でもその工学的問題意識の明晰さが色あせず，かつ現在でも機械工学の重要テーマの1つである熱効率の向上を目標にしており，本章の出発点にふさわしい．

図 4.1　熱機関の理論熱効率を考えたカルノー(Nicolas Leonard Sadi Carnot 1796 - 1832) 文献(1)から引用

4・1・1　熱効率に限界はあるか？ (upper limit of thermal efficiency?)

第3章の熱力学第1法則で述べたように，熱も仕事もエネルギーの一形態であり，その総量は常に保存されることがわかった．さらに，物体を加熱するために要するエネルギー量は，非常に大きいことも理解できたはずである（例題3・1参照）．日常生活でも経験しているように，火を使って物体の温度を上げることは比較的簡単なので，高温物体が保有する熱エネルギー（分子のランダムな運動エネルギーの総和）を機械仕事に変換できれば，その利用価値は高いはずである．このことを大規模に人類史上初めて実現したのが，蒸気機関の発明であり，それによって産業革命が起こり現代に至っていることは周知のとおりである（第1章参照）．

ここで重要な疑問が湧いてくる．それは「熱 ⇒ 仕事」の変換効率（熱効率）は100%になるのか，ということである．熱力学の大きな使命の1つは，人間にとって有効な仕事を，効率良くかつ環境への影響を少なく熱エネルギーから取り出すための技術的処方箋を示すこと，にある．この問題に対して，

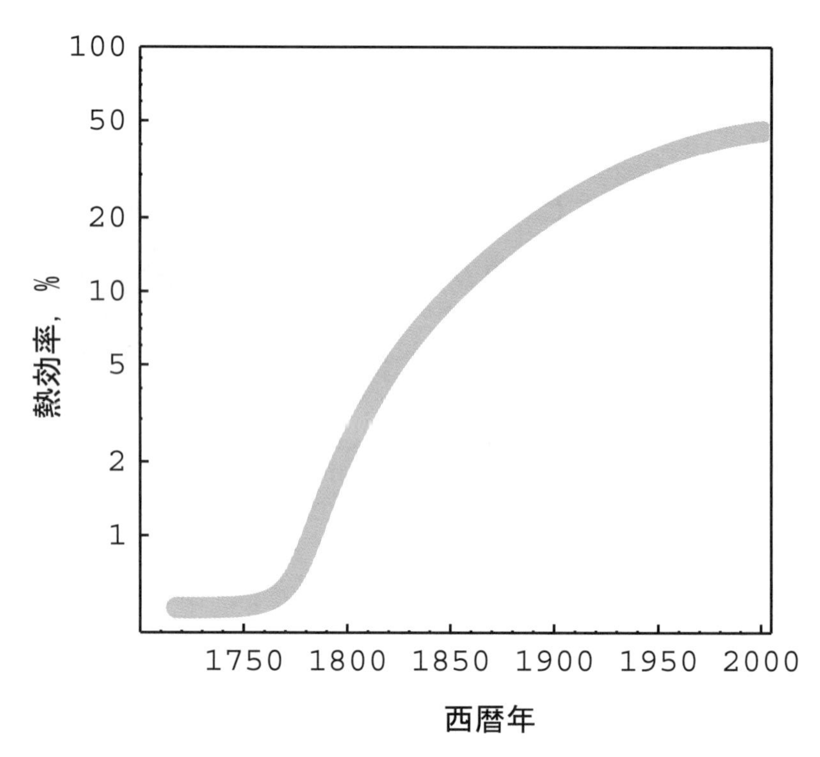

図4.2　熱効率の歴史的変遷の概観（縦軸は対数目盛であることに注意）

熱力学の第1法則が教えてくれることは，エネルギーの「量」としての熱と仕事の等価性であった．それに対してさらに知る必要があるのは，熱と仕事の相互変換の割合である．仕事 ⇒ 熱 の変換割合は100%であることはわかるが（たとえば摩擦による物体の温度上昇），その逆の 熱 ⇒ 仕事 の変換効率がどうなるかは第1法則だけではわからないのである．そこで現実を見てみよう．図4.2は，エンジンや蒸気機関，蒸気タービン等の熱効率（熱 ⇒ 仕事 の変換効率）の歴史的変遷の概観である．初めて見る人には意外かもしれないが，現在の最先端技術であっても実に半分以上のエネルギーは利用されずに捨てられているのである．また，産業革命の原動力となった初期の蒸気機関の効率は，実に1%にも満たなかったのである．この 熱 ⇒ 仕事 の変換効率の向上こそが熱機関の発展の歴史であり，また現在では，エンジンの燃費向上あるいは炭酸ガス排出量の削減対策として，非常に重要な課題になっているのである．

熱 ⇒ 仕事 変換効率がこれだけ低いのは，技術が未熟なのかそれとも何か未知の（初めての読者には）自然法則による限界があるのか，これは第1法則だけではわからない．実は，この限界を示すのが第2法則であり（図4.3参照），1824年にこれを初めて科学的に考えたのが，当時28才のカルノー(Nicolas Leonard Sadi Carnot)であった．ではカルノーがどのように考えたのかを追体験してみよう．

● **熱力学第０法則**
・**熱平衡の概念　→「温度」**

● **熱力学第１法則**
・**熱エネルギー ＝ 機械仕事**
（エネルギーの量としての等価性）

● **熱力学第２法則**
・**熱エネルギー ⇒ 機械仕事**
変換効率 ＜ 100 ％
（エネルギーの質としての非等価性）
→「エントロピー」

図4.3　熱力学法則の要約

4・1・2　カルノーの考えたこと (Carnot's reflections)

カルノーは，当時すでに広く用いられていた蒸気機関（たとえば第1章の図1.6のようなニューコメンの蒸気機関）について，次のような問題意識をもった（文献(1)より引用）．「火力機関についてなされたあらゆる種類の努力にもかかわらず，また，今日それが達している満足な状態にもかかわらず，火力機関の理論はほんのわずかしか展開されておらず，機関を改良する試みは，いまなお，ほとんど行きあたりばったりに行われている.」カルノーの具体的問題設定を現代風にわかり易くまとめれば次のようになる（図4.4）.

(1)　最大熱効率を得るための熱機関（サイクル）はどんなものか？
(2)　作動流体によりその効率は変わるか？（画期的な作動流体はあるか？）
(3)　熱 ⇒ 仕事 変換に（自然法則に支配される）限界はあるか？

カルノーは，上の問題設定を科学の問題として定式化しなおすために，蒸気機関という構造も動作も複雑な装置から本質的な要素を抽出するいくつかの重要な（カルノー流の）モデル化を考え出した．これは次のように簡潔にまとめられるだろう.

(1)　可逆過程（準静的過程）（等温過程と断熱過程）
(2)　熱源
(3)　カルノーサイクル

上の個々の要素については，次節で詳しく説明するが，要するにカルノーの熱機関のモデル化（理想化）によって複雑な熱機関の込み入った構造などに縛られずに，初めて熱機関の本質が見えるようになったのである．図4.5および図4.6に，現実の熱機関の**熱力学的モデル化**(thermodynamic modeling)を模式的に示した．後の章で扱うサイクル解析等でしばしば現れる，独特で抽象化された熱機関の図は，このモデル化によるものである．詳細は後で述べるが，熱機関の最高温度 T_H，最低温度 T_L，入熱量 Q_H，出熱量 Q_L と仕事 L だけ考え，内部の動作はすべて損失がなく可逆的に行われるとしている.

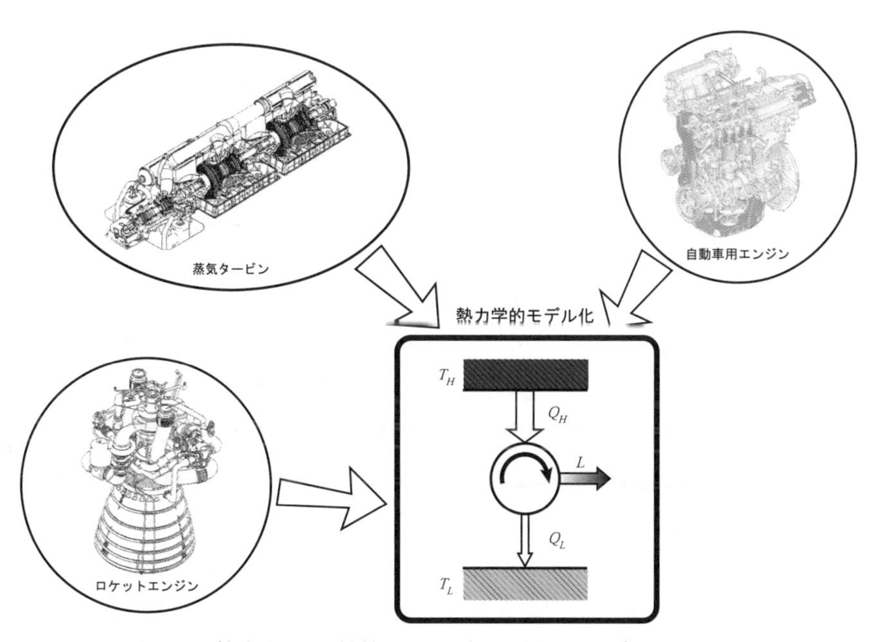

図4.6　熱力学では熱機関を非常に単純にモデル化する

● カルノーの問題意識
(1)　最大効率の熱機関は？
(2)　動作流体で最大効率は変わるか？
(3)　熱⇒仕事変換に限界はあるか？

図4.4　カルノーの問題意識をまとめると

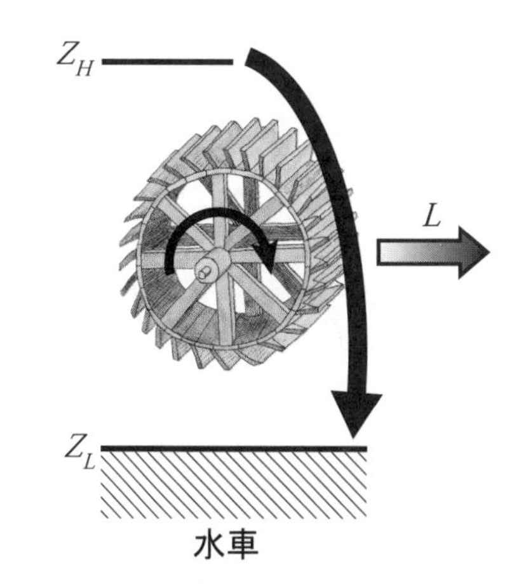

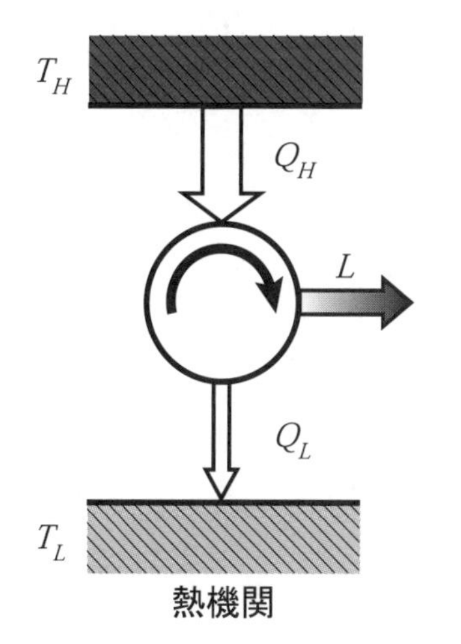

図 4.5　モデル化した熱機関の図は水車からのアナロジー（温度→高さ、熱量→水量 に対応．水が自然に流れるための低い場所がないと水車が回らないのと同様に，温度の低いところに熱を流さないと熱機関から連続的に仕事を得られない.）

さて，このようなモデル化によってカルノーが得た成果は次の3点に集約される．

(1) 熱 ⇒ 仕事 変換を連続的に行うためには（サイクル），高温熱源だけでは不可能で，一部の熱を捨てるための低温熱源が必要である．
(2) カルノーサイクルが同一の高温・低温熱源間で作動する熱機関の最大熱効率である．（理論最大熱効率）
(3) 理論最大熱効率 η_{Carnot} は，作動流体の種類によらず，高温・低温熱源の絶対温度 T_H，T_L (K)のみで決まり，以下の式(4.1)で表される．

$$\eta_{Carnot} = 1 - \frac{T_L}{T_H} \tag{4.1}$$

以上，カルノーの問題意識と考え方そして成果を現代的に概観した．これが歴史的にみた第2法則の出発点である．しかし，この内容を正確に理解し，さらにエントロピーの概念まで進めていくためには，いくつかの予備的知識が必要である（カルノーサイクルへの準備）．そこで，次に熱機関の熱力学的モデル化手法について述べる．

4・2　熱機関のモデル化 (thermodynamic modeling of heat engine)

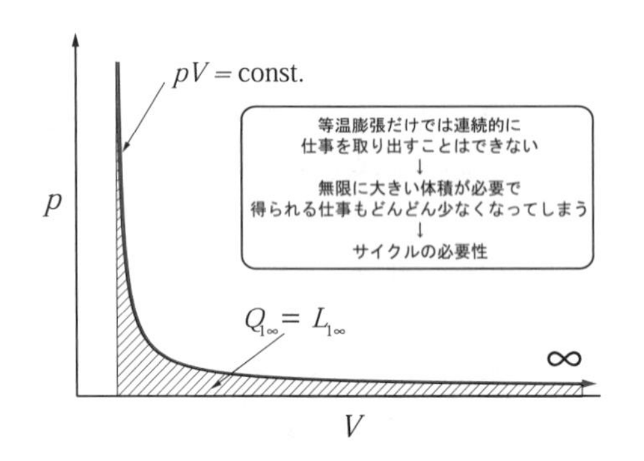

図4.7　等温膨張だけでは連続して仕事を取り出すことができない

4・2・1　サイクル (cycle)

熱を仕事に変換する方法としては，第3章の理想気体の準静的過程で述べたような，ガスの体積膨張を利用するのが最も簡単である．たとえば，等温膨張を利用すれば $Q_{12} = L_{12}$ （式(3.69)）となり，熱をすべて仕事に変換することができる．しかしこの方法では，連続的に仕事を取り出すことはできない．なぜなら，そのためには無限に大きい体積が必要になり，実現できないからである（図4.7参照）．爆発現象のような1回限りの熱 ⇒ 仕事変換ならばこれでもよいが，人間が継続して有用な仕事を得るためには役に立たない．この問題を解決するためには，ガスがあるところまで膨張して熱を仕事にエネルギー変換をした後，再び最初の状態へ戻す別の過程を加えれば良い．このようにして閉じた過程がサイクルである（図4.8参照）．

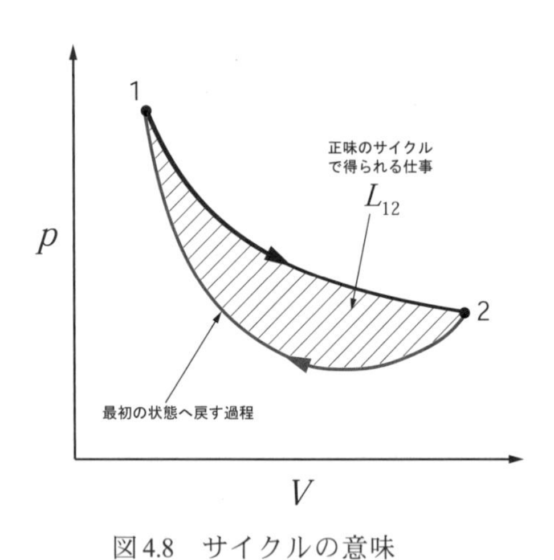

図4.8　サイクルの意味

熱機関という言葉は，すでに何度も使用してきたが，ここであらためて熱力学的モデル化の一般論として説明する．熱機関(heat engine)とは，温度 T_H の高温熱源から熱量 Q_H を取り入れ（単位時間あたりで考える場合は $\dot{Q}_H$，他も同様），温度 T_L の低温熱源へ熱量 Q_L を放出して連続的に作動し，外部へ仕事 L を出す装置のことである．具体的には自動車のエンジンや原子力発電所等が熱機関の代表である．図4.9は熱機関を抽象化して表現したものである．まず，第1段階として中央の円形で示した熱機関の内部は，ブラックボックスとして扱い，熱機関に出入りする熱量と仕事だけを考える．また，熱源(thermal reservoir)は，熱容量が無限大の理想的な閉じた系であり，どんなに熱の出入りがあっても温度が常に一定に保たれると仮定する．現実には，高温熱源は，燃焼ガスや高温の蒸気に，そして低温熱源は海や大気などに相当するが，熱力学的モデル化では熱源の詳細は気にせず，その最高・最低温度だけを考慮する．この熱機関のサイクルが，図4.9の下のような $p-V$ 線図上の閉曲線で表せるとすれば，この曲線の右回りの1回転が1サイクルに対応し，1サイクルあたりの熱の授受は矢印で示すようになり，外部への仕事量は閉曲線で囲まれた面積に相当する（3・4・2項（準静的過程）参照）．サイクル(cycle)とは，熱機関内の作動流体が，途中様々な変化をしてまた元の状態に戻る過程をさす．作動流体(working fluid)（動作物質，作業物質等と呼ぶこともある）とは，サイクルを行う装置の内部で熱の授受や体積膨張により仕事を発生する媒体となる流体のことで，具体的にはガソリンエンジンの燃焼ガス，蒸気タービンの水（水蒸気），また空調機では HFC-134a 等の冷媒が作動流体である．

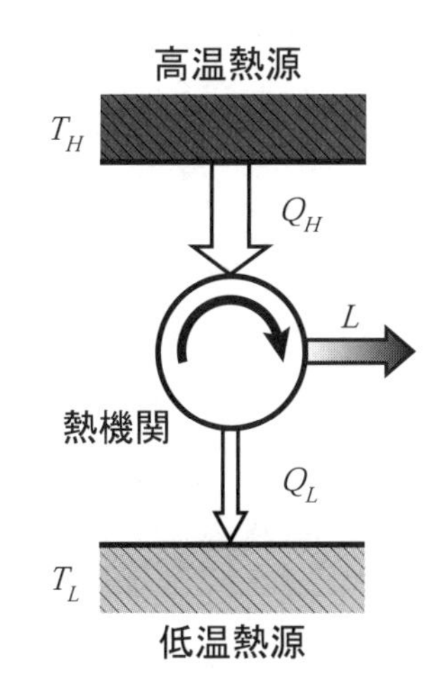

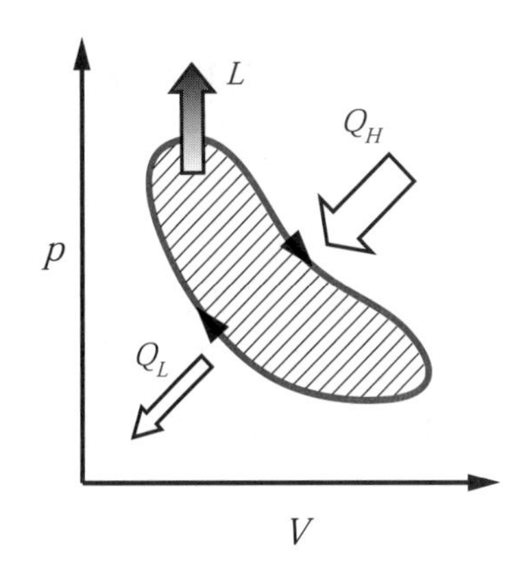

図4.9　熱機関の熱力学的な抽象化

熱機関の性能を表す最も重要な指標として，次の式(4.2)で表される熱効率(thermal efficiency)η を用いる．

$$\eta = \frac{[\text{正味の得られる仕事}]}{[\text{入力した熱量}]} = \frac{L}{Q_H} \tag{4.2}$$

この関係は，L (J) を $\dot{L} = \mathrm{d}L/\mathrm{d}t$ (W)に，Q_H (J)を $\dot{Q}_H = \mathrm{d}Q_H/\mathrm{d}t$ (W)に置き換えることによって，単位時間あたりの表現で使うこともできる．熱力学の第1法則より

$$L = Q_H - Q_L \tag{4.3}$$

が成り立つから，式(4.2)に代入すれば熱効率は次のように表すことができる．

$$\eta = \frac{Q_H - Q_L}{Q_H} = 1 - \frac{Q_L}{Q_H} < 1 \tag{4.4}$$

熱機関についてのここまでの一般的な記述は，

(1) 現実のサイクルでも理想化されたサイクルでも，
(2) サイクルを構成する過程に関係なく，
(3) 作動流体が何であっても，

成り立つ．

熱機関を逆に作動させると，図4.10に示したように（自然な熱の流れと逆に）低温の熱源から高温の熱源へ熱を移動させることができる（$p-V$ 線図上で左まわりに状態が変化する）．この装置の場合，工学的に2つの用途が考えられ，低温熱源から熱 Q_L を取り去る（冷す）目的である場合が冷凍機(refrigerator)であり，他方高温熱源へ熱 Q_H をくみ上げる（暖める）ことが目的である場合がヒートポンプ(heat pump)である．これらの装置は熱機関の逆サイクルなので，外部から仕事 L を供給する必要がある．これは多くの場合はコンプレッサを動かすモータが消費する動力に相当する．冷凍機とヒートポンプの性能は，それぞれ次の式(4.5)および式(4.6)で定義する動作係数(coefficient of performance : COP，成績係数ともいう)によって表される．

$$\text{冷凍機} \quad : \varepsilon_\mathrm{R} = \frac{Q_L}{L} = \frac{Q_L}{Q_H - Q_L} = \frac{1}{Q_H/Q_L - 1} \tag{4.5}$$

$$\text{ヒートポンプ}: \varepsilon_\mathrm{H} = \frac{Q_H}{L} = \frac{Q_H}{Q_H - Q_L} = \frac{1}{1 - Q_L/Q_H} \tag{4.6}$$

2つの動作係数間には，同一の Q_H，Q_L の場合以下のような関係が成り立つ．

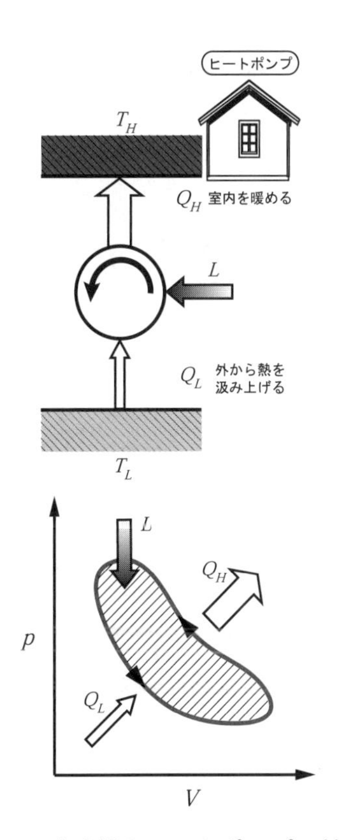

図4.10　冷凍機とヒートポンプの抽象化

$$\varepsilon_H = \varepsilon_R + 1 \tag{4.7}$$

したがって，ヒートポンプの動作係数は1より大きく，現実に家庭で使用しているヒートポンプでは平均して3～4程度である．つまりヒートポンプとは，1の仕事を入力することによって3～4倍の熱をくみ上げることができる環境負荷の小さい装置なのである（電気ヒータで暖房する場合は1の電気入力で1の熱量しか得られないことと比較）．

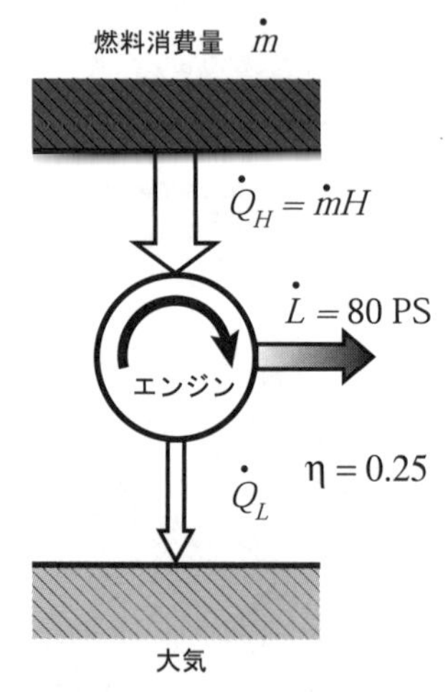

図4.11　例題4・1のエンジン

【例題 4・1】　＊＊＊＊＊＊＊＊＊＊＊＊＊＊＊＊＊＊＊＊＊＊＊

ある自動車のエンジンが80 PS の出力で，熱効率25％で作動している．この時，このエンジンが1時間で消費する燃料の質量を求めよ．ただし，この燃料の燃焼による発熱量は 4.4×10^7 J/kg とする．

【解答】 このエンジンをモデル化すると図4.11のようになる．熱効率の式(4.2)より，必要な熱入力 $\dot{Q}_H$ は

$$\dot{Q}_H = \frac{\dot{L}}{\eta} = \frac{80\ \mathrm{PS}\times0.735\ \mathrm{kW/PS}}{0.25} = 235.2\ \mathrm{kW} \tag{ex4.1}$$

したがって，1時間で消費する燃料の質量 $\dot{m}$ は

$$\dot{m} = \frac{\dot{Q}_H}{H} = \frac{235.2\times10^3\ \mathrm{W}\times3600\ \mathrm{s/h}}{4.4\times10^7\ \mathrm{J/kg}} = 19.2\ \mathrm{kg/h} \tag{ex4.2}$$

となる．

＊＊＊＊＊＊＊＊＊＊＊＊＊＊＊＊＊＊＊＊＊＊＊

4・2・2　可逆過程と不可逆過程 (reversible and irreversible processes)

熱機関の理論最大熱効率を考えるためには，実物の熱機関内で生じている様々な現象を理想化する必要がある．これは力学の問題に例えると，空気中に投げたボールの理想的な運動を考える場合には，ボールは大きさのない質点で空気による摩擦抵抗は考慮しない，というような理想化と同じレベルのものである．熱力学では，現実の不可逆過程を可逆過程として理想化するが，これは力学において現実の摩擦有り（不可逆過程）の現象を摩擦なし（可逆過程）と理想化することと同等である．ただ，熱力学のほうがより複雑な対象，たとえば，流体の流れや熱の移動等の理想化も含むため，より広い概念である可逆過程という表現が必要なのである．

可逆過程(reversible process)とは，ある系が周囲に何らの痕跡も残さずに再び元の状態に戻すことができる過程である．可逆過程でない過程を**不可逆過程**(irreversible process)という．すべての自然現象は不可逆過程であって一方向にしか進まず，変化を元の状態へ戻すためには何らかの（人為的で周囲に痕跡を残す）作業が必要になる．代表的な不可逆過程の要素を挙げると次のようになる．

- 摩擦（固体のすべり摩擦や流体の流動摩擦）
- 有限温度差の伝熱（伝導，対流，放射）
- 異なる物質の混合
- 気体の自由膨張

・　化学反応
・　塑性変形
・　抵抗を流れる電流

たとえば，カップに入れた熱いコーヒーは，自然に温度が下がり最後は室温と同じ温度になる．このコーヒーの温度を元の状態に戻すことは可能である．しかし，そのためには再度加熱するためのエネルギーを消費することになり，周囲に変化を残してしまい不可逆過程になる．可逆過程は，現実の不可逆過程を理想化した極限の過程である．たとえば，真空中で振動する振り子では，支点の摩擦が十分小さければ事実上可逆過程とみなすことができる．

熱機関の理想化を考える上では，次の2つの可逆過程が重要である．

(1) ピストン・シリンダ系内で圧縮・膨張するガス：実際のエンジン内部では流体の渦やピストンとシリンダの摩擦などの不可逆過程が生じているが，温度差も摩擦もなくピストンの運動が常にバランスをとってゆっくり行われるとすれば可逆過程という理想化ができる（第3章の理想気体の準静的過程を参照）．

(2) 温度の異なる2つの物体間の熱移動：温度差がなければ熱は移動しないが，その温度差を小さくして無限小にすれば可逆過程に近づく（等温熱移動）（ただし，無限の時間を要することになる）．

4・2・3　内部可逆過程 (internally reversible processes)＊

可逆過程でさらに知っておくと有用な概念は，**内部可逆過程**(internally reversible process)である．熱力学的にモデル化して不可逆過程を取り扱う場合，不可逆過程がどこで生じているかを正確に認識することが必要である．系の内部か，周囲か，あるいはその両方かということである．系内で不可逆過程が全くない場合を内部可逆過程という．たとえば，図4.12に示すように，系を加熱することを熱力学的モデル化する場合，図4.12 (a)のように等温熱移動(isothermal heat transfer)を仮定すれば，（系全体が）可逆過程になる．一方，図4.12 (b)のように有限温度差の熱移動で不可逆過程と考え，かつ温度差が系外にあるとすれば，伝熱による不可逆過程は周囲で生じており，内部可逆過程となる．しかし，図4.12 (c)のように系内に温度差を仮定すると，系内で不可逆過程が生じていることになってしまい，系内のサイクル等を検討するためには複雑になり理想化しにくい．多くの熱力学的モデリングでは，全体としては不可逆過程（サイクル）であっても，系を適切に設定することにより系外（周囲）に不可逆過程を割りあて，サイクルを行っている系内は，内部可逆過程とするのが普通である．閉じた系で内部可逆過程の場合は，過程の途中では，系内の温度，圧力，比容積等のすべての示強性状態量は分布がなく均一であることになる．もし温度分布があるとすれば，自然に熱が移動し系内で不可逆過程が発生してしまうからである．熱源のすべての過程は内部可逆過程である．

また，第3章で述べた準静的過程は，実は内部可逆過程のことである．準静的過程という言葉には曖昧さがあり，「常に平衡を保ちながら十分ゆっくり行う過程」程度の意味である．準静的に行っても，本質的に不可逆な過程が

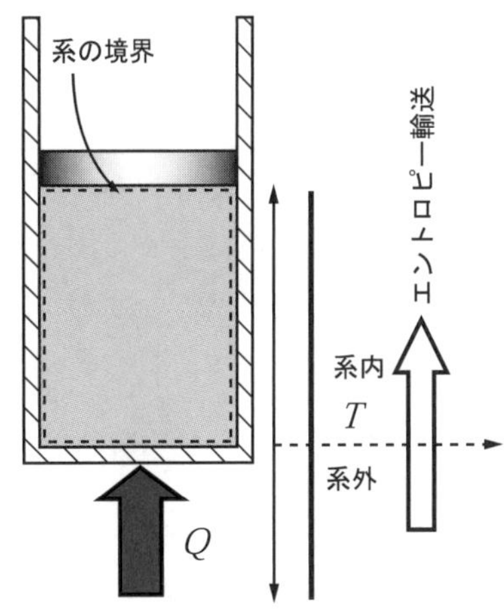

(a) 等温熱移動のモデル
（完全に可逆）

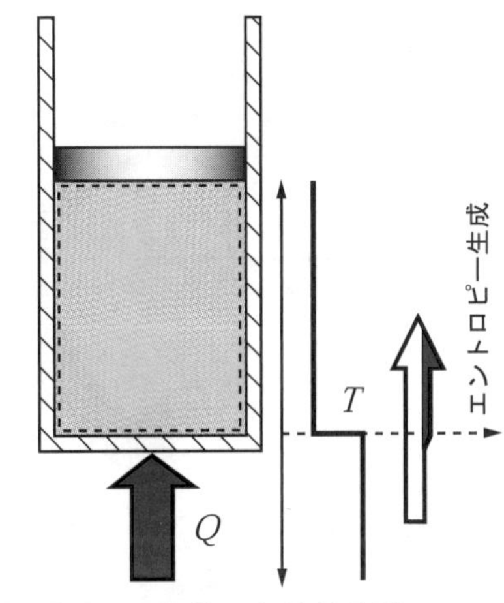

(b) 系外に温度差のある熱移動
のモデル
（内部可逆）

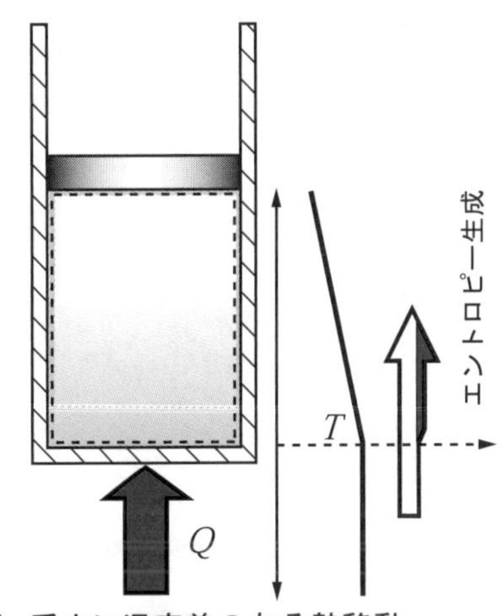

(c) 系内に温度差のある熱移動
のモデル
（内部不可逆）

図4.12　内部可逆過程のモデル化

あり（真空中への気体の自由膨張），教科書によってその解釈が異なるため混乱することもある．エントロピーの概念はこの後の4・5節で導入されるが，本質的にはエントロピー生成のない過程が熱力学的に理想的なモデルプロセスなので，混乱を避けるために準静的過程は使わず，内部可逆過程としたほうが誤解を招きにくい．ただ，カルノーサイクルなどを考える上で，ピストンが無限にゆっくり動く理想化で可逆過程になるというイメージは重要である．

可逆，不可逆という概念は，ここまで言葉のみで表現されているため，わかりにくいかもしれない．すでに図4.12にエントロピーの矢印で描いてあるように，可逆過程とはエントロピー生成　0の極限過程であり，現実の過程はエントロピー生成＞0の不可逆過程なのである（4・5・2項参照）．

4・3　カルノーサイクルの性質 (characteristics of Carnot cycle)

さて，これでようやくカルノーサイクルを正しく理解するための道具がそろった．早速どんなサイクルなのかを見てみよう．　カルノーサイクル(Carnot cycle)とは，熱機関の理論最大熱効率を考察するために，カルノーが直感的に導入した理想的な熱機関であり，熱機関のモデルとしては図4.13のように温度 T_H の高温熱源から熱量 Q_H を取り入れ，温度 T_L の低温熱源へ熱量 Q_L を捨てて外部へ仕事 L を得る．この熱機関は第8章で述べるようなシリンダ内で熱を発生する内燃機関ではなく，シリンダ内に封じ込めた気体を外から加熱・冷却してピストンを動かす外燃機関である．加熱・冷却するために，高温・低温熱源を交互にシリンダに接触させて作動させると考える．

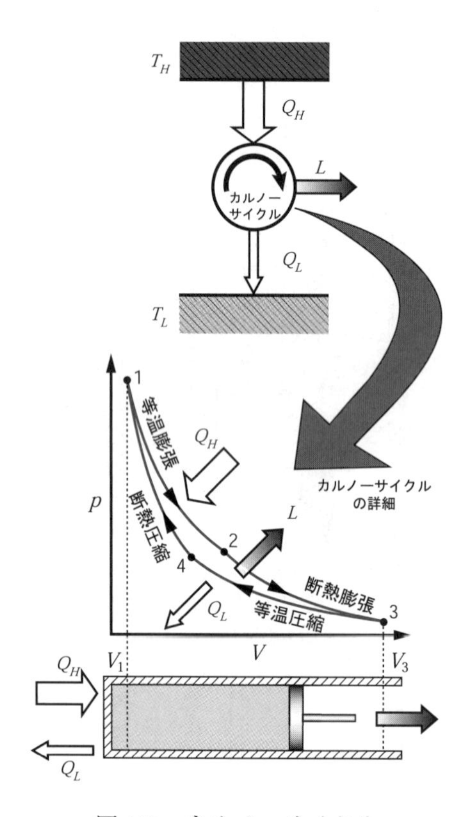

図4.13　カルノーサイクル

カルノー機関の中身は（4・2節のようなブラックボックスでなく具体的に）次のような4つの可逆過程より構成されるサイクルである．図4.13の $p-V$ 線図を参照しながら各過程を考えてみる．

- 1→2の過程：等温膨張（絶対温度 T_H (K)の熱源から熱量 Q_H を受ける）
- 2→3の過程：断熱膨張
- 3→4の過程：等温圧縮（絶対温度 T_L (K)の熱源に熱量 Q_L を捨てる）
- 4→1の過程：断熱圧縮

カルノーは，熱 ⇒ 仕事変換で全く損失がないように考えた．つまり，加熱しても気体の温度は上昇せず内部エネルギー変化をすべて体積膨張に変換できる等温変化に，また熱機関内の変化はすべて可逆過程で構成され，さらに系外との熱の授受も温度差無限小で行い，系内も周囲もすべて完全な可逆過程とした．また，仕事を連続に取り出すサイクル過程にするため，等温過程と断熱過程を組み合わせ，それらの変化の $p-V$ 線図上でのこう配の違い（$\left(\partial p/\partial V\right)_{断熱} > \left(\partial p/\partial V\right)_{等温}$，第3章の図3.45参照）を利用して4つの過程を閉じるようにしている．さらに，サイクルを行うために低温熱源に熱を捨てていることも重要なことである．

カルノーサイクルの重要な性質をまとめれば，すでに4・1・2項で述べたようになる．ここでは，それぞれの性質を証明していこう．

（この部分は，熱力学第2法則が法則化されるための核心が入っているが，わかりづらいところもあるので，最初に読むときは飛ばしてかまわない．）

4・3 カルノーサイクルの性質

(1) カルノーサイクルが同一の高温・低温熱源間で作動する熱機関の最大効率である（理論最大熱効率）.

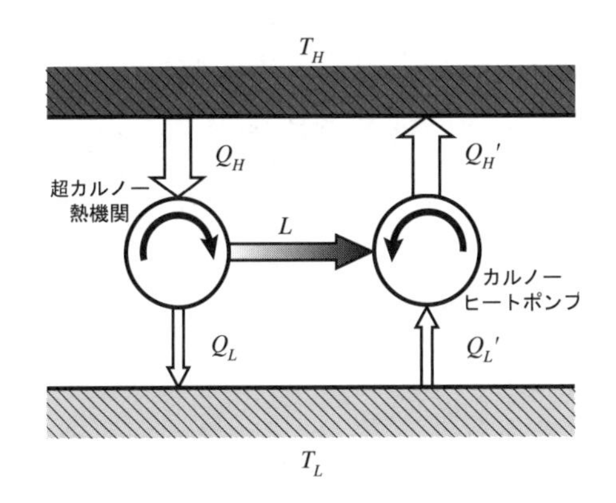

図 4.14 カルノーサイクルが最大熱効率の証明

図4.14のように，カルノーサイクルより熱効率の高い超カルノー熱機関が存在すると仮定する．また，カルノーサイクルは可逆機関なので逆向きに作動させることができ，これをカルノーヒートポンプとし，この2つのサイクルを同じ温度の低温・高温熱源の間で図に示したように作動させるとする．超カルノー熱機関の熱効率は

$$\eta_{\mathrm{Super\ Carnot}} = \frac{L}{Q_H} \tag{4.8}$$

である．またカルノーヒートポンプの動作係数は

$$\varepsilon_{\mathrm{H,\ Carnot}} = \frac{Q_H'}{L} \tag{4.9}$$

となる．もし，超カルノー熱機関のほうがカルノーヒートポンプより効率が高いとすると（式(4.2)および式(4.6)参照）

$$\eta_{\mathrm{Super\ Carnot}} > \frac{1}{\varepsilon_{\mathrm{H,\ Carnot}}} \tag{4.10}$$

の関係が成り立つはずである．そこで，式(4.10)を書き直すと次のようになる．

$$\frac{L}{Q_H} > \frac{L}{Q_H'} \tag{4.11}$$

$$Q_H' - Q_H = Q_L' - Q_L > 0 \tag{4.12}$$

式(4.12)の意味は，$Q_H' - Q_H$ の熱量を外部からの仕事の供給なしに低温熱源から高温熱源に移動させていることになる．これは第2法則に反して（4・4・1項のクラウジウスの表現：(注)）おり，したがって同一の低温・高温熱源の間で作動するカルノーサイクルより熱効率の高い超カルノーサイクルが存在するという仮定は正しくない．

(2) 理論最大熱効率 η_{Carnot} は，作動流体の種類に依存しないこと．

図4.15のように（図4.14と異なる）カルノーサイクル熱機関 Carnot(1)とカルノーヒートポンプ Carnot(2)が同一の低温・高温熱源の間で作動しているものとする．ただし，Carnot(1) は作動流体(1)を，また Carnot(2)は作動流体(2)と異なる物質を使用しているものとする．もし，作動流体(1)を使ったほうが作動流体(2)を使った場合より熱効率が高いとすると，式(4.10)と同様に考えて

$$\eta_{\mathrm{Carnot\,(1)}} \geq \frac{1}{\varepsilon_{\mathrm{H,\ Carnot\,(2)}}} \tag{4.13}$$

となる．次に，Carnot(1)と Carnot(2)の役割を入れ替えて式(4.13)と同様に考えると

$$\eta_{\mathrm{Carnot\,(2)}} \geq \frac{1}{\varepsilon_{\mathrm{H,\ Carnot\,(1)}}} \tag{4.14}$$

となる．式(4.13)および式(4.14)を同時に満たすためには

$$\eta_{\mathrm{Carnot\,(1)}} = \eta_{\mathrm{Carnot\,(2)}} \tag{4.15}$$

が成り立つ必要がある．このことはカルノーサイクルの熱効率は作動流体に依存しないことを意味する．

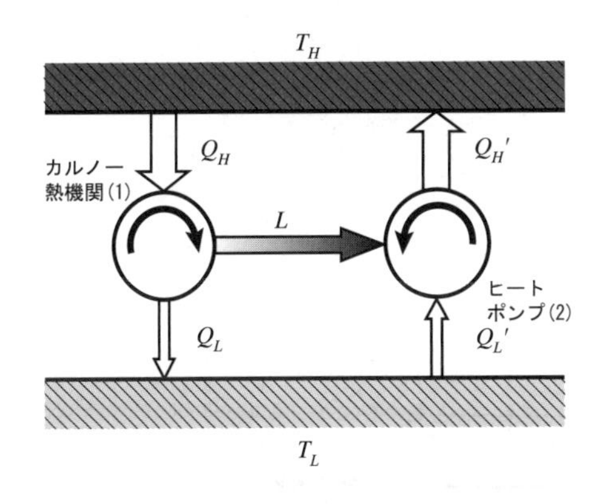

図 4.15 カルノーサイクルの熱効率が作動物質に依存しないこと

（注）以上の2つの証明は，この後の4・4・1項で述べる第2法則を前提としている．表4.1を見てわかるように，第2法則はカルノーの論文よりずっと後に定式化された．したがって，カルノーは第2法則なしに上のことを，「熱素説」という現代から見れば間違った考え方に基づいて証明していた．しかし，カルノーの主張の基本は，「最大熱効率をもつ理想の熱機関は可逆機関である」ということであり，これは正しかったのである．このことについては，この章の文献(2)にわかり易く書かれている．

(3) カルノー効率が$\eta_{\text{Carnot}} = 1 - T_L/T_H$となること．

カルノーサイクルの熱効率が作動流体の種類に依存しないことがわかったので，その熱効率を具体的に計算するためにはどんな物質を使っても良いことになる．そこで計算が最も容易な理想気体m(kg)を作動流体として，4つの可逆過程それぞれの仕事を計算すると以下のようになる（3・6・3項参照）．

・等温膨張1→2：$L_{12} = Q_H = mRT_H \ln(V_2/V_1)$　(4.16)

・断熱膨張2→3：$L_{23} = mc_v(T_H - T_L)$　(4.17)

・等温圧縮3→4：$L_{34} = -Q_L = mRT_L \ln(V_4/V_3)$　(4.18)

・断熱圧縮4→1：$L_{41} = mc_v(T_L - T_H)$　(4.19)

式(4.16)〜(4.19)を熱効率の定義式(4.4)に代入すれば

$$\eta_{\text{Carnot}} = 1 - \frac{Q_L}{Q_H} = 1 - \frac{-mRT_L \ln(V_4/V_3)}{mRT_H \ln(V_2/V_1)} \tag{4.20}$$

のように表すことができる．さらに，2つの断熱過程では以下の関係が成り立つ．

$$T_H V_2^{\kappa-1} = T_L V_3^{\kappa-1} \tag{4.21}$$

$$T_L V_4^{\kappa-1} = T_H V_1^{\kappa-1} \tag{4.22}$$

式(4.21)および式(4.22)より

$$\frac{V_2}{V_1} = \frac{V_3}{V_4} \tag{4.23}$$

の関係が得られる．式(4.23)を式(4.20)に代入すれば，次のようなカルノーサイクルによる熱機関の熱効率が求められる．

$$\eta_{\text{Carnot}} = \eta_{\max} = 1 - \left(\frac{Q_L}{Q_H}\right)_{\text{Carnot}} = 1 - \frac{T_L}{T_H} \tag{4.24}$$

式(4.24)は一見非常に単純であるが，どのような熱機関も高温熱源と低温熱源の絶対温度のみで決定されるカルノー効率η_{Carnot}が，理論的上限になる，という意味で非常に重要である．また，この結果から次節に述べるエントロピーの概念が誕生することになる．ここで，$(1 - T_L/T_H)$はカルノー因子(Carnot factor)とも呼ばれ，第2法則ではしばしば登場する．

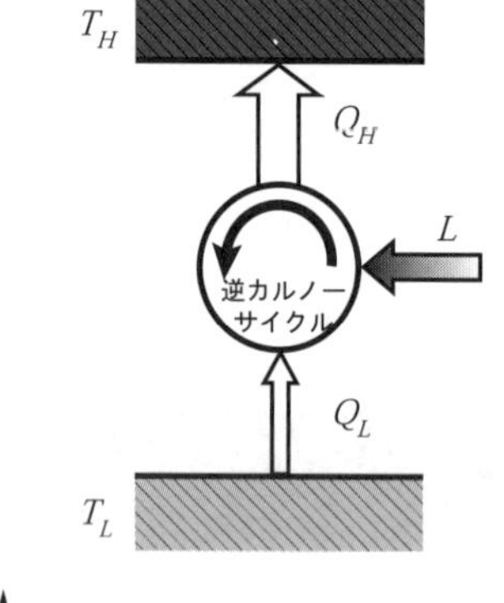

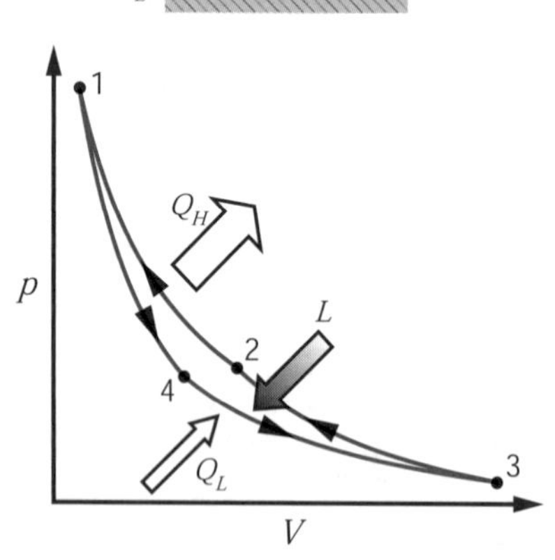

図4.16　逆カルノーサイクル

逆カルノーサイクルによる冷凍機とヒートポンプの理論最大動作係数は，式(4.5)および式(4.6)に式(4.24)の関係を代入すれば次のようになる（図4.16参照）．

$$\text{冷凍機}\quad : \varepsilon_{\mathrm{R,\,Carnot}} = \varepsilon_{\mathrm{R,\,Max}} = \left(\frac{Q_L}{L}\right)_{\mathrm{Carnot}} = \frac{T_L}{T_H - T_L} = \frac{1}{T_H/T_L - 1} \tag{4.25}$$

$$\text{ヒートポンプ}: \varepsilon_{\mathrm{H,\,Carnot}} = \varepsilon_{\mathrm{H,\,Max}} = \left(\frac{Q_H}{L}\right)_{\mathrm{Carnot}} = \frac{T_H}{T_H - T_L} = \frac{1}{1 - T_L/T_H} \tag{4.26}$$

【例題 4・2】　＊＊＊＊＊＊＊＊＊＊＊＊＊＊＊＊＊＊＊＊＊＊＊＊

夏に部屋を空調機（エアコン）で冷房することを考える．外気温が37 ℃の時に，室内の温度を常に25 ℃に保つようにしたい．このエアコンを作動させるための必要最小動力を求めよ．ただし，外から室内への熱侵入量は3 kW であるとする．

【解答】逆カルノーサイクルで冷凍機を作動させた場合の動力が最小なので，式(4.25)より，T が絶対温度であることに注意して

$$\varepsilon_{\mathrm{R,\,Carnot}} = \frac{1}{T_H/T_L - 1} = \frac{1}{(37+273.15)/(25+273.15)-1} = 24.8 \tag{ex4.3}$$

外部からの熱侵入量が $\dot{Q}_L$ に等しければよいので

$$\dot{L}_{\mathrm{Min}} = \frac{\dot{Q}_L}{\varepsilon_{\mathrm{R,\,Carnot}}} = \frac{3\ \mathrm{kW}}{24.8} = 121\ \mathrm{W} \tag{ex4.4}$$

となる．実際の空調機の ε_{R} は3～4であり，理論的上限よりかなり小さいことに注意．

＊＊＊＊＊＊＊＊＊＊＊＊＊＊＊＊＊＊＊＊＊＊＊＊

4・4　閉じた系の第2法則 (the second law for closed systems)

前節までに示したカルノーの成果は，熱 ⇒ 仕事 変換の理論的限界を示す重要なものである．とはいっても，ここまでの範囲では，機械工学として役に立つのは，その理論最大熱効率を表す式(4.1)だけである．ある熱機関や冷凍機の作動流体の最高と最低温度から理論最大熱効率を計算し，現実の熱効率と比較したりあるいは理論最大熱効率に経験的係数をかけて，現実に必要な熱量や仕事などを計算する程度である（例題4・2参照）．しかしその本当の価値は，カルノーサイクルの背後にあるさらに奥深い物理法則，つまり熱力学の第2法則と，第2法則を定量的に表現するエントロピーにある．ケルビンとクラウジウスが，カルノーサイクルの中に潜む本質を抽出して，言葉による熱力学の第2法則に到達し，さらにその数学的表現としてのエントロピーという新しい状態量に到達するまでには，約40年を要している（表4.1参照）．ここでは，その流れを論理的に説明しよう．（注意すべきことは，ここで対象にしている系は閉じた系であって，物質の出入りは考えていない点である．熱も物質も出入りする開いた系における第2法則は，次の4・5節で説明する．

表4.1　カルノーサイクルから第２法則そしてエントロピーへの歴史

年	事項
1824	Carnot「火の動力について」論文
1842	Mayer「エネルギー保存則論文」
1845	Joule「熱の仕事当量実験」（1847にかけて）
1848	KelvinがCarnot論文を入手
1849	Kelvin「カルノーの熱の動力の理論の説明」→カルノー関数が作業物質によらない絶対温度であること
1850	Clausius「熱の普遍性の原理と特殊性の原理」の主張（第1法則と第2法則）
1851	Kelvin「熱の力学的理論(dynamical theory of heat)」（第1法則と第2法則）
1852	Kelvin「力学的エネルギーの散逸に向かう自然の普遍的傾向について」→ 地球の「熱的死」
1854	Clausius「熱の力学的理論の第2法則の異なる表現について」，第2法則「熱は，それに関した変化が同時に生ずることなしには，低温物体から高温物体に移動することは決してありえない」，サイクルの場合の第2法則の数学的表現（クラウジウスの不等式）
1865	Clausius「熱の力学的理論の基礎方程式の，応用に便利な異なる形式について」ここで「第1，第2法則の現代的定式化」，エントロピーの導入（集大成，その後の熱力学教科書の原形をなす），有名なフレーズ「宇宙のエネルギーは一定である，宇宙のエントロピーは最大値に向かう」
1872	Boltzmann「H定理」
1876	Gibbs「非均質系の熱力学について」→ 熱力学ポテンシャル，相平衡，自由エネルギー，TS線図
1877	Boltzmann「エントロピーの統計的解釈，S=klnW」

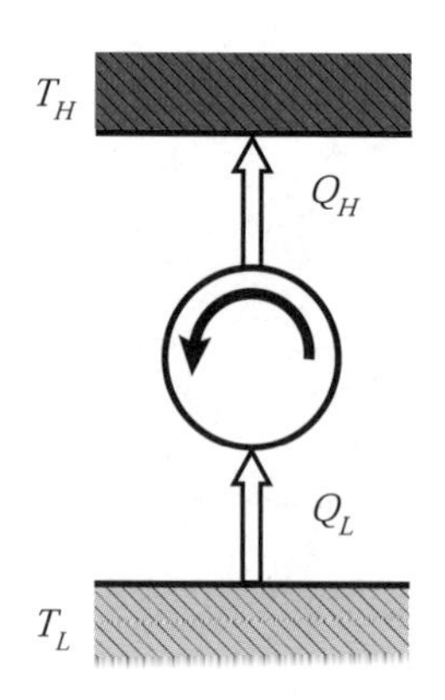

図4.17　第2法則に反する装置（クラウジウスの表現を図にしたもの）

4・4・1　1つの熱源と作用するサイクル：第2法則の言葉による表現 (cycle in contact with one heat reservoir – the second law by statements)

カルノーの成果として述べたように，熱機関を作動させて連続的に 熱 ⇒ 仕事 変換を行うためには，最も理想的な場合でも，熱の一部を低温熱源に捨てなければならない．また逆に，閉じた系に仕事をして（たとえば摩擦），熱を発生することは可能である．1つの温度の熱源だけを利用して，仕事を連続的に発生する熱機関は実現不可能であり，低温熱源に捨てる熱量をなくしてしまうことが不可能なことは，経験によっても知られていたのである．この限界が生じる理由を説明するのではなく，むしろ熱現象の本質（一方向性）を表す基本的な物理法則として一般化したのが，言葉で表現した次のような熱力学の第2法則である．

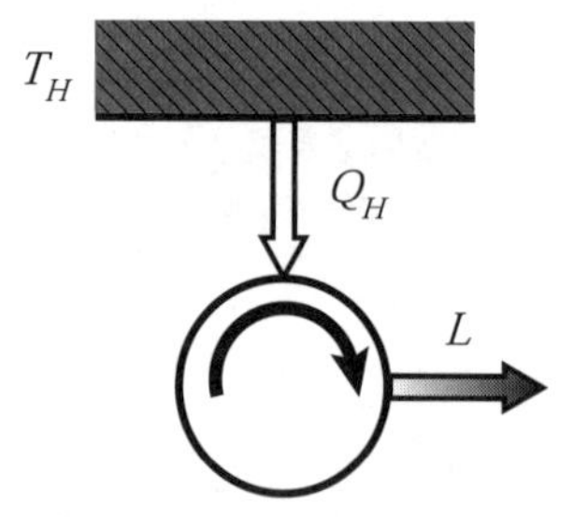

図4.18　第2法則に反する装置（ケルビン・プランクの表現を図にしたもの）

- クラウジウスの表現：自然界に何らの変化を残さないで，熱を低温から高温の物体へ継続して移動させる装置を作ることは不可能である（図4.17参照）.
- ケルビン・プランクの表現：自然界に何らの変化を残さないで一定温度の熱源の熱を継続して仕事に変換する装置を作ることは不可能である（図4.18参照）.

上の2つの表現は等価であり，これらの言葉による表現が「閉じた系のサイクルに適用した」熱力学第2法則である．少しわかりにくい表現なので，簡単にすれば次の2点に集約される．

(1)　熱は高温物体から低温物体へ移動するが，その逆は自然には起きない．
(2)　すべての熱を仕事に変換するサイクルはできない．

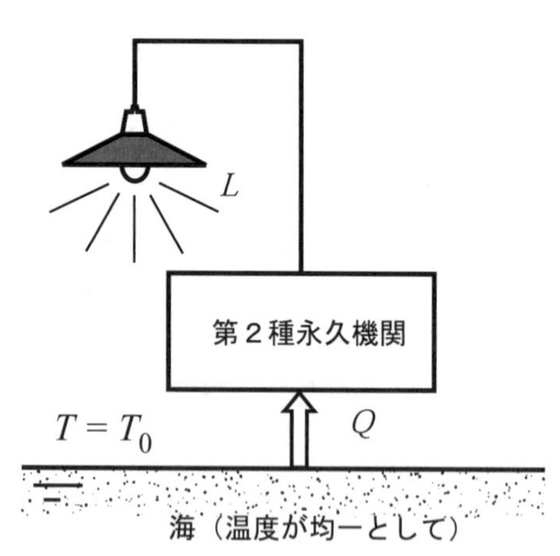

図4.19　第2種永久機関が実現不可能であること ⇒ 熱力学の第2法則（たとえば，温度が一定の海水のもつ内部エネルギーを温度差なしに仕事に変換できたら....）

ケルビン・プランクによる第2法則の表現を否定する機械，いい換えれば，物体のもつ内部エネルギーを温度差なしにすべて仕事に変換する機械を，第2種永久機関(perpetual motion of the second kind)という（図4.19参照）．熱力学の第2法則は，第2種永久機関が実現不可能であることを示している，といっても良い．

ケルビン・プランクの表現による第2法則を式で表現すれば，系に作用する仕事Lと熱量Qの符号の取り決めにしたがって（外部にする仕事を正，外部から受け取る熱を正にする）以下のようになる．

$$\oint_{1\text{熱源}} \delta L \leq 0 \tag{4.27}$$

式(4.27)で周回積分は1サイクルを示す．つまり，1つの熱源と作用する熱機関ではサイクルによって外部に出せる仕事はないということである．さらに，サイクルでは元の状態に戻った時には，内部エネルギー変化はゼロになるから，サイクルに適用した熱力学の第1法則は次のようになる．

$$\oint_{\text{cycle}} \delta Q = \oint_{\text{cycle}} \delta L \tag{4.28}$$

したがって，式(4.27)に式(4.28)を代入して

$$\oint_{1\text{熱源}} \delta Q \leq 0 \tag{4.29}$$

が得られる．式(4.29)が，（言葉で表現した熱力学の）第2法則の解析的表現である．ただし，これはあくまで1つの熱源と作用する閉じた系のサイクルのみで成立する第2法則である．このあと，この式(4.29)を順次複雑な系（熱源の数を増やしサイクルから過程）に拡張し，一般化させて最終的にはエントロピー生成の概念まで到達する．

4・4・2　2つの熱源と作用するサイクル (cycle in contact with two heat reservoirs)

熱源が1つではサイクルにならないが，熱源を高温・低温の2つにした場合はサイクルを構成することができ，さらにそれが可逆サイクルであれば，すでに述べたようなカルノーサイクルになる．カルノーサイクルの性質は，4・3節で述べたので，ここではその結果を引用する．カルノーサイクルの熱効率は，式(4.24)のように表される．サイクルへの熱の出入りを第1法則の場合のように，外から入る熱量を正，外へ出す熱量を負とすれば $Q_L \rightarrow -Q_L$ とする必要があるので，式(4.24)を変形すれば，次のような関係が成り立つ．

$$\frac{Q_H}{T_H} + \frac{Q_L}{T_L} = 0 \quad \text{（可逆サイクル）} \tag{4.30}$$

さらに，任意の不可逆サイクルの熱効率は，カルノー効率より必ず小さくなるから以下の式(4.31)が成立する．

$$\frac{Q_H}{T_H} + \frac{Q_L}{T_L} < 0 \quad \text{（不可逆サイクル）} \tag{4.31}$$

式(4.30)および式(4.31)をまとめれば，2つの熱源と作用するサイクルにおける熱力学の第2法則（閉じた系）は次のように書くことができる．

$$\frac{Q_H}{T_H} + \frac{Q_L}{T_L} \leq 0 \tag{4.32}$$

上の式(4.32)は，1つの熱源と作用する閉じた系のサイクルにおける第2法則，式(4.29)を一般化した形になっている．なぜなら式(4.29)は，1つの熱源温度を T_H，熱量を Q_H と表せば次のように記述できるからである．

$$\frac{Q_H}{T_H} \leq 0 \tag{4.33}$$

4・4・3　*n*個の熱源と作用するサイクル (cycle in contact with n heat reservoirs)

熱力学の第2法則を1つの熱源と接するサイクルから2つの熱源と接するサイクルへ拡張して，式(4.33)および式(4.32)を導いた．この結果を，さらに n 個の熱源と接するサイクルへと一般化したらどうなるだろうか？ 熱源の数が2つを超えるので，添え字を H, L から1,2,3…に置き換えると，次のように表現できるだろう．

$$\frac{Q_1}{T_1} \leq 0 \tag{4.34}$$

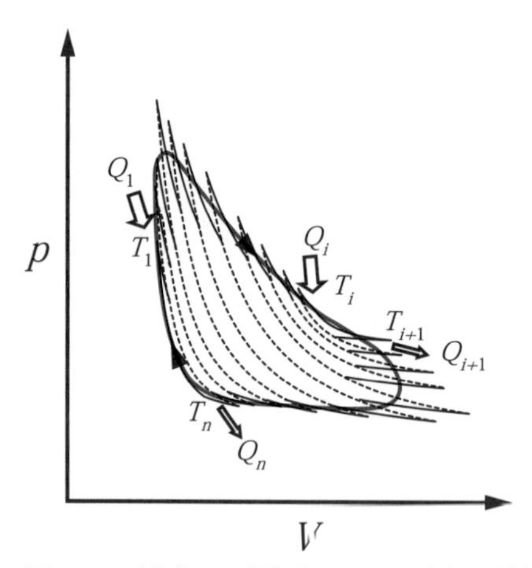

図4.20　任意の可逆サイクル（赤い線）を多数のカルノーサイクルで近似すること

$$\frac{Q_1}{T_1}+\frac{Q_2}{T_2}\le 0 \tag{4.35}$$

・

・

$$\frac{Q_1}{T_1}+\frac{Q_2}{T_2}+\cdots+\frac{Q_n}{T_n}=\sum_{i=1}^{n}\frac{Q_i}{T_i}\le 0 \tag{4.36}$$

一般的な表現である式(4.36)は，以下のように証明できる．図4.20に示したように，任意の可逆サイクルを多数のカルノーサイクルの組み合わせで近似する．この時，それぞれのカルノーサイクルへの熱の出入りを図4.20のように表示し，各カルノーサイクルで式(4.30)と同様に考えれば

$$\left(\frac{Q_1}{T_1}+\frac{Q_n}{T_n}\right)+\left(\frac{Q_2}{T_2}+\frac{Q_{n-1}}{T_{n-1}}\right)\cdots+\left(\frac{Q_i}{T_i}+\frac{Q_{i+1}}{T_{i+1}}\right)=0 \tag{4.37}$$

が成り立つ．したがって，可逆サイクルの場合は

$$\sum_{i=1}^{n}\frac{Q_i}{T_i}=0 \quad \text{（可逆サイクル）} \tag{4.38}$$

となる．また，不可逆サイクルの場合は式(4.31)を各サイクルに適用すれば

$$\left(\frac{Q_1}{T_1}+\frac{Q_n}{T_n}\right)+\left(\frac{Q_2}{T_2}+\frac{Q_{n-1}}{T_{n-1}}\right)\cdots+\left(\frac{Q_i}{T_i}+\frac{Q_{i+1}}{T_{i+1}}\right)<0 \tag{4.39}$$

つまり

$$\sum_{i=1}^{n}\frac{Q_i}{T_i}<0 \quad \text{（不可逆サイクル）} \tag{4.40}$$

が成立する．式(4.38)および式(4.40)より

$$\sum_{i=1}^{n}\frac{Q_i}{T_i}\le 0 \tag{4.41}$$

であり，式(4.36)が証明された．

次に，これまでの第2法則を一般化する最終段階として，図4.20の熱源の数を無限個にすれば，式(4.36)において $Q_i \to \delta Q$，$T_i \to T$ と置き換えて，和をサイクルについての周回積分に書き換えれば良いので，次の式(4.42)のように書くことができる．

$$\oint\frac{\delta Q}{T}\le 0 \tag{4.42}$$

式(4.42)を**クラウジウスの不等式**(Clausius inequality)と呼び，閉じた系の任意のサイクルにおける第2法則を不等式で表現している．等号が可逆サイクル，不等号が不可逆サイクルを意味している．

4・5　エントロピー (Entropy)

4・5・1　状態量としてのエントロピーの定義 (entropy as thermodynamic property)

さて，これでようやく新しい状態量であるエントロピーを導入する準備が整ったことになる．言葉で表現した熱力学の第2法則は，任意の閉じた系のサイクルで成立する式(4.42)にまで拡張されたのである．そこで次に，式(4.42)が等号となる可逆サイクルに限定して考えを進めてみよう．等号は，サイクルが内部可逆の場合に限り成立するので，可逆過程による熱の出入りを明確にするために次のように記述する．

$$\oint \frac{\delta Q_{rev}}{T} = 0 \tag{4.43}$$

添え字の rev は reversible（可逆）を示し，一般的な不可逆過程と区別をする．式(4.43)は，閉じた系の可逆サイクルでは $\delta Q_{rev}/T$ で計算される量が過程の経路によらず一定である（保存される）ことを意味している．いい換えれば，$\delta Q_{rev}/T$ という量は圧力，温度や体積などと同様に系の状態を定める状態量になる．

クラウジウスは，$\delta Q_{rev}/T$ を新しい（抽象的な）状態量 S として次のように定義し，エントロピー(entropy)と名づけた．

$$\mathrm{d}S = \frac{\delta Q_{rev}}{T} \quad \mathrm{(J/K)} \tag{4.44}$$

（エントロピーの名前の由来は，この物理量と密接な関係のあるエネルギーとなるべく似た言葉として，"transformation"を意味するギリシャ語から採った）．式(4.44)を最初の平衡状態1から最後の平衡状態2まで積分すれば，以下のような可逆過程でのエントロピー変化量が計算できる．

$$S_2 - S_1 = \int_1^2 \frac{\delta Q_{rev}}{T} \tag{4.45}$$

式(4.45)で，温度 T は絶対温度で常に正なので，系に熱が入ってくればエントロピーは増加し，反対に熱が放出されればエントロピーは減少する．エントロピーは物質の量に比例する示量性状態量なので，比エントロピー(specific entropy) s を質量 m (kg) の物質の単位質量あたりのエントロピーとして定義すれば，以下のように与えられる．

$$s = \frac{S}{m} \quad \mathrm{(J/(kgK))} \tag{4.46}$$

これまで言葉で表現した熱力学の第2法則の一般化を進めてきたが，式(4.44)で定義される状態量エントロピーによって，閉じた系の可逆過程を扱うことができる．この状態量である（保存される）エントロピーを利用することで，後の章で述べるように，サイクルの評価を行ったり，あるいは様々な熱力学関係式を導くことができる．

ここまでの状態量としてのエントロピーを利用して具体的計算を行いたい場合は，4・6節へジャンプしてよい．

（注）周回積分がゼロになることや状態量の概念は直感的にわかり難いので，体積を例に図4.21を参考に説明する．図のように，ピストン・シリンダ系よりなる熱機関がサイクルを行うとする．ここでの1サイクルとは，ピストンが気体の体積が最小の V_1 から，最大の V_2 に到達し，またもとの位置に戻る一連の過程のことである．ここでたとえば，ピストン・シリンダ内の気体の体積を考えれば，1サイクルでは体積の周回積分がゼロになることはすぐにわかるはずである．つまり，$\oint \mathrm{d}V = 0$ が成り立ち，体積は現在の状態だけで決まり，変化の経路（歴史）に依存しないため，状態量(property あるいは quantity of

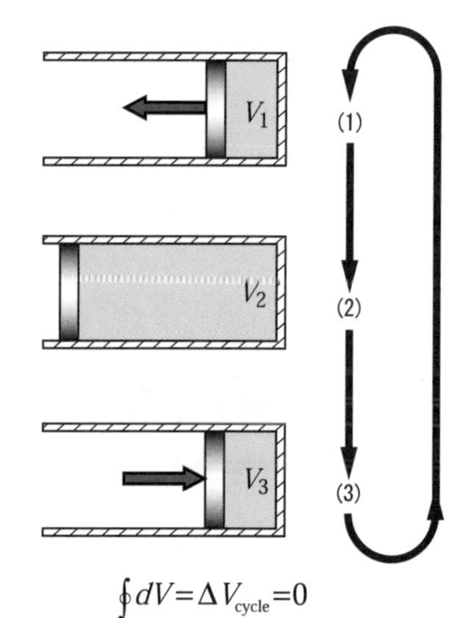

$\oint dV = \Delta V_{cycle} = 0$

図4.21　状態量と周回積分の意味

state)になる．これは，温度や圧力などの状態量についても同様に成立する．それに対し，仕事や熱の場合は，どのような経路で現在に至ったかによって，現在の値が異なるため状態量ではない．

【例題 4・3】　＊＊＊＊＊＊＊＊＊＊＊＊＊＊＊＊＊＊＊＊＊＊＊＊

図4.22のようなピストン・シリンダ装置の中に100 ℃の飽和状態の水が入っている．この系に外部から140 kJ の熱を等温・等圧を保ちながら加えたところ，水の一部が蒸発し飽和液体と飽和蒸気（湿り蒸気）になった．この過程での系内のエントロピー変化を計算せよ．

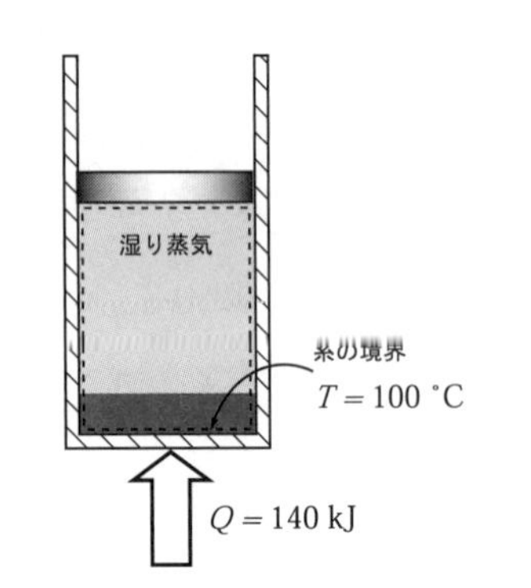

図4.22　例題 4・3 の内部可逆過程のエントロピー変化

【解答】 等温で熱移動させているため内部可逆過程であり．系内で不可逆過程はないと考える．したがって，エントロピー変化は式(4.45)を適用すればよいから

$$\Delta S = \frac{Q_{\mathrm{rev}}}{T} = \frac{140\ \mathrm{kJ}}{(100 + 273.15)\ \mathrm{K}} = 0.375\ \mathrm{kJ/K} \tag{ex4.5}$$

となる．

＊＊＊＊＊＊＊＊＊＊＊＊＊＊＊＊＊＊＊＊＊＊＊＊

4・5・2　閉じた系のエントロピーバランス　（不可逆過程におけるエントロピー生成）　(entropy balance for closed systems : entropy generation by irreversible processes)

ここまで議論してきた第2法則の表現は，閉じた系のサイクルに限定されていた．この項では，サイクルという特殊な制約をはずして，任意の過程（最初と最後の状態が決まった）における第2法則あるいはエントロピー変化について考えてみる．図4.23に示したような，初期状態を(1)，最終状態を(2)とした不可逆過程を考え，さらに異なる経路で逆向きの可逆過程を(2)→(1)とすれば，(1)→(2)→(1)は全体としては不可逆なサイクルを形成することになる．したがって，このサイクルには式(4.42)のクラウジウスの不等式が成立するので，以下のような関係が成立する．

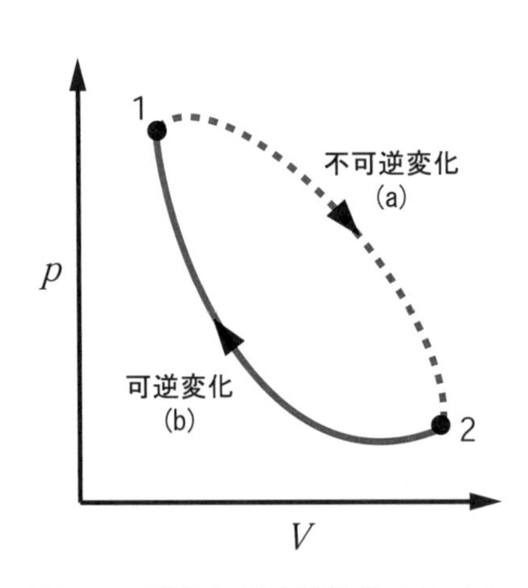

図4.23　任意の不可逆過程をサイクルの一部と考える

$$\oint \frac{\delta Q}{T} = \int_1^2 \frac{\delta Q}{T} + \int_2^1 \frac{\delta Q_{\mathrm{rev}}}{T} \le 0 \tag{4.47}$$

式(4.47)に，式(4.45)を代入すれば

$$\underbrace{\int_1^2 \frac{\delta Q}{T}}_{\substack{\text{エントロピー輸送} \\ \text{非状態量}}} \quad \le \quad \underbrace{(S_2 - S_1)}_{\substack{\text{エントロピー変化} \\ \text{状態量}}} \tag{4.48}$$

が得られる．つまり，一般の不可逆過程では，式(4.48)の右辺で表される状態量としてのエントロピー変化量$(S_2 - S_1)$は，常にその経路に沿った$\delta Q/T$の積分値より大きいことになる．式(4.48)を等号で表すために，不可逆性の度合いを定量的に示す新しい物理量であるエントロピー生成(entropy generation あるいは entropy production) S_{gen} を導入する．

$$
\underset{\substack{\text{エントロピー生成}\\\text{非状態量}}}{S_{gen}} = \underset{\substack{\text{エントロピー変化量}\\\text{状態量}}}{(S_2 - S_1)} - \underset{\substack{\text{エントロピー輸送量}\\\text{非状態量}}}{\int_1^2 \frac{\delta Q}{T}} \geq 0 \quad (\mathrm{J/K}) \tag{4.49}
$$

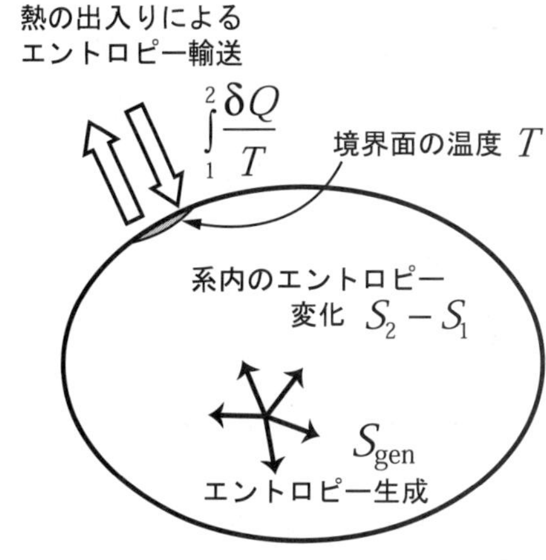

図4.24　閉じた系のエントロピー生成とエントロピー輸送

あるいは

$$
\mathrm{d}S_{gen} = \mathrm{d}S - \frac{\delta Q}{T} \tag{4.50}
$$

式(4.50)からわかるように，エントロピー生成は常に正で，系内に生じる不可逆の程度を定量的に表し，極限の可逆過程ではゼロになる．（$\mathrm{d}S_{gen} \to \mathrm{d}_i S, \mathrm{d}S_{irr}$（生成）また$\delta Q/T \to \mathrm{d}_e S$（輸送）と表記する場合もある．）これでようやく熱力学の第2法則を，エントロピー生成の概念を使って一般的に表現できるようになった．それは次のようになる．

あらゆる不可逆過程において$S_{gen} > 0$であり，可逆過程においてのみ$S_{gen} = 0$となり（状態量としての）エントロピーは一定であり保存される．$S_{gen} < 0$は起こり得ない．

$$
\begin{aligned}
S_{gen} > 0 &\quad \text{：不可逆過程（すべての実現象）} \\
S_{gen} = 0 &\quad \text{：可逆過程（理想化された現象）}
\end{aligned} \tag{4.51}
$$

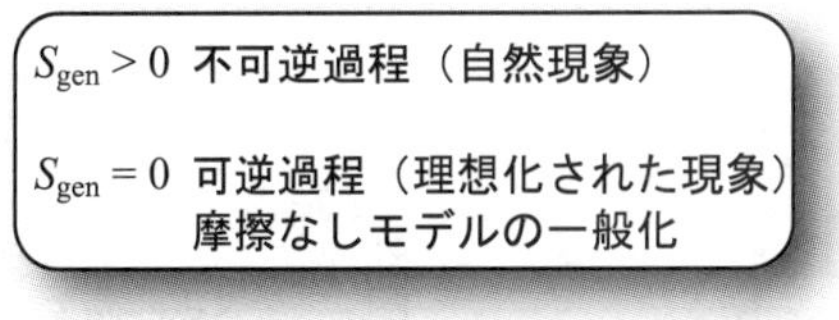

$S_{gen} > 0$ 不可逆過程（自然現象）
$S_{gen} = 0$ 可逆過程（理想化された現象）
摩擦なしモデルの一般化

図4.25　エントロピー生成は不可逆過程の定量的尺度，エントロピー生成ゼロが可逆過程の世界（通常の熱力学）

ここで注意が必要なのは，S_{gen}は負にはならないが，系内のエントロピー変化は式(4.49)を見てわかるように熱流に伴うエントロピー輸送があるため，正にも負にもなるということである．つまり

$$
(S_2 - S_1) : \begin{cases} > 0 \\ = 0 \\ < 0 \end{cases} \tag{4.52}
$$

である．

さらにエネルギーも物質もやりとりしない孤立系(isolated system)に式(4.49)を適用すれば，熱移動に伴うエントロピー輸送の右辺第2項がゼロになるから，

$$
S_2 - S_1 = S_{gen} \geq 0 \quad \text{：孤立系} \tag{4.53}
$$

が得られる．すべての現実の過程ではエントロピーが生成されるので，孤立系で起きる唯一の現象はエントロピーが増加することになる．このことを，**エントロピー増加の原理**あるいは**エントロピー最大の原理**(the principle of entropy increase or the entropy maximum principle)と呼ぶ．

カルノーの問題意識からスタートした第2法則は，このようなエントロピー概念で表現されたことによりサイクルから開放され，あらゆる分野に浸透していくことになる．

（注）エントロピー変化は状態量なので，変化の両端（最初と最後の平衡状態）が決まればどのような経路を通っても決まる．図4.26に示したように，初状態1と終状態2が固定されている場合，途中の経路としては様々な可逆過程あるいは不可逆過程が可能である．たとえば，不可逆な経路を選択し，式(4.49)を用いてエントロピー変化を計算することは原理的には可能である

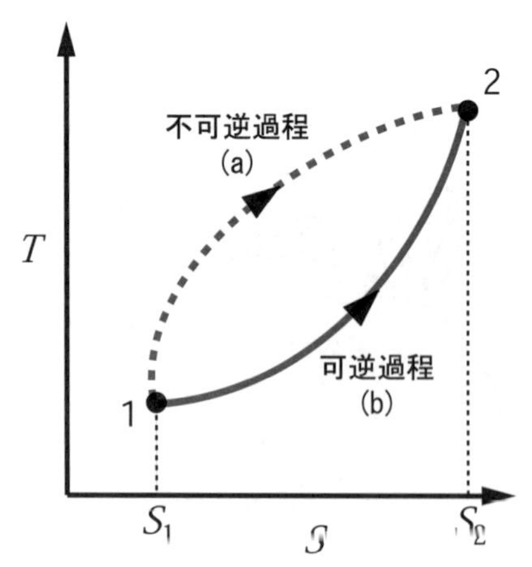

図 4.26　エントロピー変化の計算方法（最初と最後の状態が決まれば、どのような経路で計算しても同じ）

が，不可逆過程でのエントロピー生成を計算するためには，経路の詳細な情報（たとえば温度変化や分布など）が必要であり，一般的には難しい．このような場合は，同じ始点終点となる可逆過程のルートでエントロピー生成を直接計算することなく，エントロピー変化を求めることは可能である．したがって，初状態と終状態が決まれば，その間が実際は不可逆過程であってもたとえば理想気体の状態変化の式を適用した可逆過程を利用してエントロピー変化を計算できる．ただ，不可逆なルートでは可逆なルートと比較して，余分なエントロピーを生成しているわけだが，系外で生成していると考えるため計算上は見えなくなる．

4・5・3　開いた系のエントロピーバランス　：開いた系の第2法則 (entropy balance for open systems: the second law for open systems)

これまでエントロピーのバランス（つり合い）あるいは第2法則を考えてきた系は，周囲とエネルギーのみをやりとりする閉じた系であった．機械工学が対象とする様々な装置を考えてみると，ほとんどは物質の出入りのある開いた系（特にガスタービン等の定常流れ系）である（第3章の開いた系に対する第1法則の部分を参照，対比のこと）．したがって，第2法則を現実に利用するためには，これまでの第2法則の一般化をさらに推し進め，最終段階としてエネルギーも物質も出入りする開いた系に適用できるエントロピーバランス式を導く必要がある．図4.27が，周囲と熱も物質もやりとりする開いた系のモデルを示したものである．熱も物質も複数のポートから出入りしているとして考えれば，時間変化量で考えたエントロピーバランス式は次のようになる．

$$\dot{S}_{\mathrm{gen}}=\frac{\mathrm{d}S}{\mathrm{d}t}-\sum_i\frac{\dot{Q}_i}{T_i}+\sum_{\mathrm{out}}\dot{m}s-\sum_{\mathrm{in}}\dot{m}s\geq 0\quad(\mathrm{W/K})\tag{4.54}$$

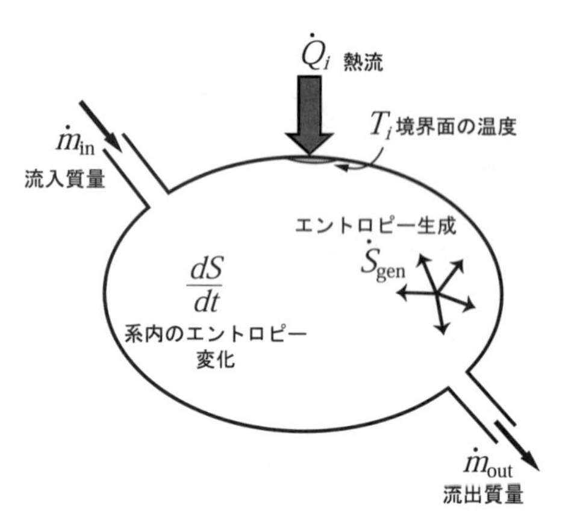

図4.27　開いた系のエントロピーバランス

左辺は系内でのエントロピー生成割合（単位時間あたりのエントロピー生成量），右辺第1項は系内でのエントロピー変化割合，右辺第2項は，熱の出入りによるエントロピー輸送割合，右辺第3・4項は質量流量 $\dot{m}$ の物質の出入りに伴う正味のエントロピー排出割合である．式(4.54)は，これまで導いてきた様々な系に適用できる第2法則（エントロピーバランス式）をすべて含んでいる．たとえば，物質の出入りがなく（右辺第3・4項がゼロ）かつ熱の出入りが1ポートの閉じた系に式(4.54)を適用し，時間積分すれば式(4.49)が得られる．

4・5・4　第2法則とエントロピーおよびエントロピー生成のまとめ (some remarks about the second law, entropy and entropy generation)

本章最初の，カルノーの熱効率向上に関する問題意識からスタートして，第2法則の歴史的展開の道筋にほぼ沿って進み，式(4.54)の最も一般的な開いた系の第2法則の表現に到達した．熱力学第2法則は，言葉による表現（4・4節）や「宇宙のエントロピーは常に増加する」というような曖昧な表現が先行し，機械工学で古くから利用されている $T-s$ 線図や $h-s$ 線図などのエントロピーとの結びつきを理解し難い場合が多い．そこで以下に，第2法則とエントロピーそしてエントロピー生成に関してのまとめと注意事項を挙げてみよう．

(1) 言葉で述べた熱力学の第2法則は，閉じたサイクルという限定された条件下のみで成立した．ここで，最も一般的に（あるいは現代流に）第2法則を表現すれば次のようになる．『自然現象はすべてエントロピー生成が発生する方向に進む．つまり $S_{gen} > 0$ の過程のみ起き，この原理に反する現象は不可能である．』
(2) エントロピー生成は，過程の不可逆の度合いを定量的に表す物理量であり，状態量ではない．しかし，ある平衡状態で（任意の基準点に対し相対的に）定まるエントロピーは状態量であり，その平衡状態に達するまでの過程に依存しない．
(3) 理想化した内部可逆過程では，エントロピー生成はゼロ $S_{gen} = 0$ になるため，エントロピーは保存される．したがって，エントロピー変化は外部からの熱の移動に伴うエントロピー輸送によるものとなる．
(4) 熱力学における，サイクル評価や様々な関係式は，基本的に上記で述べた可逆過程で考えており，積極的にエントロピー生成の概念は利用していない．
(5) end-to-end process におけるエントロピー変化を計算するためには，どのような経路によっても計算することが可能である．したがって，計算の容易さから可逆過程を利用するのが普通である．

4・6 エントロピーの利用 (use of entropy for engineering applications)

ここからは（場合によっては4・5・1項よりジャンプ）内部可逆過程におけるエントロピー変化を具体的な系について計算する方法を述べる．したがって，エントロピー生成はゼロで，系内のエントロピー変化は熱の出入りに伴うエントロピー輸送のみを対象とする．工業熱力学で，通常エントロピーの計算といえば，このことを指す．

4・6・1 エントロピー変化の式：*TdS* の関係式 (equations for entropy change : *TdS* equations)

2つの平衡状態を決めれば（状態1 (p_1, V_1, T_1)，と状態2 (p_2, V_2, T_2)），原理的にエントロピー変化量は式(4.45)によって計算することができる．（4・5・2項でも述べたように，1→2への変化が不可逆過程であっても，仮想的で計算しやすい可逆過程を考えて系内のエントロピー変化を計算することができる．）式(4.45)は，熱をやりとりする境界の温度が等温の場合には（例題4・3のように）非常に簡単にエントロピー変化を求めることができる．ここでは，境界の温度が変化する場合のエントロピー変化の式を導く．

純物質 m (kg)で構成される閉じた系に対して，エントロピーの定義式(4.44)と準静的過程（内部可逆過程）の熱力学の第1法則の式(3.12)を再度書けば，

$$\delta Q_{rev} = T\mathrm{d}S \tag{4.55}$$

$$\delta Q_{rev} = \mathrm{d}U + p\mathrm{d}V \tag{4.56}$$

式(4.55)に式(4.56)を代入すれば

$$T\mathrm{d}S = \mathrm{d}U + p\mathrm{d}V \tag{4.57}$$

$$Tds = du + pdv$$

$$Tds = dh - vdp$$

図4.28　第1，第2法則を統合した2本のTds式は，最も重要な熱力学の式

が得られる．この式(4.57)は，純物質で構成される閉じた系（あるいは定常流れ系で系内の質量が変化しない場合）可逆過程における第1，第2法則を組み合わせた非常に重要な式で，ギブスの式(Gibbs equation)と呼ばれる．またエンタルピーを使って表示すれば（式(3.24)参照），

$$dH = dU + pdV + Vdp \tag{4.58}$$

なので，式(4.58)に式(4.57)を代入してdUを消去すれば，以下のようなもう1つのエントロピー変化の微分式が得られる．

$$TdS = dH - Vdp \tag{4.59}$$

式(4.57)および式(4.59)を，両辺系内の物質の質量mで割って単位質量あたりの表現にすれば

$$Tds = du + pdv \tag{4.60}$$

$$Tds = dh - vdp \tag{4.61}$$

が得られる．式(4.60)および式(4.61)は，第1，第2法則を統合し，かつエントロピーという直接測定できない抽象的な状態量を，容易に測定できる温度，体積や圧力などの状態量で表現した熱力学の基本式である．第6章で扱う各種の熱力学関係式も，これらの式から導かれる．

4・6・2　理想気体のエントロピー変化 (entropy change of ideal gases)

前項で得られた一般的なエントロピーの計算式（式(4.60)および式(4.61)）を，理想気体に適用してみよう．理想気体のエントロピー変化の計算は，第8章のガスサイクルの熱効率評価等で必要になる．2つの式を比エントロピーの形に書き下せば

$$ds = \frac{du}{T} + \frac{pdv}{T} \tag{4.62}$$

$$ds = \frac{dh}{T} - \frac{vdp}{T} \tag{4.63}$$

となる．比熱が温度に依存せず一定とした理想気体の場合には

$$pv = RT, \quad du = c_v dT, \quad dh = c_p dT \tag{4.64}$$

の関係が成立するので，これらを式(4.62)および式(4.63)に代入して，積分できる形にすれば，それぞれ次の式(4.65)および式(4.66)になる．

$$ds = c_v \frac{dT}{T} + R\frac{dv}{v} \tag{4.65}$$

$$ds = c_p \frac{dT}{T} - R\frac{dp}{p} \tag{4.66}$$

初期状態(1)から終状態(2)まで（end-to-end process）式(4.65)および式(4.66)をそれぞれ積分すれば

$$\begin{aligned}\Delta s &= c_v \int_1^2 \frac{dT}{T} + R\int_1^2 \frac{dv}{v} \\ &= s_2(T_2, v_2) - s_1(T_1, v_1) = c_v \ln\left(\frac{T_2}{T_1}\right) + R\ln\left(\frac{v_2}{v_1}\right) \quad (\mathrm{J/(kg \cdot K)})\end{aligned} \tag{4.67}$$

$$\Delta s = c_p \int_1^2 \frac{dT}{T} - R\int_1^2 \frac{dp}{p}$$
$$= s_2(T_2, p_2) - s_1(T_1, p_1) = c_p \ln\left(\frac{T_2}{T_1}\right) - R\ln\left(\frac{p_2}{p_1}\right) \quad (\mathrm{J/(kg \cdot K)}) \tag{4.68}$$

となり，これらが理想気体が初期状態(p_1, v_1, T_1)から終状態(p_2, v_2, T_2)に変化した場合の比エントロピー変化量を表す式である.

【例題 4・4】　＊＊＊＊＊＊＊＊＊＊＊＊＊＊＊＊＊＊＊＊＊＊

300 K，400 kPa の空気が状態変化して，最終的に600 K，300 kPa になった．この時の空気の比エントロピー変化量を求めよ．ただし，空気は理想気体とし，$c_p = 1.00$ kJ/(kg・K)，$R = 0.286$ kJ/(kg・K)である．

【解答】 式(4.68)に対応する数値を代入すると次のようになる．

$$\Delta s = 1.00 \ln\left(\frac{600}{300}\right) - 0.286 \ln\left(\frac{300}{400}\right) = 0.775 \ \ \mathrm{kJ/(kg \cdot K)} \tag{ex4.6}$$

＊＊＊＊＊＊＊＊＊＊＊＊＊＊＊＊＊＊＊＊＊＊

4・6・3　液体，固体のエントロピー変化 (entropy change of liquids and solids)

固体や液体の場合は，温度や圧力を変えた際の体積変化（つまり密度変化）が気体に比べ無視できるほど小さい．したがって非圧縮性物質(incompressible substance)と近似できるので，$dv = 0$，つまり定圧比熱と定積比熱の区別は必要なくなり$c = c_v = c_p$となる．これらを式(4.62)に代入すれば

$$ds = c\frac{dT}{T} \tag{4.69}$$

となる．比熱が温度の関数でなく一定として式(4.69)を積分すれば，次の式(4.70)が得られる．

$$\Delta s = c\int_1^2 \frac{dT}{T} = s_2(T_2) - s_1(T_1) = c\ln\left(\frac{T_2}{T_1}\right) \qquad (\mathrm{J/(kg \cdot K)}) \tag{4.70}$$

つまり，固体や液体の場合は比熱がわかれば，最初の温度と最後の温度が決まると，エントロピー変化を計算することができる．

4・6・4　蒸気表によるエントロピー変化の計算 (calculation of entropy change using steam tables)

前の2項では，理想気体と非圧縮性物質についてのエントロピー計算方法を示した．これらの結果は十分工学的に利用できるが，あくまでモデル化した物質についてであり，すべての物質に適用できるわけではない．現実の一般的な流体，特に蒸気タービンや冷凍機内部の作動流体である水やフロン等のように気液の相変化現象を利用している場合には，エントロピー変化の定義式(4.45)を使って簡単に求めることはできない．これらの流体では，エントロピー変化を計算するには，実験で得られた$p-v-T$データより複雑な状態式を作成し，その状態式から第6章の熱力学関係式を用いる．数値的に計算された

エントロピーは，使いやすいように表（それぞれの物質の蒸気表）あるいはプログラムパッケージになっている．この表を作成する時には，実用上都合の良い状態を基準にし，そこからの相対値をその状態のエントロピーとして計算している．式(4.45)の状態1を基準状態0にすれば

$$s_1 = s_0 + \int_0^1 \frac{\delta Q_{\mathrm{rev}}}{T} \quad \left(\mathrm{J/(kg \cdot K)}\right) \tag{4.71}$$

のように表すことができる．たとえば，水の場合は三重点（273.16 K, 0.61166 kPa）における液体の水を基準点として比エントロピー $s_0 = 0$ および内部エネルギー $u_0 = 0$ となるよう計算している．機械工学においては，エントロピーは相対的な値があれば良いので，実質的にこの基準値はキャンセルされることになる．それに対して物理化学の分野では，エントロピーの絶対値が必要になることがあり，絶対的な基準点が必要になる．これを定めるのが熱力学第3法則(the third law of thermodynamics)であるが，本書では利用しないので省略する．

4・6・5　エントロピー生成の計算 (calculation of entropy generation) *

式(4.49)で閉じた系に適用できるエントロピー生成を定義した．これまで繰り返して述べてきたように，2つの平衡状態間のエントロピー変化量 $(S_2 - S_1)$ は，どのような経路をたどって計算しても同じになる．したがって，可逆過程でも不可逆過程でもどちらでもエントロピー変化量は原理的には計算可能である．これまでは計算が容易な可逆過程を利用して，エントロピー変化量を求めてきた．では，不可逆過程におけるエントロピー生成を積極的に求めるにはどうしたら良いだろうか？ 実現象では，不可逆過程は温度こう配があって熱が移動したり，濃度こう配によって物質が拡散したり，系が不均一でしかも変化が時間に依存して生じるため，エントロピー生成量は局所的に時間に依存して求めなければならない．これはもちろん可能であるが，本書の熱力学の範囲を超えてしまう．エントロピー生成の積極的な計算は，次章で述べるエクセルギーや第2法則的評価で必要になるが，その際も時間的には定常状態，空間的には対象とするシステム全体の総和がわかれば十分である．

ただ，孤立系では，式(4.53)からわかるように，エントロピー変化の原因がすべてエントロピー生成つまり不可逆過程によることになり，実質的にエントロピー生成を求めることができる．別のいい方をすれば，不可逆過程だけで系の変化を起こすような現象を対象にすれば，エントロピー変化はすべてエントロピー生成によることになる．このことを次の例題4・5で具体的に示した．

系の境界

$S_{\mathrm{gen}} = 0$

Q

(a) 準静的に外から加熱

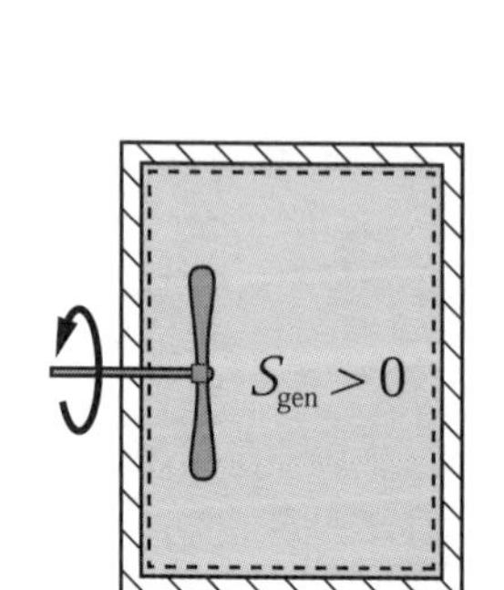

(b) スクリューで内部を撹拌

図4.29　例題4・5　異なる2つの過程で同じエントロピー変化量を与える

【例題 4・5】　＊＊＊＊＊＊＊＊＊＊＊＊＊＊＊＊＊＊＊＊＊＊＊

容器の中に，質量 m (kg)で温度 T_1 (K)の液体が入っており，この液体を次のような2つの異なる方法で，最終平衡温度 T_2 まで上昇させるとする．それぞれの方法について，エントロピー変化量とエントロピー生成量を求めよ．ただし液体の比熱 c (J/(kg·K)) は一定で温度に依存せず，また非圧縮性で相変化はないものとする．

(a) 外部から準静的（内部可逆的に）に液体を加熱した場合（図4.29(a)参照）.
(b) 外部からの熱流はなく，内部に入れたスクリューで液体を攪拌した場合（図4.29(b)参照）.

【解答】 どちらの場合も閉じた系なので，エントロピー生成の定義式(4.49)から

$$S_2 - S_1 = \int_1^2 \frac{\delta Q}{T} + S_{\rm gen} \qquad \text{(ex4.7)}$$

となる.
(a) 内部可逆的に熱移動させているので，系内の不可逆過程がなく $S_{\rm gen} = 0$，エントロピー変化は等温熱移動に伴うエントロピー輸送だけになる．したがって非圧縮性物質のエントロピー変化の式(4.70)を組み合わせると，エントロピー変化量＝エントロピー輸送量：$S_2 - S_1 = mc\ln(T_2/T_1)$，エントロピー生成量：$S_{\rm gen} = 0$ である.
(b) これは，熱の仕事当量を決定したジュールの実験に相当し，状態変化はすべて攪拌という不可逆過程によってなされている．したがって，式(ex4.7)の右辺第1項の熱移動に伴うエントロピー輸送の項はゼロになる．しかし，最終状態は可逆過程による(a)と同じなので，エントロピー変化量は(a)と同じになる．したがって，エントロピー変化量＝エントロピー生成量：$S_2 - S_1 = S_{\rm gen} = mc\ln(T_2/T_1)$ となる.

＊＊＊＊＊＊＊＊＊＊＊＊＊＊＊＊＊＊＊＊＊＊＊

さらに代表的な不可逆過程として，温度の異なる物体の伝熱を例題4・6に，物質の拡散による混合を例題4・7に示した.

【例題 4・6】 ＊＊＊＊＊＊＊＊＊＊＊＊＊＊＊＊＊＊＊＊＊＊＊
図4.30のように断熱された容器中に温度の異なる2つの物体 A, B がある．間の断熱壁を取り除くと温度が均一になる不可逆過程におけるエントロピー変化について，以下の問いに答えよ．ただし，物体は非圧縮性で化学反応，混合，相変化などはなく，熱量的混合による不可逆過程のみとする.
(a) 最終平衡温度 T_f.
(b) エントロピー生成量 $S_{\rm gen}$.
(c) 物質 A を金属として $T_A = 80$ ℃，$c_A = 400$ J/(kg・K)，$m_A = 1$ kg，また物質 B を水として $T_B = 20$ ℃，$c_B = 4200$ J/(kg・K)，$m_B = 2$ kg として，それぞれの物質のエントロピー変化量，および系のエントロピー生成量を計算せよ.

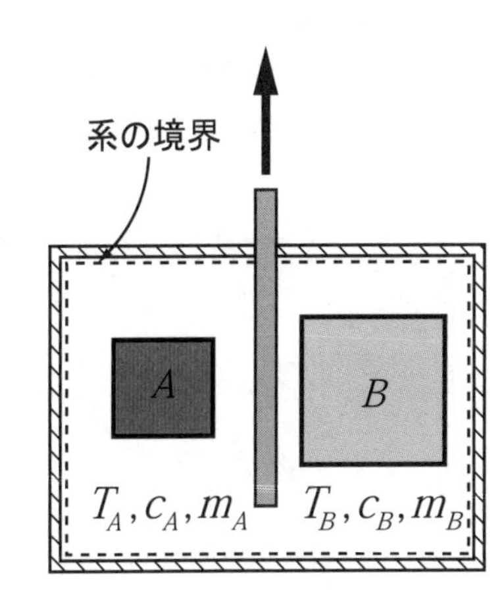

図4.30　例題 4・6　温度の異なる 2 つの物体の伝熱によるエントロピー生成

【解答】 (a) 孤立系の第1法則を適用すれば，初期と最終状態の内部エネルギーは保存されるから

$$(m_A c_A + m_B c_B) T_f = m_A c_A T_A + m_B c_B T_B \qquad \text{(ex4.8)}$$

$$T_f = (m_A c_A T_A + m_B c_B T_B)/(m_A c_A + m_B c_B) \qquad \text{(ex4.9)}$$

(b) 式(4.49)をこの系に適用し，それぞれの物体のエントロピー変化を ΔS_A，

ΔS_Bとし，さらに非圧縮性物質のエントロピー変化の式(4.70)を用いれば

$$\begin{aligned} S_{\text{gen}} &= S_2 - S_1 = \left(S_{A2} - S_{A1}\right) + \left(S_{B2} - S_{B1}\right) = \Delta S_A + \Delta S_B \\ &= m_A c_A \ln\left(T_f / T_A\right) + m_B c_B \ln\left(T_f / T_B\right) > 0 \end{aligned} \tag{ex4.10}$$

(c) (a),(b)で得られた結果に数値を代入すれば

$T_f = 22.73$ ℃

金属のエントロピー変化：

$$\Delta S_A = 1 \times 400 \times \ln\left(\frac{22.73 + 273.15}{80 + 273.15}\right) = -70.78 \ \ \text{J/K} \tag{ex4.11}$$

水のエントロピー変化：

$$\Delta S_B = 2 \times 4200 \times \ln\left(\frac{22.73 + 273.15}{20 + 273.15}\right) = 77.86 \ \ \text{J/K} \tag{ex4.12}$$

系のエントロピー生成量：

$$S_{\text{gen}} = \Delta S_A + \Delta S_B = 7.08 \ \ \text{J/K} \tag{ex4.13}$$

したがって，温度の下がる金属はエントロピーが減少し，温度の上がる水は増加するが，系全体としてのエントロピーは不可逆過程によるエントロピー生成のため増加する．これが式(4.51)および式(4.52)の具体例である．

＊＊＊＊＊＊＊＊＊＊＊＊＊＊＊＊＊＊＊＊＊＊＊

【例題 4・7】　＊＊＊＊＊＊＊＊＊＊＊＊＊＊＊＊＊＊＊＊＊＊＊

図4.31に示したように，(1)の初期状態においてA,Bの異なる理想気体が等しい温度T，圧力pで2つの部屋に分けられている．隔壁を取り除くと，それぞれの気体は自然に拡散して最終的には(2)のような同じ温度・圧力の混合気体になる．この過程におけるエントロピー生成量を求めよ．ただし，気体の化学反応はないとする．

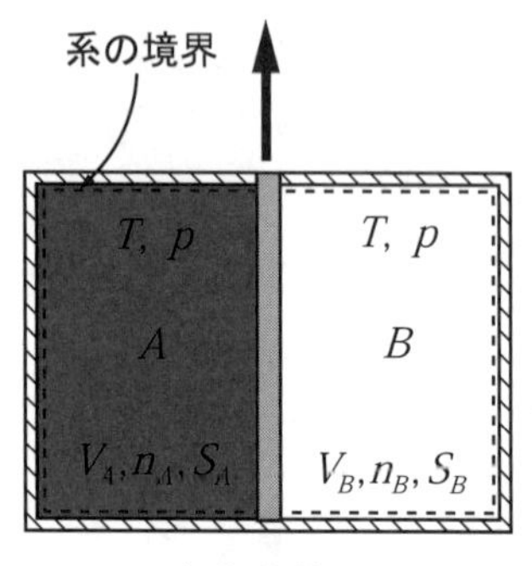

初期状態(1)

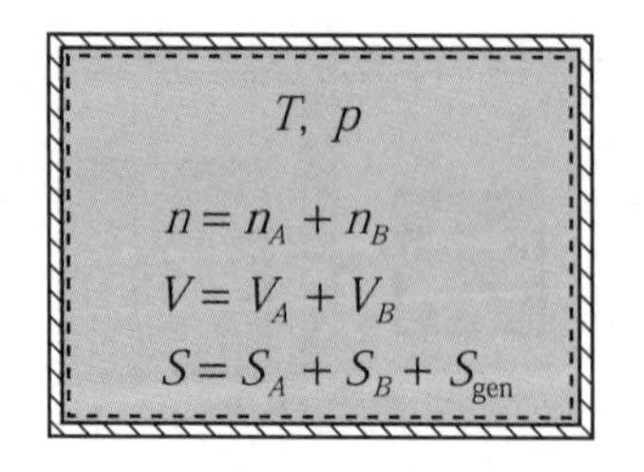

最終状態(2)

図 4.31　例題 4・7　理想気体の拡散によるエントロピー生成

【解答】 この過程は，物質の拡散による不可逆過程であり，外部からの熱・物質の出入りのない孤立系なので，系内のエントロピー変化はすべてエントロピー生成になる．式(4.49)より

$$S_{\text{gen}} = S_2 - S_1 = \left(S_{A2} - S_{A1}\right) + \left(S_{B2} - S_{B1}\right) = \Delta S_A + \Delta S_B \tag{ex4.14}$$

拡散現象は，分子レベルの輸送現象なので質量よりもモル数が本質的なため，理想気体のエントロピー変化の式(4.67)をモルあたりで表示して，かつ等温過程なので$T_1 = T_2$とすれば

$$\begin{aligned} S_{\text{gen}} &= n_A \Delta \bar{s}_A + n_B \Delta \bar{s}_B \\ &= n_A R_0 \ln\left(V / V_A\right) + n_B R_0 \ln\left(V / V_B\right) > 0 \end{aligned} \tag{ex4.15}$$

これが混合によるエントロピー生成である．ここで，R_0は一般ガス定数，n_A, n_Bはそれぞれの気体のモル数である．式(ex4.15)の両辺を全モル数$n = n_A + n_B$で割って整理すれば次のようになる．

$$\frac{S_{\text{gen}}}{n} = \bar{S}_{\text{gen}} = R_0\left(x_A \ln\frac{1}{x_A} + x_B \ln\frac{1}{x_B}\right) > 0 \quad \left(\text{J/(mol·K)}\right) \tag{ex4.16}$$

ここで $x_i = n_i/n = V_i/V$ は i 成分のモル分率である．もし，2つの成分のモル数が等しく $x_A = x_B = 0.5$ であれば

$$\bar{S}_{\text{gen}} = R_0 \ln 2 = 5.76 \quad \text{J/(mol·K)} \tag{ex4.17}$$

となる．図4.32に示したように，混合によるエントロピー生成量は混合比が1：1の時に最大値になる．したがって，微量な不純物や汚染物等の混合によるエントロピー生成量は無視できる．

n 成分の理想気体の混合によるエントロピー生成は，容易に拡張できて以下のようになる．

$$\bar{S}_{\text{gen}} = R_0 \sum_{i=1}^{n} x_i \ln \frac{1}{x_i} > 0 \tag{ex4.18}$$

3・6・4項の理想気体の混合で示したように，混合によって内部エネルギーや体積などの示量性状態量は，各成分の和になるが，エントロピーだけは不可逆過程により増加する．

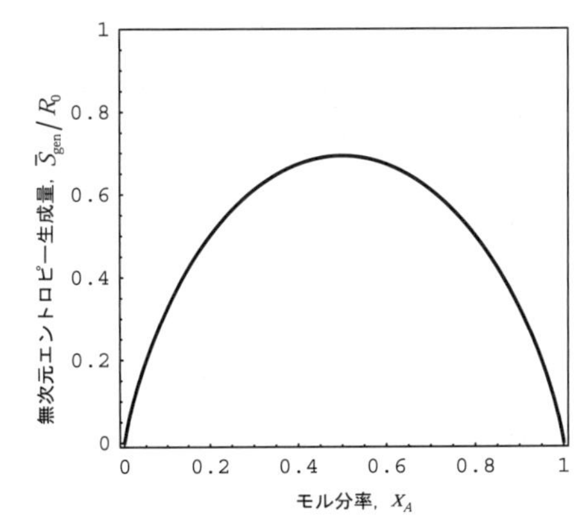

図4.32　例題4・7　2成分理想気体の混合によるエントロピー生成量のモル分率依存性

＊＊＊＊＊＊＊＊＊＊＊＊＊＊＊＊＊＊＊＊＊＊＊

4・6・6　エントロピーを含んだ線図，グラフィカルなエントロピーの利用 (property diagram involving entropy, graphical utilization of entropy)

$p-v$ 線図や $p-T$ 線図などのように，いろいろな状態量を数字の組としてだけでなく，広い範囲についてグラフィカルに示す線図は，複雑な過程や抽象的な熱力学的評価を行う場合に理解を助けるイメージを与えるビジュアルな道具である．第1法則に関連して，$p-v$ 線図を第3章で扱ったが，第2法則をグラフィカルに利用するためには，グラフ軸の1つをエントロピーにする必要がある．具体的には，$T-s$ 線図と $h-s$ 線図が広く利用されている．

エントロピーの定義式(4.44)を書き直せば

$$\delta Q_{\text{rev}} = T\text{d}S \tag{4.72}$$

である．この関係を，$T-s$ 線図($T-s$ diagram)すなわち縦軸に温度 T，横軸にエントロピー S をとったグラフ上に描けば図4.33のようになり，δQ_{rev} は微小な面積に対応する．したがって，1→2の内部可逆過程による熱の移動量は（理想的に温度差なしに熱を輸送）次のような積分で表され

$$Q_{\text{rev}} = \int_1^2 T\text{d}S \tag{4.73}$$

対応する $T-s$ 線図上では，過程を表す曲線の下の面積になる．この関係は，可逆的体積変化による仕事が，$p-v$ 線図の面積で表されること（図3.16参照）と似ており，表4.2のように仕事（エネルギー）と熱（エントロピー）でペアにして覚えると便利である．また，可逆断熱変化は（3・6・3項参照）等エントロピー過程（isentropic processes）になるので，図4.34に示したように $T-s$ 線図上で垂直線で表示できる．さらに不可逆過程でエントロピー変化量が可逆過程より増加する場合は，同様にして図4.34中の破線のようにグラフィカルに表示することができる．図中，不可逆過程を点線で示しているのは，過程途中の経路が線図上では定まらないためである．

もう1つのエントロピーを軸にした有用なグラフは $h-s$ 線図である．$h-s$

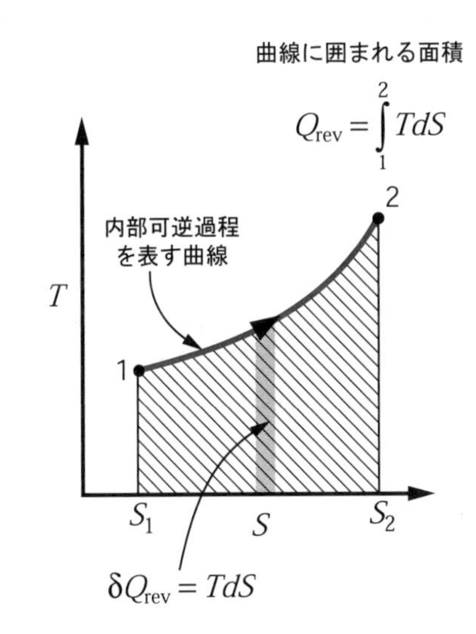

図4.33　$T-s$ 線図で囲まれる面積が熱量になる

表4.2　仕事と熱量の対になった関係

	エネルギー	示強性状態量	示量性状態量	式
力学的	仕事 L	圧力 p	体積 V	$dL = pdV$
熱力学的	熱量 Q	温度 T	エントロピー S	$dQ = TdS$

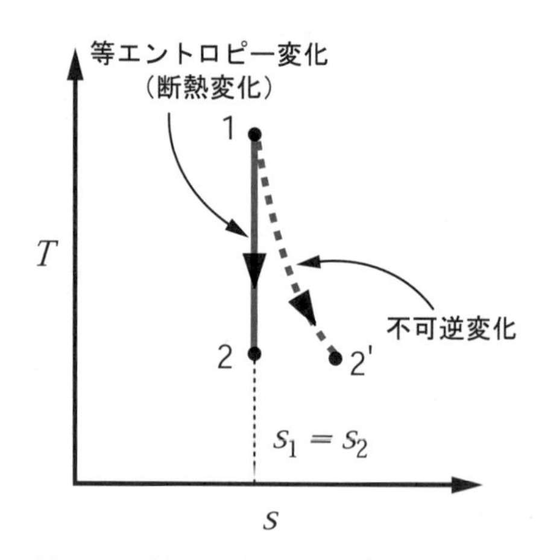

図 4.34　等エントロピー変化は$T-s$線図上で垂直線に、不可逆変化ではエントロピーは増加する方向へ変化する

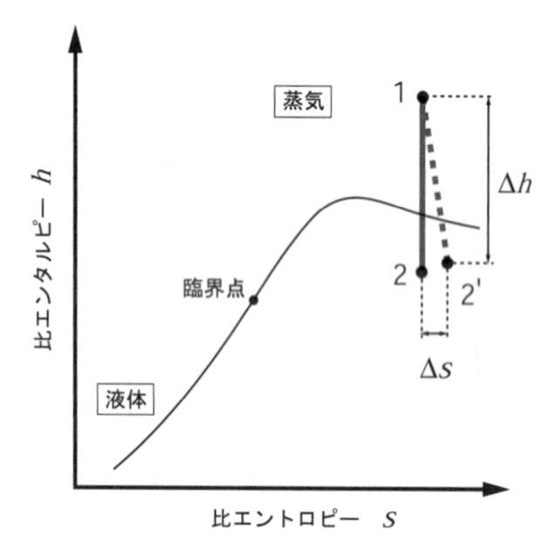

図4.35　$h-s$線図上の不可逆過程の表示

線図($h-s$ diagram)は，比エンタルピーを縦軸に，比エントロピーを横軸にして，作動流体（たとえば水）の状態式より計算してプロットしたものであり別名，モリエ線図(Mollier diagram)と呼ばれている．この線図は，hが定常流動過程の第1法則の特徴的な状態量であり，sが定量的に第2法則を表現する状態量なので，定常流動過程の蒸気サイクル，たとえばランキンサイクル等の評価に実用上優れている．$h-s$線図では，$T-s$線図と同様に，可逆断熱変化を垂線で表せるだけでなく，サイクルで熱→仕事 変換されるエンタルピー量（落差）を縦軸の値の線分の長さとして直感的に表現できる（長いほど変換量が多い）(図4.35参照)．

＝＝＝＝＝　練習問題　＝＝＝＝＝＝＝＝＝＝＝＝＝＝＝＝＝＝＝＝＝＝＝＝

【4・1】 庫内を-5 ℃に定常的に保つように冷蔵庫が作動している．外気の温度が25 ℃で，この冷蔵庫から外部へ500 W の熱が移動し，外部から150 W の仕事が行われている．この冷蔵庫の COP を求めよ．また，この温度条件下における理論最大 COP を求めて，現実との差異の原因を考察せよ．

【4・2】A 3 kg air mass is at an initial state of 100 kPa and 300 K.　The air is then compressed polytropically with $n = 2.56$, to a final pressure of 500 kPa. Assuming that the air is an ideal gas and that the specific heats are constant, calculate the change in entropy using the ideal gas equation.

【4・3】 温度の異なる2物体間（T_H, T_L）で定常的な伝熱$\dot{Q}$がある場合のエントロピー生成割合$\dot{S}_{\text{gen}}$を求めよ．

【4・4】A Carnot cycle operates between two thermal reservoirs, at temperatures of 400 ℃ and 25 ℃.　If 300 kJ are absorbed, find the work done and the amount of rejected heat.

【解答】

1.　$\varepsilon_{\text{R}} = 3.3$，　$\varepsilon_{\text{R, Max}} = 8.9$

2.　$\Delta S = 1.57$ kJ/K

3.　$\dot{Q}\left(1/T_L - 1/T_H\right) > 0$

4.　167 kJ, 133 kJ

第4章の文献

(1)　広重徹，カルノー・熱機関の研究, (1973), 41，みすず書房.

(2)　朝永振一郎，物理学とはなんだろうか　上, (1979)，岩波新書.

第5章
エネルギー有効利用とエクセルギー
Effective Utilization of Energy Resource and Exergy

5・1 エクセルギー解析の必要性 (background of exergy analysis)

現在私たちの社会は，石油，天然ガスやウランなどの再生不可能なエネルギー資源(non-renewable energy resources)を大量に消費することによって維持されている．このエネルギー大量消費によって，エネルギー資源枯渇問題や炭酸ガス排出による温暖化など地球規模の環境問題が起こっている．したがって，省資源・省エネルギー・リサイクル的な考え方に沿った新技術の開発や既存技術の改良は，工学の重要な役割である．本章で扱うエクセルギー（有効エネルギー）解析の特徴は，タービンやヒートポンプ等のエネルギー変換システムにおいて，エネルギーが無駄に捨てられている部分を定量的に明らかにし，システムの改良や新たな設計への指針を与えることである．

ところで，私たちが日常的に「エネルギー問題」といっている時の「エネルギー」は，物理学や機械工学で学んだエネルギーと同じなのだろうか？ 物理学的に考えれば，エンジンが行っている 熱 ⇒ 仕事 変換では，エネルギーの形態は変わるが,その総量は一定で増えたり減ったりしないはずである．これは熱力学の第1法則（エネルギー保存則）が主張していることである．一方，私たちは「エネルギーが減り，枯渇する」ことを体感している．たとえば図5.1に示したように，自動車を走らせればエネルギー源であるガソリンは消費され，最後には無くなってしまう．こういった場面では，「ガソリンのもつ化学エネルギー＋自動車のエンジンが発生する仕事＋熱として大気に放出されるエネルギー等の総和が一定」である，という物理学的なエネルギーの考え方はあまり実用的ではない．エネルギー保存だけでは，エネルギー資源の有効利用を考えるには不十分である．私たちが工学的に考える「エネルギー問題」では，「消費され枯渇してしまうエネルギー」を対象にしなければ，問題の本質はわからないはずである．

熱力学では，上に述べたような人間が利用する視点に立った「質としてのエネルギー」の概念が利用されている．これがエクセルギーである．その核心は熱力学の第2法則（エントロピー，エントロピー生成）にある．

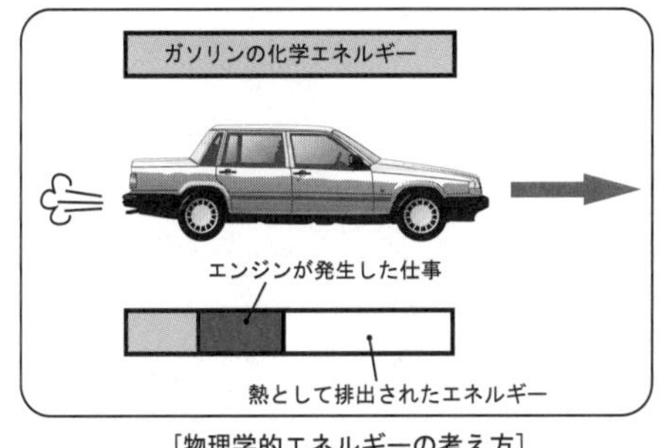

[物理学的エネルギーの考え方]

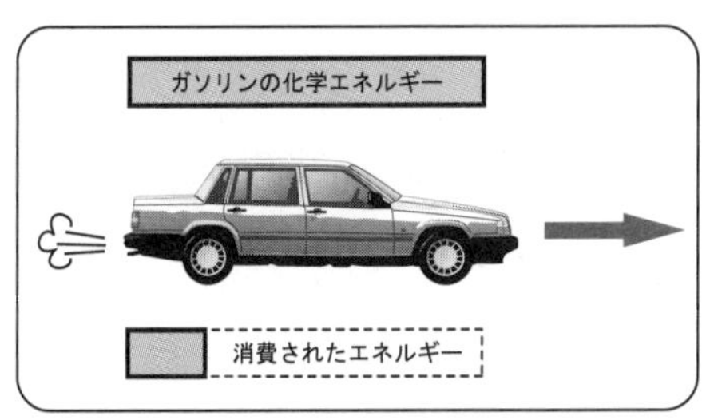

[人間が消費するエネルギーの考え方]

図5.1 人間が消費するエネルギー

5・1・1 第2法則からエクセルギーへ (from the second law to exergy)

第4章の熱力学第2法則で述べたように，熱機関（サイクル）の場合では，理論的に最高の変換効率であっても，熱を低温熱源に捨てる必要があるため，熱機関に与えた熱量 Q_H にカルノー効率を乗じた量しか仕事として利用できない．この時得られる仕事の最大値を $L_{\max}$ とすれば，式(4.1)および式(4.2)より次のように表現できる．

$$L_{max} = L_{Carnot} = Q_H \eta_{Carnot} = Q_H \left(1 - \frac{T_L}{T_H}\right) \tag{5.1}$$

カルノー効率は，熱機関内の摩擦や伝熱等による損失が全く無い可逆過程の場合に成立し，様々な不可逆過程による損失がある現実の仕事量 L は，最大値より必ず小さくなる．

$$L < L_{max} \tag{5.2}$$

最大値と実際に得られる仕事量の差 L_{lost} が，人間の作った熱機関の不完全さによるエネルギーの損失を表している．

$$L_{lost} = L_{max} - L > 0 \tag{5.3}$$

たとえば，自動車エンジン（オットーサイクル，第8章参照）の実際の熱効率は20～35%である．一方，燃焼ガスの最高温度 T_H と排気ガスの最低温度 T_L を用いて計算したカルノー効率は（圧縮比に依存するが）55～65%になる．この差が式(5.3)の L_{lost} に対応する．

熱力学の中心課題は，内部エネルギーや熱のような目に見えないエネルギー形態から人間が利用しやすい力学的仕事を効率的に取り出す方法を考えることにある．したがって，第2法則で得られた 熱 ⇒ 仕事 変換の制約を，サイクルだけでなく燃焼や化学反応も含むようなさらに一般的なエネルギー変換にまで拡張できれば，より高いエネルギー変換効率方法を検討したり，何が原因で効率が低いのか，どうすれば向上できるか等，を工学的に扱うことができる．5・2節では L_{max} に相当するエクセルギーの基礎について，5・3節では様々な系におけるエクセルギーの計算，5・4節ではエクセルギーと関連の深い自由エネルギーについて，そして5・5節では L_{lost} について述べる．

5・2　仕事を発生する潜在能力：最大仕事の考え方 (ability to generate work : maximum work)

ここでは，環境と温度や圧力が異なる系（装置）が周囲と接触して同じ温度や圧力平衡状態に達するまでに発生し得る最大仕事の基本的考え方を説明する．エクセルギーとは，この最大仕事に他ならない．

5・2・1　最大仕事 (maximum work)

ある系が周囲に対して仕事を発生する可能性を考えるために，図5.2のような簡単な例を示した．最初の例は図5.2(a)のような，温度が T_H の高温物体が温度 T_0 の大気中に置いてあり，$T_0 < T_H$ であるとする．この高温物体は（たとえば，製鉄所で製造した直後の高温鉄塊が屋外にあるような状態），そのまま何もせずに（熱の流れをコントロールしないで）放置しておけば，自然に大気中に熱を放出し冷却され，最終的には大気と同じ温度になって変化が終了する（周囲との平衡状態）．エネルギー的に見れば，物体の内部エネルギーが熱として大気中に移動し，大気の内部エネルギーを増加させ，両者の温度が等しくなったところで変化が終了し，物体と大気を合わせた系ではエネルギーが保存されている．この変化は一方向の自発的であり，エネルギー保存が成立しても逆方向の変化は（物体の温度が上昇するような），ヒータを使うような余分なエネルギーを消費する人為的操作をしない限り起きない．では，

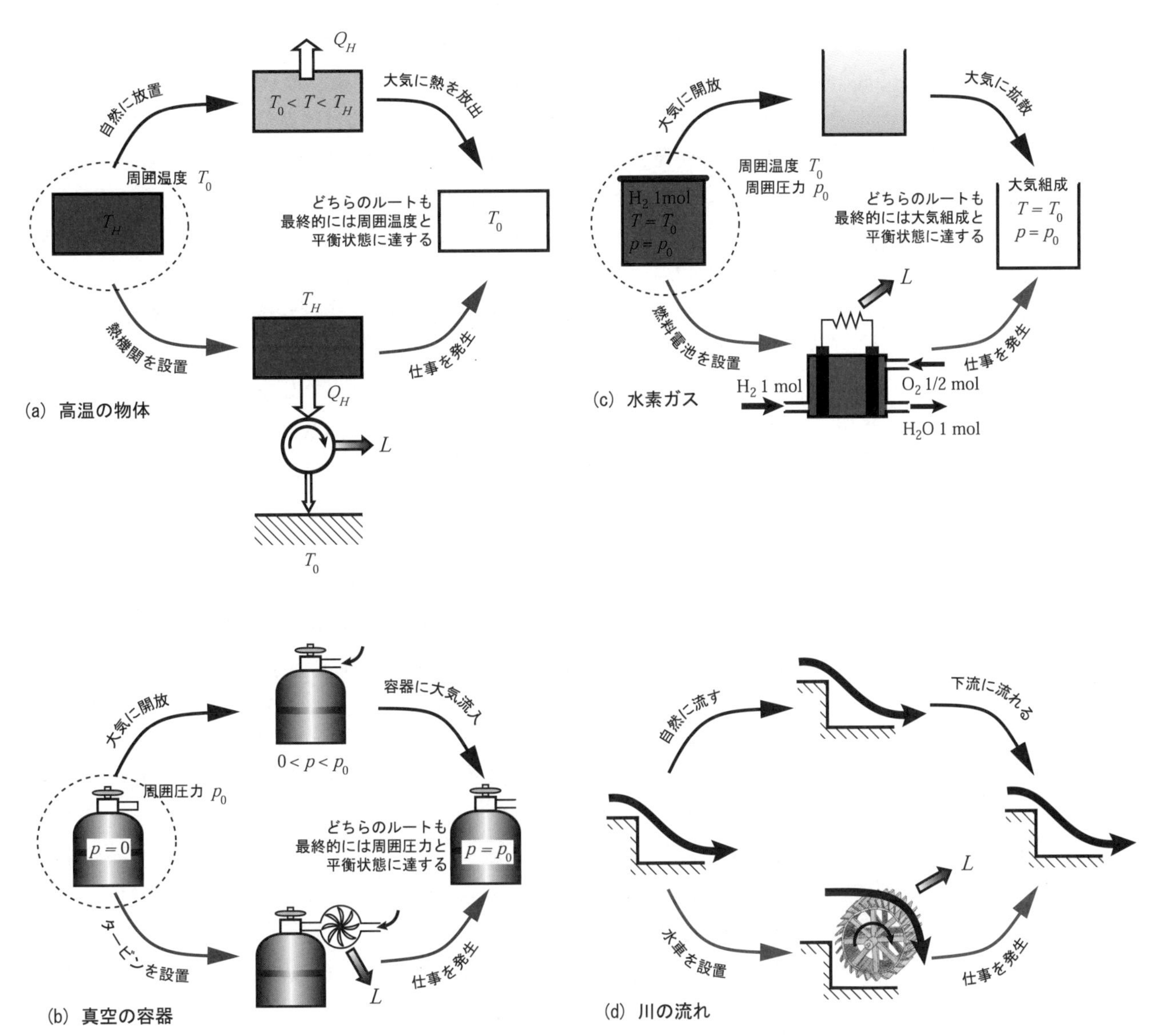

図5.2　仕事を発生する潜在能力

大気へ無駄に放出された熱量を仕事として利用する方法はないだろうか？このための装置が第4章で理論的に学んだ熱機関である．図5.2(a)の下のルートに描かれているように，高温物体 T_H と大気温度 T_0 の温度差間に熱機関を設置すれば，いくらかの仕事を発生できるはずである．（思考実験なので，どんな熱機関かはここでは触れない．）

次の例は，内部が真空に引かれている容器である（図5.2(b)）．バルブを開き容器を大気に開放すれば，大気が容器内に流入し大気と同じ圧力 p_0 に達したところで変化が終了し平衡状態になる．これが自然な変化である．エネルギー的に考えると，最初この容器内には何も入っていないので，内部エネルギーはゼロである．しかし，もし容器の外に小さいタービン（羽根車）を上手に設置すれば，流れ込む空気によって回転させ仕事を発生することが可能である（図5.2(b)の下のルート）．

3番目の例は，1 mol の水素ガスが容器に入った系である．ガスの温度と圧力は，それぞれT_0，p_0で大気に等しいとする．したがって上に述べた2例のように大気との温度差や圧力差を利用して仕事を得ることはできない．この容器のふたを開けてしまえば，水素は大気中に拡散して（圧力差がなくても）何も仕事はしない．しかし，周囲の大気中には酸素があるため水素を燃焼させれば熱が発生して，その熱を利用して最初の例のように熱機関で仕事を発生することができる．あるいは，燃料電池に水素1 molと周囲からの酸素1/2 molを流し，化学反応から直接電気エネルギーを発生させることも可能である（第7章参照）．

このような考え方は，川の流れを利用して水車を回し仕事を発生する場合（図5.2(d)）と同様である．ただ，位置エネルギーを力学的エネルギーに変換させる場合は（理想的にはすべて相互変換可能で），容易に理解できるが，熱を利用する場合には直接的にはわかりにくいかもしれない．

これまでの3つの例で示したように，周囲と熱的・力学的・化学的平衡（熱力学平衡）でない（非平衡な）系は，大気と接触させて自然に放置すれば，外部に何も仕事をせずに平衡状態に戻ってしまう．しかし，そこに何らかの装置を付加すれば，これらの系は何らかの仕事を発生する可能性をもっている．エクセルギー(exergy)(注)とは，周囲と非平衡にある系が周囲と接触し平衡状態に達するまでに発生可能な最大仕事(maximum work)あるいは理論最大仕事(maximum theoretical work)のことである．エクセルギーと同じ内容を表現する言葉はいろいろあり，有効エネルギー(available energy, availability)も良く使われる．また，全エネルギーからエクセルギーを引いた利用不可能なエネルギーを無効エネルギー(anergy，アネルギー)と呼ぶこともある．エクセルギーの概念が役に立つのは，上の3つの例のような熱，圧力，化学反応を仕事に変換する場合であり，運動エネルギー，位置エネルギー，電気エネルギーなどはすべてがエクセルギーである．

（注）ex- は「外へ」という意味の接頭語なので exergy とは「外に出るエネルギー」の意で，1953年にRantが名づけた．

5・2・2　周囲がエクセルギー（エネルギー変換）に与える影響 (effects of surroundings on exergy)

エクセルギーの大きさは絶対的ではなく周囲の状態に対して相対的に決まる．たとえば，大気のある地球上では真空の系はエクセルギーを保有するが，宇宙空間や月面のような周囲も真空の環境では，エクセルギーはゼロである．ここでは，まず最も単純な系で周囲に左右されるエネルギー変換を，具体的に大気の圧力，温度，組成に対して個別に検討する．

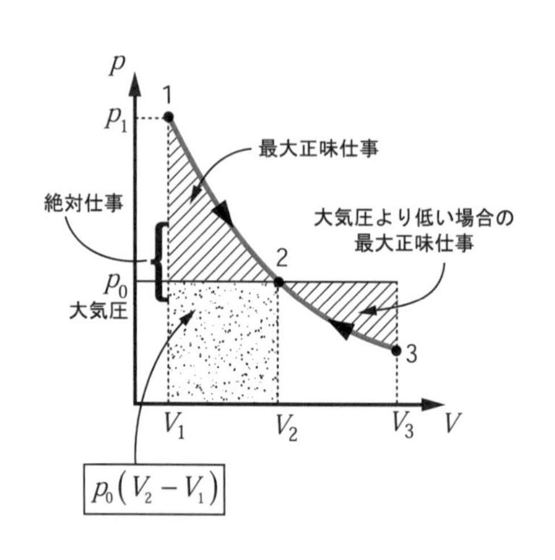

図5.3　体積変化によるエクセルギー

a.　体積変化によるエクセルギー (exergy of volume change)

第3章で学んだように，ピストン・シリンダのように体積が可変の系が外部にする仕事は，可逆過程では次のように表すことができる．（ここでは体積変化による仕事だけ分離して考えている．体積変化させるための熱の出入りは考慮していないことに注意.）

$$\delta L = p\mathrm{d}V \tag{5.4}$$

あるいは，状態1→2に対して

$$L_{12} = \int_1^2 p\mathrm{d}V \tag{5.5}$$

この場合 L_{12} は，外部に対しての絶対仕事である（真空に対しての）．それに対し図5.3に示したように，圧力 p_1（状態1）から，大気圧 p_0（状態2）まで可逆的に膨張させたときに外部にする正味の仕事 $(L_{12})_{\mathrm{net}}$ は次のようになる．

$$(L_{12})_{\mathrm{net}} = \int_1^2 p\mathrm{d}V - p_0(V_2 - V_1) = \int_1^2 (p - p_0)\mathrm{d}V \equiv E_V \tag{5.6}$$

微分形で表現すれば

$$\mathrm{d}E_V = \delta L_{\mathrm{net}} = \delta L - p_0\mathrm{d}V = (p - p_0)\mathrm{d}V \tag{5.7}$$

となる．この正味の最大仕事が，体積変化によるエクセルギー E_V に対応する．式(5.7)は絶対仕事の式(5.5)から，$p_0(V_2 - V_1)$ の項を引いている．この項は，ピストンが内外の圧力差無しに大気を排除するだけで有効な仕事として利用できず，正味の最大仕事に含めることはできない．このことを示したのが図5.3であり，系の圧力が大気圧より低い場合も同様に扱う必要がある．

サイクルで発生する仕事を計算する場合には絶対仕事を用いているが，サイクルではもとの状態に戻る過程があり $p_0(V_2 - V_1)$ の項は常にキャンセルされるため，真空に対してなす仕事分は問題にならない．これに対してエクセルギーの場合には，必ずしもサイクルを前提としない1回の過程を対象にしているため，この項を差し引く必要がある（図5.4参照）．したがって，大気圧との力学的非平衡（圧力差）を利用する系のエクセルギーは，式(5.6)および式(5.7)で表され，周囲圧力 p_0 の影響を受ける．pV 仕事のエクセルギーは常に圧力を $p - p_0$ の差で考えればよい．

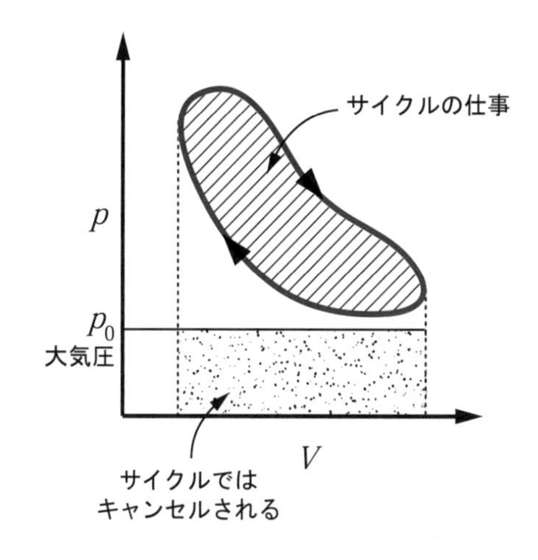

図 5.4　サイクルではもとの状態に戻る過程があるので $p_0(V_2 - V_1)$ は考慮しなくてもよい

b.　熱のエクセルギー (exergy of heat)

第2法則で学んだように，周囲と同じ温度の物体がもつ内部エネルギーを外部に仕事として取り出すことはできない．したがって，内部エネルギーから仕事を得るためには，物体の温度を周囲より高くするか低くするかしなければならない．ここでは物体の温度を環境より高い $T_H > T_0$ として考えてみる．この場合のエクセルギーはすでに式(5.1)で示したように，カルノーサイクルにより得られる仕事になる．ここでは，カルノーサイクルの結果をそのまま利用するのでなく，第1法則と第2法則を使った一般的な方法で求めてみる．

図5.5のような温度 T_H の高温熱源と，周囲温度 T_0 を低温熱源とした可逆熱機関を考える．高温熱源から得る熱量を Q_H，低温熱源に捨てる熱量を Q_0，得られる仕事を L とすれば，第1法則（エネルギー保存）は以下のようになる．

$$L = Q_H - Q_0 \tag{5.8}$$

また，閉じた系の第2法則の式(4.49)

$$S_{\mathrm{gen}} = S_2 - S_1 - \int_1^2 \frac{\delta Q}{T} \tag{5.9}$$

をこの系に適用すると，1サイクルでエントロピーはもとの値にもどるため

$$S_2 - S_1 = 0 \quad (\text{サイクル}) \tag{5.10}$$

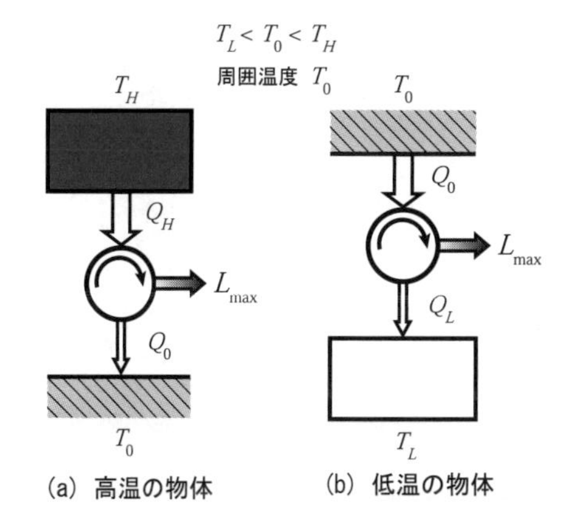

図5.5　熱のエクセルギー

となる．また，熱の流入に伴うエントロピー輸送量は熱量の符号を考慮すると，次のようになる．

$$\int_1^2 \frac{\delta Q}{T} = \frac{Q_H}{T_H} - \frac{Q_0}{T_0} \tag{5.11}$$

式(5.10)および式(5.11)を式(5.9)に代入すれば，この系における第2法則は

$$S_{\mathrm{gen}} = \frac{Q_0}{T_0} - \frac{Q_H}{T_H} \geq 0 \tag{5.12}$$

となる．式(5.12)を式(5.8)に代入して Q_0 を消去すれば，以下の式(5.13)が得られる．

$$L = Q_H\left(1 - \frac{T_0}{T_H}\right) - T_0 S_{\mathrm{gen}} \quad \text{あるいは} \quad L \leq Q_H\left(1 - \frac{T_0}{T_H}\right) \tag{5.13}$$

エクセルギーは熱機関内部がすべて可逆過程のときに得られる最大仕事なので，式(5.13)左式の不可逆過程によるエントロピー生成 S_{gen} をゼロ（あるいは右式を等号）にすれば，熱のエクセルギー E_Q は以下のようになる．

$$E_Q = L_{\max} = Q_H\left(1 - \frac{T_0}{T_H}\right) \tag{5.14}$$

● 体積変化のエクセルギー

$$\mathrm{d}E_V = (p - p_0)\mathrm{d}V$$

● 熱のエクセルギー

$$\mathrm{d}E_Q = \left(1 - \frac{T_0}{T}\right)\delta Q$$

図5.6　体積変化と熱のエクセルギー（物理エクセルギー）

これで，熱のエクセルギーが熱量にカルノー効率をかけたものになることを，第1法則＋第2法則から一般的に証明した．したがって，熱のエクセルギーは周囲温度 T_0 の影響を受け，$T_H \to T_0$ になれば当然ゼロになる（図5.11参照）．同様にして，系の温度が周囲温度より低い場合 $T_L < T_0$ には，周囲温度を高温熱源にしたカルノーサイクルを作動させれば最大仕事が得られ

$$E_Q = Q_0\left(1 - \frac{T_L}{T_0}\right) \tag{5.15}$$

となる．

c.　化学エクセルギー (chemical exergy)

化学反応，たとえば燃焼の場合は燃料（たとえば水素）が大気圧 p_0，大気温度 T_0 に等しく，力学的かつ熱的に平衡であっても，化学的には平衡でない．燃料は大気中の酸素と反応し（反応がスタートするための活性化エネルギーを加えれば）化学結合エネルギーを熱として放出し，それをエクセルギーに変換することができる．あるいは第7章で示すように，熱発生を伴わない燃料電池による化学反応で直接電気エネルギーに変換することも可能である．いずれにせよ，この場合は周囲に酸素があるから燃料になるのであって，周囲もすべて水素であれば利用価値はない．したがって，化学反応に由来するエクセルギーは大気の組成に影響を受ける．各種物質の標準エクセルギー値は，文献(1)，(2)等に詳しい．

d.　エクセルギー計算のための標準周囲状態 (standard state of surroundings for exergy calculation)

これまでの3つの例で見てきたように，エクセルギーの大きさは周囲状態

(restricted dead state)を表す熱力学的パラメータに依存する．しかしながらエクセルギーをエネルギーの有効利用の指標として標準化し，共通に利用するためには，何らかの共通な標準化した環境変数が必要になる．現在，共通の周囲状態として用いられているのは以下の大気の標準状態である．

周囲温度：$T_0 = 298.15$　K（25 ℃）

周囲圧力：$p_0 = 0.101325$　MPa（1 atm）

大気組成（モル分率）：N_2 :0.7560, O_2:0.2304, H_2O:0.031, CO_2:0.0003, Ar:0.0091

物質の化学エクセルギーの計算は，標準生成エンタルピー（第7章）の場合と同様で，標準物質としてはT_0，p_0におけるH_2, N_2, O_2, C, S を用いている．

● 周囲の基準温度

$T_0 = 298.15\,\mathrm{K}\,(25\,°\mathrm{C})$

● 周囲の基準圧力

$p_0 = 0.101325\,\mathrm{MPa}\,(1\,\mathrm{atm})$

●大気組成と標準物質

図5.7　エクセルギー計算のための標準周囲状態

5・2・3　エクセルギーの基礎まとめ (some remarks about basis of exergy)

前項では比較的直感的な方法でエクセルギーを求め，それらがどうして周囲状態に依存するのかを示してきた．より一般的な系に進む前に，エクセルギーを計算する場合の一般的手法について以下にまとめる．

(1) エクセルギーは，系が可逆過程によって，周囲と熱力学的平衡（力学的平衡，熱的平衡，化学的平衡）に達するまでに発生しうる最大有効仕事のことであり，その値は負になることはない．初状態と終状態の間は可逆過程であればその詳細は問題にしない．過程が不可逆の場合には，仕事の損失を生じるので，最大仕事を発生するのは可逆過程の場合に限られる．

(2) エクセルギーは，第1法則（エネルギー保存）と可逆過程の第2法則（エントロピー保存）を対象系に適用した時の最大有効仕事として求められる．

(3) エクセルギーは，周囲状態に対して相対的に決まるため厳密には状態量ではない．しかし，周囲状態を正確に固定すれば（標準化すれば），系の現在の状態だけで決定できるため，エクセルギーは実質的には状態量と考えても問題はない．

(4) 計算されるエクセルギーと現実に利用されているエクセルギーの差がエクセルギー損失であり，この大きさを評価することが現実の様々なエネルギー機器の性能評価になる（5・5節）．

(5) 周囲は系よりも十分大きく，系が仕事を発生しても，周囲温度や圧力，大気組成等は変化しないと仮定する．これは第4章で述べた，熱源と同じ考え方である．

[1] 可逆過程（過程に他の制約なし）

[2] 第１法則＋第２法則（可逆過程）

[3] 実質的に状態量

[4] エクセルギーには損失がある

[5] 周囲は系より十分大きい

図5.8　エクセルギーの基礎まとめ

5・2・4　エクセルギー効率 (exergetic efficiency)

エクセルギーの考え方に慣れてくると，これまで使ってきた熱効率の定義に疑問を感じてくる．たとえば，熱のエクセルギーは式(5.14)で与えられるため，熱機関の熱効率最大値$\eta_{\max}$を計算すると次のようになる．

$$\eta_{\max} = \frac{E_Q}{Q_H} = \left(1 - \frac{T_0}{T_H}\right) = \eta_{\mathrm{Carnot}} \tag{5.16}$$

つまり，繰り返し述べているが，熱効率は最大仕事を発生する場合でも上限はカルノー効率であって1より小さい．言い換えればこれまでの熱効率算出の分母 Q_H には，本質的に変換できないエネルギーが含まれている．従来のエネルギー量だけを考慮した熱効率を第1法則的効率(first law efficiency) η_{I} と呼び，熱機関の場合は次のような上限・下限をもつ．

$$0 \le \eta_{\mathrm{I}} \le \eta_{\mathrm{Carnot}} \tag{5.17}$$

これに対して，系のエクセルギーを効率の分母にとって，実際に得られる仕事との比で以下のようなもう1つの効率を定義する．

$$\eta_{\mathrm{II}} = \frac{\text{利用したエクセルギー(得られた仕事)}}{\text{エクセルギー}} = \frac{L}{E} \tag{5.18}$$

この η_{II} をエクセルギー効率(exergetic efficiency)，第2法則的効率(second law efficiency)あるいは有効エネルギー効率と呼ぶ．エクセルギー効率を用いれば，熱機関の場合の最高効率は1になり，第1法則的効率との間には以下のような関係が成り立つ．

$$\eta_{\mathrm{I}} = \eta_{\mathrm{II}} \cdot \eta_{\mathrm{Carnot}} \tag{5.19}$$

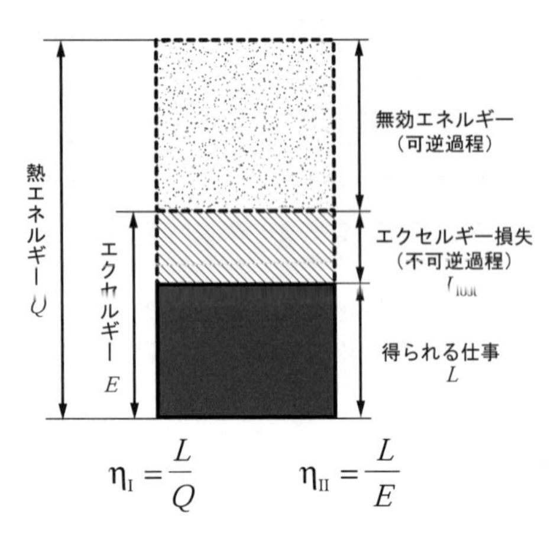

図 5.9　第 1 法則的効率と第 2 法則的効率の関係

図5.9は，2つの効率の関係を視覚的に示したものである．エクセルギー効率を求めることは，特に様々な熱機器の効率の悪さを定量的に示すためや，コージェネレーション等のエネルギーカスケード利用の有用性を示す場合に有効である．

【例題 5・1】　＊＊＊＊＊＊＊＊＊＊＊＊＊＊＊＊＊＊＊＊＊＊＊＊

ガスストーブで部屋を暖房する場合のエクセルギー効率を求めよ．ただし熱源の火炎温度 $T_s = 2000\,\mathrm{K}$，利用温度 $T_u = 310\,\mathrm{K}$，周囲温度 $T_0 = 298\,\mathrm{K}$ とする．また熱損失は無いものとする．

【解答】 熱のエクセルギー式(5.14)より，熱源と利用系でのエクセルギーはそれぞれ次のようになる．

$$\left(E_Q\right)_{\text{熱源}} = Q_s\left(1 - \frac{T_0}{T_s}\right) \tag{ex5.1}$$

$$\left(E_Q\right)_{\text{利用系}} = Q_u\left(1 - \frac{T_0}{T_u}\right) \tag{ex5.2}$$

ただし，それぞれの系からの熱量を Q_s，Q_u としている．したがってエクセルギー効率は式(5.18)より

$$\eta_{\mathrm{II}} = \frac{Q_u\left(1 - T_0/T_u\right)}{Q_s\left(1 - T_0/T_s\right)} \tag{ex5.3}$$

となり，熱損失がないので $Q_u/Q_s = 1$ だから

$$\eta_{\mathrm{II}} = \frac{\left(1 - T_0/T_u\right)}{\left(1 - T_0/T_s\right)} = 4.5\% \tag{ex5.4}$$

と非常に低いことがわかる．この理由は，熱源温度(2000 K)と利用温度(310 K)の違いが大きすぎるためである．したがって燃焼を暖房に利用することは，エクセルギー的には不適切で，ヒートポンプのように熱源温度と利用温度が近い暖房装置のほうがエクセルギー効率は高い．あるいは，燃焼により高温

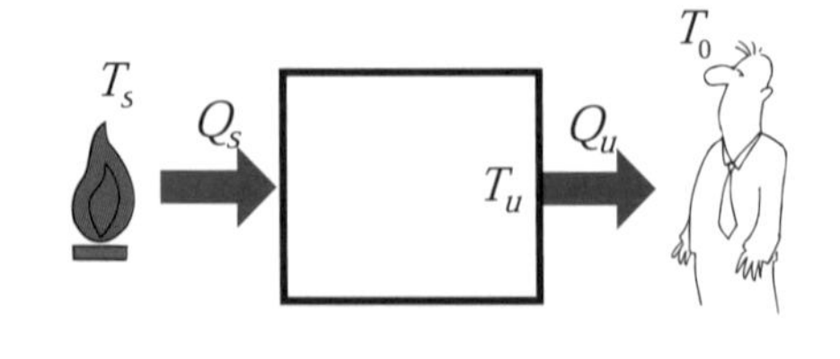

図 5.10　例題 5・1，火を使った暖房はエクセルギー効率が非常に低い

の蒸気を発生するなどして，熱源温度に近い高温で利用したほうがエクセルギー効率は高い．

＊＊＊＊＊＊＊＊＊＊＊＊＊＊＊＊＊＊＊＊＊＊＊

5・3　様々な系のエクセルギー (exergy of important systems)

この節では，いくつかの代表的な系についてエクセルギーを導き，具体的な計算を行う．

5・3・1　熱源の熱を利用する系 (system utilizing heat from heat reservoir)

熱源の温度が一定の場合は，エクセルギーは利用できる熱量にカルノー効率をかけたものになる．式(5.14)を再掲すれば，

$$E_Q = Q_H\left(1-\frac{T_0}{T_H}\right) \tag{5.20}$$

となる．

さらに，熱源の温度が変化する場合には，式(5.14)を導くのと同じ考えを微小熱量 δQ に対して適用すれば良いから

$$\mathrm{d}E_Q = \delta Q\left(1-\frac{T_0}{T}\right) \tag{5.21}$$

となり，式(5.21)を（初状態）1→（終状態）2の状態間で積分すれば以下のようになる．

$$\int_1^2 \mathrm{d}E_Q = \int_1^2 \delta Q - T_0\int_1^2 \frac{\delta Q}{T} \tag{5.22}$$

$$E_Q = Q_{12} - T_0\left(S_2 - S_1\right) \tag{5.23}$$

図5.11には以上のことをグラフィカルに示している．

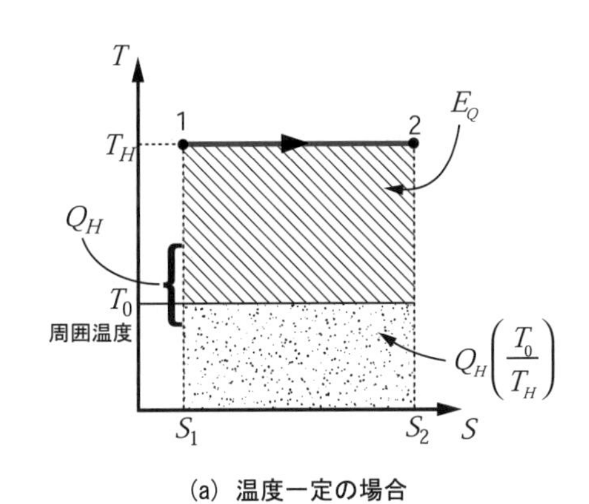

(a) 温度一定の場合

(b) 温度が変化する場合

図 5.11　熱のエクセルギーを $T-S$ 線図で表示

5・3・2　閉じた系（非流動過程） (closed system, nonflow process)

次にもう少し一般的な場合として図5.12に示したような，閉じた系のエクセルギーを考えてみよう．系は周囲に対して静止しているとする．初状態1における状態量が p_1, T_1, V_1, U_1, S_1 の閉じた系があり（系が純物質であれば，2つの変数を決めればほかは従属的に決まるが，ここではわかり易くするために計算に必要な状態量を示してある)，周囲との間で熱と仕事をやりとりして，最終平衡状態2， p_0, T_0, V_2, U_2, S_2 に達する過程を考える．流入・流出や拡散による物質の出入りはない非流動系である．この系における第1法則は式(5.7)より

$$\delta Q = \mathrm{d}U + \delta L = \mathrm{d}U + \delta L_{\mathrm{net}} + p_0\mathrm{d}V \tag{5.24}$$

と表現できる．また第 2 法則は，熱の出入りは周囲温度 T_0 の等温で行われると考えるので式(4.50)から

$$\mathrm{d}S_{\mathrm{gen}} = \mathrm{d}S - \frac{\delta Q}{T_0} \geq 0 \tag{5.25}$$

となる．式(5.24)に式(5.25)を代入し δQ を消去すれば，次の式(5.26)が得られ

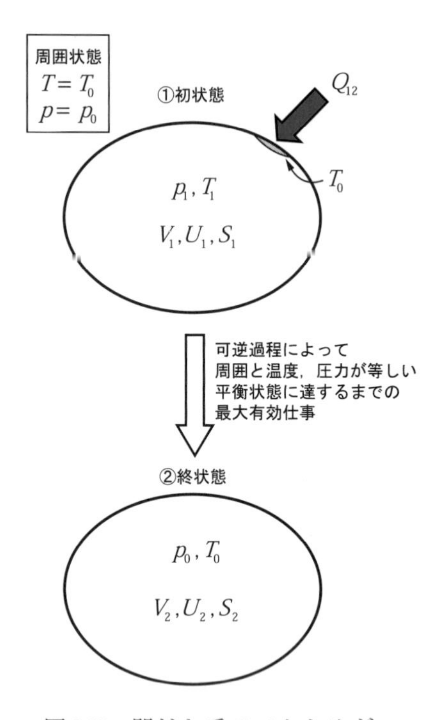

図5.12　閉じた系のエクセルギー

る．

$$\delta L_{\mathrm{net}} = -\mathrm{d}U + T_0 \mathrm{d}S - p_0 \mathrm{d}V - T_0 \mathrm{d}S_{\mathrm{gen}} \tag{5.26}$$

あるいは

$$\delta L_{\mathrm{net}} \leq -\mathrm{d}U + T_0 \mathrm{d}S - p_0 \mathrm{d}V \tag{5.27}$$

エクセルギーは可逆過程の場合に得られる正味の最大仕事なので，式(5.26)のエントロピー生成 $\mathrm{d}S_{\mathrm{gen}}$ をゼロにするか，あるいは式(5.27)を等号にすれば，閉じた系のエクセルギー $\mathrm{d}E_{\mathrm{closed}}$ が次のように得られる．

$$\mathrm{d}E_{\mathrm{closed}} = -\mathrm{d}U + T_0 \mathrm{d}S - p_0 \mathrm{d}V \tag{5.28}$$

これは体積膨張による仕事であるが，膨張させるための閉じた系のエネルギー保存とエントロピー保存が組み込まれたので，E_V と区別するために E_{closed} と表示する．式(5.28)を 1→2 の状態間で積分すれば

$$E_{\mathrm{closed}} = \left(U_1 - U_2\right) - T_0\left(S_1 - S_2\right) + p_0\left(V_1 - V_2\right) \tag{5.29}$$

となり，これが閉じた系のエクセルギーを表す．表記だけのことであるが，終状態2の添え字を，周囲と平衡になった時の状態量という意味で0に統一すれば式(5.29)は次のようになる．

$$E_{\mathrm{closed}} = \left(U_1 - U_0\right) - T_0\left(S_1 - S_0\right) + p_0\left(V_1 - V_0\right) \quad \mathrm{(J)} \tag{5.30}$$

エクセルギーは示量性状態量と考えて問題ないので，式(5.30)の両辺を物質の質量 m (kg)で割り，単位質量あたりで表現すれば

$$e_{\mathrm{closed}} = \left(u_1 - u_0\right) - T_0\left(s_1 - s_0\right) + p_0\left(v_1 - v_0\right) \quad \mathrm{(J/kg)} \tag{5.31}$$

あるいは

$$\mathrm{d}e_{\mathrm{closed}} = -\mathrm{d}u + T_0 \mathrm{d}s - p_0 \mathrm{d}v \tag{5.32}$$

であり，比エクセルギー(specific exergy)と呼ばれる．

また，式(5.30)には系の運動エネルギーとポテンシャルエネルギーを含めていない．これらのエネルギーを考慮する必要がある場合は，内部エネルギーにこれらのエネルギーを加え $U \to U + \frac{1}{2}mw^2 + mgz$ と置き換えればよい．

【例題 5・2】　＊＊＊＊＊＊＊＊＊＊＊＊＊＊＊＊＊＊＊＊＊＊＊＊

温度 T_1，圧力 p_1 である非圧縮性物質の閉じた系における比エクセルギーを求めよ．周囲温度と圧力はそれぞれ T_0, p_0 であり，$T_1 \neq T_0$，$p_1 \neq p_0$ とする．

【解答】 閉じた系のエクセルギーは，式(5.32)を用いればよい．比内部エネルギー u，比エントロピー s，比容積 v の微分形を非圧縮性物質（4・6・3項参照）に対して書けば

$$\mathrm{d}u = c\mathrm{d}T, \quad \mathrm{d}s = \frac{c}{T}\mathrm{d}T, \quad \mathrm{d}v = 0 \tag{ex5.5}$$

となるので，これらを式(5.32)に代入すれば次のようになる．

$$\mathrm{d}e_{\mathrm{closed}} = -c\mathrm{d}T + \frac{cT_0}{T}\mathrm{d}T \tag{ex5.6}$$

比熱 c が一定として式(ex5.6)を1→0の状態間で積分すれば

$$e_{\mathrm{closed}}=\int_1^0 \mathrm{d}e_{\mathrm{closed}}=-c\left(T_0-T_1\right)+cT_0\ln\frac{T_0}{T_1}$$
$$=cT_0\left(\frac{T_1}{T_0}-1-\ln\frac{T_1}{T_0}\right) \qquad \text{(ex5.7)}$$

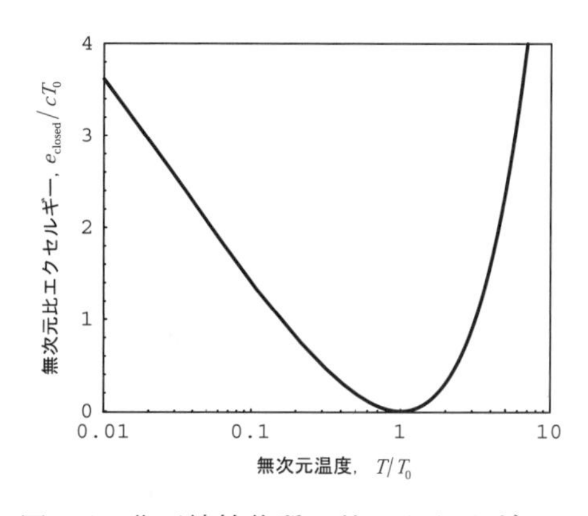

図 5.13　非圧縮性物質の比エクセルギーの温度依存性

式(ex5.7)で表される比エクセルギーの温度依存性を，縦軸を無次元比エクセルギー e_{closed}/cT_0，横軸を T_1 を変数 T に置き換えた無次元温度 T/T_0 で，図5.13に示した．図を見てわかるように，物体の温度が周囲温度に等しい $T/T_0=1$ では，比エクセルギーはゼロで仕事を発生する可能性はない．また，周囲温度より高温物質でも低温物質でもエクセルギーをもつが，周囲温度における物体の顕熱エネルギー cT_0 の2倍程度のエクセルギー量にするためには，高温では約1200 K，低温では約15 K にする必要がある．蒸発などの物質移動がない閉じた系として扱える液体や固体のエクセルギーは，比熱がわかれば計算できる．

＊＊＊＊＊＊＊＊＊＊＊＊＊＊＊＊＊＊＊＊＊＊＊

【例題 5・3】　＊＊＊＊＊＊＊＊＊＊＊＊＊＊＊＊＊＊＊＊＊＊＊

内容積1000 cm^{3}の内燃機関（ピストンエンジン）のシリンダ内に，排気バルブ開放直前に $T=700$ ℃，$p=500$ kPa の燃焼ガスが残っている．この燃焼ガスの比エクセルギーを求めよ．ただし未燃焼物質は残っておらず，燃焼ガスは理想気体（空気）と仮定し，ガス定数 $R=287.13$ J/(kg・K)，比熱は $c_p=1.005$ kJ/(kg・K)，$c_v=0.718$ kJ/(kg・K)で一定とする．また，$T_0=25$ ℃，$p_0=1$ atm とする．

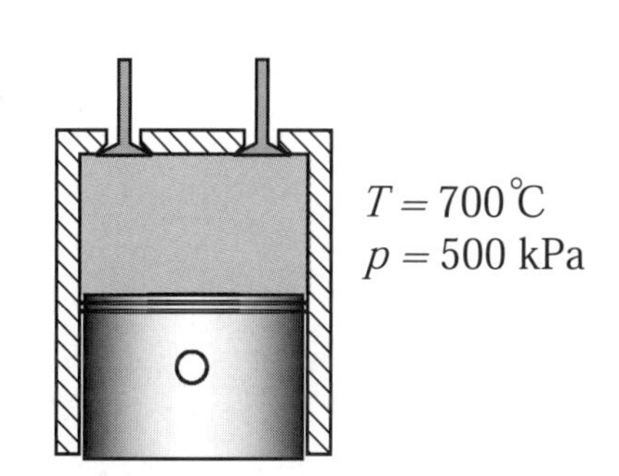

【解答】 例題5・2と同様の手順で理想気体の比エクセルギーを求める．理想気体では

$$\mathrm{d}u=c_v\mathrm{d}T,\quad \mathrm{d}s=\frac{c_p}{T}\mathrm{d}T-\frac{R}{p}\mathrm{d}p,\quad \mathrm{d}v=R\mathrm{d}\left(\frac{T}{p}\right) \qquad \text{(ex5.8)}$$

が成り立つから，これらの式を閉じた系の比エクセルギーの微分式(5.32)に代入すれば

$$\mathrm{d}e_{\mathrm{closed}}=-c_v\mathrm{d}T+T_0\left(\frac{c_p}{T}\mathrm{d}T-\frac{R}{p}\mathrm{d}p\right)-p_0R\mathrm{d}\left(\frac{T}{p}\right) \qquad \text{(ex5.9)}$$

となる．式(ex5.9)を積分すれば以下のようになる．

$$e_{\mathrm{closed}}=c_vT_0\left(\frac{T}{T_0}-1-\frac{c_p}{c_v}\ln\frac{T}{T_0}\right)+RT_0\left[\left(\frac{T}{T_0}\right)\left(\frac{p_0}{p}\right)-1-\ln\frac{p_0}{p}\right] \qquad \text{(ex5.10)}$$

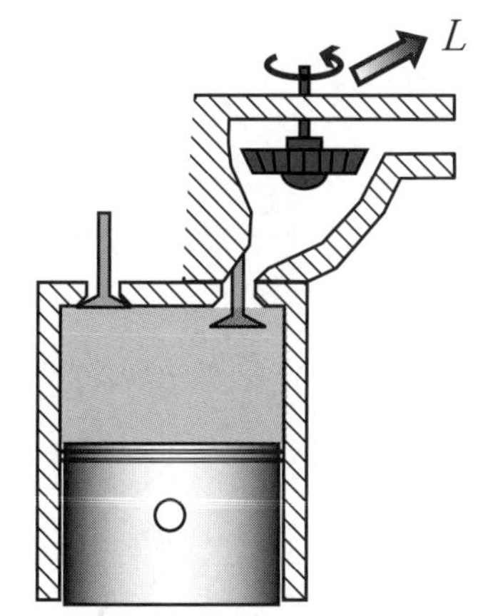

図 5.14　排気ガスのエクセルギーとその有効利用

ここで，初期温度と圧力は変数と考えそれぞれ T, p と表示している．式(ex5.10)の右辺第1項が温度差に起因するエクセルギー，第2項が圧力差によるエクセルギーに対応する．対応する数値を代入して計算すれば

$$e_{\mathrm{closed}}=130.2+107.7=237.9 \quad \mathrm{kJ/kg} \qquad \text{(ex5.11)}$$

つまり，この量のエクセルギーが内燃機関から大気に無駄に放出されている．この高温の排気ガスで小さいタービンを回転させ仕事を得て，エクセルギーを有効利用する装置をターボチャージャと呼び，エンジンへの吸気圧力を上

昇させるために用いられている（図5.14参照）.

＊＊＊＊＊＊＊＊＊＊＊＊＊＊＊＊＊＊＊＊＊＊＊

5・3・3　定常流動系 (steady flow system)

エクセルギー概念の重要な応用対象として，タービンや化学プラント等のように物質が定常的に流れて仕事を発生するシステムがある．こういった系を扱うには閉じた系とは異なり，系内を連続的に流れる物質のエクセルギーを求める必要がある．図5.15に示したような定常流れ系において，入口における物質の状態量が p_1, T_1, H_1, S_1 であり，周囲との間で熱と仕事をやりとりした結果出口では，p_0, T_0, H_0, S_0 に達して周囲と平衡状態になる．定常状態なので各状態量の時間変化はない．まず，このような定常流動系のエネルギー保存は式(3.39)のように与えられるので（力学的エネルギーは省略している），

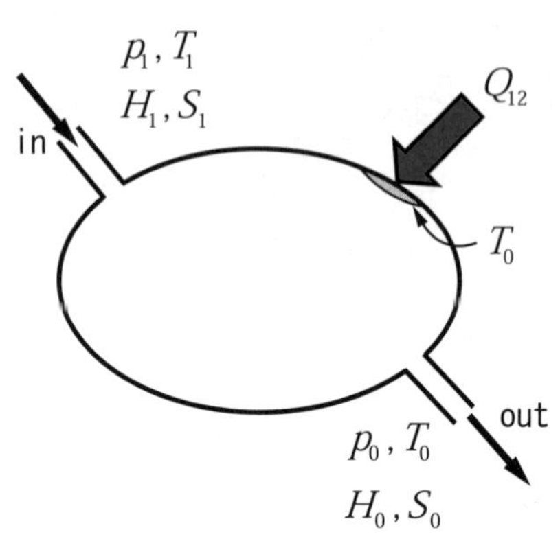

図 5.15　定常流動系のエクセルギー

$$\mathrm{d}H = \delta Q - \delta L \tag{5.33}$$

となり，この式が定常流動系の第 1 法則である．また第 2 法則は，5・3・2 項の閉じた系の場合と同様に，熱の出入りは周囲温度 T_0 の等温で行われると考えるので式(4.50)から

$$\mathrm{d}S_{\mathrm{gen}} = \mathrm{d}S - \frac{\delta Q}{T_0} \geq 0 \tag{5.34}$$

となる．式(5.33)に式(5.34)を代入し δQ を消去すれば，次の式(5.35)が得られる．

$$\delta L = -\mathrm{d}H + T_0 \mathrm{d}S - T_0 \mathrm{d}S_{\mathrm{gen}} \tag{5.35}$$

あるいは

$$\delta L \leq -\mathrm{d}H + T_0 \mathrm{d}S \tag{5.36}$$

エクセルギーは可逆過程の場合に得られる最大仕事なので，式(5.35)のエントロピー生成 $\mathrm{d}S_{\mathrm{gen}}$ をゼロにするか，あるいは式(5.36)を等号にすれば，定常流れ系のエクセルギー $\mathrm{d}E_{\mathrm{flow}}$ が次のように得られる．

$$\mathrm{d}E_{\mathrm{flow}} = -\mathrm{d}H + T_0 \mathrm{d}S \tag{5.37}$$

式(5.37)を状態1→0で積分すれば

$$E_{\mathrm{flow}} = \left(H_1 - H_0\right) - T_0\left(S_1 - S_0\right) \quad (\mathrm{J}) \tag{5.38}$$

これが定常流動系のエクセルギーである．式(5.38)の両辺を質量 m (kg)で割り，単位質量あたりの表現にすれば

$$e_{\mathrm{flow}} = \left(h_1 - h_0\right) - T_0\left(s_1 - s_0\right) \quad (\mathrm{J/kg}) \tag{5.39}$$

あるいは

$$\mathrm{d}e_{\mathrm{flow}} = -\mathrm{d}h + T_0 \mathrm{d}s \tag{5.40}$$

となる．式(5.38)と閉じた系のエクセルギー式(5.30)を比較するために，式(5.38)を書き直せば

$$\begin{aligned} E_{\mathrm{flow}} &= \left(U_1 + p_1 V_1\right) - \left(U_0 + p_0 V_0\right) - T_0\left(S_1 - S_0\right) \\ &= \left(U_1 - U_0\right) - T_0\left(S_1 - S_0\right) + p_0\left(V_1 - V_0\right) + \left(p_1 - p_0\right)V_1 \\ &= E_{\mathrm{closed}} + \left(p_1 - p_0\right)V_1 \end{aligned} \tag{5.41}$$

となる．つまり，定常流動系のエクセルギーは閉じた系のエクセルギーに流

動のエクセルギーが加えられていると解釈できる.

5・3・4 物質移動のある開いた系 (open system) *

これまでの3つの系では, 系内の物質が周囲に拡散する物質移動は考慮していなかった. 図5.16のような, N 成分の物質がそれぞれ $n_1, n_2, \cdots, n_N$ モル入っている混合系を考える. これを状態1で $(n_i)_1$, 状態2で $(n_i)_2$ と記述する. 系の初期状態は T_1, p_1, V_1, U_1, S_1 で, さらに混合物質なので N 成分の物質の化学ポテンシャルはそれぞれ, $\mu_1, \mu_2, \cdots, \mu_N$ であるとする. 周囲の状態は $(T_0, p_0, \mu_{1,0}, \mu_{2,0}, \cdots, \mu_{N,0})$ である. 閉じた系の温度と圧力が周囲と平衡になるまでのエクセルギーは5・3・2項で扱った. ここではさらに各物質が周囲と化学平衡に達するまでのエクセルギーも考慮する必要がある. つまり, 物質拡散である. 1→2の過程では N 成分のそれぞれのモル数 $n_i\,(i=1,\cdots,N)$ も可逆的に半透膜を介して拡散する. この拡散による物質移動があるので, マクロな流れはないが開いた系として扱う. 拡散は, 系内外の各成分の濃度差がなくなるまで, つまり化学ポテンシャルが等しくなると終了する.

このような拡散による物質移動がある場合のエクセルギーは, 5・3・2, 5・3・3項で得た結果に化学ポテンシャルの項を追加すればよいので, 閉じた系, 定常流動系についてそれぞれ以下のように表現できる (証明略).

$$E_{\text{open}} = (U_1 - U_0) - T_0(S_1 - S_0) + p_0(V_1 - V_0) - \sum_{i=1}^{N}(\mu_i - \mu_{i,0})n_i \quad (5.42)$$

$$E_{\text{flow-open}} = (H_1 - H_0) - T_0(S_1 - S_0) - \sum_{i=1}^{N}(\mu_i - \mu_{i,0})n_i \quad (5.43)$$

ここで $\mu_i = (\partial G/\partial n_i)_{T,p,n_j(i\neq j)}$ は物質 i の化学ポテンシャル, n_i は i 成分のモル数である.

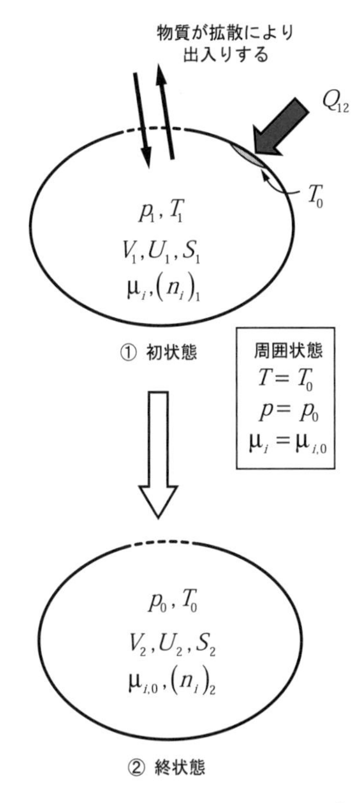

図5.16 開いた系のエクセルギー

5・4 自由エネルギー (free energy)

エクセルギーと自由エネルギーの基本的な考え方は同じで, どちらも系から得られる理論最大仕事を表している. その違いは過程および最終平衡状態の制約条件にある. 自由エネルギーの場合は, 等温・等圧あるいは等温・等積の条件における最大仕事であるのに対し, エクセルギーの場合は可逆過程であればどのような経路であってもよい (たとえば断熱過程と等温過程の組み合わせ等でもよい). また, エクセルギーの最終平衡状態は周囲との平衡状態だが, 自由エネルギーにはそのような制約はない. このように両者は近い関係にあるが, 歴史的には自由エネルギー (Gibbs, 1876年) のほうがエクセルギー (Rant, 1953年) より古く, 広い分野にまで浸透している. 特に, 燃焼や燃料電池のような化学反応の最大仕事や平衡条件を記述するには, 自由エネルギーがより適している. ここでは, エクセルギーとの相互関係も含めて自由エネルギーの基本について述べる.

5・4・1 ギブス自由エネルギー (Gibbs free energy)

周囲と熱力学的平衡にない系から, 有効な仕事を外部に取り出す方法として, これまでは 熱 → 媒体の温度上昇 (内部エネルギー増加) → 媒体の体積膨

張 → pV 仕事の発生，という，いわゆる pV 仕事を中心にしていた．しかし，他の様々な方法で仕事を発生することは可能であり，（非機械的な）エネルギー変換の方法は，今後さらに重要になっていくと考えられる．特に，化学結合エネルギー → 電気エネルギー（燃料電池），熱エネルギー → 電気エネルギー（熱電素子）や化学結合エネルギー → 熱エネルギー（燃焼）のような化学反応による仕事の発生についても，熱力学の手法で扱うことができる．

そこで，可逆的な化学反応による理論最大仕事を考えてみよう．今，対象とする閉じた系が体積変化による微小仕事 pdV のほかに化学反応による仕事 dL_{ch}（たとえば化学反応から電気的仕事を取り出す燃料電池等）を発生することが可能だとする．この系に対するギブスの式（第1法則＋可逆の第2法則）は次のようになる．

$$TdS = dU + pdV + dL_{ch} \tag{5.44}$$

化学反応は温度・圧力一定で行うことが多いので，式(5.44)を T=const., p=const. の条件で1→2の状態間で積分すれば

$$T\int_1^2 dS = \int_1^2 dU + p\int_1^2 dV + \int_1^2 dL_{ch} \tag{5.45}$$

可逆変化の仕事が最大なので

$$-\left(L_{ch}\right)_{max} = \left(U_2 - U_1\right) + p\left(V_2 - V_1\right) - T\left(S_2 - S_1\right) \tag{5.46}$$

となる．さらに式(5.46)を整理すれば次のように表現することができる．

$$-\left(L_{ch}\right)_{max} = \left(U_2 + pV_2 - TS_2\right) - \left(U_1 + pV_1 - TS_1\right) \tag{5.47}$$

ここで，式(5.47)の右辺括弧内の変数をまとめて以下のように定義する．

$$G \equiv U + pV - TS = H - TS \quad (\mathrm{J}) \tag{5.48}$$

この G はギブス自由エネルギー(Gibbs free energy)あるいはギブス関数(Gibbs function)と呼ばれる示量性状態量である．式(5.48)の両辺を物質の質量 m (kg) で割って，単位質量あたりで表せば

$$g = h - Ts \quad (\mathrm{J/kg}) \tag{5.49}$$

となり，g は比ギブス自由エネルギー(specific Gibbs free energy)である．このギブス自由エネルギーを使って式(5.47)を書き直せば

$$-\left(L_{ch}\right)_{max} = G_2 - G_1 \quad \text{at} \quad T = \text{const.},\ p = \text{const.} \tag{5.50}$$

と表される．式(5.50)のような，等温・等圧条件下のギブス自由エネルギーの微小変化 $\left(\Delta G\right)_{T,p}$ は次の式(5.51)のようになる．

$$\left(\Delta G\right)_{T,p} = \Delta U + p\Delta V - T\Delta S = \left(\Delta H\right)_p - T\Delta S \tag{5.51}$$

したがって，化学反応（等温・等圧）の理論最大仕事は以下のように表すことができる．

$$\left(L_{ch}\right)_{max} = G_1 - G_2 = -\Delta G \tag{5.52}$$

ここで$(\ )_{T,p}$は省略してある．式(5.52)の意味は，等温・等圧条件下の可逆の化学反応による最大仕事はギブス自由エネルギーの減少量$-\Delta G$に等しい，ということである．ただ自由エネルギーの場合は，最終平衡状態が周囲状態である必要はないのでエクセルギーとは異なる．第7章の燃焼でも述べるように，燃焼や燃料電池の化学反応によって発生する最大仕事を計算するには，反応前物質のG_1と生成物質のG_2の差をとれば良いことになる．この計算は，実際には標準物質を介して，標準生成ギブス自由エネルギー$\Delta_f G^\circ$を用いる（詳細は第7章を参照のこと）．図5.17にギブス自由エネルギーと化学反応により発生する最大仕事のイメージを示した．

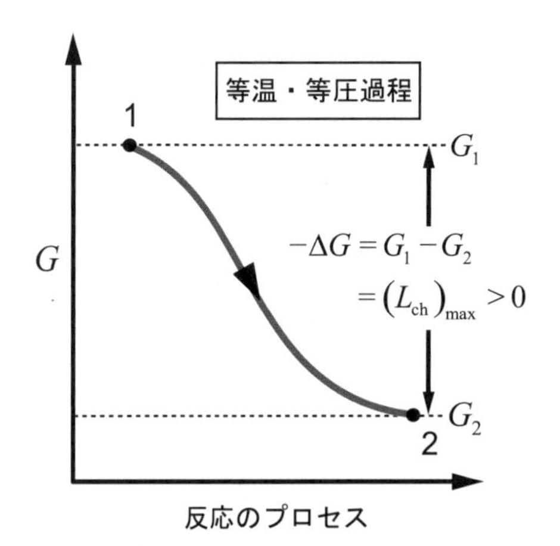

図5.17　ギブス自由エネルギーと等温・等圧過程の最大仕事

自由エネルギーの「自由」とは，内部エネルギーのうち自由に仕事として外部に取り出せる部分，という意味である．これまで述べてきたように，内部エネルギーを仕事に変換する際には，最も効率の良い場合でもエントロピーが保存されるという第2法則の制約が課せられるため，すべてを仕事に変換することはできない．この一般的最大値がエクセルギーである．ギブス（あるいはヘルムホルツ）自由エネルギーは，式からわかるようにエンタルピーや内部エネルギーからTSだけ差し引いた残りが仕事として取り出せることを表している．このTSは束縛エネルギー(bound energy)と呼ばれ，仕事として取り出すことは不可能で，ランダムな分子運動のまま内部エネルギーとして系内に残らなければならないエネルギーである．エネルギーだけでなくエントロピーも保存されるためこのようになるのである（図5.18）．

閉じた系のエクセルギーとギブス自由エネルギーの関係は次のようになる．式(5.30)で，もし最終平衡温度，圧力が一定ではあるが，周囲状態とは必ずしも一致しないとすれば，添字0→2と書き換えて

$$\left[E_{\text{closed}}\right]_{T_0\to T,\,p_0\to p} = (U_1 - U_2) - T(S_1 - S_2) + p(V_1 - V_2) = G_1 - G_2 = -\Delta G \tag{5.53}$$

と記述できる．これは自由エネルギーでありエクセルギーではないが，両者の関係を示している．

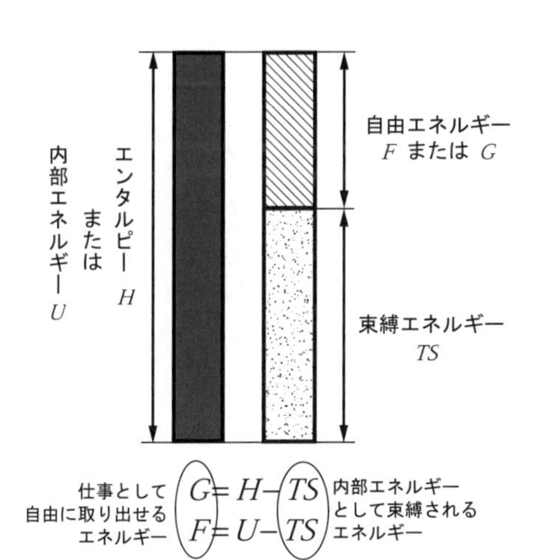

図5.18　自由エネルギーと束縛エネルギー

5・4・2　ヘルムホルツ自由エネルギー (Helmholtz free energy)

次に，閉じた系の等温・等積過程の場合を考えてみよう．ギブス自由エネルギーの場合と同様に，体積膨張以外の仕事$\mathrm{d}L_{ch}$を体積一定で考えれば，可逆過程での第1法則＋第2法則は，式(5.44)で$\mathrm{d}V = 0$とすればよいから

$$T\mathrm{d}S = \mathrm{d}U + \delta L_{ch} \tag{5.54}$$

である．式(5.54)を$T = \text{const.}$で状態1→2の間で積分すれば次の式(5.55)が得られる．

$$-(L_{ch})_{max} = (U_2 - TS_2) - (U_1 - TS_1) \tag{5.55}$$

ここで，式(5.55)の右辺括弧内の変数をまとめて以下のように定義する．

$$F \equiv U - TS \quad (\text{J}) \tag{5.56}$$

このFがヘルムホルツ自由エネルギー(Helmholtz free energy)あるいはヘルムホルツ関数(Helmholtz function)と呼ばれる示量性状態量である．式(5.56)の両

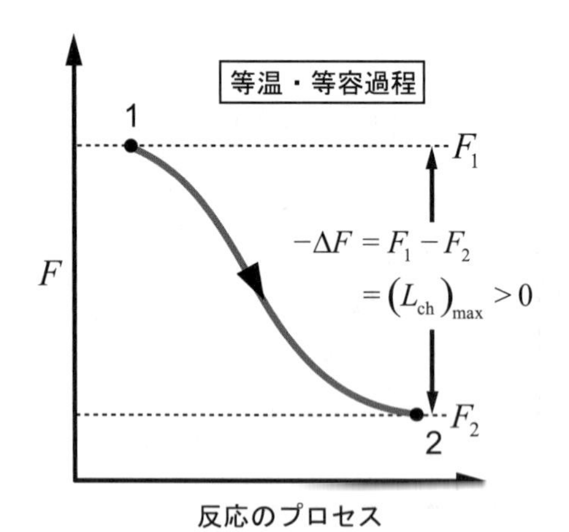

図5.19　ヘルムホルツ自由エネルギーと等温・等積過程の最大仕事

辺を物質の質量m(kg)で割って，単位質量あたりで表せば

$$f = u - Ts \quad (\mathrm{J/kg}) \tag{5.57}$$

となり，fは比ヘルムホルツ自由エネルギー(specific Helmholtz free energy)である．

等温・等積条件下での最大仕事は，ヘルムホルツ自由エネルギーの減少量として以下のように表現できる．

$$(L_{ch})_{max} = F_1 - F_2 = -\Delta F \quad \text{at} \quad T = \text{const.}, V = \text{const.} \tag{5.58}$$

5・3・2項の閉じた系のエクセルギーからヘルムホルツ自由エネルギーを得ることもできる．閉じた系のエクセルギー式(5.30)に，体積一定の条件を追加し，また必ずしも周囲温度ではない一定温度$T_0 \to T$とし，添字0→2と書き換えれば

$$\begin{aligned}[E_{closed}]_{V=\text{const.},\, T_0 \to T} &= (U_1 - U_2) - T(S_1 - S_2) = (U_1 - TS_1) - (U_2 - TS_2) \\ &= F_1 - F_2 = -\Delta F\end{aligned} \tag{5.59}$$

のようになる．つまり，閉じた系の等温・等積過程における化学反応等による最大仕事は，ヘルムホルツ自由エネルギーの差で求められる．これは厳密にはエクセルギーではないが両者にはこのような関係がある．以上，化学反応の最大仕事を表現できる2つの自由エネルギーを説明したが，実際には，ほとんどの化学反応がT, p一定の条件で行われるため，ギブス自由エネルギーを利用するのが普通である．

5・4・3　平衡条件と自由エネルギー　（化学反応の進む方向）(equilibrium conditions and free energy) *

さて，化学反応による最大仕事を記述するために2つの自由エネルギーを説明してきたが，自由エネルギーは同時に，平衡条件や化学変化の進む方向も決めている．別の言い方をすれば，系が周囲と非平衡で仕事を発生する可能性をもっているということは，変化がスタートすればあとは自発的に最終平衡状態まで進んでしまう．つまり系の最大仕事がゼロでなければ自発的変化が進行する．

ギブス自由エネルギーを等温・等圧下で微分すると

$$(\mathrm{d}G)_{T,p} = \mathrm{d}U + p\mathrm{d}V - T\mathrm{d}S \tag{5.60}$$

可逆過程における第1法則と第2法則では，常に以下の関係が成立する．

$$T\mathrm{d}S = \mathrm{d}U + p\mathrm{d}V \tag{5.61}$$

式(5.60)に式(5.61)を代入すれば

$$(\mathrm{d}G)_{T,p} = 0 \quad \text{（可逆過程）} \tag{5.62}$$

が得られる．

また，不可逆過程の場合には，エントロピーが生成されるので第2法則の微分形は式(4.50)を書き換えて

$$\delta Q = T\mathrm{d}S - T\mathrm{d}S_{\mathrm{gen}} \tag{5.63}$$

になるから，第1法則＋第2法則は次のようになる．

$$-T\mathrm{d}S_{\mathrm{gen}} = \mathrm{d}U + p\mathrm{d}V - T\mathrm{d}S \tag{5.64}$$

したがって，式(5.63)に式(5.64)を代入すれば

$$(\mathrm{d}G)_{T,p} = -T\mathrm{d}S_{\mathrm{gen}} < 0 \quad (\text{不可逆過程}) \tag{5.65}$$

これは，絶対温度もエントロピー生成も非負だからである．式(5.62)および式(5.65)から，温度・圧力一定の条件ではギブス自由エネルギーは，一定かあるいは減少するだけで増加することは自発的にはありえない．つまり，ギブス自由エネルギーGは減少する方向のみに変化し，極小値に達すると平衡状態になり，平衡条件は$(\mathrm{d}G)_{T,p}=0$である．気液の相平衡は等温・等圧のもとで起きるので，式(5.62)は平衡条件を決定するための基礎式である（9・2・1項参照)．図5.20に示したように，自由エネルギーは系が平衡になるところで極小値をとるため，熱力学ポテンシャル(thermodynamic potential)と呼ばれる．これは，力学系でポテンシャルエネルギー極小点で安定になることからのアナロジーである．

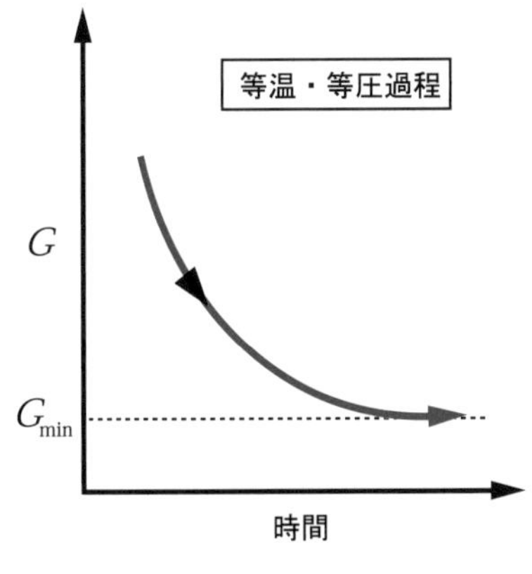

(a) 化学反応の進む方向

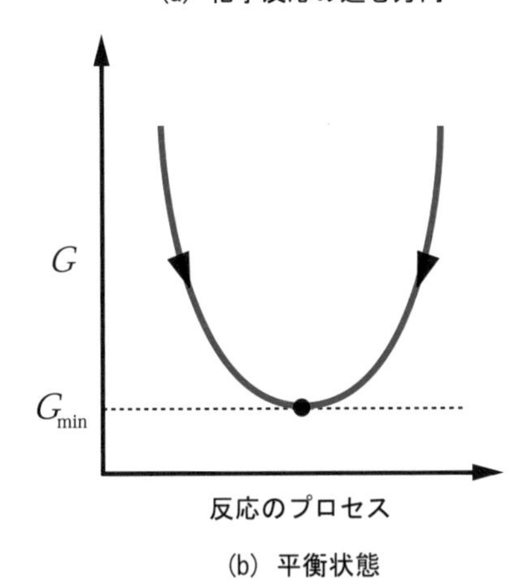

(b) 平衡状態

図 5.20　ギブス自由エネルギーと化学反応の進む方向，平衡状態

5・5　エクセルギー損失 (lost exergy) ＊

5・4節で，周囲と非平衡状態になっている系から外に取り出すことのできる理論最大仕事であるエクセルギーや，関連の深い自由エネルギーを説明してきた．これは第2法則を応用して，可逆サイクルで最大効率のカルノーサイクルに相当することを，サイクルでない様々な過程ににまで拡張して検討してきたことに対応する．エクセルギー，自由エネルギーの考え方は，熱力学の法則の応用として考えてみれば次のようになる．

(1) 第1法則（エネルギー保存）＋第2法則（可逆過程でエントロピー保存：$S_{\mathrm{gen}}=0$）→ エクセルギー，自由エネルギーなど損失無しに得られる理論最大仕事．系や周囲の制約条件によって多様な評価関数（$E_{\mathrm{closed}}, E_{\mathrm{flow}}, G, F$ 等）がでてくる．
(2) 第1法則（エネルギー保存）＋第2法則（不可逆過程でエントロピー増加，エントロピー生成あり：$S_{\mathrm{gen}}>0$）→ 様々な損失のある現実のプロセスの評価，得られる実際の仕事はエクセルギーより必ず小さい．

これまでは(1)の部分を扱ってきたのである．現実のエネルギー変換プロセスは，可逆過程で成り立っているわけではなく，摩擦や熱損失等の様々な損失があるためエクセルギーの値と同じ量の仕事を得られるわけではない．本節では，エクセルギー概念を現実に応用するために，さらに一歩進めて不可逆過程によるエクセルギーの損失を積極的にどう評価するのかを考える．工学的な問題は，エクセルギーがどこまで利用できるかということである．

5・5・1　不可逆過程とエクセルギー損失 (irreversible processes and lost exergy)

周囲と非平衡にある系が周囲と接触して最終平衡に達するまでに，可逆変化

でなく不可逆過程によって仕事を発生する場合，失われてしまうエクセルギーの損失と不可逆過程の関係はどうなっているのだろうか．ここでは5・3・2項の閉じた系を再度考えてみよう．エクセルギーを計算する時には，いつも第1法則と第2法則を合わせて考える．エクセルギーを得るための第1法則の式は

$$\delta Q = \mathrm{d}U + \delta L_{net} + p_0 \mathrm{d}V \tag{5.66}$$

となる．不可逆過程によるエントロピー生成を考慮すると，第2法則は次のようになる．

$$\delta Q = T_0 \, \mathrm{d}S - T_0 \mathrm{d}S_{gen} \tag{5.67}$$

式(5.67)を式(5.66)に代入すれば

$$\delta L_{net} = -\mathrm{d}U + T_0 \mathrm{d}S - p_0 \mathrm{d}V - T_0 \mathrm{d}S_{gen} \tag{5.68}$$

式(5.68)を1→2の状態間で積分すれば

$$\left(L_{12}\right)_{net} = \left(U_1 - U_2\right) - T_0\left(S_1 - S_2\right) + p_0\left(V_1 - V_2\right) - T_0 S_{gen} \tag{5.69}$$

式(5.69)は，不可逆過程により閉じた系から得られる仕事を表している．したがって，可逆過程でエントロピー生成がゼロ $S_{gen} = 0$ であれば式(5.69)は最大値であるエクセルギーに等しくなる．

$$E_{closed} = \left(U_1 - U_2\right) - T_0\left(S_1 - S_2\right) + p_0\left(V_1 - V_2\right) \tag{5.70}$$

このエクセルギー式(5.70)と現実に得られる仕事である式(5.69)の差をとれば

$$L_{lost} = L_{max} - L_{net} = E_{closed} - L_{net} = T_0 S_{gen} \tag{5.71}$$

が不可逆過程による**エクセルギー損失**(lost exergy, lost available work, availability destruction)である．式(5.71)からわかるように，損失したエクセルギーは不可逆過程によるエントロピー生成に比例する．つまり，摩擦などの不可逆過程が発生すると熱を移動させないのに内部エネルギーが増加し，エネルギーが分子のランダムな運動に費やされ散逸してしまい，仕事に変換できる分が減少してしまう．

ここでは，エクセルギー損失とエントロピー生成の関係を閉じた系について導いたが，より一般的にどのような系であっても，不可逆過程による有効仕事の損失はエントロピー生成に比例することが証明できる．

$$L_{lost} \propto T S_{gen} \tag{5.72}$$

この一般的関係を**ギュイ・ストドラの定理**(Gouy-Stodola theorem)と呼ぶことがある．したがって，現実のエネルギー変換装置内部で発生している不可逆性を知りエントロピー生成を求めれば，エクセルギーの損失を定量的に評価できることになる．図5.21にこれらの関係を示した．この損失部分を減らすことがエンジニアにできることである．エクセルギー損失の原因と大きさを知ることができれば，不可逆過程による損失が減るようなデザインや改良をすることによって貢献できる．様々なプロセスやシステムのエクセルギー損失の具体的解析は，本書の範囲を超えるので興味がある場合には文献(1),(2)を参考にすると良い．

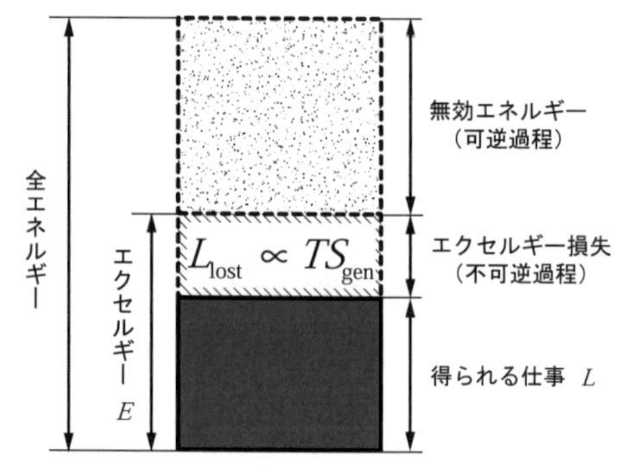

図5.21　エクセルギー損失とエントロピー生成

＝＝＝＝＝　練習問題　＝＝＝＝＝＝＝＝＝＝＝＝＝＝＝＝＝＝＝＝＝＝＝＝

【5・1】 1 m^3の容器内の空気が0.1 kPaの真空に保たれており，その温度は

周囲温度25 ℃に等しいとする．この系のエクセルギーを求めよ．ただし，空気のガス定数は287 J/(kg･K)とする．

【5・2】 10万トンの氷山（純水の凝固した氷で，温度は-10 ℃とする）を環境温度20 ℃の温帯に運んできた．この氷山のエクセルギーを(kWh)で表せ．なお，1 kWh は、1 kW の電力を1時間消費するエネルギーである．また，氷と水の定圧比熱をそれぞれ2.05 kJ/(kg･K)，4.19 kJ/(kg･K)とし，氷が融解するときの融解潜熱を334 kJ/kg とし，体積変化は無視して良い．

【5・3】 Calculate the specific exergy that can be produced per kg of steam that enters a steady flow system at 6.0 MPa, saturated, and leaves in equilibrium with the environment at 25 ℃ and 101 kPa.

【5・4】 A heat engine operates between two thermal reservoirs at 1400 K and 298 K with a rate of heat input of 750 kW. The measured power output of the heat engine is 300 kW, and the environment temperature is 298 K. Determine (a) the first law efficiency, (b) the lost exergy, and (c) the second law efficiency of this heat engine.

【解答】
1. 100 kJ
2. 8.16×10^5 kWh
3. 1033 kJ/kg
4. (a) 40 %　(b) 290.4 kW　(c) 50.8 %

第5章の文献

(1) 吉田邦夫編, エクセルギー工学　―理論と実際―, (1999), 共立出版.
(2) 有効エネルギー評価方法通則, JIS Z 9204.

第 6 章

熱力学の一般関係式

General Thermodynamic Relation

これまで熱力学の基礎的概念を物理的に明らかにしてきたが，本章では数学的な誘導によって物質の状態量の間に成立する一般関係式を求めていく．本章で得られた一般関係式を用いれば，内部エネルギー，エンタルピー，エントロピーなど測定が困難な状態量を，圧力，温度，体積など測定の容易な状態量から求めることができる．ここでは状態量の微分関係式から熱力学的関係式の基本となるマクスウェルの式を導き，さらに比熱，内部エネルギー，エンタルピー, エントロピーに関する一般関係式へと発展させていく．次に，流体の絞り現象において圧力降下による温度変化を表すジュール・トムソン効果について論じる．なお，物質の相変化に伴う関係式を導くことも可能である．

6・1　熱力学の一般関係式 (General Thermodynamic Relation)

物質や系のもつ状態量には圧力，温度，体積，内部エネルギー，エンタルピー，エントロピーなどがあるが，これらの状態量はそれぞれ独立に変化するものではなく，それらの間には一定の関係がある．純物質で構成され単相から成る系の熱力学的平衡状態においては，独立して変化できる状態量は任意の 2 個のみであり，この 2 個の状態量が決定すると他の状態量はすべて決定し，物質や系の状態が定まることになる．このことは「相の数，成分の数，化学反応の数がいくつあったとしても，初期質量が成分数だけ与えられている閉じた系の安定平衡状態は 2 つの独立変数によって決定される」という**デュエムの定理**(Duhem theorem)に基づいている．いまこの独立に変化する状態量を x, y, 第 3 の状態量を z とすれば，z は x, y の関数であるから次の式(6.1)のように表すことができる．

$$z = z(x, y) \tag{6.1}$$

3 個の状態量 x, y, z の間には，式(6.1)で示される関係のほかに，これらの状態量の微係数の間にもいくつかの関係式がある．このような関係式は，物質の種類や状態（固体，液体，気体）に関係なく，つねに任意の物質に対して一般的に成立するので，**熱力学の一般関係式**(general thermodynamic relation)という．数学的には x, y, z を直角座標で表せば，$z = z(x, y)$ は図 6.1 で示すように 1 つの曲面で表すことができる．いま物質の状態に微小変化が生じて，x, y, z がそれぞれ $x+\mathrm{d}x$, $y+\mathrm{d}y$, $z+\mathrm{d}z$ になったものとすると，$\mathrm{d}z$ は次の式(6.2)のように表すことができる．

$$\mathrm{d}z = M\mathrm{d}x + N\mathrm{d}y \tag{6.2}$$

ただし M と N は一般に状態量の関数である．式(6.2)は x および y が同時に変化する場合にも，またその一方のみが変化する場合にも成立する．いま特

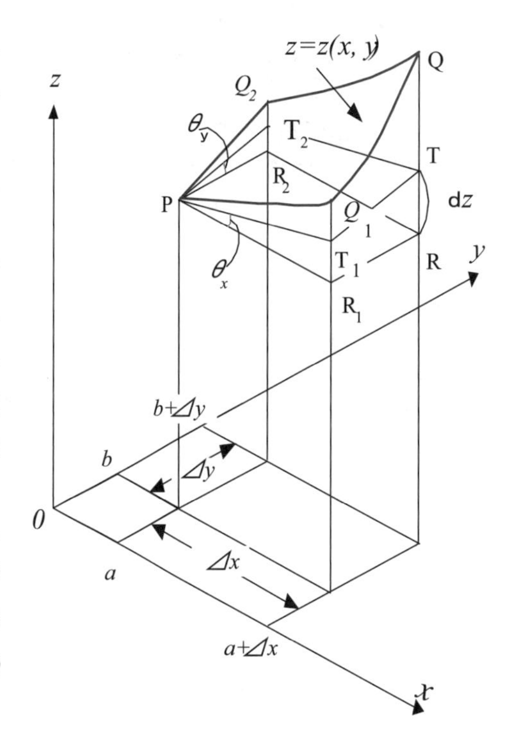

$\mathrm{PT_1TT_2}$ は P における曲面 $z = z(x, y)$ の接平面で，

$$\overline{\mathrm{R_1T_1}} = \overline{\mathrm{PR_1}}\tan\theta_x = f_x(a,b)\Delta x$$
$$\overline{\mathrm{R_2T_2}} = \overline{\mathrm{PR_2}}\tan\theta_y = f_y(a,b)\Delta y$$
$$\overline{\mathrm{RT}} = \overline{\mathrm{R_1T_1}} + \overline{\mathrm{R_2T_2}} = f_x(a,b)\Delta x + f_y(a,b)\Delta y = \mathrm{d}z$$

図 6.1　関数 $z(x, y)$ と全微分 $\mathrm{d}z$ の幾何学的意味

別な場合として，x のみが変化して y が一定 $(\mathrm{d}y = 0)$ のとき，$\mathrm{d}z = M\mathrm{d}x$ となり，また y のみが変化して x が一定 $(\mathrm{d}x = 0)$ であれば，$\mathrm{d}z = N\mathrm{d}y$ となる．この関係は熱力学においては

$$M = \left(\frac{\partial z}{\partial x}\right)_y, \quad N = \left(\frac{\partial z}{\partial y}\right)_x \tag{6.3}$$

と表され，したがって式(6.2)は次のようになる．

$$\mathrm{d}z = \left(\frac{\partial z}{\partial x}\right)_y \mathrm{d}x + \left(\frac{\partial z}{\partial y}\right)_x \mathrm{d}y \tag{6.4}$$

式(6.3)の M N をそれぞれ y, x について偏微分すると

$$\left(\frac{\partial M}{\partial y}\right)_x = \frac{\partial^2 z}{\partial x \partial y}, \left(\frac{\partial N}{\partial x}\right)_y = \frac{\partial^2 z}{\partial y \partial x} \tag{6.5}$$

表 6.1　全微分の条件

$\mathrm{d}z = M\mathrm{d}x + N\mathrm{d}y$
$\mathrm{d}z = \left(\frac{\partial z}{\partial x}\right)_y \mathrm{d}x + \left(\frac{\partial z}{\partial y}\right)_x \mathrm{d}y$
全微分の条件
$\left(\frac{\partial M}{\partial y}\right)_x = \left(\frac{\partial N}{\partial x}\right)_y$

数学的には z が連続関数であれば，式(6.5)の右辺の 2 階微分は等しいことより次の式(6.6)が得られる．

$$\left(\frac{\partial M}{\partial y}\right)_x = \left(\frac{\partial N}{\partial x}\right)_y \tag{6.6}$$

式(6.6)は数学的にいえば $\mathrm{d}z$ が全微分(total differential)であるための条件である．また熱力学的には z が状態量であるための条件式であり，ある量が状態量であるかどうかを確かめることに用いることもできる．なお，全微分 $\mathrm{d}z$ のもつ幾何学的な意味を図 6.1 に示す．

物質が微小な状態変化をしたときに，もし z が一定 $(\mathrm{d}z = 0)$ の場合，式(6.2)または式(6.4)の両辺を $\mathrm{d}y$ で除したときの $\mathrm{d}x / \mathrm{d}y$ は z を一定に保っていることより，熱力学では，$(\partial x / \partial y)_z$ と書くべきである．これより式(6.3)を考慮すると次の式(6.7)が得られる．

$$\left(\frac{\partial x}{\partial y}\right)_z \left(\frac{\partial z}{\partial x}\right)_y \Big/ \left(\frac{\partial z}{\partial y}\right)_x = \left(\frac{\partial x}{\partial y}\right)_z \frac{M}{N} = -1 \tag{6.7}$$

一方，式(6.1)は y と z を独立変数として $x = x(y, z)$ と表すこともできる．この場合，x の全微分 $\mathrm{d}x$ は次の式(6.8)で表すことができる．

$$\mathrm{d}x = \left(\frac{\partial x}{\partial y}\right)_z \mathrm{d}y + \left(\frac{\partial x}{\partial z}\right)_y \mathrm{d}z \tag{6.8}$$

式(6.4)および式(6.8)より $\mathrm{d}x$ を消去すると

$$\left\{\left(\frac{\partial z}{\partial y}\right)_x + \left(\frac{\partial z}{\partial x}\right)_y \left(\frac{\partial x}{\partial y}\right)_z\right\}\mathrm{d}y = \left\{1 - \left(\frac{\partial z}{\partial x}\right)_y \left(\frac{\partial x}{\partial z}\right)_y\right\}\mathrm{d}z \tag{6.9}$$

y, z は独立変数であるので，たとえば y を一定に保って z のみを変化させることもできる．これより式(6.9)が y, z の値に関係なく常に成立するためには式(6.9)の両辺の中カッコ内はゼロとならなければならない．これより次の式(6.10)が成立する．

$$\left(\frac{\partial x}{\partial z}\right)_y = 1 \Big/ \left(\frac{\partial z}{\partial x}\right)_y \tag{6.10}$$

式(6.10)は偏微分を逆にするとその逆数に等しくなることを示しており，相反の関係式(reciprocity relation)と呼ばれる．この関係を式(6.7)に適用すると

$$\left(\frac{\partial x}{\partial y}\right)_z\left(\frac{\partial y}{\partial z}\right)_x\left(\frac{\partial z}{\partial x}\right)_y=-1 \tag{6.11}$$

式(6.11)は循環の関係式(cyclic relation)と呼ばれ，熱力学においてよく用いられる．以上の諸式における x, y, z としては，どんな組み合わせの 3 個の状態量をとってもよい．したがって，式(6.3)〜(6.11)に相当した多くの一般関係式を求めることができる．なお式(6.1)が成立するとき z 以外のもう 1 つの状態量を φ とすると，$y=y(x,\varphi)$ と書けるが，φ 一定のもとで z を x や y で偏微分すると，次の新しい関係が導かれる．

$$\left(\frac{\partial z}{\partial x}\right)_\varphi=M+N\left(\frac{\partial y}{\partial x}\right)_\varphi,\ \left(\frac{\partial z}{\partial y}\right)_\varphi=M\left(\frac{\partial x}{\partial y}\right)_\varphi+N \tag{6.12}$$

表 6.2　相反の関係式と循環の関係式

$$\left(\frac{\partial x}{\partial z}\right)_y=1\Big/\left(\frac{\partial z}{\partial x}\right)_y$$

$$\left(\frac{\partial x}{\partial y}\right)_z\left(\frac{\partial y}{\partial z}\right)_x\left(\frac{\partial z}{\partial x}\right)_y=-1$$

【例題 6・1】　＊＊＊＊＊＊＊＊＊＊＊＊＊＊＊＊＊＊＊＊＊＊＊

可逆変化に対する仕事の微分 $\delta l = p\mathrm{d}v$ と，理想気体に対する内部エネルギーの微分 $\mathrm{d}u=c_v\mathrm{d}T$ が，全微分であるかどうか調べよ．

【解答】　$\delta l = p\mathrm{d}v$ を $\delta l = M\mathrm{d}v+N\mathrm{d}p$ とおくと，

$$\left(\frac{\partial M}{\partial p}\right)_v=\left(\frac{\partial p}{\partial p}\right)_v=1,\ \left(\frac{\partial N}{\partial v}\right)_p=0 \tag{ex6.1}$$

となるから式(6.6)を満足しておらず，したがって δl は全微分ではない．

また，$\mathrm{d}u=c_v\mathrm{d}T$ を $\mathrm{d}u=M\mathrm{d}T+N\mathrm{d}p$ とおくと，

$$\left(\frac{\partial M}{\partial p}\right)_T=\left(\frac{\partial c_v}{\partial p}\right)_T=0,\ \left(\frac{\partial N}{\partial T}\right)_p=0 \tag{ex6.2}$$

となり，$\mathrm{d}u$ は全微分である．

＊＊＊＊＊＊＊＊＊＊＊＊＊＊＊＊＊＊＊＊＊＊＊

6・2　エネルギー式から導かれる一般関係式 (General Relations from Energy Equation)

純物質で構成される閉じた系の準静的過程における熱力学第 1 法則，第 2 法則を組み合わせた式(4.60)と，エントロピーを用いて表示した式(4.61)より，以下の式(6.13)が得られる．

$$\mathrm{d}u=T\mathrm{d}s-p\mathrm{d}v,\quad \mathrm{d}h=T\mathrm{d}s+v\mathrm{d}p \tag{6.13}$$

また，第 5 章で定義されたヘルムホルツ自由エネルギー(specific Helmholtz free energy)における単位質量あたりの定義式　$f=u-Ts$，同様にギブス自由エネルギー(specific Gibbs free energy)の定義式　$g=h-Ts$　に，式(6.13)を用いると，

$$\mathrm{d}f=\mathrm{d}u-\mathrm{d}(Ts)=-p\mathrm{d}v-s\mathrm{d}T \tag{6.14}$$

$$\mathrm{d}g=\mathrm{d}h-\mathrm{d}\,(Ts)=v\mathrm{d}p-s\mathrm{d}T \tag{6.15}$$

が得られる．これらの式(6.13)〜(6.15)はいずれも式(6.2)に相当した微分式であり，また u,h,f,g はいずれも状態量であるから，$\mathrm{d}u, \mathrm{d}h, \mathrm{d}f, \mathrm{d}g$ はそれぞれ

表 6.3　熱力学第 1, 第 2 法則とヘルムホルツ，ギブスの自由エネルギー（単位質量あたり）

$\mathrm{d}u=T\mathrm{d}s-p\mathrm{d}v$

$\mathrm{d}h=T\mathrm{d}s+v\mathrm{d}p$

ヘルムホルツ自由エネルギー

$f=u-Ts,\ \mathrm{d}f=-p\mathrm{d}v-s\mathrm{d}T$

ギブス自由エネルギー

$g=h-Ts,\ \mathrm{d}g=v\mathrm{d}p-s\mathrm{d}T$

全微分である．ゆえに，その条件式(6.6)に相当する式をそれぞれの場合に対して書くと，以下の関係式(6.16)～(6.19)が得られる．

$$\left(\frac{\partial T}{\partial v}\right)_s = -\left(\frac{\partial p}{\partial s}\right)_v \tag{6.16}$$

$$\left(\frac{\partial T}{\partial p}\right)_s = \left(\frac{\partial v}{\partial s}\right)_p \tag{6.17}$$

$$\left(\frac{\partial p}{\partial T}\right)_v = \left(\frac{\partial s}{\partial v}\right)_T \tag{6.18}$$

$$\left(\frac{\partial v}{\partial T}\right)_p = -\left(\frac{\partial s}{\partial p}\right)_T \tag{6.19}$$

表6.4　マクスウェルの熱力学的関係式

$$\left(\frac{\partial T}{\partial v}\right)_s = -\left(\frac{\partial p}{\partial s}\right)_v$$
$$\left(\frac{\partial T}{\partial p}\right)_s = \left(\frac{\partial v}{\partial s}\right)_p$$
$$\left(\frac{\partial p}{\partial T}\right)_v = \left(\frac{\partial s}{\partial v}\right)_T$$
$$\left(\frac{\partial v}{\partial T}\right)_p = -\left(\frac{\partial s}{\partial p}\right)_T$$

上式(6.16)～(6.19)は**マクスウェルの熱力学的関係式**(Maxwell thermodynamic relations)として知られている．これらの式の右辺はエントロピーの直接測定が困難なために求めることはむずかしいが，左辺の値は状態量 p,v,T の変化を測定することによって得ることができる．たとえば，状態式が $p=p(T,v)$ の形で与えられる場合は式(6.18)が，また $v=v(p,T)$ の形で与えられる場合には式(6.19)が，エントロピーの変化を求めるために用いられる関係式である．

なお，マクスウェルの関係式を記憶するために都合のよい方法(1)がある．p,v,s,T を図6.2に示すように四辺形の頂点におく．p と v，T と s はそれぞれ対になって pv, Ts または $p\mathrm{d}v$, $T\mathrm{d}s$ のように用いられるので，図では p と v，T と s を対角線の両端に対立させておく．ps と Tv の辺は二重線にしておく．相向かいあった辺の両端の状態量間の偏微分を等しくし，二重線の辺のときは一方に負号をつける．これより式(6.16)～(6.19)を得ることができる．

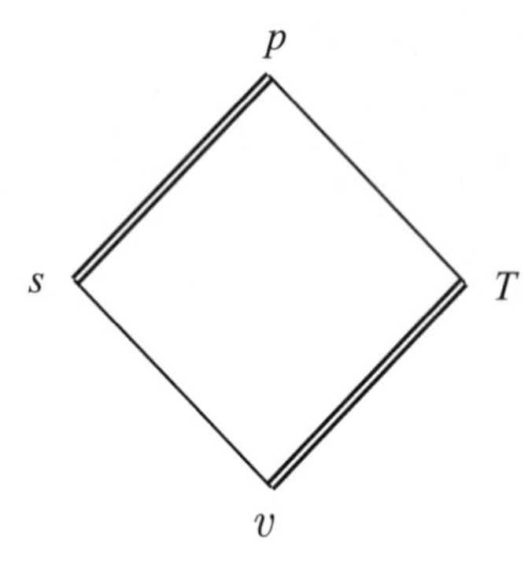

図6.2　マクスウェルの四辺形

式(6.13)～(6.15)に式(6.3)の関係を適用すると次の関係式(6.20)～(6.23)が得られる．

$$\left(\frac{\partial u}{\partial s}\right)_v = T = \left(\frac{\partial h}{\partial s}\right)_p \tag{6.20}$$

$$\left(\frac{\partial u}{\partial v}\right)_s = -p = \left(\frac{\partial f}{\partial v}\right)_T \tag{6.21}$$

$$\left(\frac{\partial h}{\partial p}\right)_s = v = \left(\frac{\partial g}{\partial p}\right)_T \tag{6.22}$$

$$\left(\frac{\partial f}{\partial T}\right)_v = -s = \left(\frac{\partial g}{\partial T}\right)_p \tag{6.23}$$

式(6.23)に $f=u-Ts$ および $g=h-Ts$ の関係を用いると次の式(6.24)および式(6.25)が得られる．

$$f-u = T\left(\frac{\partial f}{\partial T}\right)_v \tag{6.24}$$

$$g-h = T\left(\frac{\partial g}{\partial T}\right)_p \tag{6.25}$$

表6.5　ギブス・ヘルムホルツの式

$$f-u = T\left(\frac{\partial f}{\partial T}\right)_v$$
$$g-h = T\left(\frac{\partial g}{\partial T}\right)_p$$

この式(6.24)および式(6.25)は**ギブス・ヘルムホルツの式**(Gibbs-Helmholtz equation)と呼ばれ，f と g の温度による変化を計算する際に用いられる．

式(6.13)～(6.15)に式(6.7)および式(6.10)の関係を適用すると，次の式(6.26)～(6.29)が得られる．

$$\left(\frac{\partial v}{\partial s}\right)_u = \frac{T}{p} \tag{6.26}$$

$$\left(\frac{\partial p}{\partial s}\right)_h = -\frac{T}{v} \tag{6.27}$$

$$\left(\frac{\partial v}{\partial T}\right)_f = -\frac{s}{p} \tag{6.28}$$

$$\left(\frac{\partial p}{\partial T}\right)_g = \frac{s}{v} \tag{6.29}$$

【例題 6・2】　＊＊＊＊＊＊＊＊＊＊＊＊＊＊＊＊＊＊＊＊＊＊＊
$h-s$ 線図において，等圧線の傾斜は T に等しく，等温線の傾斜は $T-(1/\beta)$ に等しいことを証明せよ．ただし，β は体膨張係数(coefficient of thermal expansion)といい，$\beta = \frac{1}{v}\left(\frac{\partial v}{\partial T}\right)_p$ と表される．β が大きいと，圧力一定のもとで温度によって体積が変化する割合が大きい．

【解答】 式(6.20)において，

$\left(\frac{\partial h}{\partial s}\right)_p = T$　より $h-s$ 線図において，等圧線の傾斜は T に等しい．

また，式(6.13) $\mathrm{d}h = T\mathrm{d}s + v\mathrm{d}p$ に

$$\mathrm{d}p = \left(\frac{\partial p}{\partial s}\right)_T \mathrm{d}s + \left(\frac{\partial p}{\partial T}\right)_s \mathrm{d}T \tag{ex6.3}$$

を代入すると，

$$\mathrm{d}h = \left\{T + v\left(\frac{\partial p}{\partial s}\right)_T\right\}\mathrm{d}s + v\left(\frac{\partial p}{\partial T}\right)_s \mathrm{d}T \tag{ex6.4}$$

となり，これに式(6.19)を用い式(6.10)を考慮すると，

$$\left(\frac{\partial h}{\partial s}\right)_T = T + v\left(\frac{\partial p}{\partial s}\right)_T = T - v\left(\frac{\partial T}{\partial v}\right)_p = T - \frac{1}{\beta} \tag{ex6.5}$$

これより等温線の傾斜は $T-(1/\beta)$ に等しい．

＊＊＊＊＊＊＊＊＊＊＊＊＊＊＊＊＊＊＊＊＊＊＊

6・3　比熱に関する一般関係式 (General Relations from Specific Heat)

比熱は単位質量の物質を単位温度上昇させるために必要な熱量であり，第 3 章において説明されているが，ここでは比熱に関する一般関係式を求めてみよう．準静的過程における熱力学第 1 法則の式(3.15)，エンタルピー定義式の微分式(3.24)およびエントロピーの定義式(4.44)より，定積比熱 c_v および定圧比熱 c_p は次のように表される．

$$c_v = \left(\frac{\partial q}{\partial T}\right)_v = \left(\frac{\partial u}{\partial T}\right)_v = T\left(\frac{\partial s}{\partial T}\right)_v \tag{6.30}$$

$$c_p = \left(\frac{\partial q}{\partial T}\right)_p = \left(\frac{\partial h}{\partial T}\right)_p = T\left(\frac{\partial s}{\partial T}\right)_p \tag{6.31}$$

式(6.30)および式(6.31)を温度一定としてそれぞれ v と p で偏微分すると

$$\left(\frac{\partial c_v}{\partial v}\right)_T = T\left(\frac{\partial^2 s}{\partial T \partial v}\right) \tag{6.32}$$

$$\left(\frac{\partial c_p}{\partial p}\right)_T = T\left(\frac{\partial^2 s}{\partial T \partial p}\right) \tag{6.33}$$

となり，この式にそれぞれマクスウェルの関係式(6.18)および式(6.19)を代入すると，次の式(6.34)および式(6.35)が得られる．

$$\left(\frac{\partial c_v}{\partial v}\right)_T = T\left(\frac{\partial^2 p}{\partial T^2}\right)_v \tag{6.34}$$

$$\left(\frac{\partial c_p}{\partial p}\right)_T = -T\left(\frac{\partial^2 v}{\partial T^2}\right)_p \tag{6.35}$$

物質のエントロピー s を $s=(T,v)$ と $s=(p,T)$ と考えてその全微分をとると

$$\mathrm{d}s = \left(\frac{\partial s}{\partial T}\right)_v \mathrm{d}T + \left(\frac{\partial s}{\partial v}\right)_T \mathrm{d}v \tag{6.36}$$

$$\mathrm{d}s = \left(\frac{\partial s}{\partial T}\right)_p \mathrm{d}T + \left(\frac{\partial s}{\partial p}\right)_T \mathrm{d}p \tag{6.37}$$

この 2 式の両辺に T を乗じたものにそれぞれマクスウェルの式(6.18)と式(6.30)，およびマクスウェル式(6.19)と式(6.31)を適用すると次の式(6.38)および式(6.39)が得られる．

$$T\mathrm{d}s = c_v \mathrm{d}T + T\left(\frac{\partial p}{\partial T}\right)_v \mathrm{d}v \tag{6.38}$$

$$T\mathrm{d}s = c_p \mathrm{d}T - T\left(\frac{\partial v}{\partial T}\right)_p \mathrm{d}p \tag{6.39}$$

この 2 式より $T\mathrm{d}s$ を消去すると次の式(6.40)が得られる．

$$\mathrm{d}T = \frac{T}{c_p - c_v}\left\{\left(\frac{\partial v}{\partial T}\right)_p \mathrm{d}p + \left(\frac{\partial p}{\partial T}\right)_v \mathrm{d}v\right\} \tag{6.40}$$

また， $T=T(p,v)$ と考えてその全微分をとると

$$\mathrm{d}T = \left(\frac{\partial T}{\partial p}\right)_v \mathrm{d}p + \left(\frac{\partial T}{\partial v}\right)_p \mathrm{d}v \tag{6.41}$$

式(6.40)および式(6.41)の対応する項を等しいとおくと

$$\left(\frac{\partial T}{\partial p}\right)_v = \frac{T}{c_p - c_v}\left(\frac{\partial v}{\partial T}\right)_p \tag{6.42}$$

$$\left(\frac{\partial T}{\partial v}\right)_p = \frac{T}{c_p - c_v}\left(\frac{\partial p}{\partial T}\right)_v \tag{6.43}$$

式(6.42)および式(6.43)に相反の関係式(6.10)を考慮すると次の式(6.44)が得られる．

$$c_p - c_v = T\left(\frac{\partial v}{\partial T}\right)_p \left(\frac{\partial p}{\partial T}\right)_v \tag{6.44}$$

ここで p, v, T について式(6.11)の循環の関係式を適用すると

$$\left(\frac{\partial p}{\partial v}\right)_T \left(\frac{\partial v}{\partial T}\right)_p \left(\frac{\partial T}{\partial p}\right)_v = -1 \tag{6.45}$$

式(6.45)を式(6.44)に代入すると

$$c_p - c_v = -T\left(\frac{\partial v}{\partial T}\right)_p^2 \left(\frac{\partial p}{\partial v}\right)_T \tag{6.46}$$

次の式(6.47)に等温圧縮率(isothermal compressibility) α を定義する.

$$\alpha = -\frac{1}{v}\left(\frac{\partial v}{\partial p}\right)_T \tag{6.47}$$

式(6.47)と体膨張係数 β を用い相反の関係式(6.10)を考慮すると, 式(6.46)より以下のマイヤーの関係(Mayer relation)が得られる.

$$c_p - c_v = \frac{vT\beta^2}{\alpha} \tag{6.48}$$

実際に生じる安定な変化においては, 温度が一定に保たれるならば圧力は比体積の増加により減少し $(\partial p/\partial v)_T$ はつねに負となるから, 式(6.46)より $c_p > c_v$ である. なお物質がある温度で最大密度となる場合には, その温度において $(\partial v/\partial T)_p = 0$ となるから, $c_p = c_v$ となる. また理想気体では $pv = RT$ が成り立つから式(6.46)より $c_p - c_v = R$ となる. さらに式(6.34)および式(6.35)より, $(\partial c_v/\partial v)_T = 0$, $(\partial c_p/\partial p)_T = 0$ となって, これらより理想気体の比熱が温度のみの関数であり体積や圧力には影響されないことがわかる. なお, 本章で扱っている理想気体は 3・6 節で述べた広義の理想気体（半理想気体）であり, 比熱一定の理想気体は狭義の理想気体と呼ばれている.

式(6.38)および式(6.39)を初状態 1 から終状態 2 まで積分すると, 状態変化に伴うエントロピーの変化を次のいずれかの式より計算することができる.

$$s_2 - s_1 = \int_{T_1}^{T_2} \frac{c_v}{T} \mathrm{d}T + \int_{v_1}^{v_2} \left(\frac{\partial p}{\partial T}\right)_v \mathrm{d}v \tag{6.49}$$

$$s_2 - s_1 = \int_{T_1}^{T_2} \frac{c_p}{T} \mathrm{d}T - \int_{p_1}^{p_2} \left(\frac{\partial v}{\partial T}\right)_p \mathrm{d}p \tag{6.50}$$

表 6.6　等温圧縮率と体膨張係数

等温圧縮率 α
$\alpha = -\frac{1}{v}\left(\frac{\partial v}{\partial p}\right)_T$
体膨張係数 β
$\beta = \frac{1}{v}\left(\frac{\partial v}{\partial T}\right)_p$

表 6.7　マイヤーの関係式

$c_p - c_v = -T\left(\frac{\partial v}{\partial T}\right)_p^2\left(\frac{\partial p}{\partial v}\right)_T = \frac{vT\beta^2}{\alpha}$

【例題 6・3】　＊＊＊＊＊＊＊＊＊＊＊＊＊＊＊＊＊＊＊＊＊＊＊

$T - s$ 線図における等積線, 等圧線の傾斜を求め, 傾斜の大きさを比較せよ.

【解答】 式(6.30)および式(6.31) より, $T-s$ 線図の等積線と等圧線の傾斜はそれぞれ

$$\left(\frac{\partial T}{\partial s}\right)_v = \frac{T}{c_v},\quad \left(\frac{\partial T}{\partial s}\right)_p = \frac{T}{c_p} \tag{ex6.6}$$

となり, $c_p > c_v$ より, 等積線の傾斜が大きい.

＊＊＊＊＊＊＊＊＊＊＊＊＊＊＊＊＊＊＊＊＊＊＊

6・4　内部エネルギーとエンタルピーの一般関係式 (General Relations from Internal Energy and Enthalpy Changes)

式(6.13)に式(6.38)，式(6.39)を代入して次の式(6.51)および式(6.52)を得る．

$$du = c_v dT + \left\{ T\left(\frac{\partial p}{\partial T}\right)_v - p \right\} dv \tag{6.51}$$

$$dh = c_p dT + \left\{ v - T\left(\frac{\partial v}{\partial T}\right)_p \right\} dp \tag{6.52}$$

式(6.51)および式(6.52)に対して式(6.2)を考慮し，式(6.3)第2式の N に相当する式を求めると

$$\left(\frac{\partial u}{\partial v}\right)_T = \left\{ T\left(\frac{\partial p}{\partial T}\right)_v - p \right\} = T^2 \left\{ \frac{\partial (p/T)}{\partial T} \right\}_v \tag{6.53}$$

$$\left(\frac{\partial h}{\partial p}\right)_T = \left\{ v - T\left(\frac{\partial v}{\partial T}\right)_p \right\} = -T^2 \left\{ \frac{\partial (v/T)}{\partial T} \right\}_p \tag{6.54}$$

また，式(6.45)および式(6.54)を用いると

$$\left(\frac{\partial h}{\partial v}\right)_T = \left(\frac{\partial h}{\partial p}\right)_T \left(\frac{\partial p}{\partial v}\right)_T = \left(\frac{\partial p}{\partial v}\right)_T \left\{ v - T\left(\frac{\partial v}{\partial T}\right)_p \right\}$$

$$= v\left(\frac{\partial p}{\partial v}\right)_T + T\left(\frac{\partial p}{\partial T}\right)_v \tag{6.55}$$

一方，式(6.13)を温度一定として dp で除し，マクスウェルの式(6.19)を用いると

$$\left(\frac{\partial u}{\partial p}\right)_T = T\left(\frac{\partial s}{\partial p}\right)_T - p\left(\frac{\partial v}{\partial p}\right)_T = -T\left(\frac{\partial v}{\partial T}\right)_p - p\left(\frac{\partial v}{\partial p}\right)_T \tag{6.56}$$

したがって，任意の物質の状態式が $v = v\,(p,T)$，$p = p\,(T,v)$ の形で与えられると，式(6.53)～(6.56)を用いて内部エネルギーまたはエンタルピーを解析的に導くことができる．たとえば，理想気体における状態式 $pv = RT$ を式(6.53)～(6.56)へ代入すると以下の式(6.57)および式(6.58)が得られる．

$$\left(\frac{\partial u}{\partial v}\right)_T = 0, \quad \left(\frac{\partial u}{\partial p}\right)_T = 0 \tag{6.57}$$

$$\left(\frac{\partial h}{\partial v}\right)_T = 0, \quad \left(\frac{\partial h}{\partial p}\right)_T = 0 \tag{6.58}$$

これより理想気体においては内部エネルギー，エンタルピーは体積，圧力にはよらず，温度のみの関数として表すことができる．これは理想気体の重要な特性であり，実在気体では式(6.53)～(6.56)はゼロとならない．式(6.51)および式(6.52)に対して式(6.7)に相当する式を書くと

$$-\left(\frac{\partial T}{\partial v}\right)_u = \frac{1}{c_v}\left\{ T\left(\frac{\partial p}{\partial T}\right)_v - p \right\} = \frac{T^2}{c_v}\left\{ \frac{\partial (p/T)}{\partial T} \right\}_v \tag{6.59}$$

表6.8　理想気体の特性

理想気体
$\left(\frac{\partial u}{\partial v}\right)_T = 0,\ \left(\frac{\partial u}{\partial p}\right)_T = 0$
$\left(\frac{\partial h}{\partial v}\right)_T = 0,\ \left(\frac{\partial h}{\partial p}\right)_T = 0$

$$\mu=\left(\frac{\partial T}{\partial p}\right)_h=\frac{1}{c_p}\left\{T\left(\frac{\partial v}{\partial T}\right)_p-v\right\}=\frac{T^2}{c_p}\left\{\frac{\partial(v/T)}{\partial T}\right\} \tag{6.60}$$

式(6.59)および式(6.60)の左辺はそれぞれ自由膨張(free expansion)（外部仕事をしないで起こる膨張）と絞り膨張のときの温度降下を表しており，これについては次節で述べる．なお，(T_1,v_1) から (T_2,v_2) への状態変化に伴う内部エネルギーの変化は式(6.51)を積分して以下のように求めることができる．

$$u_2-u_1=\int_{T_1}^{T_2}c_v\mathrm{d}T+\int_{v_1}^{v_2}\left\{T\left(\frac{\partial p}{\partial T}\right)_v-p\right\}\mathrm{d}v \tag{6.61}$$

同様に，(p_1,T_1) から (p_2,T_2) への状態変化に伴うエンタルピーの変化は式(6.52)より

$$h_2-h_1=\int_{T_1}^{T_2}c_p\mathrm{d}T+\int_{p_1}^{p_2}\left\{v-T\left(\frac{\partial v}{\partial T}\right)_p\right\}\mathrm{d}p \tag{6.62}$$

式(6.61)および式(6.62)のいずれか一方から内部エネルギー変化あるいはエンタルピー変化を求めることができれば，他方はエンタルピーの定義より得た次の式(6.63)を用いて計算することができる．

$$h_2-h_1=u_2-u_1+(p_2v_2-p_1v_1) \tag{6.63}$$

【例題 6・4】　＊＊＊＊＊＊＊＊＊＊＊＊＊＊＊＊＊＊＊＊＊＊＊＊

ファン・デル・ワールス(Van der Waals)は理想気体の状態式中の圧力と体積に修正項を加えて，実在気体の基本的な状態式を作成している．この詳細については第9章で述べることとして，ある気体がファン・デル・ワールスの状態方程式(Van der Waals' equation of state)を満足するという．この気体の内部エネルギー変化を求める式を誘導せよ．

表6.9　ファン・デル・ワールスの状態式

$\left(p+\frac{a}{v^2}\right)(v-b)=RT$
a,b,R は定数

【解答】 ファン・デル・ワールスの状態式

$\left(p+\frac{a}{v^2}\right)(v-b)=RT$　を書き直して

$p=\frac{RT}{v-b}-\frac{a}{v^2}$，これより $\left(\frac{\partial p}{\partial T}\right)_v=\frac{R}{v-b}$　を求め，

式(6.61)へ代入すると以下の内部エネルギー変化を求める式が得られる．

$$u_2-u_1=\int_{T_1}^{T_2}c_v\mathrm{d}T+a\left(\frac{1}{v_1}-\frac{1}{v_2}\right) \tag{ex6.7}$$

＊＊＊＊＊＊＊＊＊＊＊＊＊＊＊＊＊＊＊＊＊＊＊＊

6・5　ジュール・トムソン効果 (Joule-Thomson Effect)

気体の絞り現象において速度が低く運動エネルギーが無視できる場合，エンタルピーは一定 ($\mathrm{d}h=0$) とみなすことができるが，圧力の降下にともない一般に温度変化が生じる．この現象はジュール・トムソン効果(Joule-Thomson

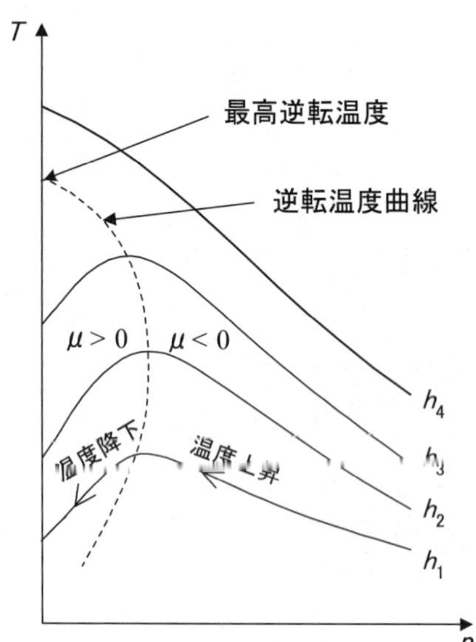

図 6.3　ジュール・トムソン効果

effect)と呼ばれている．式(6.60)の左辺 $\mu = (\partial T / \partial p)_h$ は流体が絞り膨張をするときの単位の圧力降下に対する温度降下を表しており，μ をジュール・トムソン係数(Joule–Thomson coefficient)という．μ が正のときは圧力が下がると温度が降下し，負のとき温度は上昇する．なお式(6.60)において次の式(6.64)が満足される場合は $\mu = 0$ となり，ジュール・トムソン効果は生じない．

$$\left(\frac{\partial v}{\partial T}\right)_p = \frac{v}{T} \tag{6.64}$$

式(6.64)が成立する温度を逆転温度(inversion temperature)という．理想気体の場合，状態式 $pv = RT$ より式(6.64)はつねに満足されており，ジュール・トムソン効果は起こらない．いまある実在気体を絞り流路に流す．絞り上流の状態をいろいろ変えて実験を行うと図 6.3 に示すようになり，エンタルピー一定の曲線における $\mu = 0$ の点を結ぶと，破線の逆転温度曲線が得られる．この逆転温度曲線と $p = 0$（縦軸）の交点の温度は最高逆転温度(maximum inversion temperature)と呼ばれる．

ジュール・トムソン係数 μ はその定義式より図 6.3 において h = 一定の曲線のこう配を表している．各気体における最高逆転温度の値については第 10 章で述べるが，最高逆転温度以下では，絞りのように圧力減少すると温度が下がり，最高逆転温度以上では圧力を減じると温度上昇が起こる．すなわち絞りによって気体を冷却するには気体の温度が最高逆転温度以下でなければならない．このことは最高逆転温度が室温よりもかなり低い気体に対して問題となり，この気体を絞りによって冷却する場合には別の方法でこの最高逆転温度以下に冷却してから絞る必要がある．

リンデ(Carl von Linde)はジュール・トムソン効果を利用して温度と圧力が $\mu > 0$ の成立する状態の空気を絞りによって繰返し冷却し，空気を液化する商業的装置（図 6.4）を初めて開発している．

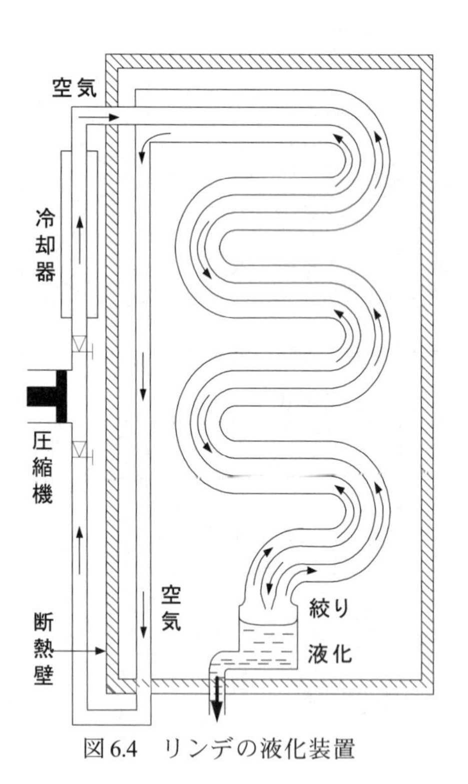

図 6.4　リンデの液化装置

【例題 6・5】　＊＊＊＊＊＊＊＊＊＊＊＊＊＊＊＊＊＊＊＊＊＊＊

ファン・デル・ワールスの状態式 $\left(p + \frac{a}{v^2}\right)(v - b) = RT$ を満足する気体のジュール・トムソン係数 μ を求めよ．また，逆転温度を求めよ．

【解答】 式(6.60)にファン・デル・ワールスの状態式を代入して以下のように μ を求める．

$T = \frac{1}{R}\left(p + \frac{a}{v^2}\right)(v - b)$ を用いて，$\left(\frac{\partial T}{\partial v}\right)_p$ を求める．

これより

$$\left(\frac{\partial v}{\partial T}\right)_p = \frac{1}{\left(\frac{\partial T}{\partial v}\right)_p} = \frac{1}{T}\frac{RT}{p - \frac{a}{v^2} + \frac{2ab}{v^3}} \tag{ex6.8}$$

この式(ex6.8)を式(6.60)に代入すると

$$\mu c_p = \frac{RT}{p - \frac{a}{v^2} + \frac{2ab}{v^3}} - v = \frac{-pb + \frac{2a}{v} - \frac{3ab}{v^2}}{p - \frac{a}{v^2} + \frac{2ab}{v^3}} \quad \text{(ex6.9)}$$

逆転温度 T は上の式(ex6.9)で $\mu = 0$ とおいて

$$T = \frac{1}{R}\left(pv - \frac{a}{v} + \frac{2ab}{v^2}\right) \quad \text{(ex6.10)}$$

となる．

＊＊＊＊＊＊＊＊＊＊＊＊＊＊＊＊＊＊＊＊＊＊＊

6・6　相平衡とクラペイロン・クラウジウスの式 (Phase Equilibrium and Clapeyron-Clausius Equation)

ある 1 つの系が均一で特定の境界を有している場合，この均一な部分を相(phase)という．一般に純物質は固相，液相，気相の 3 相に変化することが可能であり，本章で得られた一般関係式はこれらの相にあるときにも成立する．物質の相が固相と液相，または液相と気相のように共存して相平衡(phase equilibrium)状態にある場合，その温度と圧力の間には一定の関係がある．相平衡は図 6.5 に示す $p-T$ 線図上の曲線で表される．図中 A 点においては 3 相が平衡にあり，この点を三重点(triple point)という．

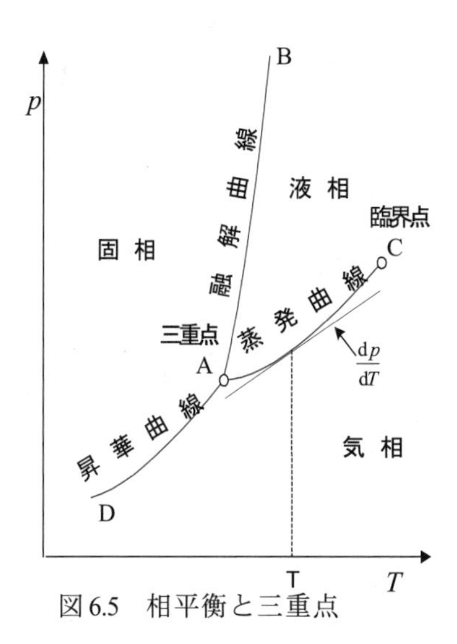

図6.5　相平衡と三重点

図 6.6 に 1 つの純物質の液体とその蒸気が共存する密閉容器を示す．この 2 相は平衡状態にあり，共存領域の流体の圧力と温度の一般的関係を求めよう．図 6.7 に示す蒸気の $p-v$ 線図において曲線 EFG の下側は液体と蒸気が共存する領域である．曲線 ABCD は共存領域を通過する 1 つの等温線を示す．BC 上では温度および圧力が一定であることより式(6.15)において $\mathrm{d}g = 0$ であり，B, C における自由エネルギー g', g'' は等しい．

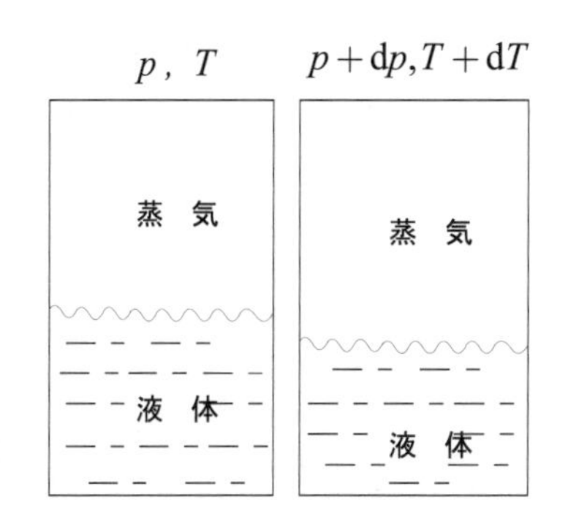

図 6.6　平衡状態にある密閉容器中の液体と蒸気

$$g'(p,T) = g''(p,T) \quad (6.65)$$

ここで添字の ′ と ″ は飽和液と飽和蒸気に関する値であることを示す．次に圧力を p から $p + \mathrm{d}p$ へ微小変化させると温度は T から $T + \mathrm{d}T$ に変化し自由エネルギーも変化するが，この新しい平衡状態においても式(6.65)は成立する．これより以下の 2 つの式(6.66)および式(6.67)が得られる．

$$g' + \mathrm{d}g' = g'' + \mathrm{d}g'' \quad (6.66)$$

$$\mathrm{d}g' = \mathrm{d}g'' \quad (6.67)$$

ここで式(6.15)を用いると次の式(6.68)および式(6.69)が得られる．

$$v'\mathrm{d}p - s'\mathrm{d}T = v''\mathrm{d}p - s''\mathrm{d}T \quad (6.68)$$

$$\frac{\mathrm{d}p}{\mathrm{d}T} = \frac{s'' - s'}{v'' - v'} \quad (6.69)$$

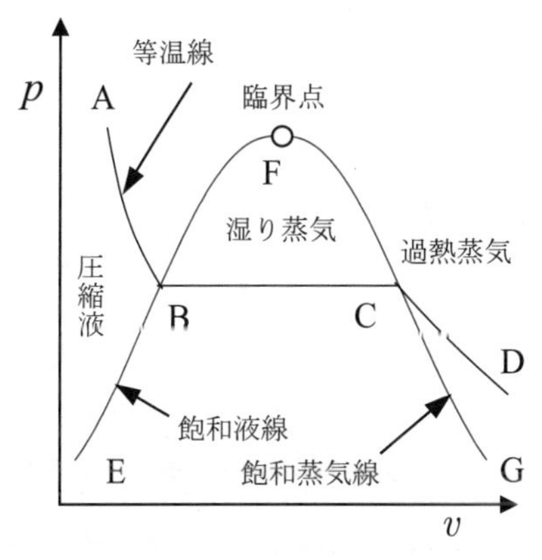

図6.7　蒸気の $p-v$ 線図

$\mathrm{d}p/\mathrm{d}T$ は図 6.5 における $p-T$ 線図上の蒸発曲線のこう配を示している．いま r を蒸発熱(latent heat of vaporization)とすれば，蒸発の際の温度は一定であることからエントロピーの変化は

$$s'' - s' = r/T \quad (6.70)$$

したがって式(6.69)は

$$\frac{\mathrm{d}p}{\mathrm{d}T} = \frac{r}{T(v'' - v')} \quad (6.71)$$

表 6.10　クラペイロン・クラウジウスの式

$$\frac{\mathrm{d}p}{\mathrm{d}T}=\frac{r}{T\,(v''-v')}$$

式 (6.71) を相変化におけるクラペイロン・クラウジウスの式 (Clapeyron-Clausius equation)といい，任意の飽和温度 T における蒸発熱 r，比体積の変化 $(v''-v')$ および蒸発曲線の傾斜 $\mathrm{d}p/\mathrm{d}T$ の関係を表している．式(6.71)の誘導については第 9 章においてさらに詳細に記述されている．なお式(6.71)は固相と液相，固相と気相の間の平衡に対しても適用できる．

一方，気液の比体積 v'', v' については

$$v'' \gg v' \tag{6.72}$$

蒸気が理想気体の状態式に従うとすれば $v''=RT/p$ となり式(6.71)は

$$\frac{\mathrm{d}p}{\mathrm{d}T}=\frac{rp}{RT^2} \tag{6.73}$$

r を一定として積分すると

$$\ln p=-\frac{r}{R}\,\frac{1}{T}+C \tag{6.74}$$

式(6.74)は気液の相平衡の圧力と温度の関係を近似的に与えるにすぎないが，実用的にはこの式を用いることがある．

【例題 6・6】　＊＊＊＊＊＊＊＊＊＊＊＊＊＊＊＊＊＊＊＊＊＊＊

次の表は水蒸気の熱力学的性質を表している．110 ℃における蒸発熱 r を計算せよ．

飽和温度 t (℃)	飽和圧力 p (kPa)	飽和水の比体積 v' (m^3/kg)	飽和蒸気の比体積 v'' (m^3/kg)
109	138.63	0.00105074	1.24811
110	143.38	0.00105158	1.20939
111	148.26	0.00105243	1.17209

【解答】 クラペイロン・クラウジウスの式を用いて r を計算する，まず，110 ℃における $\mathrm{d}p/\mathrm{d}T$ の値を近似的に求める．

$$\frac{\mathrm{d}p}{\mathrm{d}T}\doteqdot\frac{\Delta p}{\Delta T}=\frac{148.26-138.63}{(273.15+111)-(273.15+109)}=4.815\quad \mathrm{kPa/K} \tag{ex6.11}$$

110 ℃における蒸発熱 r の値は式(6.71)より求めることができる．

$$r=(v''-v')\,T\,\frac{\mathrm{d}p}{\mathrm{d}T}=(1.20939-0.00105158)\times 383.15\times 4.815$$

$$=2229.22\quad \mathrm{kJ/kg} \tag{ex6.12}$$

＊＊＊＊＊＊＊＊＊＊＊＊＊＊＊＊＊＊＊＊＊＊＊

＝＝＝＝＝　練習問題　＝＝＝＝＝＝＝＝＝＝＝＝＝＝＝＝＝＝＝＝＝＝＝

【6・1】 (a) Determine whether the following differential expressions are exact or not. If they are, find the functions for which these expressions are the differentials:

(1) $\mathrm{d}z=y\mathrm{d}x+x\mathrm{d}y$　(2) $\mathrm{d}z=x\mathrm{d}x+y\mathrm{d}y$　(3) $\mathrm{d}z=x\mathrm{d}x-y\mathrm{d}y$

(4) $\mathrm{d}z=2xy\mathrm{d}x+x^2\mathrm{d}y$　(5) $\mathrm{d}z=(x+y)\,\mathrm{d}x+(x-y)\,\mathrm{d}y$

(b) (1) Prove that the slope of a curve on a Mollier diagram ($h-s$ diagram) representing a reversible isochoric process is equal to:

$$T+\frac{c_p-c_v}{c_v\beta} \tag{p6.1}$$

where β = the coefficient of thermal expansion.

(2) Prove that the slope of a curve on a $T-s$ diagram representing a constant-enthalpy process is equal to:

$$\frac{T}{c_p}\left\{1-\frac{T}{v}\left(\frac{\partial v}{\partial T}\right)_p\right\} \tag{p6.2}$$

【6・2】 (a) 理想気体について以下の問いに答えよ.

(1) c_p-c_v の値を求めよ.

(2) 体膨張係数 β を求めよ.

(3) c_p と c_v が温度のみの関数であり，体積や圧力には影響されないことを示せ.

(4) ジュール・トムソン係数がゼロであることを示せ.

(b) ファン・デル・ワールスの状態式を満足する気体の $(\partial u/\partial v)_T$ を求めよ.

(c) 可逆断熱変化における温度変化は体膨張係数 β を用いると次の式(p6.3)で表されることを示せ.

$$\mathrm{d}T=\frac{Tv\beta}{c_p}\mathrm{d}p \tag{p6.3}$$

(d) 25 °C の水を断熱的に 101.3 kPa から 10 MPa まで圧縮するときの温度上昇を計算せよ．ただし，水の体膨張係数を 0.257×10^{-3} /K，比体積を $v=0.001$ m^3/kg，定圧比熱を $c_p=4.1793$ kJ/(kg·K) とする.

【解答】

1.　(a) (1) $z=xy+c$　(2) $z=x^2/2+y^2/2+c$　(3) $z=x^2/2-y^2/2+c$
(4) $z=x^2y+c$　(5) $z=xy+(x^2-y^2)/2+c$

2.　(a) (1)式(6.44)へ $pv=RT$ を代入して $c_p-c_v=R$
(2) β の定義式（例題 6・2）と $pv=RT$ より $\beta=1/T$
(3)式(6.34)および式(6.35)と $pv=RT$ より
$(\partial c_v/\partial v)_T=0$，$(\partial c_p/\partial p)_T=0$
(4) 式(6.60)へ $pv=RT$ を代入すると，$\mu=0$ が得られる.

(b) a/v^2　(c) 0.18 °C

第 6 章の文献

(1) 原島 鮮，熱学演習―熱力学，(1980)，裳華房.

第7章

化学反応と燃焼

Chemical Reaction and Combustion

7・1　化学反応・燃焼と環境問題 (chemical reaction, combustion and environmental problems)

これまでの章では，物質の成分，すなわち化学組成(chemical composition)が変わらない場合を扱ってきた．この章では分子の化学結合がいったん破壊され，新たな化学結合(chemical bond)が形成される場合，すなわち化学組成が変化する化学反応(chemical reaction)と，化学反応の中で大きな発熱を伴う反応である燃焼(combustion)について述べる．今までの章では物理量を単位質量あたり(/kg)で扱うことが多かったが，本章では，化学反応を扱うために，モル (mol) 単位で扱う．/molH$_2$ という記述は，水素 H$_2$ 1 mol あたりを意味する．

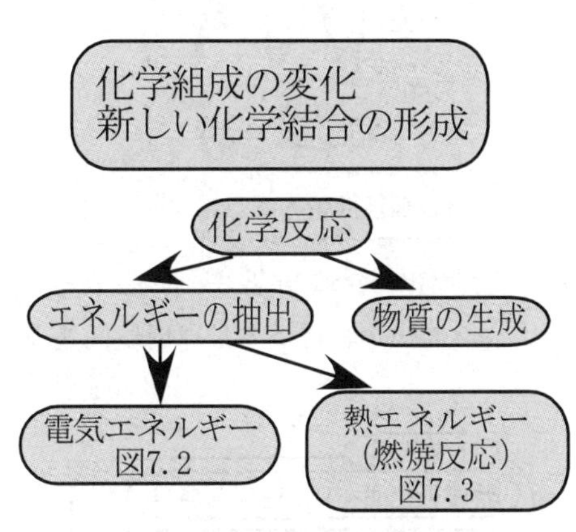

図 7.1　化学反応

一般に化学反応は，反応前と反応後でエネルギーのレベルが変化することを電気あるいは熱という形でエネルギーを抽出することを目的に用いられる場合と，物質を生成することを目的に用いられる場合とがある．

反応によるエネルギーの抽出において，反応前よりも低いエネルギーレベルにある反応後の CO$_2$ や H$_2$O などの化学組成に変換される際に取りだして利用するエネルギーが，電気エネルギーの場合は容易な利用が可能であるが，熱エネルギーの場合はエネルギー変換サイクルを用いて最終的に電気エネルギーや仕事などに変換して利用することが多い．このような視点からまずとらえてみよう．

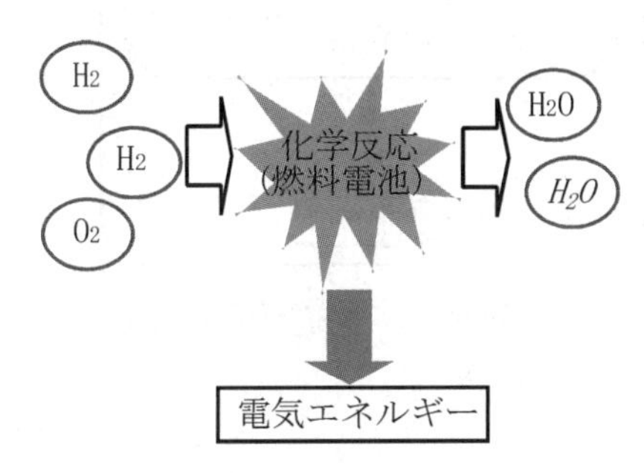

図 7.2　化学反応からの電気エネルギーの直接抽出

水素(Hydrogen) H$_2$ の次の式(7.1)の化学反応について考える．

$$H_2 + \frac{1}{2}O_2 \rightarrow H_2O \tag{7.1}$$

この反応は，図 7.2 のように燃料電池を用いることにより，電気エネルギーに変換することが可能で，最大 228.6 kJ/molH$_2$ の電気エネルギーを取り出すことができる．

一方，熱エネルギーを抽出する反応の多くは，一般に燃焼(combustion)と呼ばれる反応である．水素の燃焼反応により生じる熱エネルギーは，反応式は式(7.1)と同じであるが，241.8 kJ/molH$_2$ であり，燃料電池よりわずかに大きい．熱エネルギーは，図 7.3 に示されるように物質の温度を上昇させることに用いられ，次のステップでサイクルを用いて電気エネルギーや仕事に変換されることが多い．

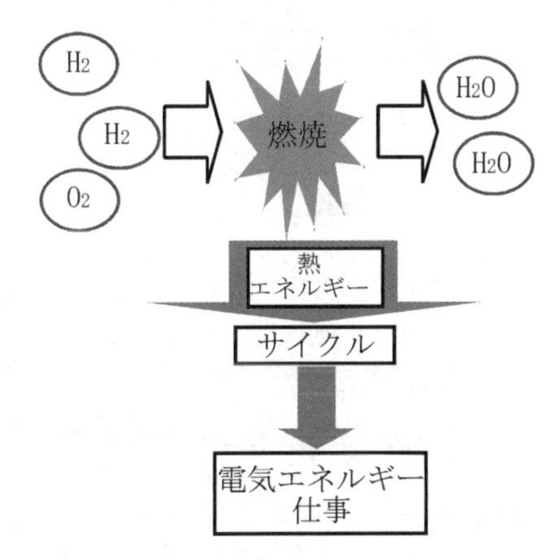

図 7.3　燃焼反応からの熱エネルギーの抽出とサイクルを用いた変換

反応式は全く同じであるが，燃料電池は，最大 228.6 kJ/molH$_2$ の電気エネルギーを発生させ，燃焼反応は 241.8 kJ/molH$_2$ の熱を発生させることに着目されたい．このように考えると，エネルギーを抽出する化学反応は，以下の2つに分類される．

(1) 電気エネルギーを直接取り出す反応

(2) 熱エネルギーを取り出す燃焼反応

(2)の燃焼反応は，燃料の急速な酸化(oxidation)反応により大きな熱発生(heat generation)を伴うのが特徴で，古くは照明などに利用されることもあったが，現代では石油(petroleum)，天然ガス(natural gas)，石炭(coal)などの燃焼により，高度な文明と社会に必要なエネルギーの約85％を生成している重要な化学反応である．近年急速にクローズアップされている地球温暖化(global warming)や酸性雨(acid rain)などの地球環境問題(global environmental problems)は，すべてこれらの化石燃料(fossil fuel)の燃焼による大量消費が，地球が本来もっている自浄的な働きを上回っていることから生じている．燃焼は，図7.4に示されるように現代では欠かせないエネルギー抽出の手段として利用されており，一方では燃焼排出ガスから環境問題が生じるという，相異なる面がある．

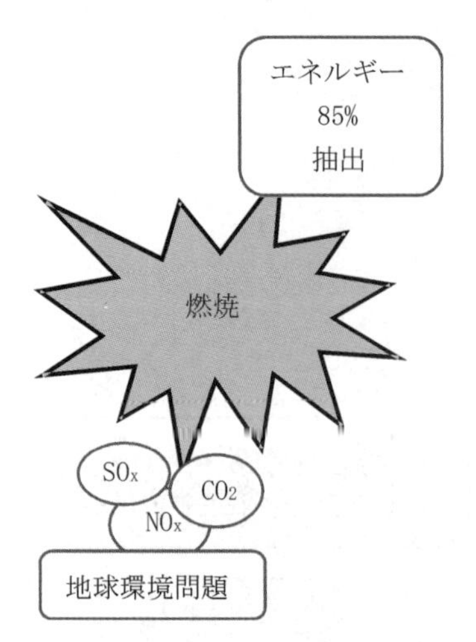

図7.4　燃焼によるエネルギーの生成と燃焼排出物による地球環境問題

ところで，前述の電気エネルギーあるいは熱エネルギーを取り出すことを目的とする式(7.1)の水素の化学反応は，反応前のH_2とO_2すべてが反応後H_2Oに変わってしまうわけではない．H_2とO_2がわずかだが残っている．最初に化学反応は物質の生成とエネルギーの抽出の2つの利用法があると述べたが，反応がどの程度進行するかは，化学反応を物質の生成に利用する場合に特に重要となる．反応により新しい物質を生成することを目的としている反応として、1次燃料としてほとんど存在しない水素H_2を，天然ガスの主成分であるメタンCH_4から生成する次の反応

$$CH_4 + H_2O \rightarrow 3H_2 + CO \tag{7.2}$$

を考える．この反応はどの程度進行するのであろうか？ また，その反応の進行する度合いに対して，温度，圧力などはどのような影響を及ぼすのであろうか？ これは化学平衡(chemical equilibrium)の分野である．どのような温度，圧力にすると水素がどの程度生成されるのか，を把握するには，化学平衡の理解が重要となる．この反応は反応前より反応後のほうがエネルギーが高い吸熱反応であるが，反応が進行する度合いは，吸熱量の206.2 kJ/molCH_4ではなく，反応に必要なエネルギーの142.2 kJ/molCH_4と直接関連してくる．

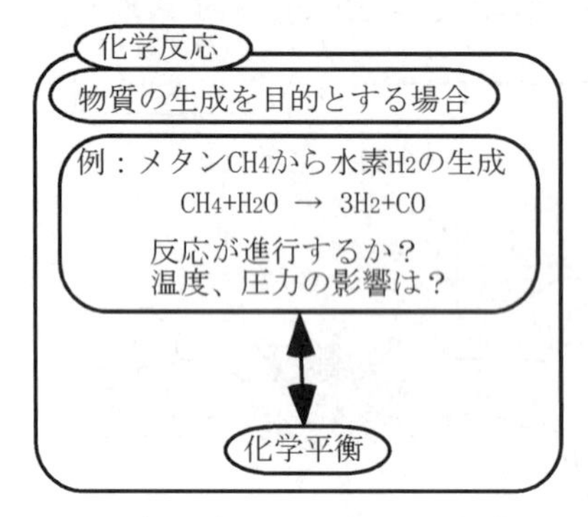

図7.5　化学反応による物質の生成と化学平衡

近年増加の一途をたどっている化石燃料の大量消費により，有限な化石燃料の枯渇も懸念されている．化石燃料からいかに効率よく，また，環境汚染物質を低減させてエネルギーを抽出するかということをふまえて，仕事あるいは熱を化学反応から抽出するエネルギー変換，物質生成を反応の進行として把握するのに必要な化学平衡，ならびに現代においてエネルギー抽出の手段として最も利用されている燃焼，について総括的な理解を得ることが，地球環境保全の視点からの化学反応の理解に必要である．第7章では，7・2節で化学反応とエネルギー変換について，7・3節で化学平衡について，7・4節で燃焼について述べる．

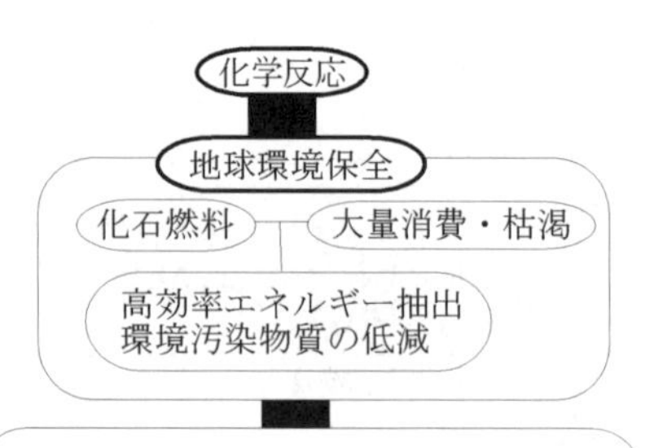

7・2節　化学反応とエネルギー変換
仕事・電気エネルギーあるいは熱の化学反応からの抽出

7・3節　化学平衡
物質生成のための化学反応の進行度の算出

7・4節　燃焼
85%のエネルギーを抽出している反応

図7.6　本章の目的と構成

7・2　化学反応とエネルギー変換 (chemical reaction and energy conversion)

図 7.7　化学反応での反応物と生成物

7・2・1　反応熱と標準生成エンタルピー (heat of reaction and standard enthalpy of formation)

化学反応において，反応前の物質は反応物(reactant)，反応後のものは生成物(product)と呼ばれる．反応物から生成物に化学反応により化学組成が変化するときに反応物と生成物のエネルギーのレベルが変化するために発熱または吸熱を伴う．この反応による熱の出入りについて理解することがエネルギー変換として化学反応をとらえる第 1 段階として重要となる．

生成物と反応物の間のエンタルピー差を**反応熱**(heat of reaction)といい，$\Delta_r H$ (J/mol fuel)で表す．反応熱とは，温度と圧力一定のとき，化学組成だけが反応物から生成物に変わったときのエンタルピー差である．“温度一定のとき”について，わかりにくい面があるので，以下に説明する．発熱反応のとき，熱が発生することと，生成物の温度が上昇することは必ずしも対応しない．熱が全く逃げずにすべて生成物の温度上昇に使われる場合と，すべて逃げて生成物の温度が全く上昇せずに一定の場合，およびそれらの中間の場合がある．温度一定とは，生成物の温度が全く上昇しない場合に相当する．いずれにしても反応熱は，温度が上昇する，しない，が問題ではなく，どれだけの熱が発生するかその量を表す指標である．

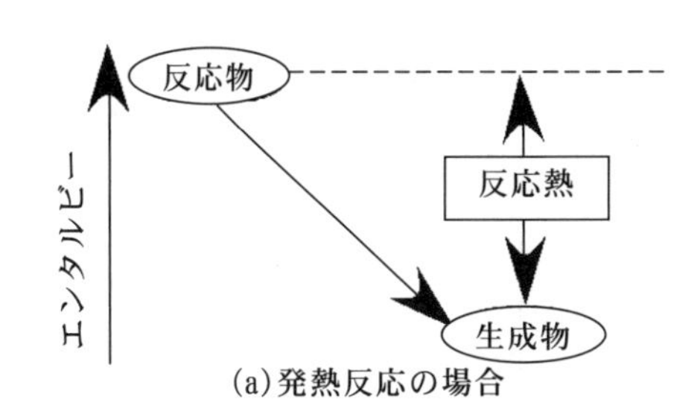

(a) 発熱反応の場合

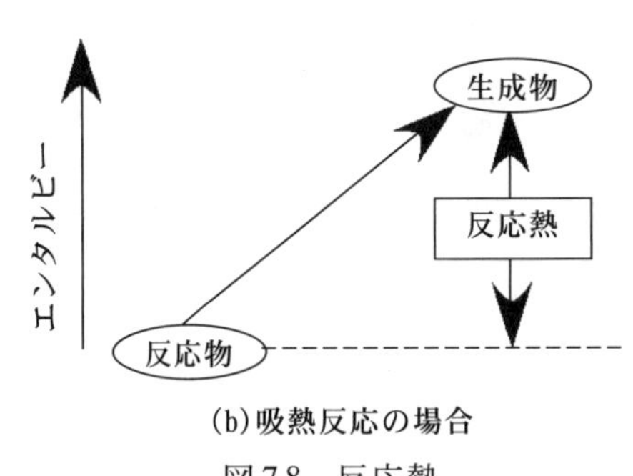

(b) 吸熱反応の場合
図 7.8　反応熱

反応熱を求めるのに必要な反応物と生成物のエンタルピー差は，反応物がメタン CH_4 と酸素 O_2 の 2 種類の物質からなっていても，生成物が CO_2，H_2O，CO，C など多くの物質から成る場合が多い．この場合について，生成物 CO_2，H_2O，CO，C と反応物 CH_4 と O_2 の間のエンタルピー差がデータとして整理されていると，反応熱 $\Delta_r H$ を求めることが可能となるが，生成物（CO_2，H_2O，CO，C など）の組成は反応の条件によって，いろいろな割合をとりうるため，それらすべての場合について，反応物と生成物の間のエンタルピー差をあらかじめ与えておく必要が生じる．すなわち，生成物の組成を変化させた場合について無数のエンタルピー差を与えておく必要が生じる．

このようなことから，基準となる物質を決めておいて，この物質から相対的なエンタルピーの差を求められるように定義にしたのが“**生成エンタルピー**(enthalpy of formation)”であり，$\Delta_f H$ と表す．この生成エンタルピーを用いると，どのような反応式でも反応熱を簡単に求めることができる．前述の基準となる物質として，単一元素からなり 25 ℃，0.1013 MPa（1 気圧）で安定な物質を用い，これを**標準物質**(reference substance)という．標準物質としては，H_2，N_2，O_2，C（グラファイト），S（硫黄）などがある．ここで，圧力 1 気圧 (0.1013MPa) において標準物質からある物質を生成するときのエンタルピーを**標準生成エンタルピー**(standard enthalpy of formation)と呼び，$\Delta_f H^\circ$ と記される．上付きの“ ° ”は，標準状態である，圧力が 0.1013MPa（1 気圧）の状態をいう．標準物質 H_2，N_2，O_2，C，S は，標準物質から標準物質を生成するので，$\Delta_f H^\circ$ は 0 である．これらの標準物質が共通して 0 としているのは，単一元素から成っていることに注意されたい．お互いに生成されることなく，また，標準状態で安定であるため，同じ基準値の 0

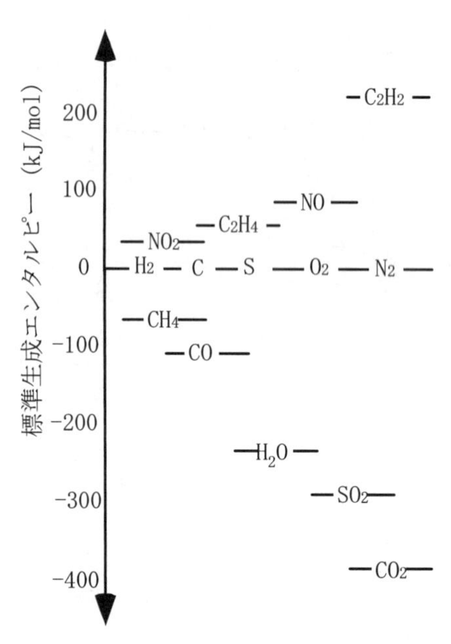

図7.9　298.15 K の標準生成エンタルピー

を採用している．代表的な化学種の標準生成エンタルピーを表 7.1 に，またその大小関係を図 7.9 に示す．

表 7.1　標準生成エンタルピー $\Delta_f H^\circ$ (kJ/mol)

温度 (K)	CH_4	CO	CO_2	C_2H_2	H	H_2
298.15	-74.873	-110.527	-393.522	226.731	217.999	0
500	-80.802	-110.003	-393.666	226.227	219.254	0
1000	-89.849	-111.983	-394.623	223.669	222.248	0
1500	-92.553	-115.229	-395.668	221.507	224.836	0
2000	-92.709	-118.896	-396.784	219.933	226.898	0
2500	-92.174	-122.994	-398.222	218.528	228.518	0
3000	-91.705	-127.457	-400.111	217.032	229.790	0
温度 (K)	H_2O(g)	NO	N_2	OH	O_2	C
298.15	-241.826	90.291	0	38.987	0	0
500	-243.826	90.352	0	38.995	0	0
1000	-247.857	90.437	0	38.230	0	0
1500	-250.265	90.518	0	37.381	0	0
2000	-251.575	90.494	0	36.685	0	0
2500	-252.379	90.295	0	35.992	0	0
3000	-253.024	89.899	0	35.194	0	0

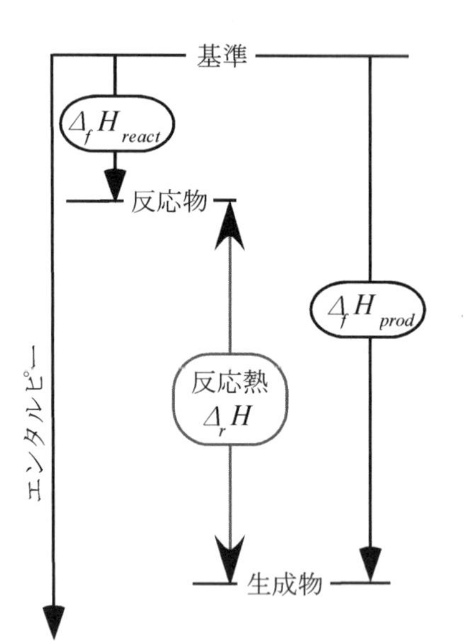

図 7.10　反応物・生成物の標準生成エンタルピーと反応熱の関係

図 7.10 のように，基準となる物質を決めておけば，反応物と生成物の間のエンタルピー差である反応熱 $\Delta_r H$ を求めるのに，基準となる物質から生成物を生成するエンタルピー $\Delta_f H_{\mathrm{prod}}$ から，基準となる物質から反応物を生成するエンタルピー $\Delta_f H_{\mathrm{react}}$ を差し引くことにより，求めることができる．

$$\Delta_r H = \Delta_f H_{\mathrm{prod}} - \Delta_f H_{\mathrm{react}} \tag{7.3}$$

水素 1 mol と酸素 1/2 mol との反応

$$H_2 + \frac{1}{2}O_2 \rightarrow H_2O \tag{7.4}$$

の反応において，298.15K(25℃)での反応熱 $\Delta_r H^o$ を求める．左辺と右辺にある 3 つの物質を標準物質から生成する反応を考える．左辺の H_2 は標準物質から標準物質を生成する反応で $\Delta_f H^\circ_{H_2}$ は 0 である．左辺の O_2 も同じく 0 である．右辺の H_2O (g) は標準物質の H_2 と $1/2O_2$ から生成され，$\Delta_f H^\circ_{H_2O} = -241.826$ kJ/mol である．

$$H_2 \rightarrow H_2 \qquad \Delta_f H^\circ_{H_2} = 0 \text{ kJ/mol} \tag{7.5}$$

$$O_2 \rightarrow O_2 \qquad \Delta_f H^\circ_{O_2} = 0 \text{ kJ/mol} \tag{7.6}$$

$$H_2 + \frac{1}{2}O_2 \rightarrow H_2O \qquad \Delta_f H^\circ_{H_2O} = -241.826 \text{ kJ/mol} \tag{7.7}$$

このように表 7.1 と図 7.11 に示されるように反応物（H_2, O_2）も生成物（H_2O）も基準となる標準物質からの標準生成エンタルピー $\Delta_f H^\circ_{H_2}$, $\Delta_f H^\circ_{O_2}$, $\Delta_f H^\circ_{H_2O}$ が求められているので，物質 i の量論係数 n_i とすると，温度 T_0 (=298.15 K, 25 ℃)での反応熱 $\Delta_r H^\circ(T_0)$ は，反応式の右辺の生成物の標準生成エンタルピーの

$$\sum_{\text{prod}} n_i \Delta_f H_i^\circ = \Delta_f H_{\text{H}_2\text{O}}^\circ \tag{7.8}$$

から左辺の反応物の標準生成エンタルピーの和

$$\sum_{\text{react}} n_i \Delta_f H_i^\circ = \Delta_f H_{\text{H}_2}^\circ + \frac{1}{2} \Delta_f H_{\text{O}_2}^\circ \tag{7.9}$$

を差し引いた

$$\Delta_r H^\circ(T_0) = \sum_{\text{prod}} n_i \Delta_f H_i^\circ - \sum_{\text{react}} n_i \Delta_f H_i^\circ = -241.826 \text{ kJ/mol H}_2 \tag{7.10}$$

として反応熱が求められる（図 7.12）．

また，標準生成エンタルピーを用いると，たとえば後述の $CH_4 + H_2O \to CO + 3H_2$ のような吸熱反応でも，反応に伴う反応熱を求めることができる．すなわち，この反応式の左辺の物質の 1 つであるメタン CH_4 は，標準物質の C と H_2 から生成する反応

$$\text{C} + 2\text{H}_2 \to \text{CH}_4 \qquad \Delta_f H_{\text{CH}_4}^\circ = -74.873 \text{ kJ/mol} \tag{7.11}$$

の 298.15 K(25 ℃)での標準生成エンタルピー $\Delta_f H_{\text{CH}_4}^\circ$ は表 7.1 より -74.873 kJ/mol となることが予め求められているように，H_2O，CO，H_2 についても 298.15 K での標準生成エンタルピーが以下のように求められている．

$$\text{H}_2 + \frac{1}{2}\text{O}_2 \to \text{H}_2\text{O} \qquad \Delta_f H_{\text{H}_2\text{O}}^\circ = -241.826 \text{ kJ/mol} \tag{7.12}$$

$$\text{C} + \frac{1}{2}\text{O}_2 \to \text{CO} \qquad \Delta_f H_{\text{CO}}^\circ = -110.527 \text{ kJ/mol} \tag{7.13}$$

$$\text{H}_2 \to \text{H}_2 \qquad \Delta_f H_{\text{H}_2}^\circ = 0 \text{ kJ/mol} \tag{7.14}$$

これにより吸熱反応としての反応熱が 298.15 K では

$$\begin{aligned}\Delta_r H^\circ(T_0) &= (\Delta_f H_{\text{CO}}^\circ + 3\Delta_f H_{\text{H}_2}^\circ) - (\Delta_f H_{\text{CH}_4}^\circ + \Delta_f H_{\text{H}_2\text{O}}^\circ) \\ &= (-110.527) - (-74.873 - 241.826) \\ &= 206.172 \text{ kJ/mol CH}_4\end{aligned} \tag{7.15}$$

として求まる．このように，どのような化学反応でもその反応で現れる反応物と生成物の標準生成エンタルピーが求められており，生成物の標準生成エンタルピーの和から反応物の標準生成エンタルピーの和を差し引くことにより，反応熱が理論的に算出可能となる．

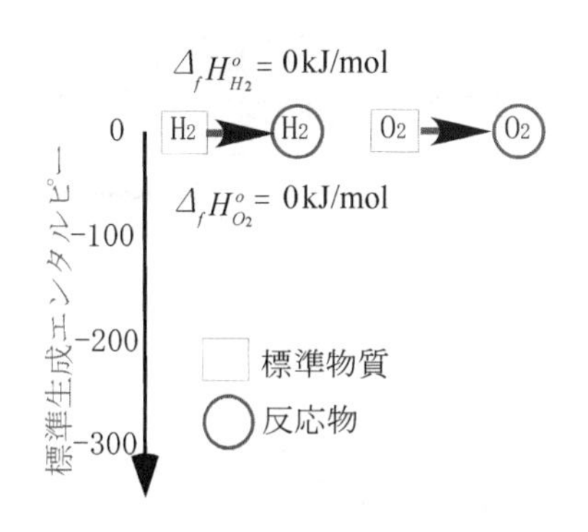

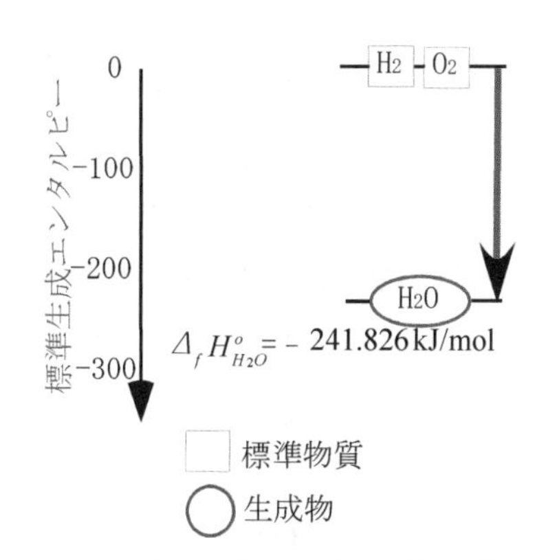

図 7.11　水素の化学反応における反応物・生成物と標準物質の標準生成エンタルピーの関係

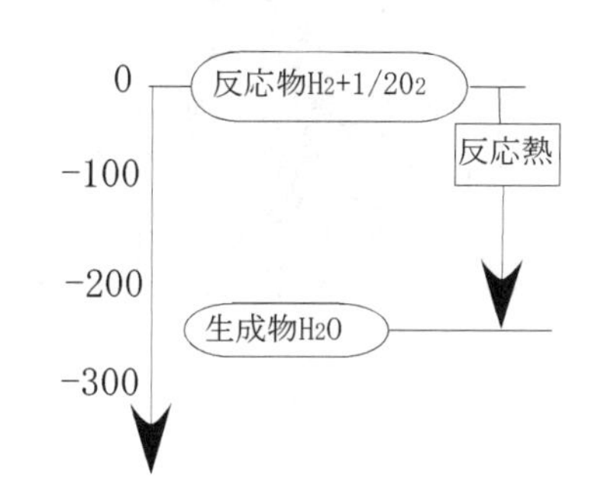

図 7.12　水素の燃焼反応における反応物・生成物と反応熱の関係

7・2・2　化学反応のギブス自由エネルギー変化 (Gibbs free energy change in chemical reaction)

水素 H_2 の化学反応 $H_2 + 1/2O_2 \to H_2O$ での反応熱について 7・2・1 項では示した．化学反応は，反応物 $H_2 + 1/2O_2$ のエンタルピーが生成物 H_2O のエンタルピーより 241.826 kJ/mol 高いこと，すなわち，水素の有する化学エネルギーを熱エネルギーに変換している．熱エネルギーを用いた物質の温度上昇が最終的なものとして用いられること（たとえば家庭でのガス燃焼器）もあるが，多くの発熱のある化学反応は，熱エネルギーを，別のエネルギー変換プロセスで電気エネルギーまたは仕事に変換している．このような熱エネル

ギーを介するプロセスに対して7・2・2項では水素を燃焼させずに直接電気エネルギーに変換する場合について述べる．

いま図7.13(a),(b)に示されるように，$H_2+1/2O_2$ が温度 T_o で反応室にはいる系を考える．発熱のある化学反応である燃焼の場合は，図7.13(a)に示されるように，反応熱が生成物 H_2O の温度上昇に用いられ，高温 T_{high} で出ていく系になる．一方，図7.13(b)のように同じ反応で燃料電池に用いることにより直接電気エネルギーを取り出すことができる．この場合，入口よりわずかに高い温度 T_f で H_2O として出て行く系となる．図7.14に燃料電池を示す．陰極側に水素 H_2 を，陽極側に酸素 O_2 を供給する．陰極側に供給された水素は，分子のままだと電解質（膜）にさえぎられて陽極側に移動できない．そこで，H_2 を水素イオン $2H^+$ と電子 $2e^-$ に分離させ，陰極と陽極の間にイオンは通すが電子は通しにくい固体高分子膜のような電解質をもうけ，電子は電解質の外側をとおる通路をつくっておく．すると，水素イオン H^+ は膜を浸透して陽極側に移動し，また電子は外部回路をとおって陽極側に到達する．陽極側では，水素イオン H^+ と電子 e^- と酸素 O_2 が反応して水 H_2O が生成される．すなわち，

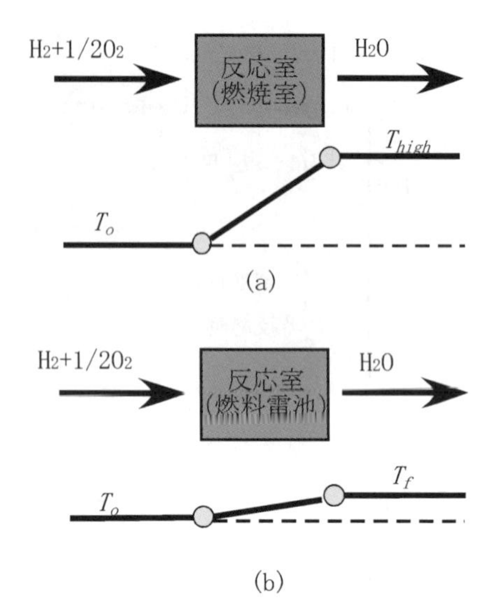

図7.13　(a)熱エネルギーに変換する反応と(b)電気エネルギーに変換する反応と温度上昇

$$陰極：\ H_2 \rightarrow 2H^+ + 2e^- \tag{7.16}$$

$$陽極：\ \frac{1}{2}O_2 + 2H^+ + 2e^- \rightarrow H_2O \tag{7.17}$$

これらの2つの反応をたしあわせると，

$$H_2 + \frac{1}{2}O_2 \rightarrow H_2O \tag{7.18}$$

になり，反応式は燃焼の化学反応と同じになる．燃料電池は，熱機関ではなく，H_2 のもつ化学エネルギーを直接電気エネルギーに変換する．この仕組みは，見かけ上，水素と酸素から水が生成される反応であるが，水素 H_2 を白金等の触媒をコーティングした陰極の触媒作用により水素イオン H^+ と電子 e^- に分離させ，水素イオン H^+ は電解質の中を，また，電子 e^- を外部回路をとおして電気エネルギーとして取り出し，陽極側で H_2O を生成させることにある．この取り出し得る電気エネルギーについて以下に述べる．

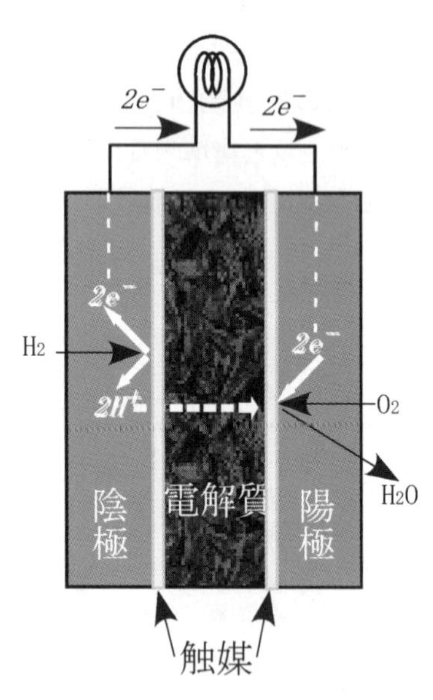

図7.14　燃料電池

5章で述べたギブス自由エネルギー $G=H-TS$ が，反応により化学組成が変化する場合について考える．化学組成の変化しない系では，状態が変化する前後のギブス自由エネルギー変化 ΔG は，その状態変化で取り出し得る最大仕事を与える．化学反応により組成が変化する場合は，化学反応の前後で，温度と圧力が変わらない簡単な系での反応前 $(H_2+1/2O_2)$ と反応後 (H_2O) のギブス自由エネルギー変化 $\Delta G=\Delta H-T\Delta S$ は取り出し得る最大仕事を与える．これは，$\Delta G=\Delta H-T\Delta S-S\Delta T$ であり，定温変化 $\Delta T=0$ なので，

$$\Delta G=\Delta H-T\Delta S \tag{7.19}$$

により導かれる．ΔH は前項で述べた反応前と反応後のエンタルピーの差であり，反応熱である．$-T\Delta S$ は可逆過程でのエントロピー変化 $\Delta S=Q_{rev}/T$ を考えると $-Q_{rev}$，すなわち可逆過程での熱の出入りであり，熱として出てしまう最小量を与える．すなわち式(7.19)は，反応の前後でのエンタルピー差 ΔH から熱として系から出てしまう最小量 $T\Delta S$ を差し引いたものが取り出

し得る電気エネルギーまたは仕事の最大値ΔGを与えることを意味している.

反応により直接仕事を取り出し得る最大値はΔGであり，$-T\Delta S$は最小限出てしまう熱量を表すことから，いかにΔGを大きくとるか，逆にいえば出てしまう熱量をいかに$-T\Delta S$に近づけるかということがエネルギーの有効利用を考える場合についての 1 つの指針となる．図 7.13(b)の燃料電池の出口温度T_fが入口温度T_oよりわずかに高くなるとしているのは，発生する熱量によるものである.

7・2・3　標準生成ギブス自由エネルギーとエネルギー変換 (standard Gibbs free energy of formation and energy conversion)

本項では，化学反応で取り出し得る仕事の最大値である反応の前後でのギブス自由エネルギーの差ΔGの求め方について述べる．反応熱$\Delta_r H$を求めるときに標準生成エンタルピーを定義したように，標準物質からある物質を生成するときに要するギブス自由エネルギーを標準生成ギブス自由エネルギー(standard Gibbs free energy of formation)と定義し，$\Delta_f G^\circ$と表すと,

$$\Delta_f G^\circ = \Delta_f H^\circ - T\Delta S \tag{7.20}$$

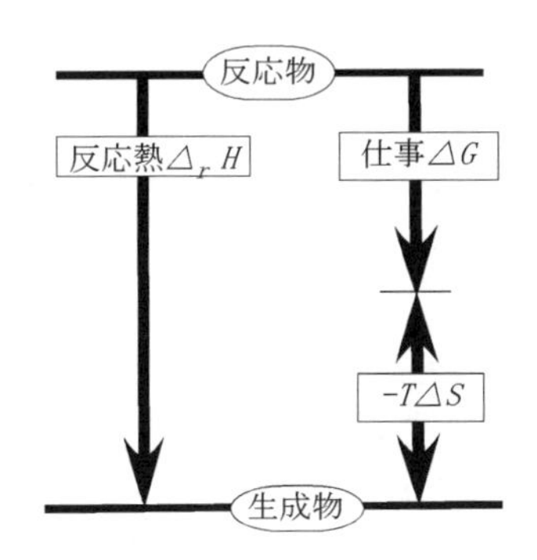

図 7.15　反応熱とギブス自由エネルギー変化の関係

となる．$\Delta_f G^\circ$は，$\Delta_f H^\circ$と同様に 25 ℃，1 気圧 (0.1013 MPa) で安定な標準物質（H_2，O_2，C，S，N_2など）を基準となる化学種として$\Delta_f G^\circ = 0$としている．他の化学種はこれらの標準物質からの差を表している．表 7.2 と図 7.16 に代表的な物質の標準生成ギブス自由エネルギーを，表 7.3 に絶対エントロピーS°を示す．式(7.20)に示されている関係は，$\Delta_f G^\circ$の$\Delta_f H^\circ$とΔSとの関係を与えており，通常$\Delta_f G^\circ$が表 7.2 に示されるように直接与えられているので，式(7.20)を用いることはあまりない．298.15 K のときのメタンについて，標準物質の C と H_2 から生成される $C + 2H_2 \rightarrow CH_4$ を考えると，表 7.1～7.3 より

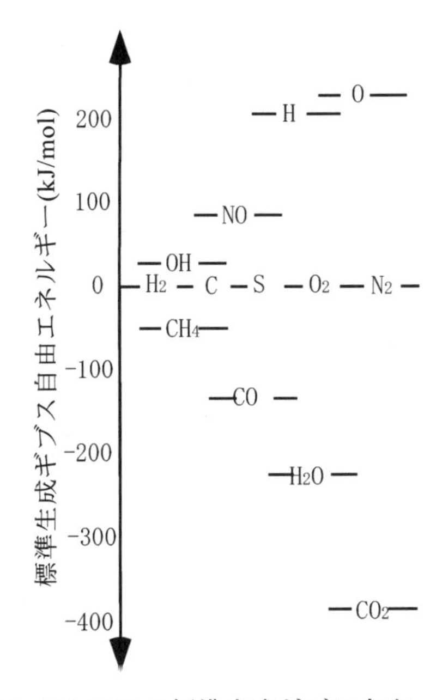

図 7.16　298.15 K の標準生成ギブス自由エネルギー

$$\Delta_f G^\circ = -50.768 \text{ kJ/mol} \tag{7.21}$$

$$\Delta_f H^\circ = -74.873 \text{ kJ/mol} \tag{7.22}$$

$$\begin{aligned}\Delta S &= S^\circ{}_{CH_4} - (S^\circ{}_C + 2S^\circ{}_{H_2}) \\ &= 186.251 - (5.740 + 2\times 130.680) \\ &= -80.849 \text{ J/(mol·K)}\end{aligned} \tag{7.23}$$

$$\begin{aligned}\Delta_f H^\circ - T\Delta S &= -74.873 - 298.15\times(-80.849)\times 10^{-3} \\ &= -50.768 \text{ kJ/mol}\end{aligned} \tag{7.24}$$

となり，式(7.20)左辺の$\Delta_f G^\circ$と右辺の$\Delta_f H^\circ - T\Delta S$は等しくなる．絶対エントロピー$S^\circ$は絶対零度で$S^\circ = 0$であることにより求められている.

7・2・1 項でH_2の次の化学反応における反応熱を求めたが，同じ反応が 25 ℃，1 atm の一定温度，圧力で進行する場合に燃料電池によりどれだけの電気エネルギーを抽出できるか

$$H_2 + \frac{1}{2}O_2 \rightarrow H_2O \tag{7.25}$$

を考える．電気エネルギーは 100％仕事に変換することが可能で，このことから電気エネルギーと仕事は等価である．

表 7.2　標準生成ギブス自由エネルギー $\Delta_f G^\circ$ (kJ/mol)

温度 K	CH_4	CO	CO_2	C_2H_2	H	H_2
298.15	-50.768	-137.163	-394.389	209.200	203.278	0
500	-32.741	-155.414	-394.939	197.453	192.957	0
1000	19.492	-200.275	-395.886	169.607	165.485	0
1500	74.918	-243.740	-396.288	143.080	136.522	0
2000	130.802	-286.034	-396.333	117.183	106.760	0
2500	186.622	-327.356	-396.062	91.661	76.530	0
3000	242.332	-367.816	-395.461	66.423	46.007	0
温度 K	H_2O (g)	NO	N_2	OH	O_2	C
298.15	-228.582	86.600	0	34.277	0	0
500	-219.051	84.079	0	31.070	0	0
1000	-192.590	77.775	0	23.391	0	0
1500	-164.376	71.425	0	16.163	0	0
2000	-135.528	65.060	0	9.197	0	0
2500	-106.416	58.720	0	2.404	0	0
3000	-77.163	52.439	0	-4.241	0	0

表 7.3　絶対エントロピー S° (J/(mol·K))

温度 K	CH_4	CO	CO_2	C_2H_2	H	H_2
298.15	186.251	197.653	213.795	200.958	114.716	130.680
500	207.014	212.831	234.901	226.610	125.463	145.737
1000	247.549	234.538	269.299	269.192	139.871	166.216
1500	279.763	248.426	292.199	298.567	148.299	178.846
2000	305.853	258.714	309.293	321.335	154.278	188.418
2500	327.431	266.854	322.890	339.918	158.917	196.243
3000	345.690	273.605	334.169	355.600	162.706	202.891
温度 K	H_2O (g)	NO	N_2	OH	O_2	C
298.15	188.834	210.758	191.609	183.708	205.147	5.740
500	206.534	226.263	206.739	199.066	220.693	11.662
1000	232.738	248.536	228.170	219.736	243.578	24.457
1500	250.620	262.703	241.880	232.602	258.068	33.718
2000	264.769	273.128	252.074	242.327	268.748	40.771
2500	276.503	281.363	260.176	250.202	277.290	46.464
3000	286.504	288.165	266.891	256.824	284.466	51.253

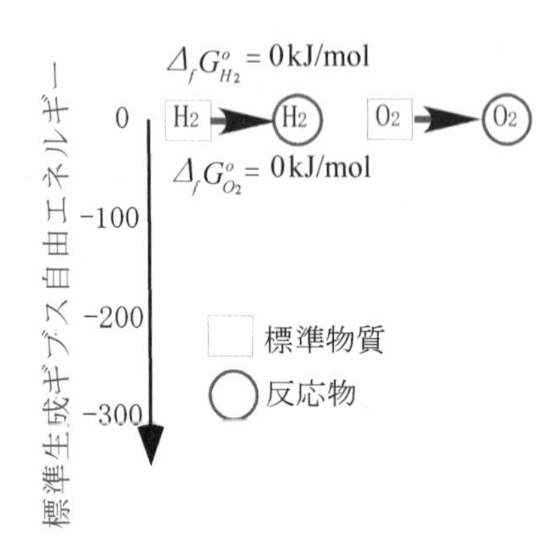

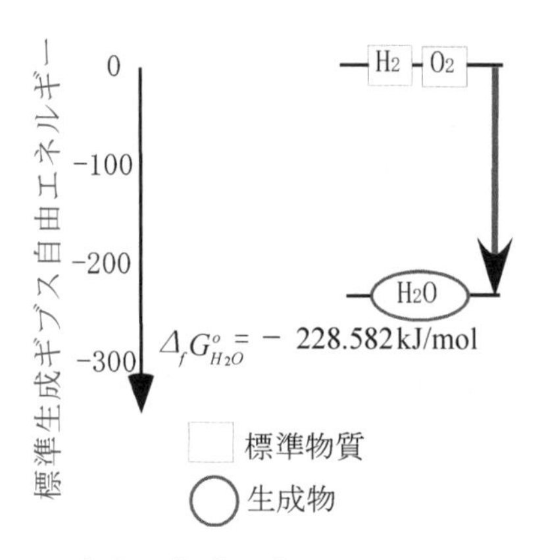

図 7.17　水素の化学反応(298.15 K)における反応物・生成物、標準物質と標準生成ギブス自由エネルギーの関係

反応によるギブス自由エネルギー変化 ΔG は一般に取り出すことが可能な仕事量を表すが，この意味で電気エネルギーを取り出すこととも同じになる．また前節で燃料電池は最低 $-T\Delta S$ の分だけ発熱し，これにより出口でわずかに温度が上昇する場合を考えていたが，本項では放熱が十分に速く，一定温度で化学反応が進行する場合を考える．この反応式の両辺に現れる物質 H_2，O_2，H_2O を標準物質から生成する以下の反応は，温度 T_0(=298.15 K) で H_2，O_2，H_2O の標準生成ギブス自由エネルギー $\Delta_f G^\circ(T_0)$ が与えられている表 7.2 より求められる．図 7.17 に示されるように H_2 および O_2 は標準物質から標準物質を生成する反応なので，$\Delta_f G^\circ(T_0) = 0$ となる．

$$H_2 \to H_2 \qquad \Delta_f G^\circ_{H_2}(T_0) = 0 \ \text{kJ/mol} \tag{7.26}$$

$$O_2 \to O_2 \qquad \Delta_f G^\circ_{O_2}(T_0) = 0 \ \text{kJ/mol} \tag{7.27}$$

$$H_2+\frac{1}{2}O_2 \to H_2O \qquad \Delta_f G^\circ_{H_2O}(T_0)=-228.582 \quad \mathrm{kJ/mol} \tag{7.28}$$

であるから反応の前後におけるギブス自由エネルギー変化 ΔG は

$$\begin{aligned}\Delta G(T_0) &= \left[\Delta_f G^\circ_{H_2O}(T_o)\right]-\left[\Delta_f G^\circ_{H_2}(T_0)+1/2\Delta_f G^\circ_{O_2}(T_0)\right]\\ &= -228.582 \ \mathrm{kJ/mol\,H_2}\end{aligned} \tag{7.29}$$

となる（図 7.18）．すなわち，H_2 1 mol あたり最大 228.582 kJ の仕事を取り出すことが可能である．

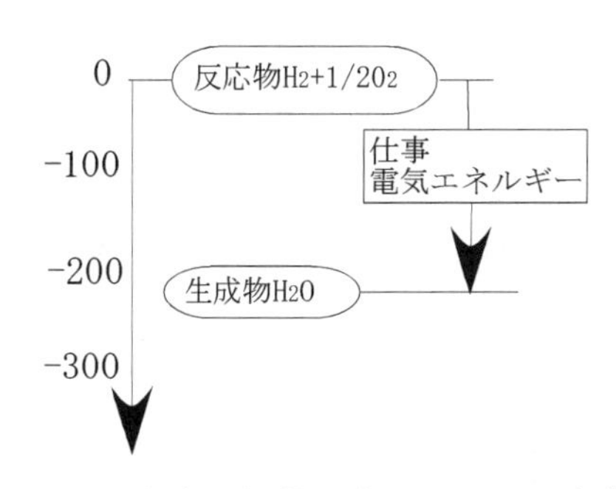

図 7.18　水素の化学反応における反応物生成物とギブス自由エネルギーの反応の前後での差との関係

7・3　化学平衡 (chemical equilibrium)

7・3・1　反応速度 (reaction rate) *

水素と酸素から H_2O が生成される反応

$$H_2+\frac{1}{2}O_2 \to H_2O \tag{7.30}$$

の進む速さについて考える．化学種 H_2O のモル濃度を $[H_2O](\mathrm{mol/m^3})$ と表し，$[H_2O]$ の時間に対する増加率 $\mathrm{d}[H_2O]/\mathrm{d}t$ を H_2O の**反応速度**(reaction rate)という．ここで，$A+B \to C$ という簡略した反応において，A が B に衝突する確率は B の濃度 $[B]$ に比例する．反応が，$A+2B \to C$ なら，この確率は反応式を $A+B+B \to C$ とかきかえると $[B]\times[B]$ すなわち $[B]^2$ に比例する．このことから A が B に衝突する確率は一般的に $A+n_B B \to C$ において B の濃度 $[B]$ の n_B 乗 $[B]^{n_B}$ に比例する．水素の反応に話を戻す．水素 H_2 が O_2 と衝突する確率は O_2 の濃度の 1/2 乗 $[O_2]^{1/2}$ に比例し，また，H_2 が単位時間あたりに反応する確率は，H_2 自身の濃度 $[H_2]$ に比例することから，H_2 と O_2 から H_2O が生成する反応速度は，$[H_2]$ と $[O_2]^{1/2}$ の積 $[H_2][O_2]^{1/2}$ に比例し，比例定数 k を用いて以下の式(7.31)で表される．

$$\frac{\mathrm{d}[H_2O]}{\mathrm{d}t}=k[H_2][O_2]^{1/2} \tag{7.31}$$

表 7.4　反応速度

$$H_2+\frac{1}{2}O_2 \to H_2O$$

$\dfrac{\mathrm{d}[H_2O]}{\mathrm{d}t}$ ： H_2O の反応速度

$$\frac{\mathrm{d}[H_2O]}{\mathrm{d}t}=k[H_2][O_2]^{1/2}$$

$$k=AT^n\exp(-\frac{E}{RT})$$

k を**反応速度定数**(reaction rate coefficient)と呼ぶ．一般に，高いエネルギー状態にある分子または原子は，反応にたずさわる確率が大きく，ある温度 T におけるエネルギーの分布を考え，平均エネルギー E_R より E 以上大きい分子の数は，$\exp(-E/RT)$ に比例する．反応速度定数 k は，

$$k=AT^n\exp\left(-\frac{E}{RT}\right) \tag{7.32}$$

で表される．A は**頻度因子**(frequency factor)，E は活性化エネルギー，n は定数である．反応速度は，反応系の平均エネルギー E_R より E 以上の大きいエネルギーをもった分子の数に関係していることを表している．反応速度定数はアレニウス関数と呼ばれる絶対温度 T の指数関数を含み，温度の上昇とともに反応速度は急激に大きくなる．生成物のエネルギーを E_P とすると，これらは図 7.19 に示されるような関係にある．

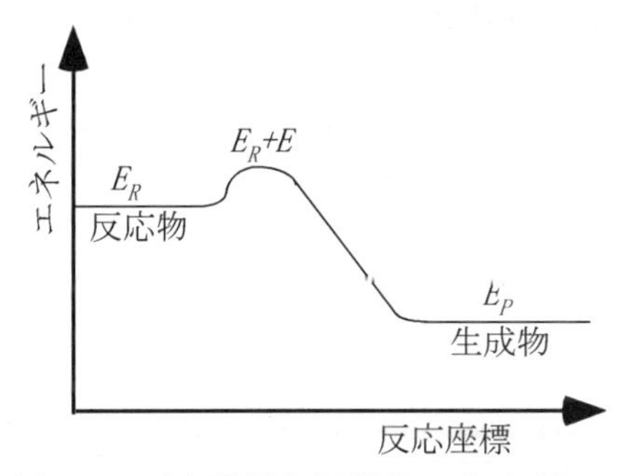

図 7.19　反応過程と活性化エネルギーE

表7.5　順反応，逆反応と化学平衡

順反応
$H_2 + \frac{1}{2}O_2 \rightarrow H_2O$
+
逆反応
$H_2 + \frac{1}{2}O_2 \leftarrow H_2O$
↓
$H_2 + \frac{1}{2}O_2 \rightleftarrows H_2O$

表7.6　反応速度と化学平衡

$\frac{d[H_2O]}{dt} = k_f[H_2][O_2]^{1/2} - k_b[H_2O]$
$d[H_2O]/dt = 0$　→化学平衡
$\frac{k_f}{k_b} = \frac{[H_2O]}{[H_2][O_2]^{1/2}}$

7・3・2　反応速度と化学平衡 (reaction rate and chemical equilibrium)

水素 H_2 の化学反応を考えるとき，反応式

$$H_2 + \frac{1}{2}O_2 \rightarrow H_2O \tag{7.33}$$

は，反応物の H_2 と O_2 がすべて生成物の H_2O に変換されるように記述されているが，実際は反応の時間が十分にたったあとでもわずかながら H_2 と O_2 が残存している．ただ，残存している量がわずかなので，通常上記のような反応式の記述をすることが多い．では，反応せずに残る H_2 と O_2 の量はどのような条件で規定されるのであろうか？ 左辺の反応物から右辺の生成物へ変換される右向きの順反応だけを考えると，すべて右辺の H_2O に変換されるが，次の式(7.34)に示されるように，右辺から左辺への←で表される**逆反応** (reverse reaction)が→で表される順反応と同時に生じていることを考えると，左辺と右辺の双方の物質が同時に存在する状態を考えることができる．

$$H_2 + \frac{1}{2}O_2 \rightleftarrows H_2O \tag{7.34}$$

この反応の右向き順反応の反応速度定数を k_f，左向きの逆反応の反応速度定数を k_b とすると，化学種 H_2O の反応速度は，順反応による生成速度 $k_f[H_2][O_2]^{1/2}$ と逆反応による消滅速度 $k_b[H_2O]$ の差し引きにより，次の式(7.35)で示される．

$$\frac{d[H_2O]}{dt} = k_f[H_2][O_2]^{1/2} - k_b[H_2O] \tag{7.35}$$

反応が十分に進行して，H_2O の濃度が時間に対して変化しなくなると，$d[H_2O]/dt = 0$ より，

$$\frac{k_f}{k_b} = \frac{[H_2O]}{[H_2][O_2]^{1/2}} \tag{7.36}$$

が得られる．反応速度定数 k_f と k_b は 7・3・1 項で述べたように温度を与えればそれぞれ一定値となるため，温度一定のとき左辺の k_f/k_b は一定になる．すなわち順反応と逆反応がつりあうと，物質の濃度は $([H_2O])/([H_2][O_2]^{1/2})$ が一定値となる関係式を満たしている．この右向きの順反応と左向きの逆反応がつりあって，化学組成が変化しない状態を**化学平衡**(chemical equilibrium)という．

水素 H_2 1 mol と酸素 O_2 1/2 mol から水蒸気 H_2O が生成したとき，どれだけの割合で左辺の H_2 と O_2 と右辺の H_2O が存在しているかは，式(7.36)によると順反応と逆反応の反応速度定数 k_f と k_b を与えればわかる．しかし，通常，この２つを与えるのではなく，7・3・3 項の化学平衡の条件から決まる 7・3・4 項の平衡定数を与えて決定する．

7・3・3　化学平衡の条件 (condition of chemical equilibrium)

化学平衡は熱力学の第 2 法則によりその条件が規定されている．断熱された系では，エントロピーが増加して最大になるときに化学平衡となる．し

かし，ここでは物質が反応する系において，温度と圧力が異なれば化学組成も異なるが，温度と圧力が変化しない限り化学組成は一定となる場合の化学平衡の条件を導く．外界と熱の出入りがあり，一定の圧力と温度のもとで反応する最も簡単な系として，図 7.20 のように反応により生じた熱が外界と出入りし，また，反応による熱膨張とかモル数の変化により体積が増減する分はピストンが可動するシステムにより温度と圧力が一定に保たれる反応系を考える．このとき，この条件を満たすには，熱力学の第 2 法則 $dS \geq \delta Q/T$ の条件と熱力学の第 1 法則 $dU = \delta Q - pdV$ から $dU + pdV - TdS \leq 0$ が導かれ，ギブス自由エネルギー $G = H - TS$ を定温定圧の条件で微分すると，

$$dG \leq 0 \tag{7.37}$$

が得られる．これは，図 7.21 のように定温定圧変化では，ギブス自由エネルギーが減少するように変化が進み，

$$dG = 0 \tag{7.38}$$

で変化が止まることを意味している．すなわち，温度と圧力が一定のもとでの化学平衡とは，$dG = 0$ の条件を平衡組成が満たすことである．

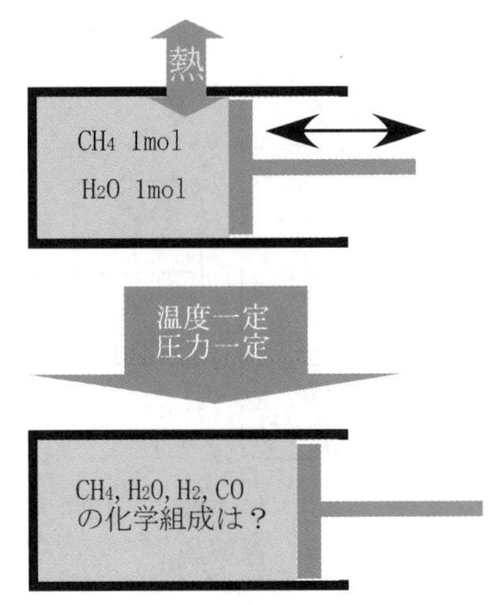

図 7.20　化学平衡

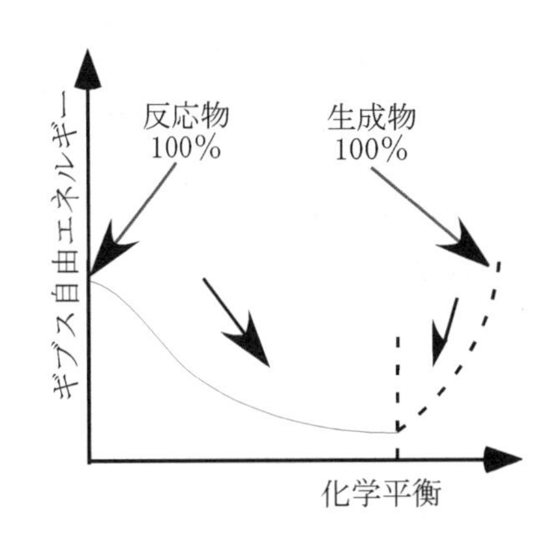

図 7.21　化学平衡とギブス自由エネルギーの関係

7・3・4　平衡定数 (equilibrium constant)

$dG = 0$ を満たす化学平衡とは何か？またそのときの化学組成はどのようになり，平衡定数とは何か？について，7･2 節で述べた H_2 から H_2O に変わるときのエネルギーを抽出する反応ではなく，物質の生成を目的とする反応のほうが化学平衡の意義を説明するのに適当であるため，次世代のエネルギー需給体系として考えられている水素利用社会で必要な水素 H_2 を 1 次燃料のメタン CH_4 と水蒸気 H_2O から効率よく生成するには，どのような温度と圧力にすればいいかという例で説明する．すなわち，反応物のメタン CH_4 1 mol と H_2O 1 mol がたとえば全圧 P 1 atm(0.1013 MPa)，温度 T 1000 K の初期状態から反応が始まると，P と T が一定でどの程度平衡が右辺の H_2 側にいくかを考える．

$$CH_4 + H_2O \leftrightarrow CO + 3H_2 \tag{7.39}$$

圧力 p° が 1 atm(0.1013 MPa) のときの右辺の生成物と左辺の反応物のギブス自由エネルギー変化 $\Delta G^\circ(p^\circ)$ は，表 7.2 より，

$$\Delta G^\circ(p^\circ) = (\Delta_f G^\circ_{CO} + 3\Delta_f G^\circ_{H_2}) - (\Delta_f G^\circ_{CH_4} + \Delta_f G^\circ_{H_2O}) \tag{7.40}$$

で求められる．ここで，$\Delta G^\circ(p^\circ)$ は，すべての化学種 CH_4，H_2O，CO，H_2 が，1 atm(0.1013 MPa) の状態に保ったときの右辺 $(CO + 3H_2)$ と左辺 $(CH_4 + H_2O)$ のギブス自由エネルギーの差である．図 7.22 に示されるように化学平衡のときは，CH_4，H_2O，CO，H_2 がどのような組成，すなわちどのような分圧になれば右辺と左辺のギブス自由エネルギーの差 $\Delta G = 0$ になるかを考えるので，この 4 つの成分からなる理想的な混合気体の各成分の分圧をそれぞれ p_{CH_4}，p_{H_2O}，p_{CO}，p_{H_2} とすると，以下の式の展開により化学平衡のときに分圧が満たす関係式が求められる．

メタン CH_4 を理想気体と考え，温度一定で p° (1 atm) から p_{CH_4} まで圧力が

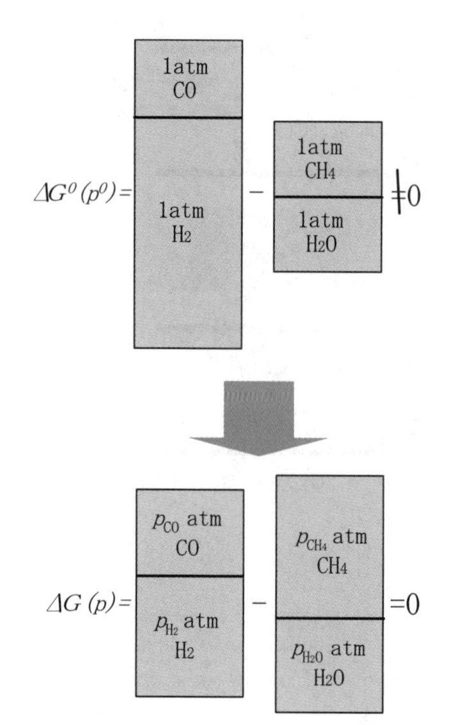

となる分圧 p_{CO} p_{CH_4} p_{H_2} p_{H_2O} の満たす条件

図 7.22　化学平衡と反応前後のギブス自由エネルギー変化の関係

変化する場合は，$\Delta H = 0$，$\Delta S = -R\ln(p_{CH_4}/p^\circ)$ であるから，このときのギブス自由エネルギー変化は，

$$G_{CH_4}(p_{CH_4}) - G_{CH_4}(p^\circ) = \Delta H - T\Delta S = RT\ln(p_{CH_4}/p^\circ) \tag{7.41}$$

となる．ゆえに，反応式に現れる 4 つの成分について分圧 p_{CH_4}，p_{H_2O}，p_{CO}，p_{H_2} のときのギブス自由エネルギーを圧力 p° (1 atm) のギブス自由エネルギーで示すと，

$$G_{CH_4}(p_{CH_4}) = G_{CH_4}(p^\circ) + RT\ln\left(\frac{p_{CH_4}}{p^\circ}\right) \tag{7.42}$$

$$G_{H_2O}(p_{H_2O}) = G_{H_2O}(p^\circ) + RT\ln\left(\frac{p_{H_2O}}{p^\circ}\right) \tag{7.43}$$

$$G_{CO}(p_{CO}) = G_{CO}(p^\circ) + RT\ln\left(\frac{p_{CO}}{p^\circ}\right) \tag{7.44}$$

$$G_{H_2}(p_{H_2}) = G_{H_2}(p^\circ) + RT\ln\left(\frac{p_{H_2}}{p^\circ}\right) \tag{7.45}$$

これら各成分についての 4 つの式を反応の前後で辺々和と差をとり，各成分が圧力 p° (1 atm) のときの反応の前後でのギブス自由エネルギー変化 $\Delta G^\circ(p^\circ)$

$$\Delta G^\circ(p^\circ) = [G_{CO}(p^\circ) + 3G_{H_2}(p^\circ)] - [G_{CH_4}(p^\circ) + G_{H_2O}(p^\circ)] \tag{7.46}$$

と，各成分の分圧 p_{CH_4}，p_{H_2O}，p_{CO}，p_{H_2} に変化したときの反応の前後でのギブス自由エネルギー変化 $\Delta G(p)$

$$\Delta G(p) = [G_{CO}(p_{CO}) + 3G_{H_2}(p_{H_2})] - [G_{CH_4}(p_{CH_4}) + G_{H_2O}(p_{H_2O})] \tag{7.47}$$

を用いると，

$$\Delta G(p) = \Delta G^\circ(p^\circ) + RT\ln\left[\frac{(p_{CO}/p^\circ)(p_{H_2}/p^\circ)^3}{(p_{CH_4}/p^\circ)(p_{H_2O}/p^\circ)}\right] \tag{7.48}$$

が得られる．化学平衡の条件は，各成分が分圧 p_{CH_4}，p_{H_2O}，p_{CO}，p_{H_2} に変化することによって反応の前後でのギブス自由エネルギーの差が 0 となる

$$\Delta G(p) = 0 \tag{7.49}$$

であるから，この条件を式(7.48)に代入すると

$$RT\ln\left[\frac{(p_{CO}/p^\circ)(p_{H_2}/p^\circ)^3}{(p_{CH_4}/p^\circ)(p_{H_2O}/p^\circ)}\right] = -\Delta G^\circ(p^\circ) \tag{7.50}$$

が得られる．この関係式を p_{CH_4}，p_{H_2O}，p_{CO}，p_{H_2} が満たせば，化学平衡の条件を満足している．また，平衡定数 K は，

$$K = \frac{(p_{CO}/p^\circ)(p_{H_2}/p^\circ)^3}{(p_{CH_4}/p^\circ)(p_{H_2O}/p^\circ)} \tag{7.51}$$

で，K は，式(7.50)より

$$K = \exp\left(-\frac{\Delta G^\circ(p^\circ)}{RT}\right) \tag{7.52}$$

の関係より，求められる．
また，$p^\circ = 1$ atm であり，分圧 p_{CH_4}，p_{H_2O}，p_{CO}，p_{H_2} はすべて atm の単位である．式(7.51)の平衡定数 K に対して添字 p をつけた圧平衡定数 K_p は

$$K_p = \frac{p_{CO}p_{H_2}^3}{p_{CH_4}p_{H_2O}} \tag{7.53}$$

で定義されている．この場合，式(7.51)と式(7.53)を比較すると，

$$K_p = p^{\circ 2} K \tag{7.54}$$

の関係がある．この $p^{\circ 2}$ の指数 2 は，反応式(7.39)の右辺と左辺それぞれの量論係数（たとえば $3H_2$ の量論係数は 3）の和の差し引き $(3+1)-(1+1)$ より求まる値である．反応により，異なる値になることに注意されたい．$p^\circ = 1$ atm であるため，K_p と K は単位は異なるが，値は同じになる．

ここで，7・3・2 項で述べた「順反応と逆反応の反応速度がつりあった状態が化学平衡」と述べたが，「$\Delta G(p)=0$ の化学平衡」とはどのような関係にあるのだろうか．そのまえに，式(7.36)の反応速度定数の比 k_f/k_b を，モル濃度で表された濃度平衡定数 K_c といい，

$$K_c = \frac{k_f}{k_b} = \frac{[CO][H_2]^3}{[CH_4][H_2O]} \tag{7.55}$$

となる．

K_p と K_c の関係について述べる．たとえばメタンの分圧 p_{CH_4} はモル濃度 $[CH_4]$ と $p_{CH_4} = [CH_4]RT$ の関係があるので，他の化学種にも同じ関係式を用いると

$$K_p = K_c(RT)^2 \tag{7.56}$$

となる．
平衡定数 K，K_p と K_c の関係を図 7.23 に示す．

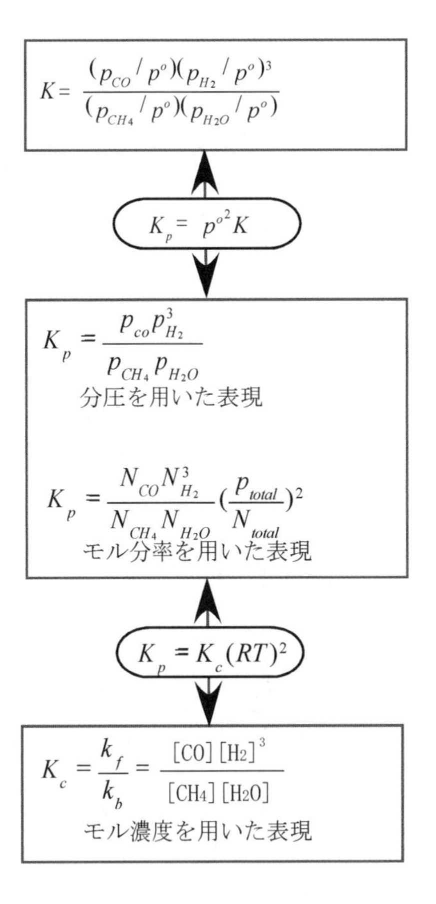

図 7.23　反応式 $CH_4 + H_2O \rightleftarrows CO + 3H_2$ での平衡定数の表現

7・3・5　化学平衡に及ぼす圧力と温度の影響 (effects of temperature and pressure on chemical equilibrium)

化学平衡にある各成分の濃度が，圧力が変化したときにどのような変化を示すかについて，平衡定数に全圧 p_{total} を導入して考える．前項のメタンから水素を生成する反応で化学平衡にある物質全モル数を N_{total}，CH_4 のモル数を N_{CH_4} としたときのモル分率は，N_{CH_4}/N_{total} で，メタンの分圧 p_{CH_4} と全圧 p_{total} を用いると $p_{CH_4} = (N_{CH_4}/N_{total})p_{total}$ の関係がある．他の成分についてもこの関係を適用すると

$$K_p = \frac{N_{CO}N_{H_2}^3}{N_{CH_4}N_{H_2O}N_{total}^2}p_{total}^2 \tag{7.57}$$

となる．この表現は，平衡組成に圧力が影響する場合があることを表している．平衡定数そのものは，式(7.52)で示されるように圧力に影響されないが，

$$K=\frac{(p_C/p^o)^{n_C}(p_D/p^o)^{n_D}}{(p_A/p^o)^{n_A}(p_B/p^o)^{n_B}}$$

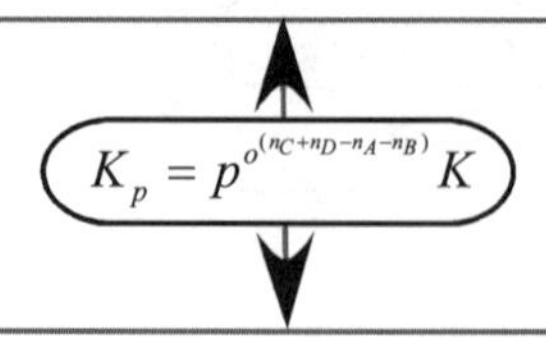

$$K_p=\frac{p_C^{n_C}p_D^{n_D}}{p_A^{n_A}p_B^{n_B}}$$

分圧を用いた表現

$$K_p=\frac{N_C^{n_C}N_D^{n_D}}{N_A^{n_A}N_B^{n_B}}\left(\frac{p_{total}}{N_{total}}\right)^{(n_C+n_D-n_A-n_B)}$$

モル分率を用いた表現

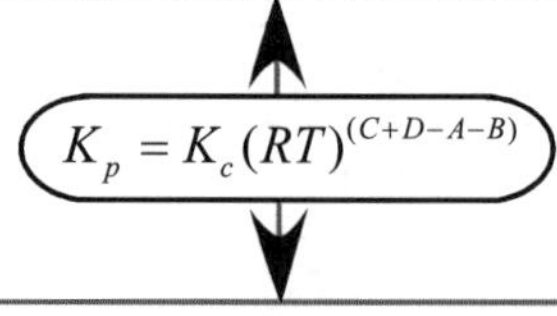

$$K_C=\frac{K_f}{K_b}=\frac{[C]^{n_C}[D]^{n_D}}{[A]^{n_A}[B]^{n_B}}$$

モル濃度を用いた表現

図7.24　反応式 $n_A A+n_B B \rightleftarrows n_C C+n_D D$ での平衡定数の表現

	CH4	H2O	CO	H2	total
初期mol	1	1	0	0	2
平衡mol	$1-x$	$1-x$	x	$3x$	$2+2x$
モル分率	$\frac{1-x}{2+2x}$	$\frac{1-x}{2+2x}$	$\frac{x}{2+2x}$	$\frac{3x}{2+2x}$	1
分圧	$\frac{(1-x)P_{total}}{2+2x}$	$\frac{(1-x)P_{total}}{2+2x}$	$\frac{x P_{total}}{2+2x}$	$\frac{3x P_{total}}{2+2x}$	P_{total}

図7.25　化学平衡でのモル分率と分圧

圧力の変化に対して一定の K_p のもとで，右辺の圧力により変化する項 p_{total}^2 をうちけすようにモル数 $(N_{\text{CO}}N_{\text{H}_2}^3)/(N_{\text{CH}_4}N_{\text{H}_2\text{O}}N_{\text{total}}^2)$ が変化する．式(7.57)の右辺の組成に対して圧力の影響が現れている項 p_{total}^2 の指数 2 は，式(7.56)の $(RT)^2$ の指数 2 と式(7.54)の $p^{\circ 2}$ の指数 2 と同じである．

メタンが燃焼する反応 $CH_4+2O_2 \leftrightarrow CO_2+2H_2O$ の場合は反応式の左辺のモル数の和は右辺のモル数の和と同じなので，

$$K_p=\frac{N_{\text{CO}_2}N_{\text{H}_2\text{O}}^2}{N_{\text{CH}_4}N_{\text{O}_2}^2} \tag{7.58}$$

となるため，指数が0となり化学平衡にある組成は圧力 p_{total} の関数ではない．

このように圧力（全圧）が変化すると化学組成が変化するのは，モル数が変化する反応のときである．一般に $n_A\text{A}+n_B\text{B} \leftrightarrow n_C\text{C}+n_D\text{D}$ の反応において，

$$K_p=\frac{N_\text{C}^{n_C}N_\text{D}^{n_D}}{N_\text{A}^{n_A}N_\text{B}^{n_B}}\left(\frac{p_{\text{total}}}{N_{\text{total}}}\right)^{\Delta\nu} \tag{7.59}$$

$$\Delta\nu=(n_C+n_D)-(n_A+n_B) \tag{7.60}$$

で $\Delta\nu$ は生成物質と反応物質のモル数の差を表している．このことを図 7.24 で見てみよう．温度が一定のとき K_p は一定なので，圧力 p_{total} が増加するとき，$\Delta\nu$ が正の場合に $(N_\text{C}^{n_C}N_\text{D}^{n_D})/(N_\text{A}^{n_A}N_\text{B}^{n_B}N_{\text{total}}^{\Delta\nu})$ は減少し，逆に $\Delta\nu$ が負の場合に $(N_\text{C}^{n_C}N_\text{D}^{n_D})/(N_\text{A}^{n_A}N_\text{B}^{n_B}N_{\text{total}}^{\Delta\nu})$ は増加する．圧力が減少するときはその逆となる．このことを前出の反応

$$CH_4+H_2O \leftrightarrow CO+3H_2 \tag{7.61}$$

で見てみよう．最初に仮に CH_4 1 mol，H_2O 1 mol ある場合に温度 $T=1000$ K における平衡組成を求める場合を考える．CH_4 と H_2O がそれぞれ x mol ずつ反応したとすると，それぞれ $(1-x)$ mol ずつになり，また，CO x mol，H_2 $3x$ mol が生成される．したがって，全モル数は $2\times(1-x)+(x+3x)=(2+2x)$ mol になる．分圧はモル分率を用いて表すと，

$$p_{\text{CH}_4}=p_{\text{H}_2\text{O}}=\frac{1-x}{2+2x}p_{\text{total}} \tag{7.62}$$

$$p_{\text{CO}}=\frac{x}{2+2x}p_{\text{total}} \tag{7.63}$$

$$p_{\text{H}_2}=\frac{3x}{2+2x}p_{\text{total}} \tag{7.64}$$

となる．これらの関係を図 7.25 に示す．圧平衡定数 K_p は，

$$K_p=\exp\left(-\frac{\Delta G(p^\circ)}{RT}\right)=\frac{p_{\text{total}}^2 x(3x)^3}{(1-x)^2(2+2x)^2} \tag{7.65}$$

となり，表 7.2 より $T=1000$ K に対しては $\Delta G(p^\circ)=-27.177$ kJ/mol なので，$T=1000$ K を用いると

$$K_p=\exp\left(-\frac{-27.177\times1000(\text{kJ/kmol})}{8.315(\text{kJ/(kmol}\cdot\text{K))}\times1000(\text{K})}\right)=26.27 \tag{7.66}$$

これにより，圧力 $p_{\mathrm{total}} = 1$ atm，10 atm，100 atm について式(7.65)より x を求め，モル分率を示すと表 7.7 のようになる．このように，モル数がふえる反応 $(\Delta\nu > 0)$ では，圧力の増大とともに生成される H_2 が減少する．

表 7.7　反応式 $CH_4 + H_2O \leftrightarrow CO + 3H_2$ の圧力を変化させたときのモル分率

全圧　atm	CH_4	H_2O	CO	H_2
1	0.051	0.051	0.225	0.673
10	0.211	0.211	0.145	0.433
100	0.378	0.378	0.061	0.183

次に $p_{\mathrm{total}} = 1$ atm が一定のときに，化学平衡にある組成が温度 T に対してどのように変化するかを前出の CH_4 と H_2O から H_2 と CO を生成する反応で見てみよう．表 7.2 より $\Delta G(p^\circ)$ を温度 $T = 298$ K, 500 K, 1000 K, 1500 K, 2000 K の場合について求め，平衡定数 K_p より x を求め，モル分率について示したものが表 7.8 である．

表 7.8　反応式 $CH_4 + H_2O \leftrightarrow CO + 3H_2$ の温度を変化させたときのモル分率

温度　K	CH_4	H_2O	CO	H_2
298	0.5	0.5	1.8×10^{-7}	5.4×10^{-7}
500	0.498	0.498	0.0009	0.0028
1000	0.051	0.051	0.225	0.673
1500	0.0007	0.0007	0.250	0.749
2000	6.9×10^{-5}	6.9×10^{-5}	0.250	0.750

温度 $T = 500$ K ではほとんど水素 H_2 が生成されないのが，$T = 1000$ K をこえると急激に生成され，温度に対して強い依存性があることがわかる．

7・3・6　一般的な場合の平衡組成の求め方 (chemical equilibrium in general cases)

式(7.53)でわかるように，平衡定数は平衡状態にある化学組成の満たすべき条件を与えているが，平衡組成そのものを直接与えているわけではない．また，化学平衡にある組成は，最初にどのような組成を与えているかによって変わってくる．例題で示した $CH_4 + H_2O \leftrightarrow CO + 3H_2$ の反応は，CH_4 と H_2O が最初に 1 mol ずつあったとき，どれだけ $CO + 3H_2$ に変わるかを前出のように x を用いて

$$\begin{array}{ccccccc} CH_4 & + & H_2O & \rightleftarrows & CO & + & 3H_2 \\ (1-x)\ \mathrm{mol} & & (1-x)\ \mathrm{mol} & & x\ \mathrm{mol} & & 3x\ \mathrm{mol} \end{array} \tag{7.67}$$

のように記述するのではなく，通常の右向きの順反応だけを用いて

$$CH_4 + H_2O \rightarrow N_{CH_4}CH_4 + N_{H_2O}H_2O + N_{CO}CO + N_{H_2}H_2 \tag{7.68}$$

とおく．化学反応において反応物と生成物の各元素の全質量が等しい質量保存の法則(conservation of mass principle)が成立し，これはまた，各元素の原子の総数は反応物と生成物で等しいことを表している．しかし，反応の前後で反応物の全モル数と生成物の全モル数は等しくなるとは限らない．元素 C，H，O の反応の前後でのバランスより

$$
\begin{aligned}
&C:1 = N_{CH_4} + N_{CO} \\
&H:6 = 4N_{CH_4} + 2N_{H_2O} + 2N_{H_2} \\
&O:1 = N_{H_2O} + N_{CO}
\end{aligned}
\tag{7.69}
$$

これを解くと

$$
\begin{aligned}
N_{CH_4} &= 1 - N_{CO} \\
N_{H_2O} &= 1 - N_{CO} \\
N_{CO} &= N_{CO} \\
N_{H_2} &= 3N_{CO}
\end{aligned}
\tag{7.70}
$$

となり，N_{CO} を x とおきかえると，式(7.67)の x を用いた記述と同じものが得られる．すなわち前項で x を用いて化学組成を最初に与えたが，これはすなわち質量保存の法則を用いて表していることと同じである．

表7.9　4つの未知数と3つの質量保存の式がある場合の平衡組成の求め方

$CH_4 + H_2O \leftrightarrow CO + 3H_2$ または $CH_4 + H_2O \rightarrow N_{CH_4}CH_4 + N_{H_2O}H_2O + N_{CO}CO + N_{H_2}H_2$ ↓ 質量保存の式 ↓ $CH_4 + H_2O \rightarrow (1-x)CH_4 + (1-x)H_2O + xCO + 3xH_2$ ↓ 未知数が1つになり、化学平衡の式1つで濃度がわかる

ところで，前項で x を化学平衡の式 1 つを用いて x を求めたが，4 つの成分（CH_4, H_2O, CO, H_2）の化学組成を求めるのに，質量保存の法則を用いる元素の数（C, H, O）から得られる式が 3 つなので，$4-3=1$ より 1 つの化学平衡の式で求められる場合の例を示したものである．この例では，$CH_4 + H_2O$ がどれだけ $CO + 3H_2$ に変わるかを仮定しているだけで，実際，$CO + 3H_2$ だけに変化するわけではない．ここでは，CO と H_2 以外にアセチレン C_2H_2 が生成される場合について考えてみる．

$$
CH_4 + H_2O \rightarrow N_{CH_4}CH_4 + N_{H_2O}H_2O + N_{CO}CO + N_{H_2}H_2 + N_{C_2H_2}C_2H_2 \tag{7.71}
$$

において，5 つの未知数 N_{CH_4}，N_{H_2O}，N_{CO}，N_{H_2}，$N_{C_2H_2}$ を求める場合を考える．質量保存の法則から

$$C:1 = N_{CH_4} + N_{CO} + 2N_{C_2H_2} \tag{7.72}$$

$$H:6 = 4N_{CH_4} + 2N_{H_2O} + 2N_{H_2} + 2N_{C_2H_2} \tag{7.73}$$

$$O:1 = N_{H_2O} + N_{CO} \tag{7.74}$$

表7.10　5つの未知数と3つの質量保存の式がある場合の平衡組成の求め方

$CH_4 + H_2O \rightarrow N_{CH_4}CH_4 + N_{H_2O}H_2O + N_{CO}CO + N_{H_2}H_2 + N_{C_2H_2}C_2H_2$ ↓ 質量保存の法則（式 3 つ）と化学平衡（式 2 つ）で濃度がわかる

5 つの未知数に対して上記の方程式は 3 つであるが，あと 2 つの独立した式が必要となる．生成物の組成は，CH_4，H_2O，CO，H_2，C_2H_2 の 5 つの成分を想定しているが，これらの成分の間で成立する関係式を化学平衡を用いて与えることができる．この関係式は実際に起こっている反応である必要はなく，いくつかの成分が存在しているときにこれらの成分の濃度の間で成立する関係を化学平衡により与えられることを利用する．例として

$$
\begin{aligned}
&CH_4 + H_2O \leftrightarrow CO + 3H_2 \\
&2CH_4 \leftrightarrow C_2H_2 + 3H_2
\end{aligned}
\tag{7.75}
$$

この前者の反応の平衡定数を K_{p1} とおき，後者の反応の平衡定数を K_{p2} とすると，$N_{total} = N_{CH_4} + N_{H_2O} + N_{CO} + N_{H_2} + N_{C_2H_2}$ を用いて関係式

$$
\begin{aligned}
K_{p1} &= \frac{N_{CO}N_{H_2}^3}{N_{CH_4}N_{H_2O}}\left(\frac{p_{total}}{N_{total}}\right)^2 \\
K_{p2} &= \frac{N_{C_2H_2}N_{H_2}^3}{N_{CH_4}^2}\left(\frac{p_{total}}{N_{total}}\right)^2
\end{aligned}
\tag{7.76}
$$

が得られる．たとえば，全圧 p_{total} を 1 気圧，温度1000 K と与えると K_{p1} と

K_{p2} が決まるため，未知数の数と方程式の数が一致することにより組成を求めることができる．質量保存の式より

$$
\begin{aligned}
N_{CH_4} &= 1 - N_{CO} - 2N_{C_2H_2} \\
N_{H_2O} &= 1 - N_{CO} \\
N_{CO} &= N_{CO} \\
N_{H_2} &= 3(N_{CO} + N_{C_2H_2}) \\
N_{C_2H_2} &= N_{C_2H_2}
\end{aligned}
\tag{7.77}
$$

と変形し，これらを 2 つの平衡定数の式に代入し，K_{p1} / K_{p2} を求めると $N_{C_2H_2}$ が N_{CO} を用いて表され，これを K_{p2} の式に代入して $N_{H_2O} = 1 - N_{CO} \geq 0$ の条件より $0 \leq N_{CO} \leq 1$ の範囲で N_{CO} が計算機により求められる．これにより $N_{C_2H_2} = 4.7 \times 10^{-9}$，さらに $N_{CH_4} = N_{H_2O} = 0.1854$，$N_{H_2} = 2.4438$ となる．計算の結果，モル分率で

$$CH_4 : H_2O : CO : H_2 : C_2H_2 = 0.051 : 0.051 : 0.225 : 0.673 : 1.3 \times 10^{-9}$$

となり，$CH_4 + H_2O$ が CO と H_2 に変わるとした場合（表 7.7）も，CO，H_2，C_2H_2 に変化した場合も，結果に大きな差のないことがわかる．

7・3・7 平衡定数の諸注意 (rules of equilibrium constant)

(1) 反応式 $CH_4 + H_2O \leftrightarrow CO + 3H_2$ は，両辺をそれぞれ 2 倍し，

$$2CH_4 + 2H_2O \leftrightarrow 2CO + 6H_2 \tag{7.78}$$

と記述しても等価である．この反応式の平衡定数 K' と $\Delta G^\circ{}'(p^\circ)$ は，反応式 $CH_4 + H_2O \leftrightarrow CO + 3H_2$ の平衡定数 K と $\Delta G^\circ(p^\circ)$ とそれぞれ

$$K' = \frac{(p_{CO} / p^\circ)^2 (p_{H_2} / p^\circ)^6}{(p_{CH_4} / p^\circ)^2 (p_{H_2O} / p^\circ)^2} = K^2 \tag{7.79}$$

$$\Delta G^\circ{}'(p^\circ) = 2\Delta G^\circ(p^\circ) \tag{7.80}$$

の関係がある．

K と $\Delta G^\circ(p^\circ)$ の値がそれぞれ K' と $\Delta G^\circ{}'$ に変わってしまうが矛盾しているわけではない．このことは平衡定数は反応式を明記して与える必要があることを示している．

(2) 7・3・1 項で述べた反応速度は順反応の反応速度定数 k_f を与えているが，順反応と逆反応の反応速度定数の比 k_f / k_b は平衡定数 K_c と $K_c = k_f / k_b$ の関係にあるために，K_c が与えられれば，逆反応の反応速度定数 k_b がわかる．

(3) 反応に関与しない組成が含まれていても平衡定数は変化しないが，平衡組成には影響を与える．CH_4 の燃焼を純酸素で行う

$$CH_4 + 2O_2 \leftrightarrow CO_2 + 2H_2O \tag{7.81}$$

と空気の組成 $O_2 + 3.76N_2$ の

$$CH_4 + 2O_2 + 7.52N_2 \leftrightarrow CO_2 + 2H_2O + 7.52N_2 \tag{7.82}$$

でも平衡定数は同じである．式(7.46)でみると平衡定数を求める $\Delta G^\circ(p^\circ)$ は反応式の右辺と左辺のギブス自由エネルギー差なので，反応に関与しない物質は差し引き 0 となる．

表 7.11 反応式の形と平衡定数

$CH_4 + H_2O \leftrightarrow CO + 3H_2$ と $2CH_4 + 2H_2O \leftrightarrow 2CO + 6H_2$ で平衡定数は異なる

7・4 燃焼 (combustion)

7・2・1 項で化学反応での反応熱について述べたが，特に燃料が酸素と反応

して大きな熱発生を伴う反応が燃焼で，世界で生成されるエネルギーの85%は化石燃料の燃焼により抽出されている重要な反応である．

表7.12　逆反応の反応速度定数

逆反応の反応速度定数 k_b は，$K_c = k_f / k_b$ と k_f より求められる．

表7.13　反応に直接関与しない物質と平衡定数

$CH_4 + 2O_2 \leftrightarrow CO_2 + 2H_2O$ と $CH_4 + 2O_2 + 7.52N_2$ $\leftrightarrow CO_2 + 2H_2O + 7.52N_2$ で反応に関与しない $7.52N_2$ がある場合もない場合も平衡定数は同じ

7・4・1　燃料 (fuel)

燃料は，酸素と急速な酸化反応を起こして熱エネルギーを発生する物質で，石炭などの**固体燃料**(solid fuel)，石油などの**液体燃料**(liquid fuel)，天然ガスなどの**気体燃料**(gaseous fuel)に分類される．石炭の主成分は炭素Cで，このほかいろいろな成分を含んでいるが，生産される場所によって組成が異なっている．また，液体燃料としてガソリン，灯油，軽油などはすべて原油からの蒸留により精製される．気体燃料として代表的な天然ガスの主成分はメタン CH_4 である．水素 H_2 は1次燃料としてはほとんど存在せず，メタンの改質などにより生成される．通常，空気中の酸素 O_2 により燃焼反応が生じるが，空気の主成分の1つである窒素 N_2 は反応にほとんど直接関係しない．

7・4・2　燃焼の形態 (combustion forms)

固体燃料である石炭の燃焼は，**蒸発**(evaporation)と**熱分解**(thermal cracking)によって発生した**揮発分**(volatile constituent)の**気相反応**(gas phase reaction)と，残った**固定炭素**(fixed carbon)「チャー (char)」の**表面燃焼**(surface combustion)により生じる．

固体燃料
石炭
揮発分
固定炭素
気相反応
表面燃焼

図7.26　固体燃料（石炭）の燃焼

液体燃料は，液面から蒸発した燃料蒸気が空気中の酸素と気相反応で燃焼する．無数の小さな液滴に微粒化させて蒸気が発生する表面積を飛躍的に増大させて燃焼させる**噴霧燃焼**(spray combustion)が代表的なものである．

気相反応により燃焼する気体燃料は，燃料と空気を予め混合させて燃焼させる**予混合燃焼**(premixed combustion)と，燃料と空気を別々に供給し，燃焼室において両者がお互いに拡散するところで燃焼させる**拡散燃焼**(diffusion combustion)がある．

このように燃焼反応は石炭のチャーの表面燃焼以外は気相反応であり，以下で対象とする燃焼は，気相反応する場合に限ることとする．

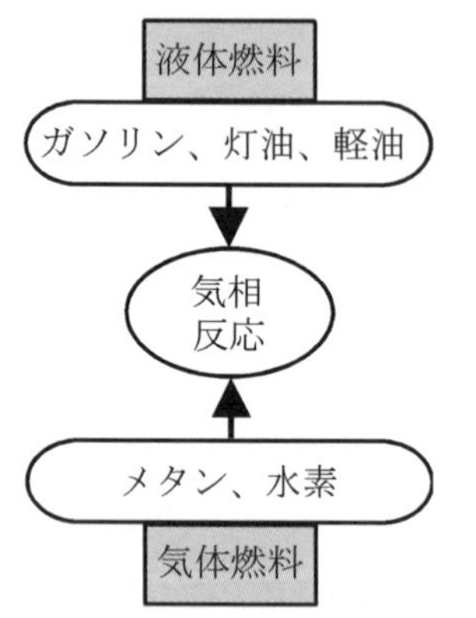

図7.27　液体燃料と気体燃料の燃焼

7・4・3　燃焼の反応機構 (reaction mechanism of combustion)＊

水素 H_2 が下記の燃焼反応をする場合を考える．

$$2H_2 + O_2 \rightarrow 2H_2O \tag{7.83}$$

この反応は，水素 H_2 2分子と酸素 O_2 1分子が衝突，反応をおこして，水 H_2O 2分子が生成されるように見えるが，実際には，3つの分子（H_2 2つと O_2 1つ）が同時に衝突して反応し，別の組成の分子（H_2O 2つ）ができるわけではなく，燃焼前 $(2H_2 + O_2)$ と燃焼後 $(2H_2O)$ の状態を示しているだけで，**総括反応式**(overall reaction formula)と呼ぶ．実際には，図7.28に示されるように**活性化学種**(active species)と呼ばれるOHなどのラジカルやHやOなどの原子などが生成されながら数十～数百の**素反応**(elementary reaction)と呼ばれる反応が進む．H_2 の燃焼反応は，考慮しなければいけない素反応の数が最も少なく，表7.14に素反応式の例を示す．A, n, E は，反応速度に関係する量で，7・3・1項で述べたものである．

層流の予混合火炎においては，活性化学種などの中間生成物は図 7.29 に示されるように，火炎帯の中で濃度が極大となる分布となる．これらの活性化学種や原子の分布を把握することは，たとえば代表的な大気汚染物質である窒素酸化物 NO_x の生成機構を論じる上で重要となる．

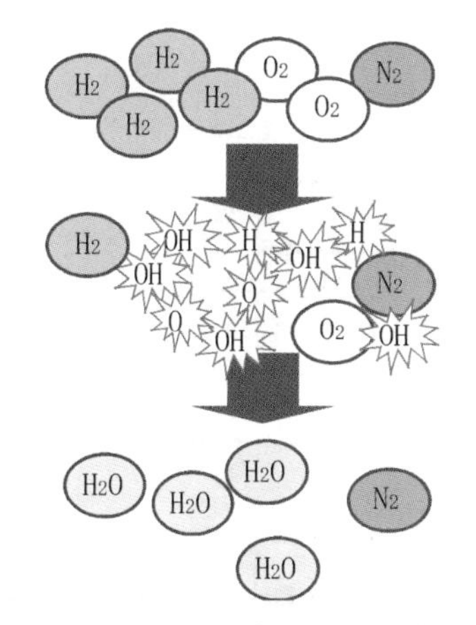

図 7.28　活性化学種による燃焼反応

表 7.14　水素 H_2 の燃焼における素反応の例（単位：mol, J, s, cm, K）

A	n	E	素反応
2.24E14	0.0	70300	(1) $H+O_2=OH+O$
1.74E13	0.0	39600	(2) $O+H_2=OH+H$
2.19E13	0.0	21600	(3) $H_2+OH=H+H_2O$
5.75E12	0.0	3270	(4) $OH+OH=H_2O+O$
9.20E16	-0.6	0	(5) a)$H+H+H_2=H_2+H_2$
1.00E18	-1.0	0	b)$H+H+N_2=H_2+N_2$
1.00E18	-1.0	0	c)$H+H+O_2=H_2+O_2$
6.00E19	-1.25	0	d)$H+H+H_2O=H_2+H_2O$
2.62E16	-0.84	0	(6) $O+O+N_2=O_2+N_2$
1.17E17	-0.0	0	(7) $OH+H+M_2=H_2O+M_2$ $M_2=H_2O+0.25H_2+0.25O_2+0.2N_2$
2.70E18	-0.86	0	(8) $H+O_2+M_3=HO_2+M_3$ $M_3=H_2+0.44N_2+0.35O_2+6.5H_2O$
2.50E14	0.0	7950	(9) $H+HO_2=OH+OH$
2.50E13	0.0	2910	(10) $H+HO_2=O_2+H_2$
5.00E13	0.0	4190	(11) $H+HO_2=H_2O+O$
4.80E13	0.0	4190	(12) $O+HO_2=OH+O_2$
5.00E13	0.0	4190	(13) $OH+HO_2=H_2O+O_2$
1.40E14	0.0	315700	(14) $N_2+O=NO+N$
6.40E09	1.0	6250	(15) $N+O_2=NO+O$
4.20E13	0.0	0	(16) $N+OH=NO+H$

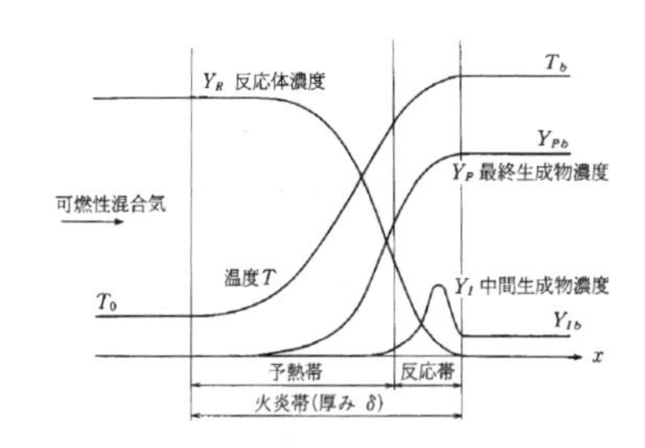

図 7.29　層流予混合火炎の構造
（燃焼工学ハンドブック, 日本機械学会）

ここで，図 7.30 に示すように，H_2 をノズルから噴出する場合を考える．図 7.30(a)のように H_2 を空気中に噴出することを長時間観察しても，着火して燃焼反応することはない．しかし，図 7.30(b)のように何らかの方法で一時的に点火し，**着火温度**(ignition temperature)以上になると燃焼反応が始まる．いったん始まった燃焼反応は継続される．これは点火による熱エネルギーによって，未反応の反応物があるエネルギーレベルを超えて反応し，この反応により新たに熱エネルギーが発生し，これにより次の未反応の反応物があるエネルギーレベルを超えて反応するという継続的な反応が行われるからである．このあるエネルギーレベルのことを**活性化エネルギー**(activation energy)といい，7・3・1 項の反応速度で述べたものであり，表 7.14 では E である．また，反応速度の式(7.32)中の A と n も表 7.14 に示されてある．燃焼反応が始まったときが活性化学種の生成が始まったときであり，この継続的な反応が進行しているときは活性化学種が増殖と交替が進行し，燃料がなくなり素反応の中で活性化学種の生成よりも消滅のほうが上回ることになると，やがて反応が停止する．

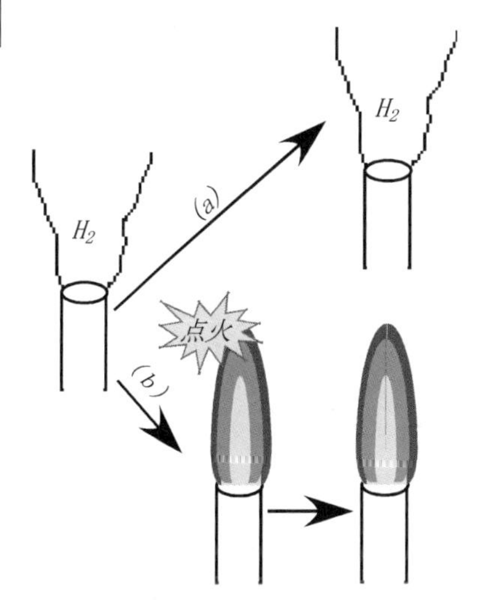

図 7.30　点火と燃焼反応の継続

7・4・4　空燃比，燃空比，空気比，当量比 (air-fuel ratio, fuel-air ratio, air ratio, equivalence ratio)

燃料は通常，空気と燃焼反応が生じ，燃料と空気が適切な割合にないと空気過剰または燃料過剰になり燃焼することができない．燃焼の場合，燃料中の元素の炭素Cと水素HがそれぞれCO_2とH_2Oにすべて変わるときの燃焼反応を完全燃焼(complete combustion)といい，燃料に対して十分な量の酸素（空気）が供給されないときとか，供給されていても燃焼反応が完結するまで十分な時間をかけて燃焼が行われないときに，生成物中に未燃の燃料分とかCとかCOが含まれる場合を不完全燃焼(incomplete combustion)という．燃料の空気に対する濃度を表すものとして，当量比(equivalence ratio)ϕがある．当量比ϕは，量論燃空比に対する燃空比の比で

$$\phi = \frac{(F/A)}{(F/A)_{st}} \tag{7.84}$$

で表される．ここで燃空比(fuel-air ratio) F/Aは空気に対する燃料の質量比で，完全燃焼するときのものを量論燃空比(stoichiometric fuel-air ratio) $(F/A)_{st}$という．$\phi<1$のときは，燃料が希薄な状態を，$\phi>1$は燃料が過濃な状態を表している．空気比(air ratio) α は，量論空燃比に対する空燃比の比で

$$\alpha = \frac{(A/F)}{(A/F)_{st}} \tag{7.85}$$

で表される．ここで，空燃比(air-fuel ratio) A/Fは，燃料に対する空気の質量比で完全燃焼するときの量論空燃比(stoichiometric air-fuel ratio) $(A/F)_{st}$に対する比で空気比が定義される．当量比ϕと空気比αはお互いに逆数の関係にある．

$$\phi = \frac{1}{\alpha} \tag{7.86}$$

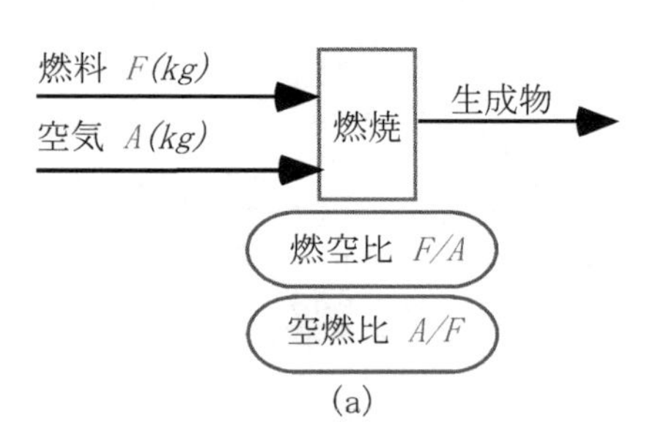

(a)

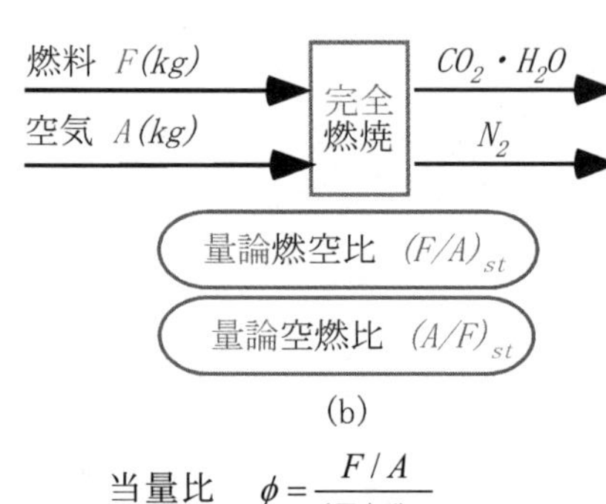

(b)

当量比　$\phi = \dfrac{F/A}{(F/A)_{st}}$

$\phi<1$　：燃料希薄

$\phi>1$　：燃料過濃

空気比　$\alpha = \dfrac{A/F}{(A/F)_{st}}$

$\alpha>1$　：燃料希薄

$\alpha<1$　：燃料過濃

(c)

図7.31　燃料の濃度

【例題 7・1】　＊＊＊＊＊＊＊＊＊＊＊＊＊＊＊＊＊＊＊＊＊＊＊

メタン(CH_4)を空気と燃焼させた後の組成を調べたところ，CO，CO_2，H_2O，N_2が体積分率でそれぞれ1.97%，7.89%，19.72%，70.42%であった．空気の組成を$O_2+3.76N_2$として，この燃焼における空気比と当量比を求めよ．

【解答】 燃焼ガスの組成を$n_{CO}CO + n_{CO_2}CO_2 + n_{H_2O}H_2O + n_{N_2}N_2$とし，

$$n_{total} = n_{CO} + n_{CO_2} + n_{H_2O} + n_{N_2} \tag{ex7.1}$$

とする．与えられた条件より

$$\frac{n_{CO}}{n_{total}} = 0.0197 \tag{ex7.2}$$

$$\frac{n_{CO_2}}{n_{total}} = 0.0789 \tag{ex7.3}$$

$$\frac{n_{H_2O}}{n_{total}} = 0.1972 \tag{ex7.4}$$

$$\frac{n_{N_2}}{n_{total}} = 0.7042 \tag{ex7.5}$$

CH_4 の H は $n_{H_2O}H_2O$ になる H の保存から $n_{H_2O}=2$ が得られ，$n_{total}=2/0.1972$ と式 (ex7.1) ～ (ex7.5) より n_{CO}，n_{CO_2}，n_{N_2} を求めると，$0.2CO+0.8CO_2+2H_2O+7.144N_2$ となる．空気比を α とすると

$$CH_4+\alpha\times2(O_2+3.76N_2)=0.2CO+0.8CO_2+2H_2O+7.144N_2 \tag{ex7.6}$$

各元素のモル数が保存されることから，O について，

$$2\times2\times\alpha=0.2+0.8\times2+2 \tag{ex7.7}$$

N について，

$$2\times3.76\times2\times\alpha=7.144\times2 \tag{ex7.8}$$

どちらの式を解いても，空気比 $\alpha=0.95$ が得られる．ゆえに，

$$当量比\ \phi=1/\alpha=1.053 \tag{ex7.9}$$

＊＊＊＊＊＊＊＊＊＊＊＊＊＊＊＊＊＊＊＊＊＊

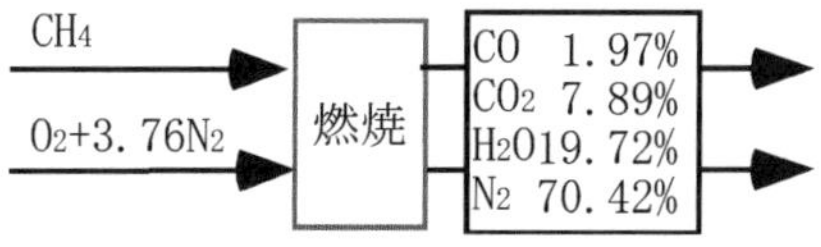

CH4　O2+3.76N2　燃焼　CO 1.97%　CO2 7.89%　H2O 19.72%　N2 70.42%

$A/F, F/A, \phi, \alpha?$

図 7.32　燃料濃度を求める

7・4・5　燃焼のエネルギーバランス (Energy balance in combustion)

図 7.33 に示されるように，メタン CH_4 と酸素 O_2 が断熱された燃焼室に流入し，反応した後，CO_2 と H_2O が流出する定常流れ系を考える．系に出入りする熱量と仕事をそれぞれ Q と W，反応物と生成物のエンタルピーもそれぞれ H_{react} と H_{prod} とすると，熱力学の第 1 法則により

$$Q-W=H_{prod}-H_{react} \tag{7.87}$$

外界とは断熱されていて熱の出入りがないので $Q=0$（Q は燃焼室と外界との間で生じる熱の出入りであり，燃焼室内で燃焼により生じる熱は Q とは関係ない)，また，この流れ系は系の外に対して仕事をしないので，$W=0$ となる．したがって，

$$H_{prod}=H_{react} \tag{7.88}$$

この場合，燃焼により生じた，すなわち化学反応により解放された熱エネルギーは外に逃げないので，燃焼生成物の温度を上げることだけに用いられる．このように熱損失のないときの温度を理論火炎温度(theoretical flame temperature)または理論燃焼温度(theoretical combustion temperature)という．理論火炎温度を求めるには反応熱を用いる．7・2・1 項で述べた反応熱について以下の例題で復習してみよう．

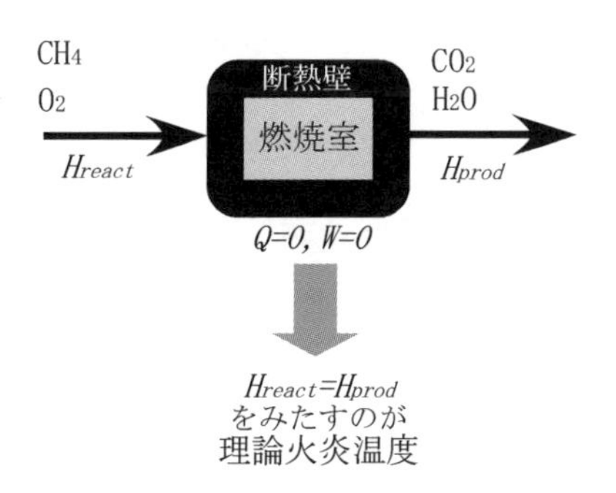

図 7.33　理論火炎温度の条件

【例題 7・2】　＊＊＊＊＊＊＊＊＊＊＊＊＊＊＊＊＊＊＊＊＊＊

Evaluate the heat of reaction $\Delta_r H^\circ$ for the following combustion varying air ratio α at α = 1.0, 1.2 and 1.4.

$$CH_4+\alpha\times2(O_2+3.76N_2)$$
$$\rightarrow CO_2+2H_2O+(2\alpha-2)O_2+\alpha\times7.52N_2 \tag{ex7.10}$$

【解答】 The Heat of reaction $\Delta_r H^\circ$ is evaluated by the following equation:

$$\Delta_r H^\circ=\Delta_f H^\circ_{prod}-\Delta_f H^\circ_{react} \tag{ex7.11}$$

The reaction could be written as follows:

$$\mathrm{CH_4} + 2\mathrm{O_2} + \left[(2\alpha - 2)\mathrm{O_2} + 7.52\alpha \mathrm{N_2})\right]$$
$$\rightarrow \mathrm{CO_2} + 2\mathrm{H_2O} + \left[(2\alpha - 2)\mathrm{O_2} + 7.52\alpha \mathrm{N_2}\right] \qquad \text{(ex7.12)}$$

$\left[(2\alpha - 2)\mathrm{O_2} + 7.52\alpha \mathrm{N_2}\right]$ is included in both sides of the equation, so the terms cancell out. $\Delta_r H^\circ$ could be evaluated by the simplified reaction:

$$\mathrm{CH_4} + 2\mathrm{O_2} \rightarrow \mathrm{CO_2} + 2\mathrm{H_2O} \qquad \text{(ex7.13)}$$

Therefore, the heat of reaction $\Delta_r H^\circ$ does not depend on the air ratio α. Using $\Delta_r H^\circ$ in table 7.1,

$$\begin{aligned}\Delta_r H^\circ &= \left[\Delta_f H^\circ{}_{\mathrm{CO_2}} + 2\Delta_f H^\circ{}_{\mathrm{H_2O}}\right] - \left[\Delta_f H^\circ{}_{\mathrm{CH_4}} + 2\Delta_f H^\circ{}_{\mathrm{O_2}}\right] \\ &\left[-393.522 + 2\times(-241.826)\right] - \left[-74.873 + 2\times 0\right] \qquad \text{(ex7.14)} \\ &= -802.301\,\mathrm{kJ/mol}\end{aligned}$$

Note that although the heat of reaction $\Delta_r H^\circ$ does not depend on air ratio α, the theoretical flame temperature is affected by α because the volume of product increases in direct proportion to the increase in α.

＊＊＊＊＊＊＊＊＊＊＊＊＊＊＊＊＊＊＊＊＊＊＊

7・4・6　理論火炎温度 (theoretical flame temperature)

水素が空気比 1.4 で燃焼する．

$$\mathrm{H_2} + 1.4 \times \frac{1}{2} \times (\mathrm{O_2} + 3.76 \times \mathrm{N_2}) \rightarrow \mathrm{H_2O} + 0.2\mathrm{O_2} + 0.7 \times 3.76\mathrm{N_2} \qquad (7.89)$$

の反応において，反応熱 $\Delta_r H^o$ を求め，これより理論火炎温度を求める．ここでは，化学平衡を考慮せずに完全燃焼する場合、すなわち上式の左辺の反応物はすべて右辺の生成物になる場合を考える。

反応熱 $\Delta_r H^\circ(T_0)$ は，反応物（$\mathrm{H_2, O_2, N_2}$）も生成物（$\mathrm{H_2O, O_2, N_2}$）も標準生成エンタルピー $\Delta_f H^\circ{}_{\mathrm{H_2}}$，$\Delta_f H^\circ{}_{\mathrm{O_2}}$，$\Delta_f H^\circ{}_{\mathrm{H_2O}}$，$\Delta_f H^\circ{}_{\mathrm{N_2}}$ が求められているので，7・2・1 項で述べたように反応式の右辺の生成物の標準生成エンタルピーの和

$$\sum_{\mathrm{prod}} n_i \Delta_f H_i^\circ = \Delta_f H^\circ_{\mathrm{H_2O}} + 0.2\Delta_f H^\circ_{\mathrm{O_2}} + 0.7 \times 3.76 \Delta_f H^\circ_{\mathrm{N_2}} \qquad (7.90)$$

から左辺の反応物の標準生成エンタルピーの和

$$\sum_{\mathrm{react}} n_i \Delta_f H_i^\circ = \Delta_f H^\circ_{\mathrm{H_2}} + 1.4 \times 0.5 \Delta_f H^\circ_{\mathrm{O_2}} + 0.7 \times 3.76 \Delta_f H^\circ_{\mathrm{N_2}} \qquad (7.91)$$

を差し引いた

$$\Delta_r H^\circ(T_0) = \sum_{\mathrm{prod}} n_i \Delta_f H_i^\circ - \sum_{\mathrm{react}} n_i \Delta_f H_i^\circ = -241.826 \ \ \mathrm{kJ/mol\,H_2} \qquad (7.92)$$

として求められる．

式(7.88)で示されるように，理論火炎温度を規定するのは反応物のエンタルピー H_{react} と生成物のエンタルピー H_{prod} が等しいという条件である．この条件を満たす理論火炎温度を求めるのに，図 7.34 に示されるように 2 段階に分けて燃焼を考える．第 1 段階は，図 7.34(a)のように反応物から生成物に温度 T_o は一定で変化せずに物質だけが反応により変化する．この際発生する $-\Delta_r H^\circ(T_o) = 241.826$ kJ/mol$\mathrm{H_2}$ が意味しているのは，図 7.34(a)に示されるよ

うに温度T_oにおいて反応後の生成物$H_2O+0.2O_2+0.7\times3.76N_2$のほうが反応前の反応物$H_2+0.7(O_2+3.76)N_2$より241.826 kJ/mol$H_2$だけエンタルピーが低いことを示している．これは同じ圧力，同じ温度のもとで化学組成が違うことだけで生じているエンタルピー差である．

第2段階において，生成物のエンタルピーが反応物のエンタルピーと等しくなるためには，図 7.34(b)に示されるように生成物の温度が反応物の温度（第1段階では生成物の温度とも等しい）より高くなる必要がある．この温度が理論火炎温度である．原理は同じであるが使用するデータの違いにより，以下の示す2つの方法で理論火炎温度を求めることができる．

(1) 1つ目の方法は，$T_0=298$ Kと理論燃焼温度T_{bt}の間の平均定圧比熱を与えて求める方法である．1 molの燃料が燃焼したときに発生する燃焼ガスのmol数をM_w(mol/mol fuel)，燃焼前温度T_0と理論火炎温度T_{bt}の温度範囲での燃焼ガスの平均定圧比熱をC_p(J/(mol·K))とすると，反応熱$\Delta_r H$はmol数M_w，比熱C_pのガスの温度をT_0からT_{bt}まで上昇させるのに使われ，発熱反応の反応熱$\Delta_r H$が負であることを考慮して，

$$M_w C_p (T_{bt}-T_0)=-\Delta_r H \tag{7.93}$$

の関係式により理論火炎温度T_{bt}が求められる．H_2 1 molあたり生成される燃焼ガスのmol数M_wは，反応式(7.89)より

$$M_w=1+0.2+0.7\times3.76=3.833 \ \text{mol/mol}\,H_2 \tag{7.94}$$

である．

理論火炎温度を2000 Kと仮定すると，H_2O，O_2，N_2の成分からなる生成物の温度298 K～2000 Kの温度範囲での平均定圧比熱C_{pm}は，表7.15より

$$C_{pm}=\frac{1\times C^\circ_{pH_2O}(2000\ \text{K})+0.2\times C^\circ_{pO_2}(2000\ \text{K})+2.633\times C^\circ_{pN_2}(2000\ \text{K})}{3.833}$$
$$=35.62\ \text{J/(mol·K)} \tag{7.95}$$

ゆえに，

$$T_{bt}=\frac{-\Delta_r H^\circ(T_0)}{C_{pm}\times M_w}+298=2069\ \text{K} \tag{7.96}$$

仮定した2000 Kの温度と比較的近い温度になる．

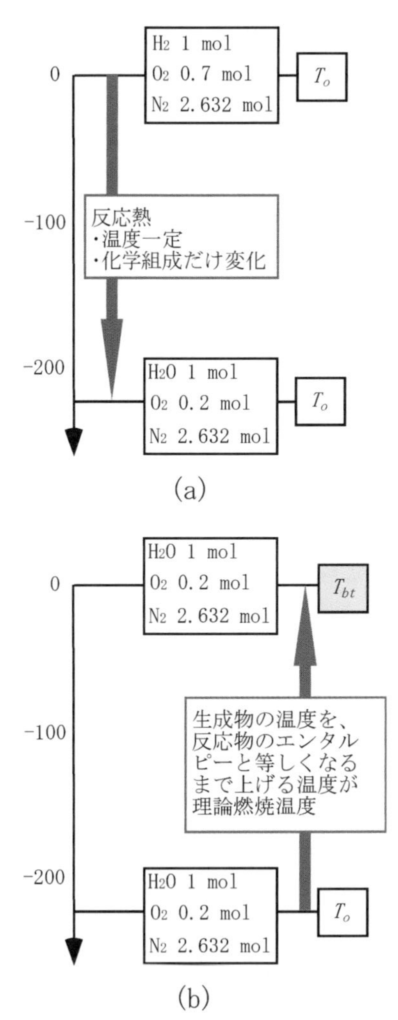

図7.34 反応熱と理論燃焼温度の関係

表7.15 298(T_0) K～T(K)の温度範囲での平均定圧比熱C°_p (J/mol·K)とT(K)と298(T_0) Kのエンタルピー差$H^\circ(T)-H^\circ(T_0)$ (kJ/mol)

T	C°_p				$H^\circ(T)-H^\circ(T_0)$			
	CO_2	H_2O	N_2	O_2	CO_2	H_2O	N_2	O_2
1000	47.564	37.008	30.576	32.352	33.397	26.000	21.463	22.703
1200	49.324	38.232	31.164	32.992	44.473	34.506	28.109	29.761
1400	50.732	39.438	31.696	33.536	55.896	43.493	34.936	36.957
1600	51.876	40.608	32.172	34.016	67.569	52.908	41.904	44.266
1800	52.888	41.706	32.592	34.400	79.431	62.693	48.978	51.673
2000	53.724	42.732	32.984	34.784	91.439	72.790	56.137	59.175
2200	54.428	43.686	33.292	35.104	103.562	83.153	63.361	66.769
2400	55.088	44.568	33.600	35.424	115.779	93.741	70.640	74.453
2600	55.616	45.360	33.852	35.712	128.073	104.520	77.963	82.224
2800	56.100	46.116	34.076	36.000	140.433	115.464	85.323	90.079
3000	56.540	46.800	34.300	36.288	152.852	126.549	92.715	98.013

(2) 2つめの方法は，燃焼前のエンタルピー $H_{\mathrm{react}}(=0)$ と燃焼後のエンタルピー H_{prod} が等しくなる温度 T_{bt} をデータベースより探す方法である．すなわち，燃焼前と温度一定で組成だけが変化したことによる生成物のエンタルピー $\sum_{\mathrm{prod}} n_i \Delta_f H_i^\circ(T_0)$ が図 7.34(b)の下線の位置で表され，この位置から生成物の各成分の $\int_{T_0}^{T_{bt}} C_p^\circ \mathrm{d}T$ で表される温度上昇分をどれだけ加えると生成物のエンタルピー H_{prod} が反応物のエンタルピー $H_{\mathrm{react}}(=0)$ と等しくなるかを探す方法である．特に温度上昇分が，表 7.15 で $H^\circ(T)-H^\circ(T_0)$ の形でまとめられていることを利用する．生成物のエンタルピー H_{prod} は次の式(7.97)の第 1 項の温度上昇分と第 2 項の温度一定での化学組織だけから決まる標準生成エンタルピーを用いたもので表される．

$$
\begin{aligned}
H_{\mathrm{prod}} &= \sum_{\mathrm{prod}} n_i \int_{T_0}^{T_{bt}} C_p^\circ \mathrm{d}T + \sum_{\mathrm{prod}} n_i \Delta_f H_i^\circ(T_0) \\
&= \sum_{\mathrm{prod}} n_i \left[H^\circ(T_{bt}) - H^\circ(T_0) \right] + \sum_{\mathrm{prod}} n_i \Delta_f H_i^\circ(T_0)
\end{aligned}
\tag{7.97}
$$

$\sum_{\mathrm{prod}} n_i \Delta_f H_i^\circ(T_0)$ は温度 $T_0 = 25$ ℃ (298 K) での生成物のエンタルピーを表しており，

$$
\begin{aligned}
\sum_{\mathrm{prod}} n_i \Delta_f H_i^\circ(T_0) &= \Delta_f H_{\mathrm{H_2O}}^\circ + 0.2 \Delta_f H_{\mathrm{O_2}}^\circ + 0.7 \times 3.76 \Delta_f H_{\mathrm{N_2}}^\circ \\
&= -241.826 \ \mathrm{kJ/mol\,H_2}
\end{aligned}
\tag{7.98}
$$

なので，$T_{bt} = 2000$ K と仮定すると第 1 項で示される $T_0 = 298$ K からの温度上昇分は，各成分について $H^\circ(T)-H^\circ(T_0)$ の形で与えられている表 7.15 を用いると

$$
\begin{aligned}
&\sum_{\mathrm{prod}} n_i \left[H^\circ(T_{bt}) - H^\circ(T_0) \right] \\
&\quad - \left[H^\circ(T_{bt}) \quad H^\circ(T_0) \right]_{\mathrm{H_2O}} + 0.2 \times \left[H^\circ(T_{bt}) - H^\circ(T_0) \right]_{\mathrm{O_2}} \\
&\quad + 0.7 \times 3.76 \left[H^\circ(T_{bt}) - H^\circ(T_0) \right]_{\mathrm{N_2}} \\
&\quad = 72.790 + 0.2 \times 59.175 + 2.633 \times 56.137 \\
&\quad = 232.433 \ \mathrm{kJ/mol\,H_2}
\end{aligned}
\tag{7.99}
$$

ゆえに，

$$
H_{\mathrm{prod}} = 232.433 - 241.826 = -9.393 \ \mathrm{kJ/mol\,H_2} \tag{7.100}
$$

$H_{\mathrm{react}} = 0$ で H_{prod} は H_{react} よりわずかに小さいので，$H_{\mathrm{prod}} = H_{\mathrm{react}}$ となる温度 T_{bt} は 2000 K より少し大きいことが推察される．

$T_{bt} = 2200$ K とすると，

$$
\begin{aligned}
&\sum n_i \left[H^\circ(T_{bt}) - H^\circ(T_0) \right] \\
&\quad = 83.153 + 0.2 \times 66.769 + 2.633 \times 63.361 \\
&\quad = 263.336 \ \mathrm{kJ/mol\,H_2}
\end{aligned}
\tag{7.101}
$$

$$
H_{\mathrm{prod}} = 263.336 - 241.826 = 21.510 \ \mathrm{kJ/mol\,H_2} \tag{7.102}
$$

H_{prod} は H_{react} より大きくなる．ゆえに求める温度，すなわち図 7.35 に示されるように $H_{\mathrm{prod}} = 0$ となる温度を 2000 K と 2200 K の間で補間すると，

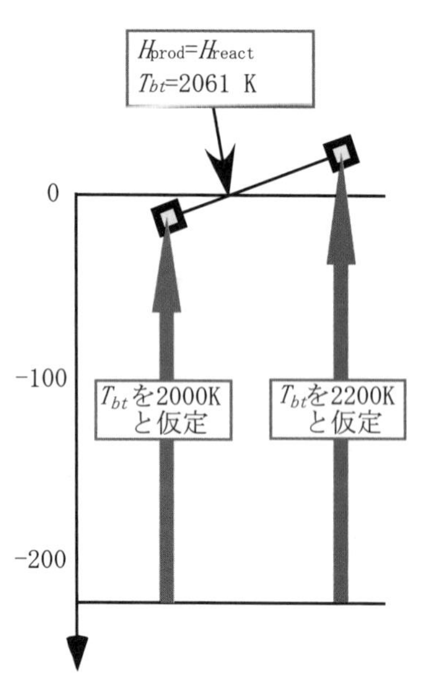

図 7.35　理論断熱火炎温度の補間による算出

$$T_{bt} = 2000 + (2200 - 2000) \times \frac{9.393}{21.510 - (-9.393)} = 2061 \text{ K} \qquad (7.103)$$

となる．1つめの方法とほぼ同じ温度が得られる．

7・4・7　燃焼とエネルギー変換 (combustion and energy conversion)

本項では燃料 H_2 を(1)燃焼させた後，仕事に変換する場合と(2)直接仕事に変換する場合について比較する．

(1)の場合として前項の燃焼反応により生じる理論火炎温度 $T_{bt} = 2061$ K の燃焼生成物 $H_2O + 0.2O_2 + 0.7 \times 3.76N_2$ を仕事に変換する場合を考える．ここで簡単に $T_{bt} = 2000$ K とする．温度 T_{bt} のガスが環境温度 T_0 になるまでに取り出し得る最大仕事は，第5章で述べたエクセルギー E であり，表 7.15 の $H(T) - H(T_0)$ と表 7.3 に示されるエントロピー S を用いて，次の式(7.104)により求められる．

$$\begin{aligned}
E &= \sum_{\text{prod}} (H(T_{bt}) - H(T_0)) - T_0 \sum_{\text{prod}} (S(T_{bt}) - S(T_0)) \\
&= \left[H(T_{bt}) - H(T_0)\right]_{H_2O} - T_0\left[S(T_{bt}) - S(T_0)\right]_{H_2O} \\
&\quad + 0.2\left[H(T_{bt}) - H(T_0)\right]_{O_2} - 0.2T_0\left[S(T_{bt}) - S(T_0)\right]_{O_2} \\
&\quad + 0.7 \times 3.76\left[H(T_{bt}) - H(T_0)\right]_{N_2} - 0.7 \times 3.76T_0\left[S(T_{bt}) - S(T_0)\right]_{N_2} \\
&= (+72.790) - 298.15 \times (0.264769 - 0.188834) \\
&\quad + 0.2 \times (+59.175) - 0.2 \times 298.15 \times (0.268748 - 0.205147) \\
&\quad + 0.7 \times 3.76 \times (+56.137) - 0.7 \times 3.76 \times 298.15 \times (0.252074 - 0.191609) \\
&= 161.49 \text{ kJ/mol}H_2
\end{aligned} \qquad (7.104)$$

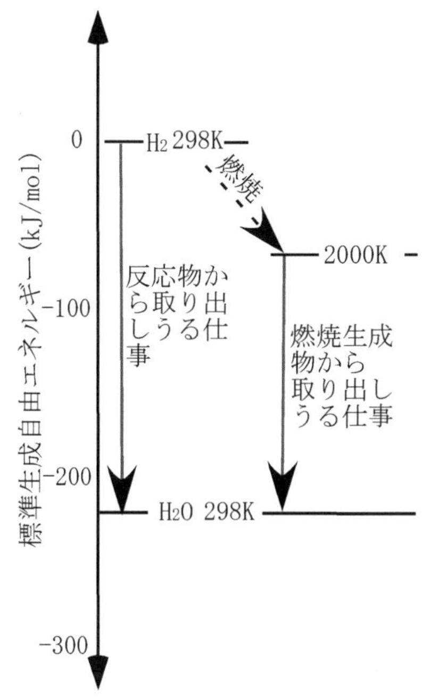

図 7.36　反応物（燃料）から直接仕事を取り出す場合と燃焼を経て取り出す場合の比較

(2)の場合として，7・2・3 項で述べたように燃料電池を用いて反応により直接取り出し得る仕事の最大値は $-\Delta G = 228.582$ kJ/molH_2 である．したがって，ギブス自由エネルギーの差 $-\Delta G$ に対して燃焼生成物のエクセルギーの比は，燃料 H_2 から直接仕事を取り出す場合に比べて燃焼させてから仕事を取り出す比率を与え，図 7.36 に示されるように，燃焼させることにより，取り出し得る仕事が，

$$\frac{E}{-\Delta G} = 0.707 \qquad (7.105)$$

70.7%に変化したことがわかる．

ここで(1)の場合の燃料は $H_2 + 0.7(O_2 + 3.76N_2)$ で(2)の場合の $H_2 + 0.5O_2$ と異なるが，標準生成エンタルピーを考えるとどちらも0でエネルギー的に等しい．別の見方をすれば，燃料電池の反応物が $H_2 + 0.5O_2$ でなく，$H_2 + 0.7(O_2 + 3.76N_2)$ であったとしても生成物は $H_2O + 0.2O_2 + 0.7 \times 3.76N_2$ で $-\Delta G$ は同じ 228.582 kJ/molH_2 になる．

ここで，エクセルギー E を求めるのに，燃焼排出ガスの各成分のギブス自由エネルギーの理論火炎温度 T_{bt} における値と環境温度 T_0 における値の差を，表 7.2 より求めること，すなわち，

$$E = \left[\Delta_f G^\circ(T_{bt}) - \Delta_f G^\circ(T_0)\right]_{H_2O} + 0.2\left[\Delta_f G^\circ(T_{bt}) - \Delta_f G^\circ(T_0)\right]_{O_2} + 0.7 \times 3.76\left[\Delta_f G^\circ(T_{bt}) - \Delta_f G^\circ(T_0)\right]_{N_2} \tag{7.106}$$

としてはいけない．表 7.2 に示されている標準生成ギブス自由エネルギーは，それぞれの温度で，標準物質から生成するのに必要な $\Delta_f G^\circ$ を与えているのであり，同じ物質が温度の違うことによりギブス自由エネルギーがどれだけ違うかを表しているのではないことに注意を要する．標準物質（H_2，O_2，N_2）の $\Delta_f G^\circ$ がすべての温度で 0 になっていることより明らかである．

水素 H_2 からエネルギーを抽出する場合について，燃焼させるよりも燃料電池を用いる方が効率がいいことを示しているが，これは理論値を示しているだけで，実際のエネルギーの有効利用を考えるには，各種損失やエネルギーの輸送まで含めた全体のシステムとして評価することが重要となる．

＝＝＝＝＝　練習問題　＝＝＝＝＝＝＝＝＝＝＝＝＝＝＝＝＝＝＝＝＝＝＝

【7・1】 例題 7・2 で示されたメタン CH_4 を空気比 1.2，1.4 で燃焼させる場合について 7・4・6 項の(2)の方法を用いて理論燃焼温度を求めよ．また，空気比 1.4 の場合に，反応熱は生成物の CO_2，H_2O，O_2，N_2 の温度上昇に対して，それぞれどのような割合で分配されているか求めよ．

【7・2】 メタン CH_4 を燃料として仕事を取り出す以下の(a)と(b)の場合について考える．

(a) メタンを空気比 1.2 で燃焼させると理論燃焼温度は約 2000 K となるが，298.15 K まで温度を低下させる過程で取り出し得る最大仕事を求めよ．

(b) メタンを水素に改質して燃料電池で仕事を抽出するにはいくつかのプロセスがあるが，その中で以下の 3 つのプロセスについて求めよ．ただし，$T = 1000$ K と $T_0 = 298.15$ K の CH_4，CO，H_2 のエンタルピー差 $H^\circ(T) - H^\circ(T_0)$ はそれぞれ 38.179 kJ/mol，21.690 kJ/mol，20.680 kJ/mol である．

(1) メタン CH_4 を等モルの水蒸気 H_2O とともに温度を 298.15 K から 1000 K まで上昇させるのに必要な最小仕事を求めよ．

(2) 1000 K で反応 $CH_4 + H_2O \rightarrow CO + 3H_2$ を生じさせ 1000 K の CO と $3H_2$ を 298.15 K まで温度を低下させる過程で取り出し得る最大仕事を求めよ．

(3) $CO + 3H_2$ を CO と $3H_2$ に分離した後，H_2 から燃料電池で取り出し得る最大仕事を求めよ．

【7・3】 反応 $H_2 + 1/2O_2 \rightarrow H_2O$ において，$T_0 = 298.15$ K での右辺と左辺のギブス自由エネルギー変化は，$\Delta G^\circ(T_0) = 228.6$ kJ/mol であるが，温度 1000 K のときのギブス自由エネルギー変化 ΔG°(1000 K)を H_2 の 298.15

K～1000 K の温度範囲での平均定圧比熱 $C_p^\circ = 29.24(\mathrm{J/(mol \cdot K)})$（$H_2O$，$O_2$は表 7.15 参照）と 298.15 K での H_2，O_2，H_2Oの絶対エントロピー(表 7.3)を用いて 1000 K での反応のエンタルピー変化 ΔH を近似的に求め，またエントロピー変化 ΔS を求めることにより算出し，それが表 7.2 より求まる ΔG°(1000 K)とほぼ一致することを確かめよ．

【7・4】 メタンが空気比 0.9 で不完全燃焼し，CO が発生する場合の生成物の組成と理論燃焼温度を求めよ．ただし，T(K) と 298.15$(=T_0)$ K の CO のエンタルピー差 $H^\circ(T) - H^\circ(T_0)$ は，$T = 1600$ K，1800 K，2000 K，2200 K，2400 K のときそれぞれ 42.385，49.526，56.744，64.021，71.324 (kJ/mol) である．

【解答】

1．空気比 1.2：2069 K，空気比 1.4：1871 K
　CO_2：10.4%，H_2O：16.6%，O_2：5.4%，N_2：67.6%
2．(a) 523 kJ/mol
　(b)(1) 33 kJ/mol　(2) 41 kJ/mol　(3) 228 kJ/mol
3．$\Delta H = -247.726$ kJ/mol
　$\Delta S = -54.595$ J/mol
　$\Delta G = -193.131$ kJ/mol
4．$CH_4 + 0.9 \times 2(O_2 + 3.76N_2) \rightarrow 0.6CO_2 + 0.4CO + 2H_2O + 6.768N_2$，2215 K

第 7 章の文献

(1) JANAF Thermochemical Tables, Third edition, (1985).
(2) 日本機械学会編，燃焼工学ハンドブック，(1995)，日本機械学会．

第 8 章

ガスサイクル

Gas Cycle

8・1 熱機関とサイクル (heat engine and cycle)

前章で述べたように，我々は燃焼によって大量の熱エネルギーを得ることができる．それで作動流体を膨張させて仕事をする装置を作り，自動車や飛行機などの様々な機械システムを動かしている．このような，熱エネルギーを仕事に変換する装置あるいはその仕組みを**熱機関**(heat engine)と呼ぶ．

熱機関には，燃焼熱や太陽熱などの熱源が別にあって作動流体を加熱する**外燃機関**(external combustion engine)と，燃焼ガスそのものが作動流体となる**内燃機関**(internal combustion engine)がある．さらに，連続的に作動流体を膨張させて運動エネルギーを増加し，羽根車の羽根に吹きつけて回転仕事を取り出す**流動式**と，容器内で作動流体を膨張させて圧力を高め，ピストンを動かす**容積式**とに分類される．前者は**蒸気タービン**(steam turbine)および**ガスタービン**(gas turbine)，後者は**往復式ピストン機関**(reciprocating piston engine)に代表される．

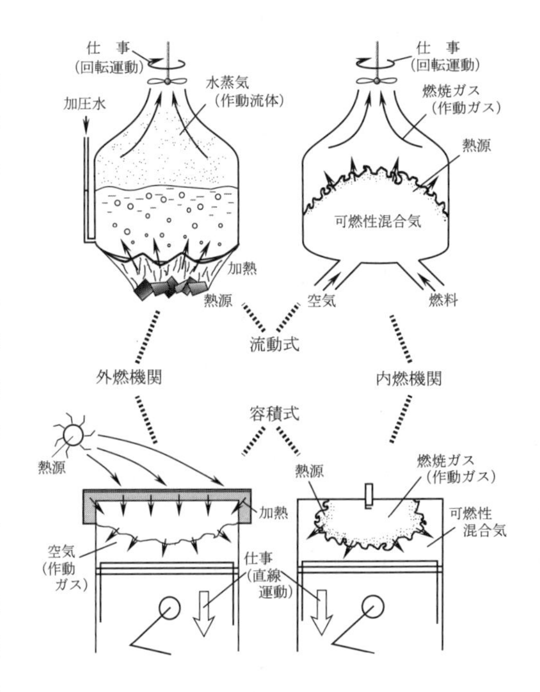

図 8.1 種々の熱機関の作動原理

熱機関を長時間にわたって駆動するためには，作動流体は様々な状態変化を経て外部に仕事をした後，再び元の状態に戻る必要がある．すなわち，第 4 章でも述べたように，作動流体の状態は p-V 線図上で時計回りのサイクルを描き，それぞれの状態変化が準静的過程にあるとすれば，その閉曲線の面積に等しい仕事を外部に与える．このとき，T-S 線図上でも同様に時計回りのサイクルを描き，この面積に等しい熱を正味外部から受け取って，それを仕事に転換する．

いま，高温熱源から Q_H の熱を受け取って L_1 の仕事を発生し，その後外部から L_2 の仕事を受けて Q_L の熱を低温熱源（通常は外気）へ廃棄する熱機関を考える．熱エネルギーを有効に利用する立場からは，できるだけ少ない熱量 Q_H で，外部へ差し引きする仕事 $L = L_1 - L_2$ をできるだけ大きくすることが望ましいので，熱機関の性能は

$$\eta_{th} = L / Q_H \tag{8.1}$$

で表される．この η_{th} を熱機関の**理論熱効率**(theoretical thermal efficiency)と呼ぶ．ただし，熱力学第 1 法則より，差し引き外部へする仕事と外部から受ける熱量は等しく， $L = Q_H - Q_L$ の関係があるので，

$$\eta_{th} = \left(Q_H - Q_L\right) / Q_H = 1 - Q_L / Q_H \tag{8.2}$$

と書ける．

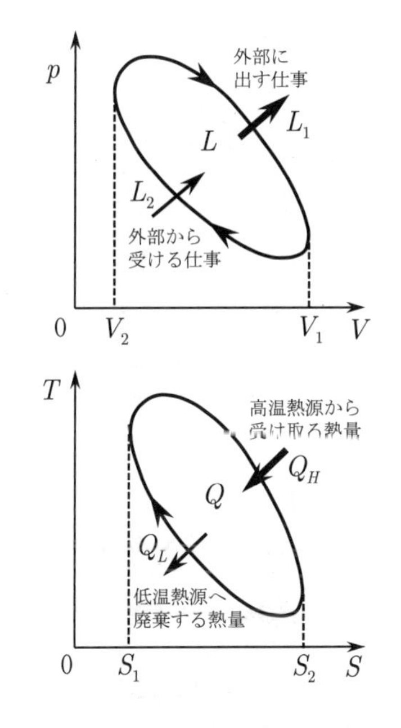

図 8.2 熱機関の一般サイクル

上記の理論熱効率とは，厳密には準静的過程からなる理論サイクルに対して求められる熱効率のことである．実際の熱機関では作動流体の状態変化に種々の不可逆過程が含まれ，準静的過程を実現することも不可能なので，種々の損失を差し引いて正味に発生した仕事を式(8.1)の分子とする**正味熱効率**

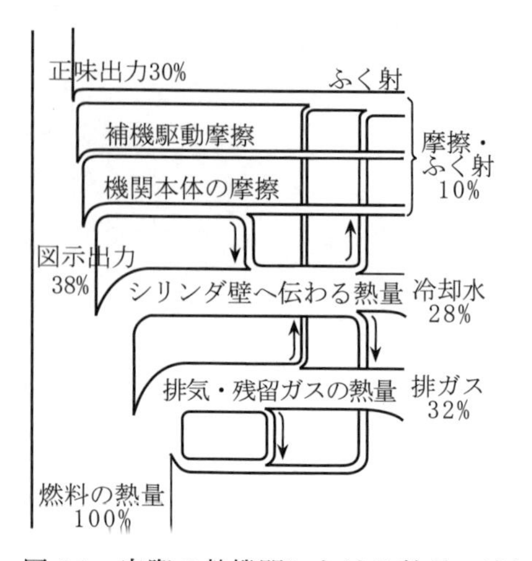

図 8.3　実際の熱機関における熱量の流れ
（小型ディーゼルエンジンの例）

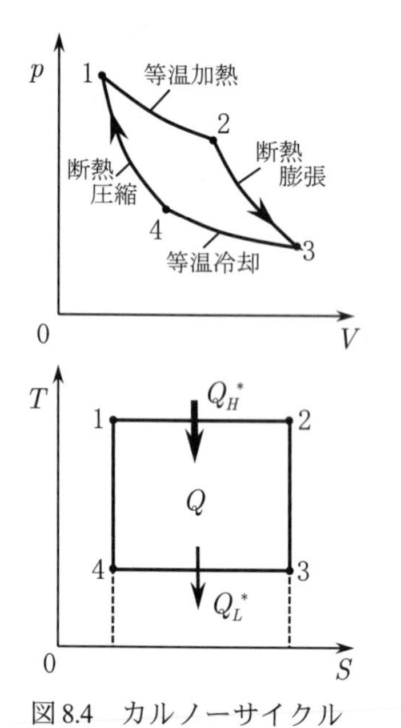

図 8.4　カルノーサイクル

Q_H^*-Q_H

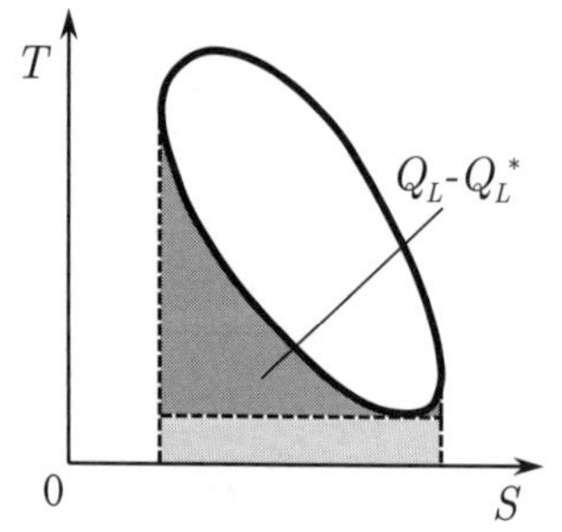

図 8.5　一般サイクルとカルノーサイクル

(net thermal efficiency)が使われる．これらの損失は，サイクルを保つための駆動動力，機械的運動部分に生じる摩擦，熱の伝達や伝導に伴って発生する熱損失など，機械の構造，運転条件に大きく依存する．そこで，本章では実際の熱機関で生じるこのような不可逆損失には触れず，主に理論熱効率の熱力学的扱いについて述べることとする．

理論サイクルとしては，第 4 章で述べたカルノーサイクル(Carnot cycle)がある．これは，図 8.4 のように，等温冷却（圧縮）→断熱圧縮→等温加熱（膨張）→断熱膨張の 4 つの過程から構成され，高温熱源と低温熱源の温度は一定となる．それぞれの温度を T_H，T_L とすれば，理論熱効率は次の式(8.3)で与えられ，熱機関の中で最高となることが示されている．

$$\eta_{th} = 1 - T_L / T_H \tag{8.3}$$

しかし，実際に我々の利用している熱機関では，前述のように種々の熱源と作動流体を利用するため，それらの条件に適合した作動原理となり，理論サイクルはそれに応じた過程により構成されることになる．特に，カルノーサイクルに含まれる等温冷却と等温加熱には熱交換を極めて効率よく行う必要があり，比較的高速で動作する動力システムでは実現が難しい．したがって，冷却・加熱過程の温度は一般に変化することになる．

【例題 8・1】　＊＊＊＊＊＊＊＊＊＊＊＊＊＊＊＊＊＊＊＊＊＊＊＊
図 8.2 に示される一般のサイクルの理論熱効率は，このサイクル中の最高温度と最低温度をそれぞれ高温熱源，低温熱源とするカルノーサイクルの理論熱効率に比べて低いことを示せ．

【解答】 図 8.2 の $T-S$ 線図における最高点，最低点を通る 2 本の水平線からなるカルノーサイクルを考える．図 8.5 のように，それぞれの状態変化曲線と横軸との間にはさまれた面積を比較すると，カルノーサイクルが高温熱源から与えられる熱量 Q_H^* は，図 8.2 のサイクルの受ける熱量 Q_H より明らかに大きく，またカルノーサイクルが低温熱源に放出する熱量 Q_L^* は，図 8.2 のサイクルが廃棄する熱量 Q_L より明らかに小さい．したがって，式(8.2)より，

$$\eta_{th} = 1 - Q_L / Q_H < 1 - Q_L^* / Q_H^* = \eta_{th}\ \text{(Carnot)} \tag{ex8.1}$$

このことからも，カルノーサイクルの理論熱効率が熱機関のなかで最高となることが示される．

＊＊＊＊＊＊＊＊＊＊＊＊＊＊＊＊＊＊＊＊＊＊＊＊

熱機関における動作流体としては種々のものが考えられる．そのうち，サイクルの中で常に気体であるものをガスサイクル，液体と気体の 2 つの相となるものを蒸気サイクルと呼び，それぞれで特性はかなり異なったものとなる．本章ではガスサイクルを，次章では蒸気サイクルを扱うこととし，乗用車やトラック，大形船舶，ガスタービン，など実際に広く使用されている熱機関の基本サイクルについて説明する．因みに，図 8.6 はそれらの代表的な $p-V$ 線図を例示したものであり，以下に示す理論サイクルの基礎とした特徴が見てとれる．

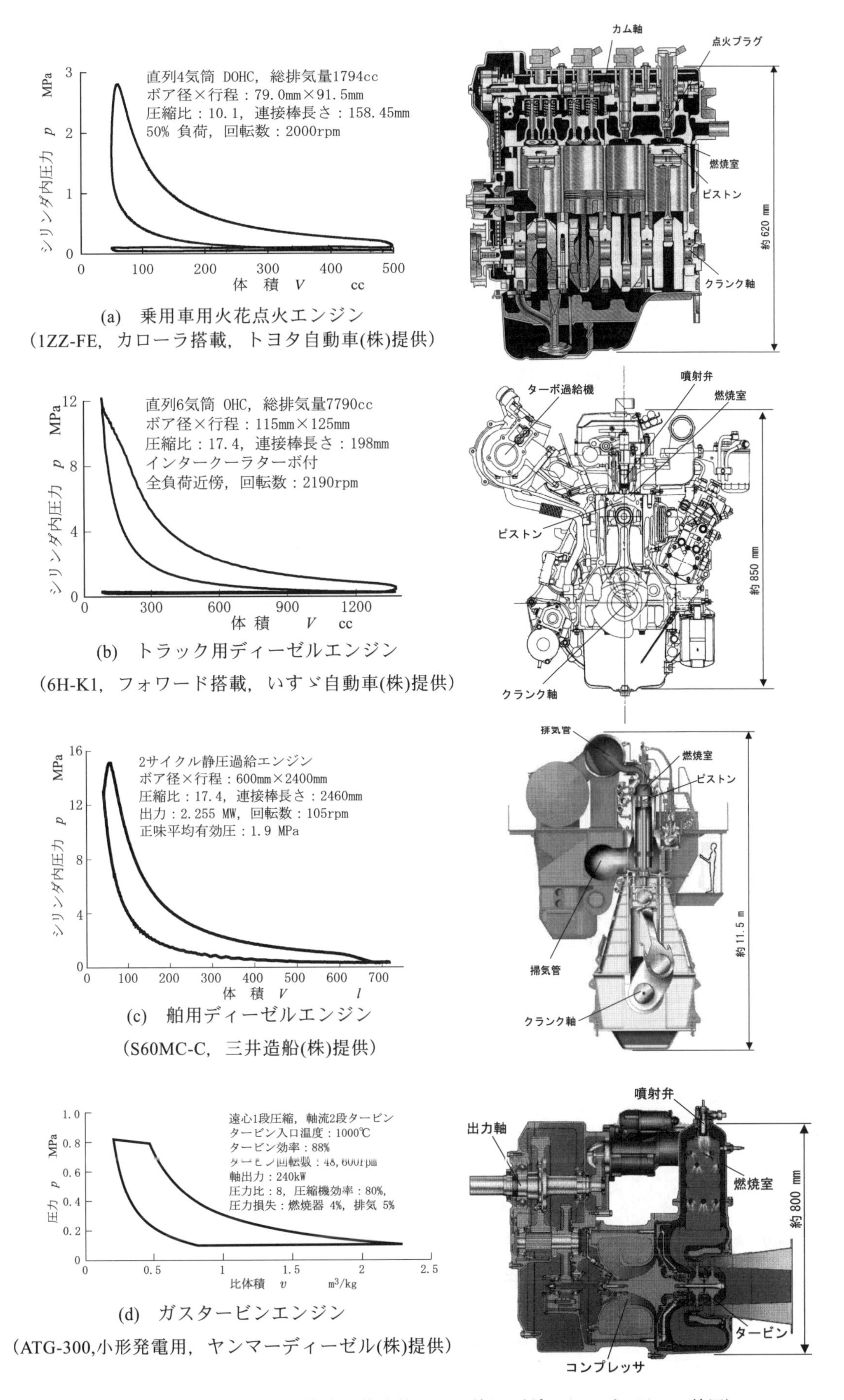

(a)　乗用車用火花点火エンジン
（1ZZ-FE，カローラ搭載，トヨタ自動車(株)提供）

(b)　トラック用ディーゼルエンジン
（6H-K1，フォワード搭載，いすゞ自動車(株)提供）

(c)　舶用ディーゼルエンジン
（S60MC-C，三井造船(株)提供）

(d)　ガスタービンエンジン
（ATG-300,小形発電用，ヤンマーディーゼル(株)提供）

図 8.6　種々の熱機関の構造と代表的な p-V 線図（ガスタービンは p-v 線図）

8・2　ピストンエンジンのサイクル (piston-engine cycle)

ピストンエンジンは，燃料の燃焼をシリンダ内で行わせ，生じた高温高圧ガスによりピストンを動かして回転仕事を取り出す熱機関である．燃焼が間欠的に行われるので，サイクルの最高温度が 2500 K を超える高温となるにもかかわらず，構成材料の耐熱性への要求は比較的緩い．そのため，他の熱機関と比べて冷却系および排ガスに失われる損失を抑え，熱効率を高めることができる．

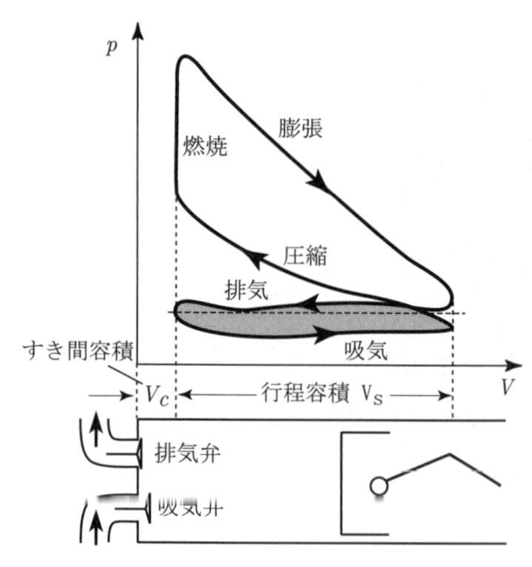

図 8.7　4 サイクルエンジン

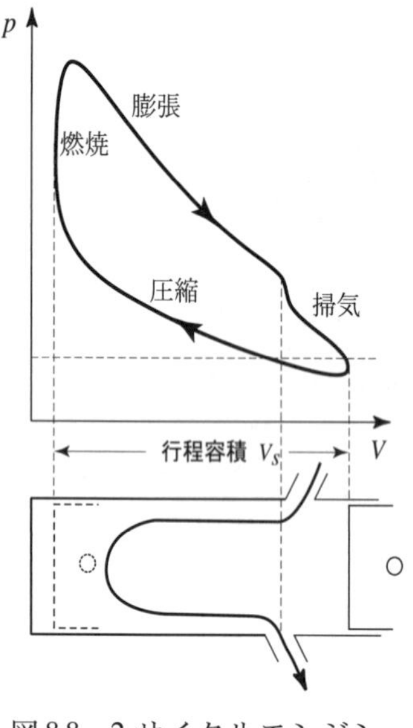

図 8.8　2 サイクルエンジン

ほとんどのエンジンでは，円筒シリンダ内でピストンを往復させ，その運動をクランク機構により回転運動に変換している．図 8.7 は 4 サイクル式，図 8.8 は 2 サイクル式におけるピストンの動きと，シリンダ内の $p-V$ 線図の概略を示したものである．前者では，吸気→圧縮→膨張（燃焼）→排気の 4 行程を繰り返すことにより運転を継続し，その間にピストンが 2 往復，クランク軸が 2 回転する．後者の 2 サイクル式では，排気と吸気（掃気）が同時に行われ，ピストンが 1 往復，クランク軸が 1 回転する間に 1 回のサイクルが完了する．

そのほか，ピストン‐ クランク機構を用いないものとして**ロータリ式エンジン(バンケルエンジン**，Wankel engine)がある．ピストンとシリンダ間およびピストン端面におけるガスシールと潤滑が難しく，正味熱効率は低くなるものの，往復運動に伴う振動を軽減し，ガス膨張から回転仕事を直接取り出せることなどの特長を活かした使途が考えられる．

エンジン内の実際の作動ガスは，サイクル中に組成および温度が大きく変化し，それに伴って比熱も変化する．サイクルの詳細な解析にはそれらの変化を考慮する必要があるが，以下では特に断らない限り理想気体として理論サイクルを扱う．

8・2・1　オットーサイクル (Otto cycle)

火花点火エンジン(spark-ignition engine)では，一般に可燃性混合気を吸入・圧縮して激しく乱れた流れ（高乱流）のもとで点火し，極めて急速な火炎伝播により燃焼する．したがって，加熱は圧縮終わりの時刻（上死点，top dead center）において体積一定のもとでほぼ瞬間的に行われると近似できるので**等積サイクル**(constant-volume cycle)，あるいはこの燃焼形式を実際のエンジンに適用した研究者（Nicolaus A. Otto）の名前に因んで**オットーサイクル**と呼ばれる．なお，燃焼ガスをシリンダから排気するとともにシリンダ内へ新気を吸入するためにはある程度の時間を要し，実際にはこのガス交換過程における状態変化を考慮しなければならないが，理論サイクルでは体積が最大となる時刻（下死点，bottom dead center）において瞬時に吸・排気が行われると扱う．

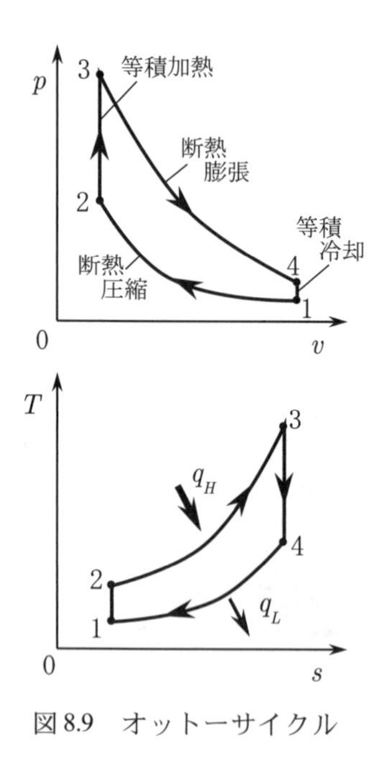

図 8.9　オットーサイクル

図 8.9 にオットーサイクルの $p-v$ 線図および $T-s$ 線図を示す．作動ガスは 1 の状態から断熱的に圧縮され，高温高圧の状態 2 となる．ここで，体積一定のまま燃焼により加熱されて状態 3 となったのち，断熱的に膨張し 4 の状態となり，さらに体積一定のまま冷却され状態 1 に戻ってサイクルを完了する．3 から 4 の膨張過程では高められた圧力によりピストンを押し下げて，1 から 2 の圧縮過程で外部から加えられた仕事よりも大きな仕事を発生する．

このサイクルにおける断熱過程前後の温度比および動作ガス 1 kg あたりの加熱量 q_H，q_L は，

1→2　断熱圧縮：　$T_1/T_2=(v_2/v_1)^{\kappa-1}$

2→3　等積加熱：　$q_H=c_v(T_3-T_2)$

3→4　断熱膨張：　$T_4/T_3=(v_3/v_4)^{\kappa-1}=(v_2/v_1)^{\kappa-1}$

4→1　等積冷却：　$q_L=c_v(T_4-T_1)$

ただし，T は温度，v は比体積であり，添字の数字は各点の状態量を示す．また，c_v は定積比熱，κ は比熱比である．したがって，式(8.2)の理論熱効率 η_{th} は次のように求められる．

$$\begin{aligned}\eta_{th}&=1-\frac{q_L}{q_H}=1-\frac{(T_3-T_2)(v_2/v_1)^{\kappa-1}}{T_3-T_2}\\&=1-\left(\frac{v_2}{v_1}\right)^{\kappa-1}=1-\frac{1}{\varepsilon^{\kappa-1}}\end{aligned}\tag{8.4}$$

ここに，$\varepsilon=v_1/v_2$ は圧縮比(compression ratio)と呼ばれ，ピストンが下死点にある時期（体積最大）における作動ガスを，上死点（体積最小）までどれだけ圧縮するかの指標であり，エンジン性能を決める重要な値である．

【例題 8・2】　＊＊＊＊＊＊＊＊＊＊＊＊＊＊＊＊＊＊＊＊＊＊＊

熱力学第 1 法則によると，熱機関の理論サイクルにおいて外部へ差し引き発生する仕事は，外部から受ける熱量に等しい．この関係が，図 8.8 のオットーサイクルにおいても成り立つことを，$p-v$ 線図の囲む面積で仕事を計算して確認せよ．

【解答】 作動ガスは 1→2 の過程で外部から仕事を受け，3→4 の過程で外部へ仕事をする．いずれも断熱変化であり，$p-v^{\kappa}$ 一定の関係にあることを考慮して計算すると，

$$\begin{aligned}\oint p\mathrm{d}v&=\int_{v_3}^{v_4}p\mathrm{d}v+\int_{v_1}^{v_2}p\mathrm{d}v=p_3{v_3}^{\kappa}\int_{v_3}^{v_4}v^{-\kappa}\mathrm{d}v+p_2{v_2}^{\kappa}\int_{v_1}^{v_2}v^{-\kappa}\mathrm{d}v\\&=\frac{R}{\kappa-1}(T_3-T_2)\left(1-\varepsilon^{1-\kappa}\right)=c_v(T_3-T_2)\left(1-\varepsilon^{1-\kappa}\right)=q_H-q_L\end{aligned}\tag{ex8.2}$$

ただし，作動ガスは理想気体であるから，$c_v=R/(\kappa-1)$ が成り立つ．

＊＊＊＊＊＊＊＊＊＊＊＊＊＊＊＊＊＊＊＊＊＊＊

式(8.4)より，オットーサイクルの理論熱効率 η_{th} は圧縮比 ε と比熱比 κ で決定され，圧縮比を高くするほど理論熱効率は増加するので，高圧縮比化は火花点火エンジンの燃費向上の基本方針となる．しかし，実際のエンジンで圧縮比を高くすると，ノック(knock)と呼ばれる異常燃焼が生じて正常な運転ができなくなり，圧縮比は制限を受ける．このノックは，点火せんから伝播する火炎面前方の未燃混合気（端ガス）が，火炎による熱放射や燃焼圧力による圧縮を受け高温高圧状態になって反応し，火炎が到達する前に自己着火を起こす現象である．これによって端ガスは極めて急速に燃焼するので，図 8.10 に示すような数 kHz の強い圧力波を生じ，これがエンジンを加振して戸を叩く（ノックする）ような異常音を発生する．一般に，エンジンの冷却が悪い

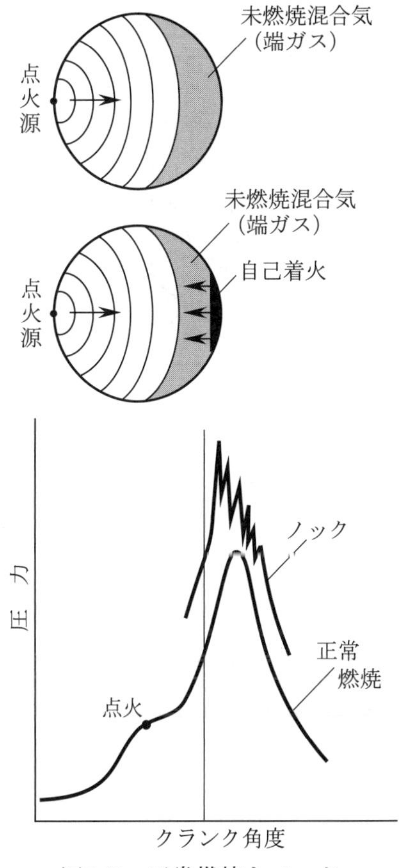

図 8.10　正常燃焼とノック

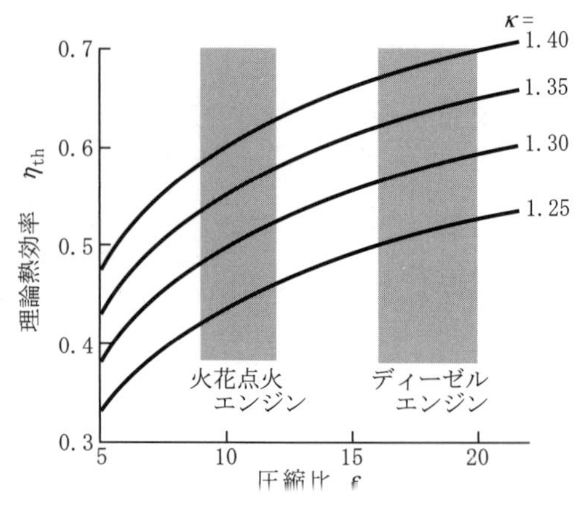

図 8.11　圧縮比による理論熱効率の増加（オットーサイクル）

場合や大気温度が高い場合，エンジン負荷が高く回転速度が低い場合に発生しやすく，激しいノックではピストンが焼損する．

オットーサイクルの理論熱効率 η_{th} が圧縮比 ε によってどのように変化するかを計算した結果を図 8.11 に示す．κ は作動ガスの組成と温度によって異なり，空気ではほぼ $\kappa = 1.4$，混合気では $\kappa = 1.3 \sim 1.35$，燃焼ガスでは $\kappa = 1.25 \sim 1.3$ の値となる．したがって，希薄混合気のほうが κ は大きく理論熱効率も高くなり，希薄燃焼方式で熱効率が向上する一因となっている．圧縮比についてみると，図中に示したように乗用車用の火花点火エンジンでは 9～12，ディーゼルエンジンではノックによる制限がなく 16～21 の値が通常採用され，圧縮比の差だけを考慮して両者を比較すれば火花点火エンジンのほうが熱効率は約 10％以上低いことになる．

8・2・2　ディーゼルサイクル (Diesel cycle)

ディーゼルエンジン(Diesel engine)では，空気のみをシリンダ内で圧縮して高温高圧とし，そこに燃料を霧状に高圧噴射する．燃焼室内は激しく乱れた流れ，すなわち高乱流場となっており，燃料と空気が迅速に混合して可燃混合気が形成されるとともに，自着火条件を満たした部分から順に燃焼が進行する．この燃焼方式はディーゼル(Rudolf Diesel)により実用化され，冷始動，等の特別な条件を除いて外部点火装置は不要で，圧縮着火エンジン(compression-ignition engine)とも呼ばれる．したがって，燃焼は比較的緩慢であり，圧縮終了（上死点）後の膨張行程中に圧力がほぼ一定となる状況が続く．実際の燃焼はもう少し速くある程度の圧力上昇が認められるが，大形低速ディーゼルエンジンの燃焼圧力経過は等圧に近い．そこで，ディーゼルサイクルでは作動ガスへの加熱は等圧で行われるものと扱い，等圧サイクル(constant-pressure cycle)ともいう．

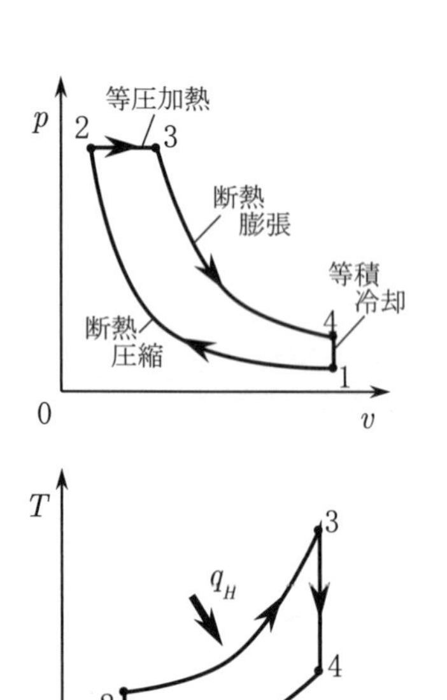

図 8.12　ディーゼルサイクル

図 8.12 にディーゼルサイクルの $p-v$ 線図および $T-s$ 線図を示す．オットーサイクルとの相違点は，状態 2→3 が等圧加熱となることのみであり，断熱過程前後の温度比および加熱量 q_H，q_L は，

1→2　断熱圧縮：　$T_1/T_2 = (v_2/v_1)^{\kappa-1}$

2→3　等圧加熱：　$q_H = c_p(T_3 - T_2)$

3→4　断熱膨張：　$T_4/T_3 = (v_3/v_4)^{\kappa-1} = (\sigma v_2/v_1)^{\kappa-1}$

4→1　等積冷却：　$q_L = c_v(T_4 - T_1)$

これらより理論熱効率 η_{th} は，

$$\eta_{th} = 1 - \frac{q_L}{q_H} = 1 - \frac{T_4 - T_1}{\kappa(T_3 - T_2)} \tag{8.5}$$

ここで，圧縮比 $\varepsilon = v_1/v_2$ および締切比(cut off ratio) $\sigma = v_3/v_2$ を用いると，

$$\frac{T_2}{T_1} = \varepsilon^{\kappa-1},\quad \frac{T_3}{T_2} = \sigma,\quad \frac{T_4}{T_3} = \left(\frac{v_3}{v_4}\right)^{\kappa-1} = \left(\sigma\frac{v_2}{v_1}\right)^{\kappa-1}$$

が成り立つので，式(8.5)は次のように求められる．

$$\eta_{th} = 1 - \frac{1}{\varepsilon^{\kappa-1}}\frac{\sigma^{\kappa} - 1}{\kappa(\sigma - 1)} \tag{8.6}$$

式(8.6)によると，ディーゼルサイクルの理論熱効率 η_{th} は圧縮比 ε と締切比 σ で決まり，圧縮比を高く，締切比を 1 に近づけるほど大きくなる．図 8.13 はポリトロープ指数 $\kappa=1.35$，締切比 $\sigma=1.5$ および 2 として，圧縮比 ε による理論熱効率 η_{th} の変化を計算した結果であり，オットーサイクルの場合と比較して示す．$(\sigma^{\kappa}-1)/\kappa(\sigma-1)$ は常に 1 より大きいので，圧縮比が同じであればディーゼルサイクルの熱効率はオットーサイクルより小さい．ただし，前述のようにディーゼルエンジンではノックによる制限がないので圧縮比を高くでき，理論的にオットーサイクルより熱効率は大きくなる．

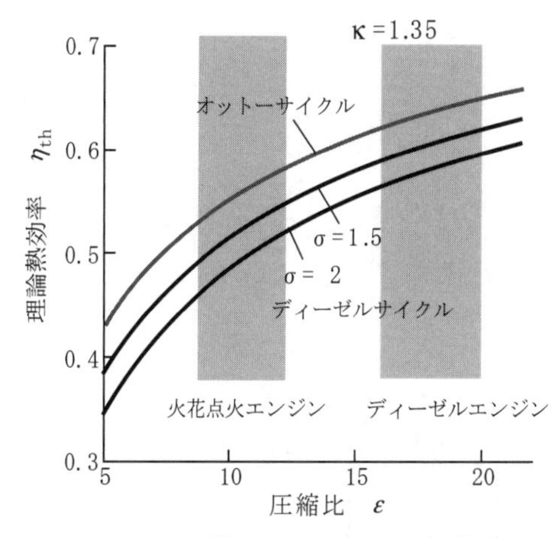

図 8.13 圧縮比による理論熱効率の増加(ディーゼルサイクル)

8・2・3 サバテサイクル (Sabathé cycle)

高速ディーゼルエンジンでは，一般に上死点前から燃料を噴射するが，可燃混合気が形成され反応を開始するまでにはある程度の時間を必要とする．この着火遅れ期間(ignition-delay period)中に蓄積した混合気は上死点近傍で一気に燃焼し，それによってシリンダ内はさらに高温となるため，続く膨張行程で噴射された燃料は空気と混合すると直ちに反応して燃焼が進行する．すなわち，作動ガスへの加熱の一部は等積で，残りの加熱は等圧のもとで行われると近似でき，オットーサイクルとディーゼルサイクルを組み合わせた形と扱われる．この理論サイクルをサバテサイクル(Sabathé cycle)と呼ぶ．

図 8.14 にサバテサイクルの $p-v$ 線図および $T-s$ 線図を示す．各過程についてこれまでと同様に計算すると，

1→2 断熱圧縮： $T_1/T_2=(v_2/v_1)^{\kappa-1}$

2→2' 等積加熱： $q_v=c_v(T_{2'}-T_2), T_{2'}/T_2=p_{2'}/p_2$

2'→3 等圧加熱： $q_p=c_p(T_3-T_{2'}), T_3/T_{2'}=v_3/v_{2'}=v_3/v_2$

3→4 断熱膨張： $T_4/T_3=(v_3/v_4)^{\kappa-1}=(v_3/v_1)^{\kappa-1}$

4→1 等積冷却： $q_L=c_v(T_4-T_1)$

したがって，理論熱効率 η_{th} は次のようになる．

$$\begin{aligned}\eta_{th}&=1-\frac{q_L}{q_v+q_p}=1-\frac{c_v(T_4-T_1)}{c_v(T_{2'}-T_2)+c_p(T_3-T_{2'})}\\&=1-\frac{1}{\varepsilon^{\kappa-1}}\frac{\xi\sigma^{\kappa}-1}{\xi-1+\kappa\xi(\sigma-1)}\end{aligned}\tag{8.7}$$

ここに，$\varepsilon=v_1/v_2$（圧縮比），$\sigma=v_3/v_{2'}=v_3/v_2$（締切比）であり，$\xi=p_{2'}/p_2$ は圧力比(pressure ratio)という．式(8.7)で $\sigma=1$ とすればオットーサイクルの式(8.4)に，$\xi=1$ とすればディーゼルサイクルの式(8.6)に一致する．

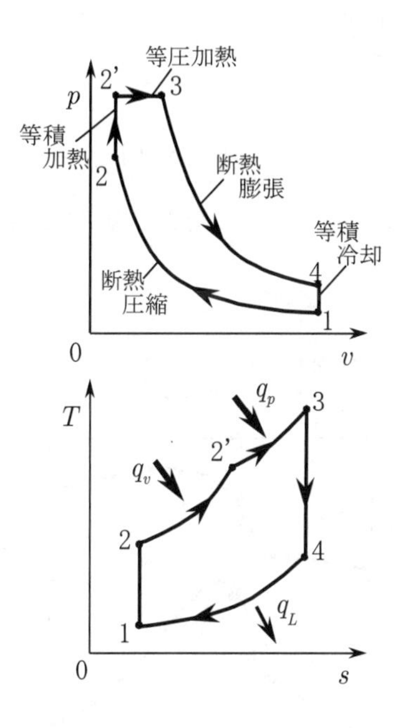

図8.14 サバテサイクル

【例題 8・3】 ＊＊＊＊＊＊＊＊＊＊＊＊＊＊＊＊＊＊＊＊＊＊＊

オットーサイクル，ディーゼルサイクルおよびサバテサイクルの理論熱効率を，それぞれ η_O, η_D, η_S とすると，圧縮比が等しい場合には $\eta_O \geqq \eta_S \geqq \eta_D$ となることを証明せよ．

【解答】

$$\eta_O - \eta_S = \frac{1}{\varepsilon^{\kappa-1}} \frac{\xi(\sigma-1)\{(\sigma^\kappa-1)/(\sigma-1)-\kappa\}}{\{\xi-1+\kappa\xi(\sigma-1)\}} \quad \text{(ex8.3)}$$

$$\eta_S - \eta_D = \frac{1}{\varepsilon^{\kappa-1}} \frac{(\xi-1)(\sigma-1)\{(\sigma^\kappa-1)/(\sigma-1)-\kappa\}}{\kappa(\sigma-1)\{(\xi-1)+\kappa\xi(\sigma-1)\}} \quad \text{(ex8.4)}$$

ここで，$(\sigma^\kappa-1)/\kappa(\sigma-1)$ は常に 1 より大きい，すなわち

$$(\sigma^\kappa-1)/(\sigma-1)-\kappa>0 \quad \text{(ex8.5)}$$

よって，$\eta_O-\eta_S>0$，　$\eta_S-\eta_D>0$ が成り立つ．

＊＊＊＊＊＊＊＊＊＊＊＊＊＊＊＊＊＊＊＊＊＊＊

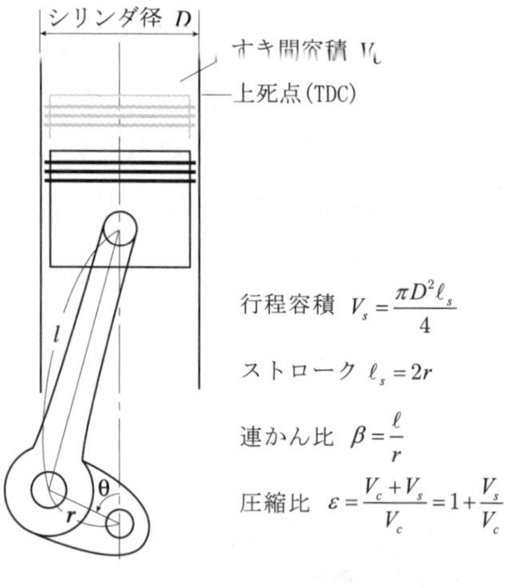

シリンダ径 D

すき間容積 V_c

上死点(TDC)

行程容積 $V_s=\frac{\pi D^2 \ell_s}{4}$

ストローク $\ell_s=2r$

連かん比 $\beta=\frac{\ell}{r}$

圧縮比 $\varepsilon=\frac{V_c+V_s}{V_c}=1+\frac{V_s}{V_c}$

$$V(\theta)=Vc\left[1+\frac{\varepsilon-1}{2}\{\beta(1-\sin\theta)+1-\cos\theta\}\right]$$

図 8.15　ピストンの動きと容積の関係

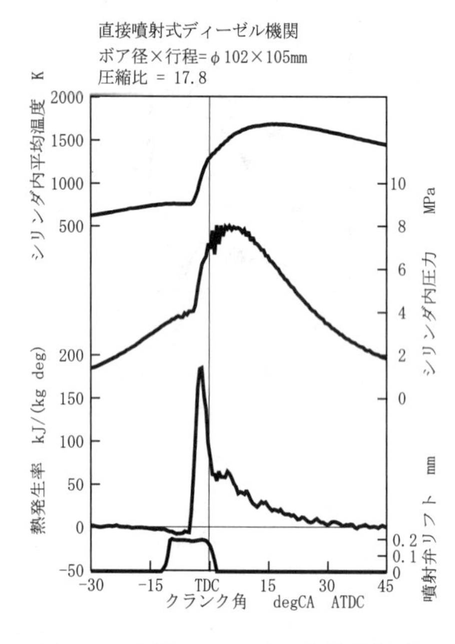

図 8.16　実際のエンジン内燃焼経過

8・2・4　ピストンエンジンの燃焼解析 (combustion analysis in piston engines) ∗

以上の理論サイクルでは，燃焼過程を等積あるいは等圧変化と扱ったが，実際にはシリンダ内の温度・圧力やガス流動・乱れの条件に応じて燃焼・加熱過程が進行する．エンジンのサイクル仕事および熱効率はこの熱発生の時間経過に依存し，燃焼中に発生する有害物質の生成も大きく影響を受ける．したがって，熱発生経過を調べることはエンジンの高性能化を図るための基本であり，その方法を下記に示す．

実際のエンジンにおいて，シリンダ内圧力 p の時間変化は比較的容易に精度良く測定できるので，ピストンの動きを同時に検出してシリンダ内体積 V の変化と対応づければ，燃焼により発生する熱量が概略計算できる．シリンダ内の作動ガスに熱量 $\mathrm{d}Q$ が供給されると，理想気体の準静的過程に対する熱力学第 1 法則より

$$\mathrm{d}Q = C_V \mathrm{d}T + p\mathrm{d}V$$

ここで，作動ガスの質量を m とし，理想気体の状態式 $pV=mRT$ および $C_V=mR/(\kappa-1)$ を考慮すると，

$$\mathrm{d}Q=\frac{1}{\kappa-1}\mathrm{d}(pV)+p\mathrm{d}V=\frac{V}{\kappa-1}\mathrm{d}p+\frac{\kappa p}{\kappa-1}\mathrm{d}V \quad (8.8)$$

式(8.8)の V および $\mathrm{d}V$ は，図 8.15 に示す幾何学的関係からエンジン諸元とコンロッド-クランク長さ比（連かん比）によってクランク角 θ の関数として定まるので，p を測定して圧力上昇率 $\mathrm{d}p/\mathrm{d}\theta$ を求めることにより，単位クランク角あたりに発生する熱量，すなわち熱発生率 $\mathrm{d}Q/\mathrm{d}\theta$ を計算できる．その際，状態式からシリンダ内平均温度も併せて求まる．図 8.16 に，試験用ディーゼルエンジンの実測圧力に基づく熱発生率計算の一例を示す．

8・2・5　スターリングサイクル (Stirling cycle)

これまで述べた内燃機関では，シリンダでの急速な燃焼によって作動ガスを加熱・膨張して仕事を発生するので，高速運転が可能となり大きな出力を得ることができる．一方，間欠的な燃焼を素早く行うためには，燃料に蒸発性，

流動性，着火性などが要求されるので，使用できる燃料は限定され，主にガソリン，軽油，重油，LPG（液化石油ガス），天然ガスなどが，エンジンの特徴に応じて用いられる．これに対し，外燃機関は熱源に課される条件は比較的緩く，石炭などの固体燃料を始め，太陽熱，高温廃熱などが使えるので，エネルギー有効利用の観点からも，実用化・高性能化を目指して研究開発が行われている．

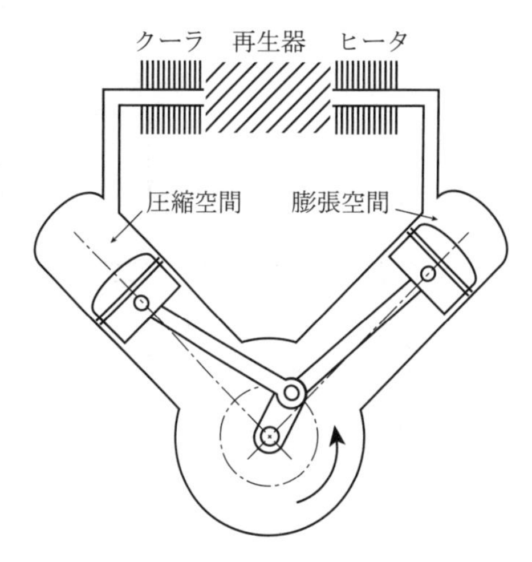

図8.17　スターリングエンジンの構造

スターリングサイクルは，外燃式ピストンエンジンに適用されるガスサイクルであり，図 8.18 に $p-v$ 線図と $T-s$ 線図を示すように，2 つの等温過程と等積過程から構成される．

1→2　等積加熱：　$q_{12}=c_v\left(T_2-T_1\right)$

2→3　等温膨張：　$q_H=RT_2\ln\left(v_3/v_2\right)$

3→4　等積冷却：　$q_{34}=c_v\left(T_3-T_4\right)=c_v\left(T_2-T_1\right)=q_{12}$

4→1　等温圧縮：　$q_L=RT_1\ln\left(v_4/v_1\right)=RT_1\ln\left(v_3/v_2\right)$

このように，スターリングサイクルには 2 つの等温過程が含まれることが特徴であり，3→4 の放熱量 q_{34} を外部へ捨てないで蓄熱体に貯えておき，1→2 の加熱 q_{12} に再生(regeneration)して使用する．これには，$T_1\sim T_2$ を十分小さい温度間隔に細分し，それぞれに別個の蓄熱体（熱源）を用いる必要がある．したがって，このスターリングサイクルは蓄熱再生過程を持ち，2→3 と 4→1 の等温過程においてのみ外部との熱の授受が行われ，理論熱効率 η_{th} は，

$$\eta_{th}=1-\frac{q_L}{q_H}=1-\frac{T_1}{T_2} \tag{8.9}$$

これは，2 つの高低温度 T_2，T_1 の間で作動するカルノーサイクルの熱効率と一致する．

ただし，このサイクルの実現には高性能の加熱器および熱交換器が必要であり，動作速度が伝熱現象に律速されるので大きな出力を得ることが難しい．さらに，材料面から最高温度が制限されるので，実際には熱効率もさほど高くできない．

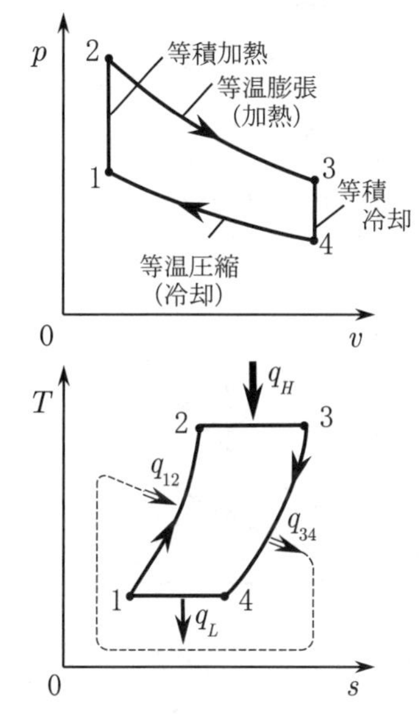

図 8.18　スターリングサイクル

8・3　ガスタービンエンジンのサイクル (gas-turbine engine cycle)

ガスタービン(gas turbine)エンジンは，高速度で回転する圧縮機によって大量の空気を連続的に圧縮し，この空気流に燃焼室で燃料を噴射して燃焼させ，生じた高温の燃焼ガスをロータに植えつけた羽根（タービン翼）に高速で吹きつけてタービンを駆動して，回転仕事を得るものである．タービンと圧縮機とは一般に直結されており，タービン出力の一部で圧縮機を駆動し，残りを軸出力として取り出して発電機，プロペラ，車軸の駆動などに用いる．この速度エネルギーを軸出力でなくノズルを通して噴出させ，運動エネルギーの形で取り出して直接推進に利用するのがターボジェットエンジン(turbojet engine)である．

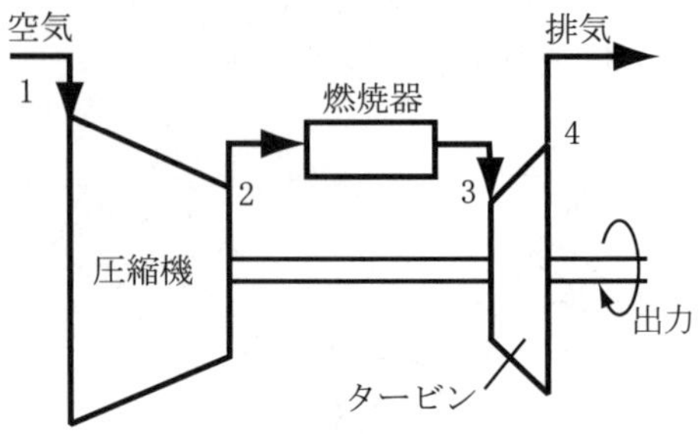

8・3・1　ブレイトンサイクル (Brayton cycle)

図 8.19 に最も単純な開放型ガスタービンサイクルの構成図を示す．このような流動式の熱機関では容積式と比べて，構造が複雑である．また，連続的に燃焼させるため燃焼室やタービン翼が高温に曝され，材料強度や腐食により制限されて燃焼温度を高められず，熱効率が比較的低い．特に，部分負荷での性能が悪く，負荷変動の大きい装置には適さない．しかし，タービンを高速で回転させて軸出力を連続的に取り出せるので，小形軽量で高出力が得られ，航空機，高速艦艇，非常用発電機，等の動力源として使用されるほか，最近では高温強度材料の開発，タービン翼冷却技術，天然ガス希薄燃焼技術などの発展に基づき，150 MW を超える大出力高効率のコンバインド発電プラントに用いられている．

図8.19　ガスタービンの構成

このガスタービンの基本サイクルでは受熱と放熱が等圧過程で行われるので，等圧燃焼サイクルまたはブレイトンサイクル(Brayton cycle)と呼ばれる．図 8.20 に $p-v$ 線図および $T-s$ 線図を示す．これまでと同様，各過程について，

1→2　断熱圧縮：　$T_1/T_2=\left(p_1/p_2\right)^{(\kappa-1)/\kappa}$

2→3　等圧加熱：　$q_H=c_p\left(T_3-T_2\right)$

3→4　断熱膨張：　$T_4/T_3=\left(p_4/p_3\right)^{(\kappa-1)/\kappa}=\left(p_1/p_2\right)^{(\kappa-1)/\kappa}$

4→1　等圧冷却：　$q_L=c_p\left(T_4-T_1\right)$

したがって，理論熱効率 η_{th} は

$$\eta_{th}=1-\frac{q_L}{q_H}=1-\frac{T_4-T_1}{T_3-T_2}=1-\frac{1}{\gamma^{(\kappa-1)/\kappa}} \tag{8.10}$$

ここに，$\gamma=p_2/p_1$ は圧力比(pressure ratio)であり，η_{th} は γ と κ に依存し，γ とともに増加する．

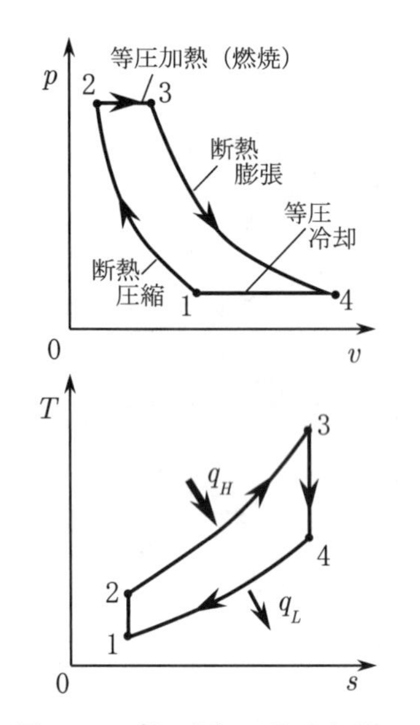

図8.20　ブレイトンサイクル

【例題 8・4】　＊＊＊＊＊＊＊＊＊＊＊＊＊＊＊＊＊＊＊＊＊＊＊

図 8.20 のブレイトンサイクルにおける圧縮比を $\varepsilon=v_1/v_2$ とし，これを用いて理論熱効率 η_{th} を表せ．

【解答】ピストンエンジンと違って，ガスタービンでは決まった体積を圧縮することはないので，圧縮比がサイクルの特徴を示す量としてふさわしいとはいえない．しかし，圧縮機前後の体積比を圧縮比と定義すれば，図 8.20 の 1→2 が断熱過程であることから，

$$\gamma=\frac{p_2}{p_1}=\left(\frac{v_1}{v_2}\right)^{\kappa}=\varepsilon^{\kappa} \tag{ex8.6}$$

となり，式(8.10)より

$$\eta_{th}=1-\frac{1}{\varepsilon^{\kappa-1}} \tag{ex8.7}$$

これは，式(8.4)と一致し，圧縮比が同一のオットーサイクルとブレイトンサイクルの熱効率は等しい値となることがわかる．

次に，同じ等圧燃焼過程を含むディーゼルサイクルとブレイトンサイクルを比較する．いま，圧縮比$\varepsilon = v_1 / v_2$，締切比$\sigma = v_3 / v_2$がともに等しく，つまり断熱圧縮→等圧燃焼までの過程を等しくすると，両者の$p-v$線図の比較より明らかなように，初圧まで膨張を行う分だけブレイトンサイクルのほうが取り出せる仕事が大きく，熱効率は高くなる．しかし，実際にはガスタービン機関の圧縮機効率が低く，タービンで発生する仕事に対して圧縮機で消費する仕事が大きくなるため，正味熱効率はディーゼルエンジンよりも低い．

＊＊＊＊＊＊＊＊＊＊＊＊＊＊＊＊＊＊＊＊＊＊＊＊

【例題 8・5】　＊＊＊＊＊＊＊＊＊＊＊＊＊＊＊＊＊＊＊＊＊＊＊＊

ブレイトンサイクルにおいて，タービンの発生する仕事l_tと圧縮機の消費する仕事l_cの比λが，燃焼前後の温度$\tau = T_3 / T_2$に等しいことを示せ．

【解答】 1→2 および 3→4 が断熱過程であることと，定常流動系の関係式(3.41)を用いて，

$$l_t = \int_4^3 v\mathrm{d}p = \frac{\kappa}{\kappa-1} p_4 v_4 \left[\left(\frac{p_3}{p_4} \right)^{\frac{\kappa-1}{\kappa}} - 1 \right] = \frac{\kappa}{\kappa-1} RT_4 \left(\frac{T_3}{T_4} - 1 \right) \tag{ex8.8}$$

$$l_c = \int_1^2 v\mathrm{d}p = \frac{\kappa}{\kappa-1} p_1 v_1 \left[\left(\frac{p_2}{p_1} \right)^{\frac{\kappa-1}{\kappa}} - 1 \right] = \frac{\kappa}{\kappa-1} RT_1 \left(\frac{T_2}{T_1} - 1 \right) \tag{ex8.9}$$

また，$p_1 = p_4$，$p_2 = p_3$より$T_2/T_1 = T_3/T_4$が成り立つので，

$$\lambda = \frac{l_t}{l_c} = \frac{T_4 \left(T_3 / T_4 - 1 \right)}{T_1 \left(T_2 / T_1 - 1 \right)} = \frac{T_4}{T_1} = \frac{T_3}{T_2} = \tau \tag{ex8.10}$$

このことより，燃焼による発生熱量を大きくして温度上昇を大きくすれば，熱効率を高くできることがわかる．しかし，燃焼が連続的に行われるガスタービン機関では構成材料の高温強度に限度があり，作動ガスの温度をピストンエンジンほど高くすることはできない．

＊＊＊＊＊＊＊＊＊＊＊＊＊＊＊＊＊＊＊＊＊＊＊＊

8・3・2　ブレイトン再生サイクル (regenerative Brayton cycle)

タービン出口の排気は一般にかなり高温で，その温度T_4は圧縮機出口温度T_2よりも高い．その場合，排気熱の一部を回収して燃焼前の空気を予熱することによって熱効率を改善できる．すなわち，図 8.21 に示すように，圧縮機と燃焼器間に熱交換器（再生器）を設け，4→4’ の熱により 2→2’ を加熱する．このサイクルをブレイトン再生サイクル(regenerative Brayton cycle)と呼び，図 8.22 にその$p-v$線図および$T-s$線図を示す．ここで，理想的な熱変換が行われて，$T_4 = T_{2'}$，$T_{4'} = T_2$の状態になったとすると，

再生熱量　$q_r = c_p \left(T_4 - T_{4'} \right) = c_p \left(T_{2'} - T_2 \right)$

加熱量　$q_H = c_p \left(T_3 - T_{2'} \right) = c_p \left(T_3 - T_4 \right)$

放熱量　$q_L = c_p \left(T_{4'} - T_1 \right) = c_p \left(T_2 - T_1 \right)$

したがって，理論熱効率η_{th}は

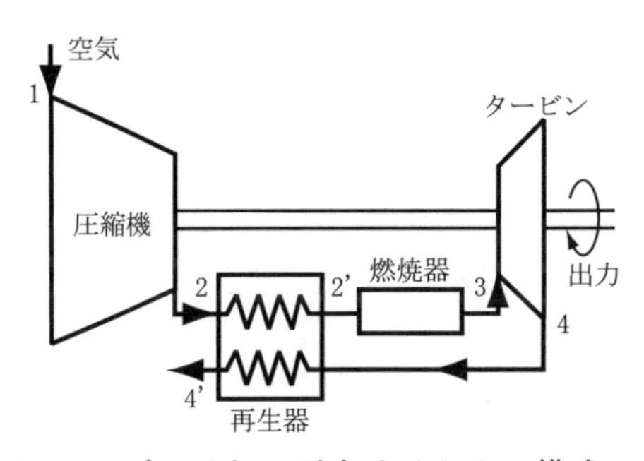

図 8.21　ブレイトン再生サイクルの構成

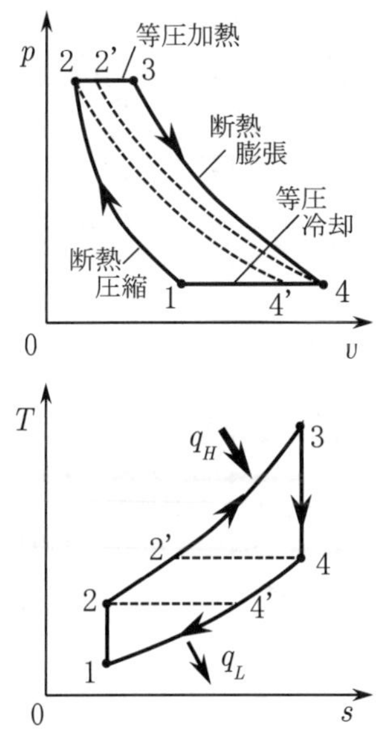

図 8.22　ブレイトン再生サイクル

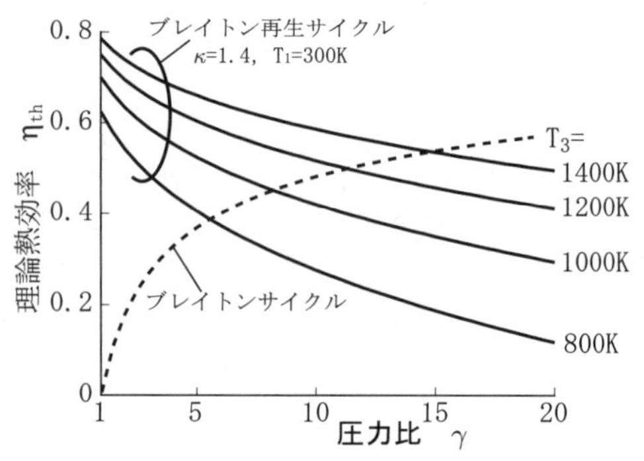

図 8.23　ブレイトンサイクルと再生サイクルの理論熱効率の比較

$$\eta_{th}=1-\frac{q_L}{q_H}=1-\frac{T_2-T_1}{T_3-T_4}$$
$$=1-\frac{T_1}{T_4}=1-\left(\frac{T_1}{T_3}\right)\left(\frac{T_3}{T_4}\right)=1-\left(\frac{T_1}{T_3}\right)\left(\frac{T_2}{T_1}\right)=1-\frac{T_1}{T_3}\gamma^{(\kappa-1)/\kappa} \tag{8.11}$$

となり，最高温度比 T_3/T_1 が高いほど，圧力比 γ が小さいほど高くなる．図 8.23 に，$\kappa=1.4$ ，$T_1=300$ K としたときのブレイトン再生サイクルの熱効率をブレイトンサイクルと比較して示す．圧力比が制限されて，γ を高くできない場合には，再生が効率向上に有効となることがわかる．

8・3・3　エリクソンサイクル (Ericsson cycle)

式(8.11)によると，ブレイトン再生サイクルで最高温度 T_3 と最低温度 T_1 が定められている場合，T_2/T_1 および T_3/T_4 を 1 に近づけるほど，η_{th} は大きくなることがわかる．これには，図 8.24 に示すように圧縮機とタービンを分割して，その間に熱交換器（中間冷却器および再熱器）をおくことが考えられる．この中間冷却再熱を究極まで多段階に行って，圧縮と膨張を等温変化（$T_2=T_1$, $T_3=T_4$）としたものをエリクソンサイクル(Ericsson cycle)と呼び，図 8.25 に示す過程から構成される．

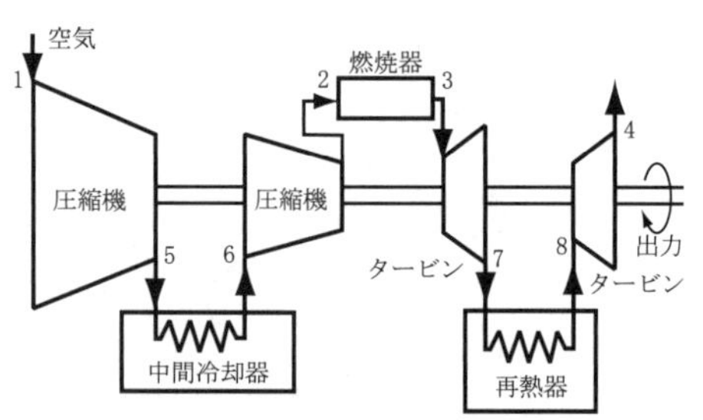

図 8.24　ブレイトン中間冷却再熱サイクルの構成

1→2　等温圧縮：　$q_L=RT_1\ln\left(p_2/p_1\right)$

2→3　等圧加熱：　$q_{23}=c_p\left(T_3-T_2\right)$

3→4　等温膨張：　$q_H=RT_3\ln\left(p_3/p_4\right)=RT_3\ln\left(p_2/p_1\right)$

4→1　等圧冷却：　$q_{41}=c_p\left(T_4-T_1\right)=c_p\left(T_3-T_2\right)=q_{23}$

したがって，理論熱効率 η_{th} は

$$\eta_{th}=1-\frac{q_L}{q_H}=1-\frac{T_1}{T_3} \tag{8.12}$$

となり，カルノーサイクルの熱効率と等しくなる．

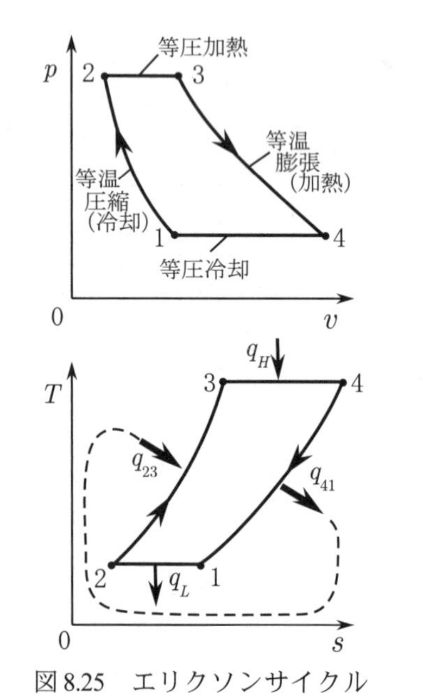

図 8.25　エリクソンサイクル

8・3・4　ジェットエンジンのサイクル (jet-engine cycle)

航空機の推進に使用されるジェットエンジンの基本構成を図 8.26 に示す．機速により流入する空気をディフューザ(diffuser)と圧縮機(compressor)によって圧縮し，燃焼で作られた高温高圧ガスによりタービン(turbine)を駆動するとともに排気ノズルからの噴出により推進力を得る．この過程を記述する理論サイクルは，図 8.27 に示すようにブレイトンサイクルと同じものとなる．図において，摩擦などの作用しない理想状態を考え，圧縮過程に費やされる仕事（面積 11'3'3）がすべてタービンのする仕事（面積 55'3'4）によって賄われる場合には，燃焼により発生した熱量（面積 123456）は全て排気ノズルによる推進仕事（面積 61'5'5）に使用されることになる．

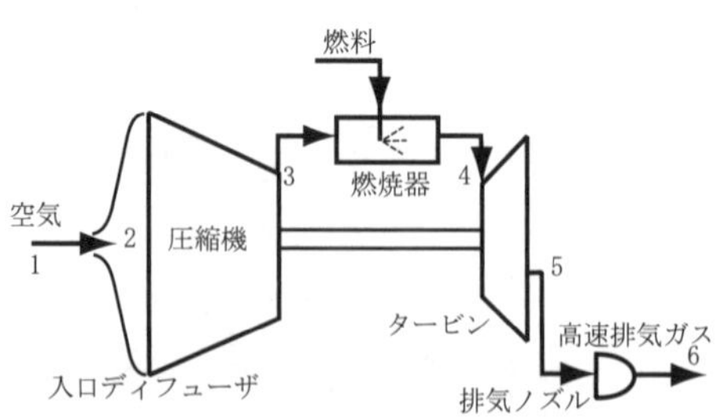

図 8.26　ジェットエンジンの構成

8・4　ガス冷凍サイクル (gas refrigeration cycle)

本章ではこれまで，熱機関すなわち熱エネルギーを供給して仕事を発生する仕組みの基本サイクルのうち，ガスを動作流体にするものについて説明した．第 4 章でも述べたように，この熱機関を逆に作動して，低温の熱源から高温熱源へ熱を移動させる冷凍サイクルが考えられる．図 8.28 のように，常温常

圧のガスを一定圧力まで断熱圧縮したのち冷却して常温高圧とし，断熱膨張させて外部に仕事をすると常温より著しく低い温度となるので，これを動作流体として冷凍作用あるいは冷暖房を行うことができる．この場合，放熱・受熱は熱交換器によって等圧過程でなされるので，ブレイトン逆サイクル(Brayton reverse cycle)となる．図 8.29 にその $p-v$ 線図と $T-s$ 線図を示す．

このサイクルにおいて

放熱量　　$q_H = c_p\left(T_2 - T_3\right)$

受熱量　　$q_L = c_p\left(T_1 - T_4\right)$

外部仕事　　$l = q_H - q_L$

したがって，式(4.5)で定義される冷凍機の動作係数は

$$\varepsilon_R = \frac{q_L}{l} = \frac{T_1 - T_4}{\left(T_2 - T_3\right) - \left(T_1 - T_4\right)}$$

1→2，3→4 はともに断熱変化であり，

$$\frac{p_2}{p_1} = \left(\frac{T_2}{T_1}\right)^{\kappa/(\kappa-1)}, \frac{p_3}{p_4} = \left(\frac{T_3}{T_4}\right)^{\kappa/(\kappa-1)}$$

また，2→3，4→1 が等圧変化なので，

$$p_2 = p_3, p_4 = p_1$$

$$\therefore \frac{T_2}{T_1} = \frac{T_3}{T_4} = \frac{T_2 - T_3}{T_1 - T_4}$$

$$\therefore \varepsilon_R = \frac{1}{\dfrac{T_2 - T_3}{T_1 - T_4} - 1} = \frac{1}{\dfrac{T_2}{T_1} - 1} = \frac{1}{\dfrac{T_3}{T_4} - 1} = \frac{1}{\left(p_2 / p_1\right)^{(\kappa-1)/\kappa} - 1} \tag{8.13}$$

したがって，このサイクルの動作係数は圧縮前後の温度，圧力の差が小さいほど大きくなる．しかし実際には，熱交換を効率良く行うために圧縮前の温度 T_1 は受熱器（冷凍室）の温度よりかなり低く，圧縮後の温度 T_2 は放熱器の温度よりもかなり高いことが必要である．また，摩擦や熱損失が作用して圧縮には l より大きな仕事を要し，膨張後の温度・圧力も T_4, p_4 まで下がらない．そのため，動作係数は後述する他の冷凍機に比較して極めて低い．さらに，動作流体（冷媒）にガスを用いるので比熱が小さく，所定の冷凍作用を得るためにはガス量と温度差 $\left(T_1 - T_4\right)$ を大きくする必要があり，大形で高価な装置を必要とする．したがって，たとえば坑内で空気を送ると同時に冷却する必要のある場合など，空気を冷媒とする利点を生かした特殊な場合を除けば，ガス冷凍サイクルはほとんど用いられない．一般の冷凍および冷暖房には，熱交換過程に相変化を利用し，膨張機の代わりに絞り弁を使う蒸気圧縮式冷凍サイクルが用いられる．これについては，第 10 章で詳述する．

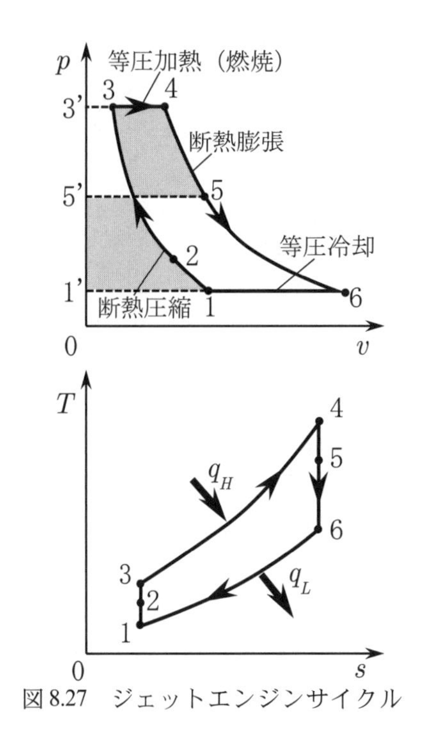

図 8.27　ジェットエンジンサイクル

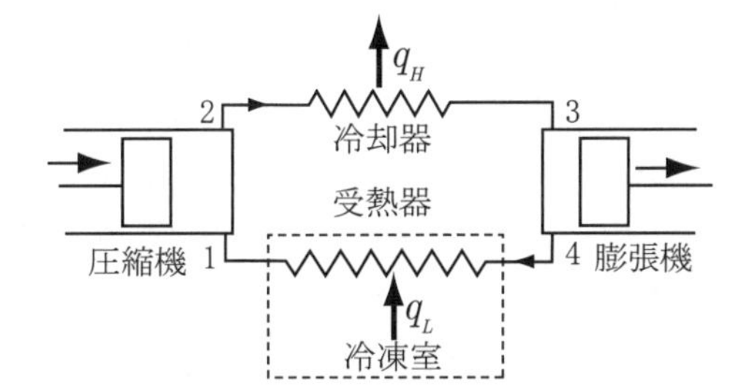

図 8.28　空気冷凍機

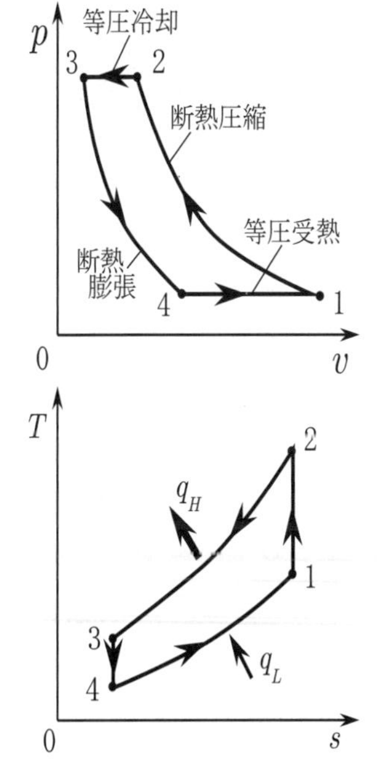

図 8.29　ガス冷凍サイクル

＝＝＝＝＝　練習問題　＝＝＝＝＝＝＝＝＝＝＝＝＝＝＝＝＝＝＝＝＝

【8・1】 熱容量の十分大きい高温熱源（温度 T_H ）と低温熱源（温度 T_L ）によって作動するカルノーサイクルにおいて，等温膨張の終わりと等温圧縮の終わりの圧力がともに p_0 に保たれているとき，以下の諸量を求めよ．ただし，作動流体を質量 m，気体定数 R の理想気体とし，比熱比 κ は一定とする．

(a) サイクル中の最高圧力 p_H と最低圧力 p_L, (b) 作動流体が高温熱源から受け取る熱量, (c) 等温膨張前後の比エントロピーの変化, (d) 圧縮比（体積の最大値と最小値の比）, (e) サイクルの熱効率, (f) サイクルで正味に発生する仕事

【8・2】 A gas cycle is executed in a closed system and experiences the following four processes :

1 - 2　The isentropic compression increases from 0.1 MPa and 300 K to 1 MPa .

2 - 3　The heat increases by 2840 kJ/kg at constant pressure

3 - 4　Heat is radiated and equilibrates at 0.1 MPa at constant volume

4 - 1　Heat is radiated and equilibrates to the initial state at constant pressure

Assuming a constant ratio of specific heats $\kappa = 1.4$ and a gas constant $R = 0.287$ kJ/(kg·K) for air,

(a) illustrate the cycle on $p - v$ and $T - s$ diagrams,

(b) calculate the maximum temperature in the cycle, and finally,

(c) determine the thermal efficiency.

【8・3】 Calculate the thermal efficiency of an engine operating on an Otto air-standard cycle, η_{Otto} ,between a maximum temperature of 1200 K and at an ambient temperature of 293 K, assuming that the compression ratio is 10 ,and that the ratio of specific heats for air is $\kappa = 1.4$. Also, compare the result with the thermal efficiency of a Carnot cycle, η_{Carnot} , operating between the same temperature limits.

【8・4】 圧縮比 9.5 のオットーサイクルにおいて，断熱圧縮前の圧力，温度，体積がそれぞれ 0.1 MPa， 290 K， 600 cc であり，断熱膨張後の温度が 800 K である．このとき，(a) サイクル中の最高圧力と最高温度，(b) 等積過程における加熱量，(c) サイクルの熱効率を求めよ．ただし，作動流体を気体定数 $R = 0.287$ kJ/(kg·K) の空気とし，比熱比 $\kappa = 1.4$ 一定とする．

【8・5】 An ideal Diesel cycle with a compression ratio of 20 is executed using air as the working fluid. At the beginning of the compression process, air is at apressure of 95 kPa and a temperature of 293 K . If the maximum temperature in the cycle is not to exceed 2200 K , determine the thermal efficiency, assuming constant specific heats for air at room temperature.

【8・6】 空気 0.3 kg を作動流体とするサバテサイクルにおいて，断熱圧縮前の状態を温度 300 K，圧力 0.1 MPa とする．1 サイクルあたりに 510 kJ の熱量が供給され，その半分ずつが等積および等圧過程で与えられる場合，断熱膨張開始時の温度および圧力を求めよ．ただし，空気は分子量 28.8，定容比熱 20.09 J/(mol·K)，比熱比 1.4 一定の理想気体とし，圧縮比を 17 とする．

【8・7】 Calculate the thermal efficiency of a closed-cycle gas turbine engine operating on air between a maximum temperature of $1200\ \mathrm{K}$ and a minimum temperature of $293\ \mathrm{K}$. Assume the pressure ratio is 10 and that the ratio of specific heats $\kappa = 1.4$ for air.

【8・8】 A closed-cycle gas turbine engine operates on air between a maximum temperature of $1200\ \mathrm{K}$ and a minimum temperature of $293\ \mathrm{K}$. Taking the ratio of specific heats $\kappa = 1.4$ for air, calculate the thermal efficiency at the pressure ratio of an optimum value.

【8・9】 右図 8.30 に示す密閉ガスタービンが，気体定数 R，比熱比 κ 一定の理想気体を作動流体として定常状態で運転されている．圧縮機 C で圧縮された気体は，高温側熱交換器 $\mathrm{X_H}$ で単位時間に Q_H の熱を受けて第 1 タービン $\mathrm{E_1}$ に入る．$\mathrm{E_1}$ の軸出力は全て C の駆動に使われ，$\mathrm{E_1}$ の排気は第 2 タービン $\mathrm{E_2}$ に入り動力を発生する．$\mathrm{E_2}$ を出た気体は低温側熱交換器 $\mathrm{X_L}$ を通って冷却される．各部の圧力，温度，比エントロピーはそれぞれ，p_i，T_i，s_i（添え字は図の各状態 1～5 を示す）とする．また，C，$\mathrm{E_1}$，$\mathrm{E_2}$ では気体は可逆断熱変化し，$\mathrm{X_H}$，$\mathrm{X_L}$ での圧力損失は無視できるとする．このサイクルの状態変化の概略を $p-v$ 線図と $T-s$ 線図に描いたのち，圧力比 $\gamma = p_2/p_1 = p_3/p_5$，質量流量 m および Q_H，p_1，T_1 を既知として，以下の諸量を求めよ．

(a) 状態 2 の温度 T_2

(b) 圧縮機所要動力

(c) 第 1 タービン入口温度 T_3

(d) $\mathrm{X_H}$ の入口と出口のエントロピー差 $s_3 - s_2$

(e) $\mathrm{E_2}$ の発生動力

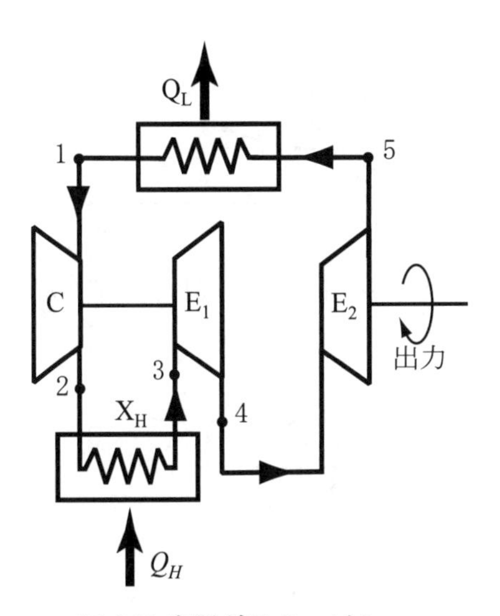

図 8.30 密閉ガスタービン

【8・10】 圧力 p_1，温度 T_1 の大気を断熱圧縮して圧力 p_2 の圧縮空気を連続的に供給する．このとき，圧縮機を 2 段に分けてその間に中間冷却器を設け，作動気体温度を T_1 と等しくなるまで冷却したとする．中間冷却器の出口圧力を p_m とし，単位質量流量あたりの全圧縮動力 l_t を最小にする p_m と，そのときの l_t を求めよ．ただし，空気は比熱比 κ 一定，気体定数 R の理想気体とする．

【8・11】 An industrial gas turbine engine takes air into the compressor at $290\ \mathrm{K}$ and operates with a pressure ratio of 16 and a turbine inlet temperature of $1200\ \mathrm{K}$. The engine has a power output of $5\ \mathrm{MW}$ and operates on an air-standard cycle. Taking the ratio of specific heats $\kappa = 1.38$ for air, calculate (a) the thermal efficiency, (b) the fuel consumption if the fuel has an energy content of $44000\ \mathrm{kJ/kg}$, and (c) the ratio of the work produced by the turbine compared to that of the compressor.

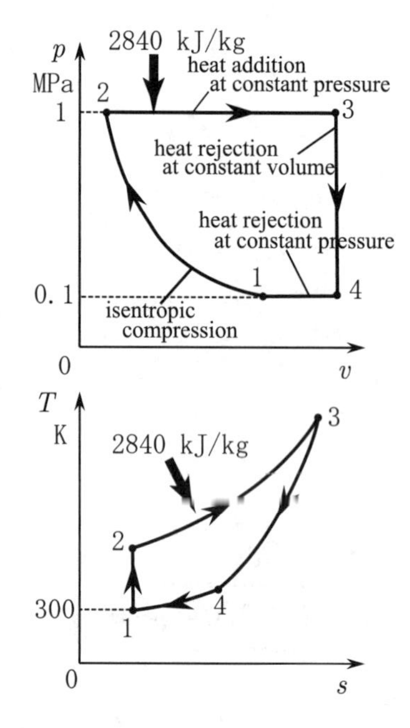

図 8.31　問題【8・2】のサイクル

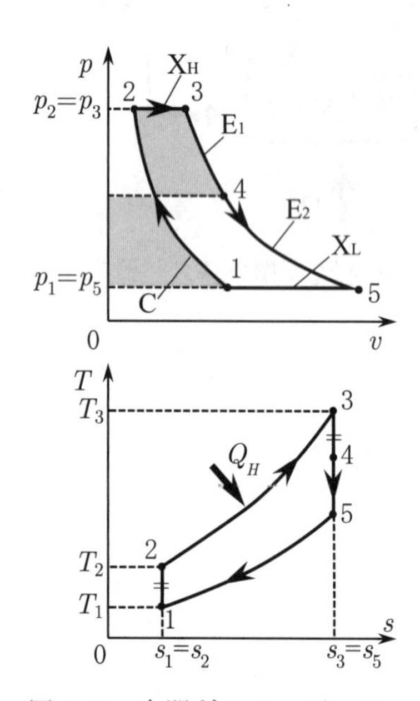

図 8.32　密閉ガスタービンの $p-v$ 線図と $T-s$ 線図

【解答】

1. (a) $p_0\left(T_H/T_L\right)^{\kappa/(\kappa-1)}, p_0\left(T_L/T_H\right)^{\kappa/(\kappa-1)}$　(b) $\dfrac{m\kappa RT_H}{\kappa-1}\ln\left(\dfrac{T_H}{T_L}\right)$

   (c) $\dfrac{\kappa R}{\kappa-1}\ln\left(\dfrac{T_H}{T_L}\right)$　(d) $\left(\dfrac{T_H}{T_L}\right)^{\frac{\kappa+1}{\kappa-1}}$

   (e) $1-\dfrac{T_L}{T_H}$　(f) $\dfrac{m\kappa R\left(T_H-T_L\right)}{\kappa-1}\ln\left(\dfrac{T_H}{T_L}\right)$

2. (b) 3406.5 K　(c) 21.1%

3. $\eta_{Otto}=60.3\%$　$(<\eta_{Carnot}=75.6\%)$

4. (a) 6.45 MPa, 1969 K　(b) 0.65 kJ　(c) 59.4%

5. 60.4%

6. 3020 K， 12.18 MPa

7. 48.2%

8. 50.6% (at $\gamma=11.89$)

9. (a) $T_1\gamma^{(\kappa-1)/\kappa}$　(b) $\dfrac{m\kappa RT_1}{\kappa-1}\left(\gamma^{\frac{\kappa-1}{\kappa}}-1\right)$　(c) $\dfrac{(\kappa-1)Q_H}{m\kappa R}+T_1\gamma^{\frac{\kappa-1}{\kappa}}$

   (d) $\dfrac{m\kappa R}{\kappa-1}\ln\left(\dfrac{(\kappa-1)Q_H}{m\kappa RT_1}\gamma^{\frac{1-\kappa}{\kappa}}+1\right)$　(e) $Q_H\left(1-\gamma^{\frac{1-\kappa}{\kappa}}\right)$

10. $p_m=\sqrt{p_1p_2}$, $l_t=\dfrac{2\kappa RT}{\kappa-1}\left\{\left(p_2/p_1\right)^{(\kappa-1)/2\kappa}-1\right\}$

11. (a) 53.4%　(b) 0.21 kg/s　(c) 1.93

第 9 章

蒸気サイクル

Vapor Cycle

9・1　蒸気の状態変化 (properties of vapor)

9・1・1　相平衡と状態変化 (phase equilibrium and transition)

物質には固体，液体，気体の 3 つの凝集状態があり，マクロな意味で均質な凝集状態のことを相(phase)という．固相と液相の間の状態変化を変化の方向によって融解(dissolution)あるいは凝固(solidification)という．液相と気相間の状態変化は凝縮(condensation)あるいは蒸発(evaporation)といい，気相と固相間の状態変化は昇華(sublimation)という．2 相あるいは 3 相が共存する状態を相平衡(phase equilibrium)という．たとえば，大気圧下でお湯を沸かすと 100 ℃で沸騰し，液体の水から水蒸気が発生するが，これは気相と液相が共存している状態で，気液平衡(gas-liquid equilibrium)にあるという．

図 9.1 は圧力－温度座標上に書いた水の状態図である．固液平衡線，気液平衡線，固気平衡線が交わる点は 3 相が共存する点で三重点(triple point)という．気液平衡において，圧力を高くしてゆくと気体の比体積は小さくなって共存する液体の比体積に近づいていき，ついには一致する．気体と液体の比体積が一致すると気相と液相の区別がなくなるので，気液平衡線はその点で終了する．この点を臨界点(critical point)という．表 9.1 に示すように，三重点や臨界点は物質固有の値である．

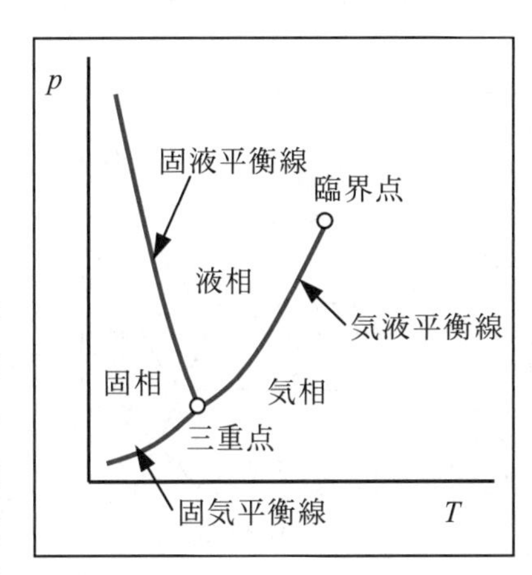

図 9.1　水の $p-T$ 線図

図 9.2 は圧力－比体積座標上に書いた蒸気の $p-v$ 線図である．冷たい水を大気圧下で加熱して蒸発させる場合を例にとって状態変化を見てみよう．状態①は，加熱する前の冷たい水で，圧縮液(compressed liquid)と呼ばれる．

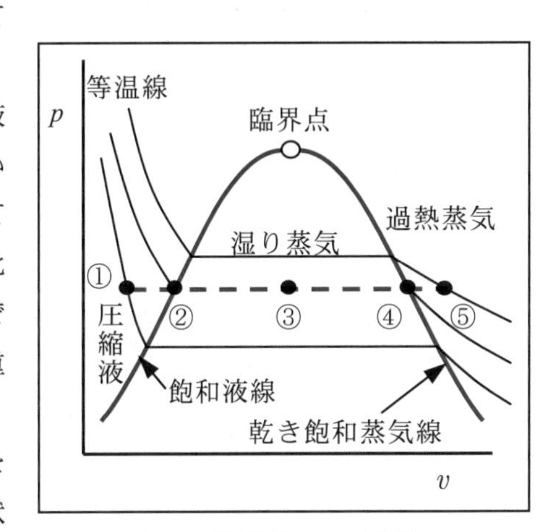

図 9.2　蒸気の $p-v$ 線図

表 9.1　主要物質の熱物性[1]

物　質	三重点		臨界点			融点 K	沸点 K	融解熱* kJ/kg	蒸発熱** kJ/kg
	圧力 kPa	温度 K	圧力 MPa	温度 K	密度 kg/m³				
ヘリウム	5.035	2.18	0.228	5.2	69.6		4.2	3.5	20.3
n－水素	7.20	14.0	1.32	33.2	31.6	14.0	20.4	58	448
窒素	12.5	63.1	3.40	126.2	314	63.2	77.4	25.7	1365
酸素	0.100	54.4	5.04	154.6	436	54.4	90.0	13.9	213
空気			3.77	132.5	313		78.8		213.3
二酸化炭素	518	216.6	7.38	304.2	466		昇華 194.7	180.7	368
水	0.6112	273.16	22.12	647.30	315.46	273.15	373.15	333.5	2257
アンモニア	6.477	195.4	11.28	405.6	235	195.4	239.8	338	1371
メタン	11.72	90.7	4.60	190.6	162.2	90.7	111.6	58.4	510.0
エタン	0.00113	90.3	4.87	305.3	205	90.4	184.6	95.1	489.1
メタノール			8.10	512.58	272	175.47	337.8	99.16	***1190
エタノール			6.38	516.2	276	159.05	351.7	108.99	854.8
HCFC-22			5.00	369.3	513	113.2	232.3		233.8
HFC-32			5.777	351.3	424	136	221.5		381.9
HFC-125			3.618	339.2	568	170	224.7		163.9
HFC-134a			4.065	374.3	511	172	247.1		217.0

* 融点における値　** 沸点における値　*** 273 K における値．

飽和液線(saturated liquid line)上の状態②（温度 100 ℃）で水は蒸発を開始する（図 9.3 参照）．状態③は温度 100 ℃のまま蒸発が進んでいる状態で，気体と液体とが共存しており，湿り蒸気(wet vapor)と呼ばれる．乾き飽和蒸気線(dry saturated vapor line)上の状態④（温度 100 ℃）で水の蒸発は完了し，すべて乾き飽和蒸気(dry saturated vapor)に変わる．これ以上加熱すると温度が上昇してゆき，状態⑤は過熱蒸気(superheated vapor)と呼ばれる．物質が気液平衡にあることを飽和状態(saturation state)にあるともいい，そのときの圧力と温度をそれぞれ飽和圧力(saturation pressure)，飽和温度(saturation temperature)という．図 9.4 は温度－エントロピー座標上に書いた気液平衡状態図である．

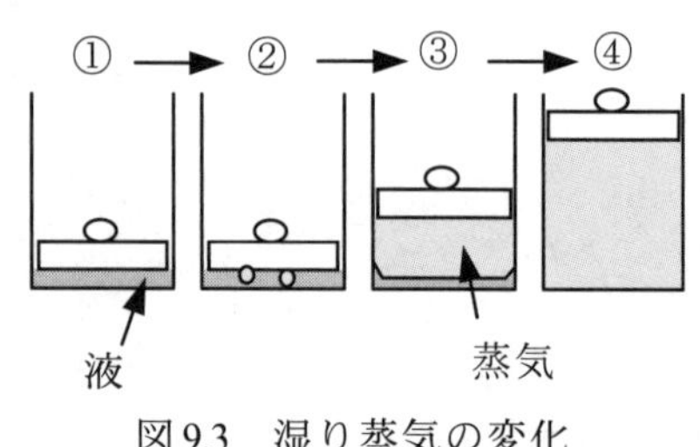

図 9.3　湿り蒸気の変化

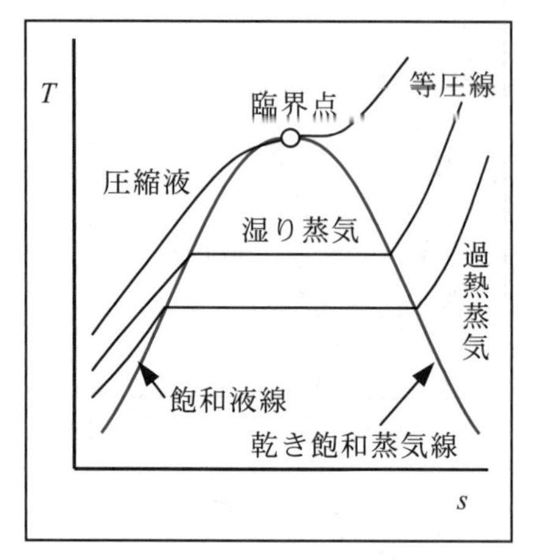

図 9.4　蒸気の $T-s$ 線図

9・1・2　湿り蒸気の性質 (properties of wet vapor)

圧力一定のもとで蒸発させるとき，単位質量あたり必要な熱量を蒸発熱(heat of vaporization)または蒸発潜熱(latent heat of vaporization)という．熱力学第 1 法則より

$$\delta q = \mathrm{d}h - v\,\mathrm{d}p \tag{9.1}$$

であるから，圧力一定（$\mathrm{d}p = 0$）の時には加える熱量は比エンタルピーの増加に等しい．したがって，蒸発熱 r は飽和蒸気の比エンタルピー h'' と飽和液の比エンタルピー h' の差に等しい．

$$r = h'' - h' \tag{9.2}$$

これは，蒸発熱が気体と液体の内部エネルギーの差と蒸発時の体積膨張に伴う仕事の和で表されることを意味している．ここで，飽和液の変数には ' をつけ，飽和蒸気の変数には " をつける慣習にしたがっている．

湿り蒸気の中に含まれている乾き飽和蒸気と飽和液の割合を表す指標が乾き度(quality)である．湿り蒸気 1 kg の中に乾き飽和蒸気が x (kg)，飽和液が $(1-x)$ (kg)含まれているとき，その湿り蒸気の乾き度は x であるという．飽和液線は乾き度 0 の等乾き度線，乾き飽和蒸気線は乾き度 1 の等乾き度線である．湿り蒸気の熱物性は，以下のように乾き飽和蒸気と飽和液の熱物性と乾き度を用いて表すことができる．

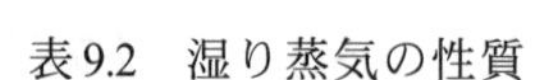

表 9.2　湿り蒸気の性質

$$h = h' + (h'' - h')x$$
$$u = u' + (u'' - u')x$$
$$s = s' + (s'' - s')x$$
$$v = v' + (v'' - v')x$$
$$r = h'' - h'$$
$$\frac{r}{T} = s'' - s'$$

比エンタルピー　：$h = \left(1-x\right)h' + xh'' = h' + xr$　(9.3)

比内部エネルギー：$u = \left(1-x\right)u' + xu'' = u' + (u'' - u')x$　(9.4)

比エントロピー　：$s = \left(1-x\right)s' + xs'' = s' + \dfrac{xr}{T}$　(9.5)

比体積　：$v = \left(1-x\right)v' + xv'' = v' + (v'' - v')x$　(9.6)

ここで，式(9.5)では蒸発熱と相変化時のエントロピー変化の間には，

$$s'' - s' = \frac{r}{T} \tag{9.7}$$

の関係があることを用いている．T は飽和温度(K)である．

巻末にある付表 9.1 は水の気液平衡関係を表す飽和表である．付表 9.1(a)は温度を基準に表になっており，付表 9.1(b)は圧力を基準に表になっている．

付表 9.2 は圧縮液と過熱蒸気の物性をまとめた表である．

【例題 9・1】湿り蒸気の性質　＊＊＊＊＊＊＊＊＊＊＊＊＊＊＊

温度 200 ℃の飽和水蒸気が 10 kg/s の流量で流れている．5.0 MW の割合で冷却するとき，冷却後の水蒸気の乾き度を求めよ．

【解答】 付表 9.1(a)より，200 ℃の飽和水蒸気と飽和液の比エンタルピーはそれぞれ 2792 kJ/kg，852 kJ/kg である．冷却後の乾き度を x とすると，エネルギー保存から，

$$\dot{M}\,h'' = \dot{M}\left\{x\,h'' + (1-x)\,h'\right\} + \dot{Q} \qquad \text{(ex9.1)}$$

である．左辺が冷却前の熱量，右辺が冷却後の熱量である．この式(ex9.1)を x について整理して数値を代入すると，

$$x = 1 - \frac{\dot{Q}}{\dot{M}\left(h'' - h'\right)} = 1 - \frac{5.0\times10^3}{10\left(2792 - 852\right)} = 0.742 \qquad \text{(ex9.2)}$$

を得る．

＊＊＊＊＊＊＊＊＊＊＊＊＊＊＊＊＊＊＊＊＊＊

【例題 9・2】湿り蒸気の性質　＊＊＊＊＊＊＊＊＊＊＊＊＊＊＊

The Specific enthalpies of saturated liquid and vapor of a substance at 273 K are 150 kJ/kg and 2300 kJ/kg, respectively. (a) What is the specific enthalpy of a liquid- vapor mixture with a quality of 0.80? (b) What is the entropic difference between the saturated vapor and the liquid?

【解答】

(a) $$h = h' + (h'' - h')x = 150 + (2300 - 150)\times 0.80 = 1870 \text{ kJ/kg} \qquad \text{(ex9.3)}$$

(b) $$h'' - h' = T_{sat}(s'' - s') \qquad \text{(ex9.4)}$$

$$s'' - s' = \frac{h'' - h'}{T_{sat}} = \frac{2300 - 150}{273} = 7.88 \text{ kJ/(kg}\cdot\text{K)} \qquad \text{(ex9.5)}$$

＊＊＊＊＊＊＊＊＊＊＊＊＊＊＊＊＊＊＊＊＊＊

9・2　相平衡とクラペイロン・クラウジウスの式 (phase equilibrium and Clapeyron-Clausius equation)

9・2・1 相平衡の条件(conditions for phase equlibrium)

相平衡とは熱力学的にどのような条件が満たされるときに成立するのかを考えてみよう．第 5 章で定義されたギブス自由エネルギー

$$G = H - T\,S \qquad (9.8)$$

の微小変化を考えると

$$\mathrm{d}G = \mathrm{d}H - T\,\mathrm{d}S - S\,\mathrm{d}T \qquad (9.9)$$

と表される．ここで，熱力学第 1 法則の式(9.1)に式(9.9)を代入して dH を消去すると，

$$\delta Q = \mathrm{d}G + T\,\mathrm{d}S + S\,\mathrm{d}T - V\,\mathrm{d}p \qquad (9.10)$$

を得る．次に熱力学第2法則より，

$$\delta Q \le T\,\mathrm{d}S \tag{9.11}$$

であるから，式(9.10)を代入して整理すると，

$$\mathrm{d}G \le -S\,\mathrm{d}T + V\,\mathrm{d}p \tag{9.12}$$

が得られる．これは，物質の状態が変化する時には必ずこの不等式(9.12)を満足しなければならないことを意味している．これを逆に考えると，

$$\mathrm{d}G > -S\,\mathrm{d}T + V\,\mathrm{d}p \tag{9.13}$$

のような不等式(9.13)を満たす変化はありえず，状態変化は止まってしまう．相平衡とは複数の相が共存していて変化しない状態のことを指すので，相平衡にあって変化しない条件とは，式(9.12)と式(9.13)の境界である

$$\mathrm{d}G = -S\,\mathrm{d}T + V\,\mathrm{d}p \tag{9.14}$$

と考えることができる．相平衡においては，圧力も温度も変化せず，$\mathrm{d}p = 0$，$\mathrm{d}T = 0$であるので，

$$\mathrm{d}G = 0 \tag{9.15}$$

となり，一般的な相平衡の条件はギブス自由エネルギーが極小値をもつことである．

9・2・2　多成分混合物質の二相平衡 (two-phase equilibrium of multi-component mixtures) ＊

N種類の混合物質の二相平衡を考えるには，相平衡表現式(9.14)を多成分系に拡張する必要がある．以下の式(9.16)で定義される化学ポテンシャル(chemical potential)を導入する．

$$\mu_i = \left(\frac{\partial G}{\partial n_i}\right)_{T,P,n_j(j\ne i)} \tag{9.16}$$

ここで，化学ポテンシャルとは一様な混合物質の1つの成分の分量が増減するとき，その系のギブス自由エネルギーの変化量を示す変数である．多成分系のギブス自由エネルギーの変化式は

$$\mathrm{d}G = -S\,\mathrm{d}T + V\,\mathrm{d}p + \sum_{i=1}^{N} \mu_i\,\mathrm{d}n_i \tag{9.17}$$

と表される．ただし，n_iは成分iの物質のモル数である．相(1)と相(2)にそれぞれ$n_i^{(1)}$モル，$n_i^{(2)}$モルの物質が含まれているとすると，

$$n_i^{(1)} + n_i^{(2)} = n_i \tag{9.18}$$

であり，相平衡が成り立っているときにはn_iは一定なので，

$$\mathrm{d}n_i^{(1)} + \mathrm{d}n_i^{(2)} = 0 \tag{9.19}$$

が成立する．上付き記号の$^{(1)}$と$^{(2)}$は相の番号を表している．

相(1)と相(2)について式(9.17)を書くと，それぞれ

$$\mathrm{d}G^{(1)} = -S^{(1)}\,\mathrm{d}T + V^{(1)}\,\mathrm{d}p + \sum_{i=1}^{N} \mu_i^{(1)}\,\mathrm{d}n_i^{(1)} \tag{9.20}$$

$$\mathrm{d}G^{(2)} = -S^{(2)}\,\mathrm{d}T + V^{(2)}\,\mathrm{d}p + \sum_{i=1}^{N} \mu_i^{(2)}\,\mathrm{d}n_i^{(2)} \tag{9.21}$$

と表される．系全体のギブス自由エネルギー変化式は式(9.20)と式(9.21)の和をとり

$$dG = -S^{(1)}\,dT + V^{(1)}\,dp + \sum_{i=1}^{N}\mu_i^{(1)}\,dn_i^{(1)} - S^{(2)}\,dT + V^{(2)}\,dp + \sum_{i=1}^{N}\mu_i^{(2)}\,dn_i^{(2)} \tag{9.22}$$

となる．相平衡においては，$dp=0$，$dT=0$ とおき，式(9.19)を代入し，相平衡条件式(9.15)を考慮すると，

$$\begin{aligned} dG &= \sum_{i=1}^{N}\mu_i^{(1)}\,dn_i^{(1)} + \sum_{i=1}^{N}\mu_i^{(2)}\,dn_i^{(2)} \\ &= \sum_{i=1}^{N}\left(\mu_i^{(1)} - \mu_i^{(2)}\right)dn_i^{(1)} \\ &= 0 \end{aligned} \tag{9.23}$$

が得られる．式(9.23)が恒等的に成り立つためには，

$$\mu_i^{(1)} = \mu_i^{(2)} \quad \left(i = 1, \cdots, N\right) \tag{9.24}$$

でなければならず，N 種類の物質それぞれについて，相(1)と相(2)の化学ポテンシャルが等しくなければならない．これが多成分混合物質の二相平衡条件式である．

9・2・3　クラペイロン・クラウジウスの式 (Clapeyron-Clausius equation)

純物質の化学ポテンシャルは 1 モルあたりのギブス自由エネルギーに等しい．純物質の二相平衡においては，式(9.24)は 2 相の単位質量あたりのギブス自由エネルギーが等しいことを意味している．

$$g^{(1)} = g^{(2)} \tag{9.25}$$

微小変化を考え，式(9.14)を代入すると，

$$-s^{(1)}dT + v^{(1)}dp = -s^{(2)}dT + v^{(2)}dp \tag{9.26}$$

となる．これより，二相平衡時の飽和圧力と飽和温度の関係式として

$$\frac{dp}{dT} = \frac{s^{(2)} - s^{(1)}}{v^{(2)} - v^{(1)}} \tag{9.27}$$

を得る．

ここで，相(1)を液相(L)，相(2)を気相(V)とし，式(9.7)を用いて変形すると，

$$\frac{dp}{dT} = \frac{r}{T\left(v_V - v_L\right)} \tag{9.28}$$

が得られ，これをクラペイロン・クラウジウスの式(Clapeyron-Clausius equation)という．気体について理想気体を仮定して $v_V = RT/p$ とし，$v_V \gg v_L$ より v_L を無視すると，

$$\frac{dp}{dT} = \frac{rp}{RT^2} \tag{9.29}$$

となる．蒸発熱を一定として積分し，臨界点において $p = p_C$，$T = T_C$ より積分定数を決定すると，次の近似関係式(9.30)を得る．

$$\ln\frac{p}{p_C} = -\frac{r}{R}\left(\frac{1}{T} - \frac{1}{T_C}\right) \tag{9.30}$$

表 9.3　気液二相平衡のクラペイロン・クラウジウスの式

$$\frac{dp}{dT} = \frac{r}{T\left(v_V - v_L\right)}$$

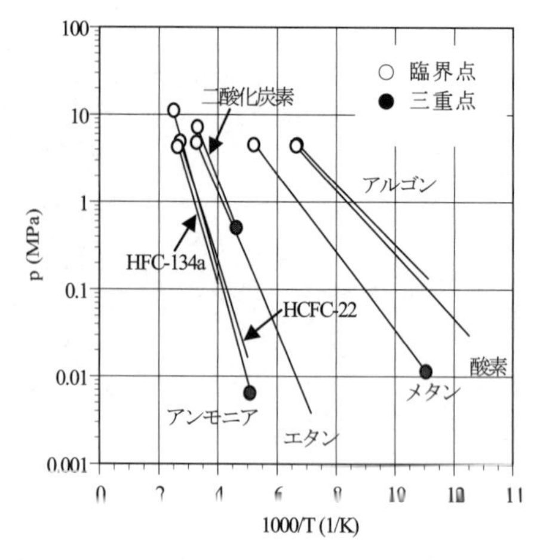

図9.5　物質の飽和関係

図 9.5 は主要な物質の気液平衡関係を $\ln p - 1/T$ 線図上に示したものであるが，臨界点近傍を除けばほぼ直線関係にあり，式(9.30)が良い近似を示すことがわかる．

固体と液体の相平衡についても，式(9.28)と同様なクラペイロン・クラウジウスの式がなりたつ．融解熱を r_d とすると，

$$\frac{\mathrm{d}p}{\mathrm{d}T} = \frac{r_d}{T\left(v_L - v_S\right)} \tag{9.31}$$

である．

9・3　実在気体の状態方程式 (equation of state)

9・3・1　ファン・デル・ワールスの式 (Van der Waals equation)

実在気体の平衡物性を表現するために，さまざまな状態方程式が提案され，改良が加えられてきている．理想気体の状態方程式からは圧力，温度，比体積の関係しか求められないが，実在気体の状態方程式からは，気液飽和関係，エンタルピー，エントロピーなどほとんどの平衡物性を算出することができる．最も基本的な実在気体の状態方程式はファン・デル・ワールスの状態方程式 (Van der Waals equation)である．

$$\left(p + \frac{a}{v^2}\right)\left(v - b\right) = RT \tag{9.32}$$

理想気体の状態方程式と比較して，圧力の補正項 a/v^2 は分子間力による圧力の低下を考慮したもので，比体積の補正項 $-b$ は系の体積から分子の体積を引いたものが理想気体の体積に相当するとして導出されたものであり，a，b は定数である．ファン・デル・ワールス状態方程式は特に臨界点近傍で実在気体の物性との誤差が大きく，実用には向かないが，さまざまな状態方程式の改良の基になっている．

この状態方程式を用いて，気液飽和線をどのように描くかを考えてみよう．圧力－比体積座標上に式(9.32)から計算される等温線は図 9.6 のようになり，等温線に対応する飽和圧力がどのように決定されるかが問題である．式(9.32)は p と T を与えると比体積 v の 3 次方程式になるので，p と T に対して 3 つの v の解があり得る．気液平衡関係にある飽和液と飽和蒸気の状態をそれぞれ点 A，点 B で表し，中間の比体積点を点 D とする．

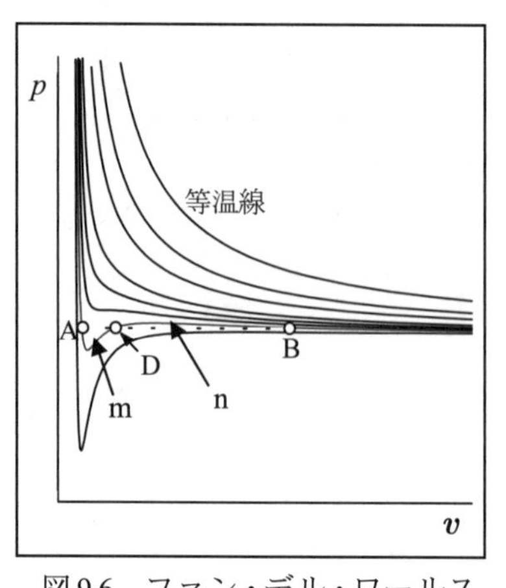

図9.6　ファン・デル・ワールス状態式の等温線

等温線に沿って点 A から点 B にギブス自由エネルギーを積分する．式(9.14)より，等温線上($\mathrm{d}T = 0$)では $\mathrm{d}g = v\mathrm{d}p$ であるので，

$$\int_A^B \mathrm{d}g = \int_A^B v\mathrm{d}p \tag{9.33}$$

である．ギブス自由エネルギーは状態量であるので，その値は積分経路によらず積分の終点と始点の差で表される．

$$g_B - g_A = \int_A^B v\mathrm{d}p \tag{9.34}$$

気液の平衡条件より $\overline{g}_A = \overline{g}_B$ であるので，

$$\int_A^B v\mathrm{d}p = 0 \tag{9.35}$$

となる．これを積分 A→D と D→B に分けると

$$\int_A^D v\mathrm{d}p + \int_D^B v\mathrm{d}p = 0 \tag{9.36}$$

となり，図 9.6 の縦軸と横軸を交換した図 9.7 に示すように，第 1 項は領域 m の面積，第 2 項は領域 n の面積を負にした値となる．以上から，等温線に対する飽和圧力は，図 9.6，9.7 の領域 m の面積と領域 n の面積が等しくなるように定まることになる．気液平衡において，気液のギブス自由エネルギーが等しいということと，$p-v$ 線図における状態方程式の等温線の領域 m と領域 n の面積が等しいということは等価で，状態方程式の形にはよらない普遍的な性質である．いろいろな等温線に対して飽和圧力を求めてゆけば，連続した飽和線を描くことができる．

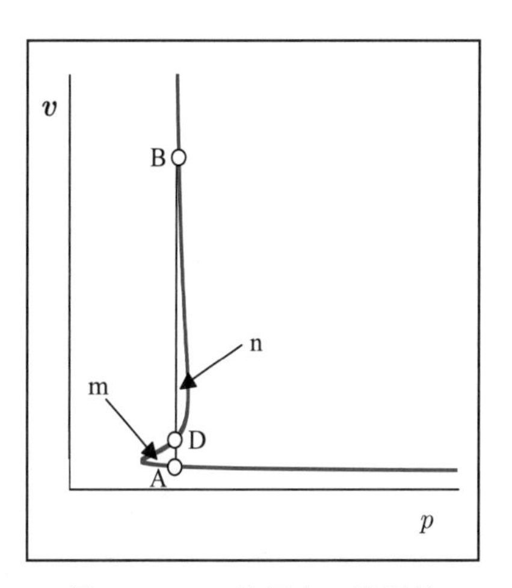

図 9.7　$v-p$ 線図上の等温線

次に，臨界点は飽和圧力が上がって飽和液と飽和蒸気の比体積が一致する点であるので，等温線の変曲点に一致する．数学的には以下の式(9.37)および式(9.38)を満たす点として定義される．

$$\left(\frac{\partial p}{\partial v}\right)_T = 0 \tag{9.37}$$

$$\left(\frac{\partial^2 p}{\partial v^2}\right)_T = 0 \tag{9.38}$$

式(9.32)に式(9.37)および式(9.38)を適用して臨界点の関係を求めると，

$$v_C = 3b \tag{9.39}$$

$$T_C = \frac{8a}{27bR} \tag{9.40}$$

$$p_C = \frac{a}{27b^2} \tag{9.41}$$

が得られる．逆に，臨界点の測定結果からファン・デル・ワールス状態方程式の定数 a と b を求めることもできる．

$$a = 3v_C^2 p_C \tag{9.42}$$

$$b = \frac{v_C}{3} \tag{9.43}$$

$$R = \frac{8}{3}\frac{p_C v_C}{T_C} \tag{9.44}$$

式(9.42)～(9.44)を式(9.32)に代入して，a，b，R を消去し，換算圧力(reduced pressure) $p_r = p/p_C$，換算温度(reduced temperature) $T_r = T/T_C$，換算比体積(reduced specific volume) $v_r = v/v_C$ を用いて変形すると，

$$\left(p_r + \frac{3}{v_r^2}\right)\left(v_r - \frac{1}{3}\right) = \frac{8}{3}T_r \tag{9.45}$$

を得る．式(9.45)は p_r，T_r，v_r のみで表されており，物質の種類にはよらない形になっている．このように，圧力，温度，比体積に適当な座標変換を施すことによって，物質の種類によらない一般的な状態方程式を導くことができる性質のことを対応状態原理(principle of corresponding states)という．

9・3・2　実用状態方程式 (practical equation of state) ＊

ファン・デル・ワールス状態方程式は，定性的に実在気体の性質をうまく再現しているが，実用目的には精度が悪い．そこで，実在物質の性質を定量的に良く表すために，さまざまな状態方程式が考案されている．それらはファン・デル・ワールス状態方程式を基に改良したファン・デル・ワールス型と，ビリアル展開型と呼ばれるものに大別される．

代表的なファン・デル・ワールス型状態方程式には，ペン・ロビンソン状態方程式(Peng-Robinson equation of state)

$$p=\frac{R_0T}{\overline{v}-b}-\frac{a(T)}{\overline{v}\left(\overline{v}+b\right)+b\left(\overline{v}-b\right)} \tag{9.46}$$

ソアブ・リードリッヒ・ウォン状態方程式(Soave-Redlich-Kwong equation of state)

$$p=\frac{R_0T}{\overline{v}-b}-\frac{a(T)}{\overline{v}\left(\overline{v}+b\right)} \tag{9.47}$$

がある．$\overline{v}$ は単位モルあたりの比体積で，式(9.46)および式(9.47)の右辺第 2 項分子の a は温度の関数である．

一方，ビリアル展開型とは，以下のような級数に展開した形をしている．

$$p\overline{v}=R_0T\left(1+\frac{B}{\overline{v}}+\frac{C}{\overline{v}^2}+\frac{D}{\overline{v}^3}+\cdots\right) \tag{9.48}$$

$$p\overline{v}=R_0T\left(1+B'p+C'p^2+D'p^3+\cdots\right) \tag{9.49}$$

典型的なビリアル展開型状態方程式には，ベネディクト・ウェブ・ルビン状態方程式(Benedict-Webb-Rubin equation of state)

$$\begin{aligned}p=&\frac{R_0T}{\overline{v}}+\frac{B_0R_0T-A_0-C_0/T^2}{\overline{v}^2}+\frac{bR_0T-a}{\overline{v}^3}+\frac{a\alpha}{\overline{v}^6}\\&+\frac{c}{\overline{v}^3T^2}\left(1+\frac{\gamma}{\overline{v}^2}\right)\exp\left(-\frac{\gamma}{\overline{v}^2}\right)\end{aligned} \tag{9.50}$$

がある．

9・4　蒸気原動機サイクル (vapor power cycles)

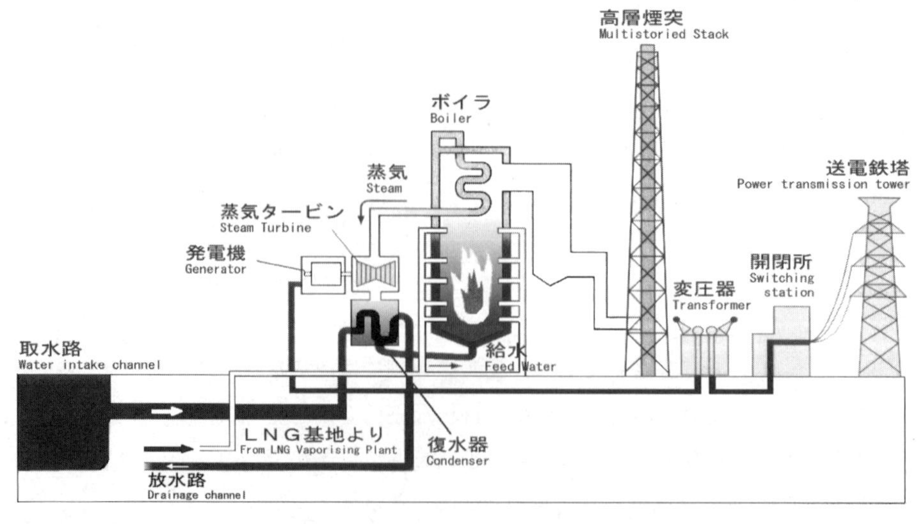

図9.8　LNG 火力発電所例（資料提供東北電力㈱）

9・4　蒸気原動機サイクル

蒸気原動機サイクルとは，高温高圧の蒸気のエネルギーをタービンにより機械仕事に変換する熱機関で，作動物質が気体と液体の間を相変化しながら循環するところに特徴がある．火力発電所では天然ガス(LNG)，石油，石炭をボイラで燃焼させて高温高圧の水蒸気を発生させているのに対し，原子力発電所では原子炉で核分裂エネルギーを用いて水蒸気を発生させており，水蒸気の発生方法が異なるだけで，水蒸気から機械仕事の取り出し方は原理的に同じである．1999 年におけるわが国の電気事業の総発電設備の 81%は蒸気サイクルを用いたシステムであり，発電用熱機関の根幹をなすものである．

9・4・1　ランキンサイクル (Rankine cycle)

ランキンサイクルは基本蒸気サイクルであり，図 9.9 に基本構成を示すように，ボイラ，タービン，復水器，給水ポンプより構成されている．ほとんどのシステムの作動物質は水である．低圧の液はポンプで可逆断熱圧縮されて高圧の圧縮液になり(状態 1→2)，ボイラで等圧加熱されて高温高圧の蒸気になる(状態 2→3)．その後，タービンで可逆断熱膨張して機械仕事を行って低圧の湿り蒸気になり(状態 3→4)，復水器で等圧冷却されて低圧の飽和液に戻る(状態 4→1)．このサイクルの温度－エントロピー線図は図 9.10 のようになる．4 つの変化の過程はガスサイクルのブレイトンサイクルと同じであるが，気液の相変化を伴うため，温度－エントロピー線図はかなり異なっている．

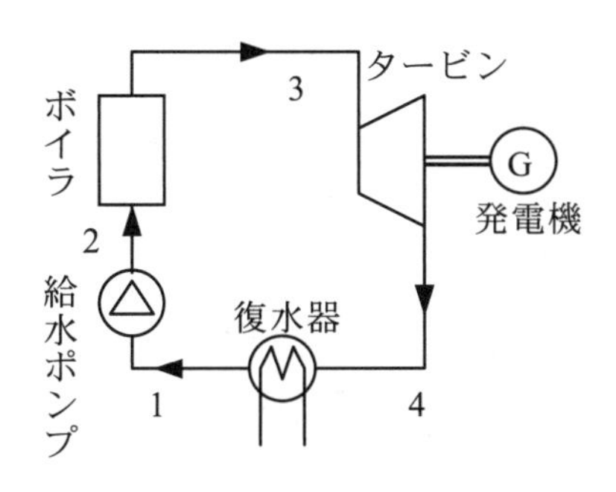

図 9.9　ランキンサイクルの構成

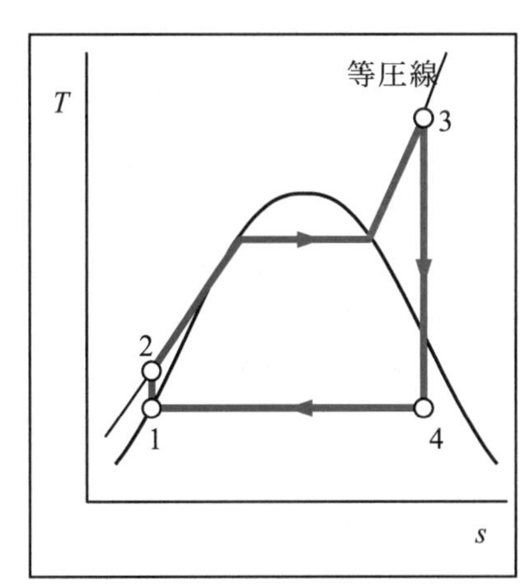

図 9.10　ランキンサイクルの $T-s$ 線図

単位質量流量の作動物質について熱や仕事の出入りを考えよう．

状態 1→2：熱力学第 1 法則より，

$$\delta q = T\,\mathrm{d}s = \mathrm{d}h - v\,\mathrm{d}p$$

可逆断熱変化($\mathrm{d}s = 0$)における外部からされる仕事 $v\,\mathrm{d}p$ は

$$v\,\mathrm{d}p = \mathrm{d}h$$

より，エンタルピーの増加量に等しい．したがって，ポンプ仕事は

$$l_{12} = h_2 - h_1 \tag{9.51}$$

である．($h_2 > h_1$)

状態 2→3：ボイラにおける等圧変化($\mathrm{d}p = 0$)の受熱量は

$$\delta q = \mathrm{d}h$$

より，エンタルピーの増加量に等しい．したがって，ボイラにおける受熱量は

$$q_{23} = h_3 - h_2 \tag{9.52}$$

である．($h_3 > h_2$)

状態 3→4：タービンで可逆断熱膨張時に外部へする仕事は，ポンプ仕事とは逆にエンタルピーの減少量に等しいのでタービン仕事は

$$l_{34} = h_3 - h_4 \tag{9.53}$$

である($h_3 > h_4$)．このエンタルピー差を等エントロピー熱落差(isentropic heat drop)または断熱熱落差(adiabatic heat drop)という．

状態 4→1：復水器で等圧変化における放熱量は，ボイラとは逆にエンタルピーの減少量に等しいので，復水器における放熱量は

$$q_{41} = h_4 - h_1 \tag{9.54}$$

となる($h_4 > h_1$)．理論熱効率は

$$\eta = \frac{l_{34} - l_{12}}{q_{23}} = 1 - \frac{q_{41}}{q_{23}}$$

に代入すると，

$$\eta = \frac{(h_3 - h_4) - (h_2 - h_1)}{h_3 - h_2} \tag{9.55}$$

と表される．

蒸気サイクルではポンプにおける液体の圧縮において，比体積の変化がほとんどないため，ガスサイクルの圧縮に比べて圧縮動力が小さくてすむという利点がある．比体積を一定と近似すると，ポンプ仕事は

$$l_{12} = \int_1^2 v\,\mathrm{d}p \approx v(p_2 - p_1) \tag{9.56}$$

と表すことができ，タービン仕事に比べて無視できる場合が多い．したがって，$h_2 \approx h_1$ と近似すると理論熱効率は

$$\eta \approx \frac{h_3 - h_4}{h_3 - h_2} \approx \frac{h_3 - h_4}{h_3 - h_1} \tag{9.57}$$

のように表すことができる．

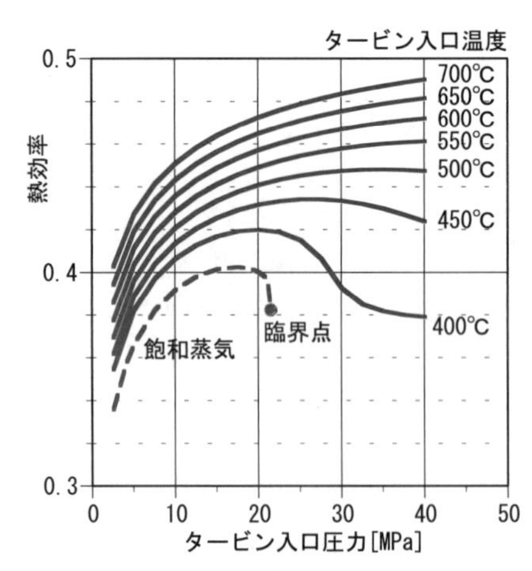

図 9.11　ランキンサイクルの理論熱効率（復水器圧力 5 kPa）

図 9.11 はタービン入口の水蒸気の圧力，温度が理論熱効率に与える影響を計算した結果である．図から明らかなように，圧力，温度を上げるほど熱効率は高くなる．しかし，ボイラは伝熱管の中を流れる水を外から加熱する構造をしているので，材料の耐熱性の問題からガスタービンほど高温にすることはできず，タービン入口温度は 900 K 程度が限界である．また，タービン出口の湿り蒸気の乾き度が小さくなると，蒸気中の水滴によりタービン翼の損傷が発生するので，その乾き度は 88～90%になるようにタービン入口蒸気は高温化されなければならない．図 9.12 は復水器圧力が理論熱効率に与える影響を示している．復水器圧力が低くなるほど熱効率は高い．

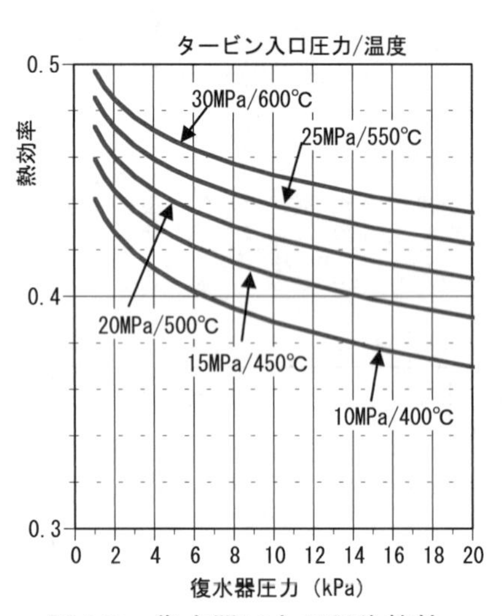

図 9.12　復水器圧力が理論熱効率に与える影響

実際の蒸気タービンでは摩擦や粘性などにより可逆断熱膨張をすることはできず，図 9.13 に示すようにエントロピーが増加する方向に変化する．可逆断熱膨張すると仮定した時の蒸気タービン出口の比エンタルピーを h_4，実際の蒸気タービン出口の比エンタルピーを $h_{4'}$ とすると，蒸気タービンの効率を表す断熱効率(adiabatic efficiency)は，タービンで取り出すことのできる仕事の比を考えて

$$\eta_T = \frac{h_3 - h_{4'}}{h_3 - h_4} \tag{9.58}$$

と表される．蒸気タービンの効率を考慮した熱効率は，式(9.57)に断熱効率をかけた値となり低下する．

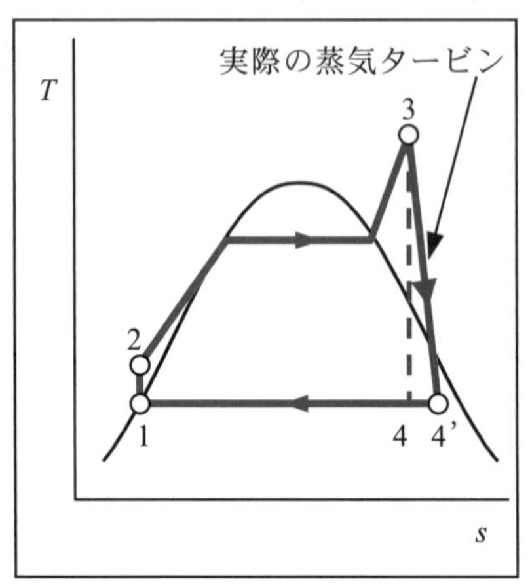

図 9.13　タービンの断熱効率

【例題 9・3】ランキンサイクル　＊＊＊＊＊＊＊＊＊＊＊＊＊＊

以下のような状態点がわかっているランキンサイクルがある．

タービン入口蒸気：p_3=10 MPa，t_3=500 ℃，h_3=3375 kJ/kg，s_3=6.60 kJ/(kg·K)

タービン出口蒸気：p_4=5.0 kPa

タービン出口蒸気の比エンタルピーと乾き度，理論熱効率を求めよ．

【解答】 タービン出口蒸気の乾き度を x_4 とすると，比エントロピー s_4 は

$$s_4 = x_4 s'' + \left(1 - x_4\right) s' \tag{ex9.6}$$

と表される．ただし，s'，s'' はそれぞれ飽和液，乾き飽和蒸気の比エントロピーである．タービンではエントロピーが保存されるので，$s_3 = s_4$ より

$$x_4 = \frac{s_3 - s'}{s'' - s'} \tag{ex9.7}$$

水の飽和表(付表 9.1)より，5.0 kPa における飽和液と乾き飽和蒸気の物性は

h'=138 kJ/kg，h''=2561 kJ/kg，s'=0.476 kJ/(kg·K)，s''=8.40 kJ/(kg·K)

である．数値を代入して x_4 を求めると，

$$x_4 = \frac{6.60 - 0.476}{8.40 - 0.476} = 0.773 \tag{ex9.8}$$

となり，タービン出口蒸気の比エンタルピー h_4 は

$$\begin{aligned} h_4 &= x_4 h'' + \left(1 - x_4\right) h' \\ &= 0.773 \times 2561 + \left(1 - 0.773\right) \times 138 \\ &= 2011 \text{ kJ/kg} \end{aligned} \tag{ex9.9}$$

復水器では圧力 p_4 のもとで凝縮し，出口は飽和液である．したがって，

$$h_1 = h' = 138 \text{ kJ/kg} \tag{ex9.10}$$

である．水の飽和表(付表 9.1)より，5.0 kPa における飽和液の比体積は v'=0.00101 m^3/kg であるから，式(9.56)よりポンプ仕事は

$$\begin{aligned} l_{12} &= v\left(p_2 - p_1\right) \\ &= 0.00101 \times \left(10 \times 10^6 - 5 \times 10^3\right) \times 10^{-3} \\ &= 10.1 \text{ kJ/kg} \end{aligned} \tag{ex9.11}$$

である．タービン仕事は，式(9.53)より

$$l_{34} = h_3 - h_4 = 3375 - 2011 = 1364 \text{ kJ/kg} \tag{ex9.12}$$

であるから，ポンプ仕事はタービン仕事に比べて無視し得ることがわかる．理論熱効率は，式(9.57)より

$$\eta = \frac{h_3 - h_4}{h_3 - h_1} = \frac{3375 - 2011}{3375 - 138} = 0.421 \tag{ex9.13}$$

と求められる．

＊＊＊＊＊＊＊＊＊＊＊＊＊＊＊＊＊＊＊＊＊＊

9・4・2　再熱サイクル (reheat cycle)

ランキンサイクルの効率図（図 9.11）から，タービン入口圧力を上げるほど熱効率が上昇することがわかるが，タービン入口温度には材料の耐熱性により上限があるので，圧力を上げすぎるとタービン出口蒸気の乾き度が低下し問題が生じる．これを解決するために，タービンでの膨張を途中で止めて，ボイラで再度加熱し，2 回に分けて膨張させるサイクルを**再熱サイクル**(reheat cycle)という．サイクルの構成は図 9.14 のように，タービンを高圧タービンと低圧タービンに分け，高圧タービンから出た蒸気をボイラの再熱器(reheater)で再加熱し，低圧タービンに入れて膨張させる．図 9.15 が再熱サイ

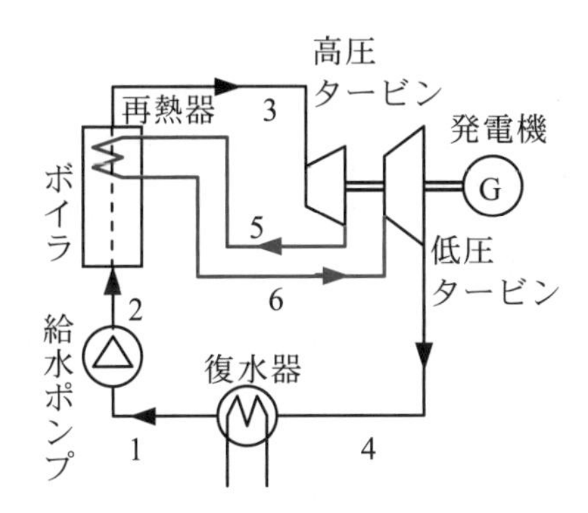

図 9.14　再熱サイクルの構成

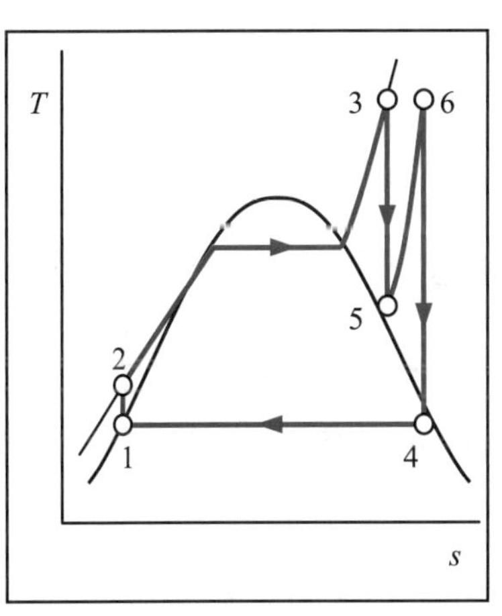

図 9.15　再熱サイクルの $T-s$ 線図

クルの温度－エントロピー線図である．再熱することによりタービン出口蒸気の乾き度を高くできることがわかる．単位質量流量に対して，

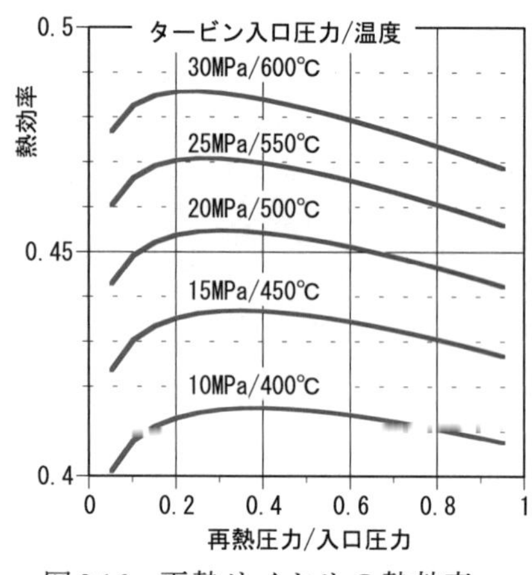

図9.16　再熱サイクルの熱効率

ボイラ加熱量： $q_b = (h_3 - h_2) + (h_6 - h_5)$ (9.59)

タービン仕事： $l_t = (h_3 - h_5) + (h_6 - h_4)$ (9.60)

より，理論熱効率は，ポンプ仕事を無視すると

$$\eta = \frac{(h_3 - h_5) + (h_6 - h_4)}{(h_3 - h_2) + (h_6 - h_5)} \quad (9.61)$$

と表される．

図9.16は高圧タービンおよび低圧タービン入口温度を等しくとり，再熱圧力(p_5)を変化させたときの理論熱効率の計算結果を示している．熱効率を最大にする再熱圧力が存在し，タービン入口圧力に対する最適な再熱圧力の比は，0.2～0.4である．

9・4・3　再生サイクル (regenerative cycle)

蒸気サイクルの熱効率を向上させる方法として，ボイラでの加熱量を減らすことが考えられた．タービンで膨張している途中の蒸気を取り出し(抽気という)，ボイラへの給水を加熱するサイクルを再生サイクル(regenerative cycle)という．蒸気を抽気することによりタービン仕事は減少するが，ボイラでの加熱量の減少の効果のほうが大きく，熱効率は向上する．サイクルの構成には，図9.17のように抽気した蒸気を復水器からの給水に混合する混合給水加熱器型(mixing feed water heater type)再生サイクルと，図9.18のように抽気した蒸気を給水と熱交換器で熱交換して凝縮させ復水器に戻す表面給水加熱器型(surface condensing feed water heater type)再生サイクルの2通りがある．

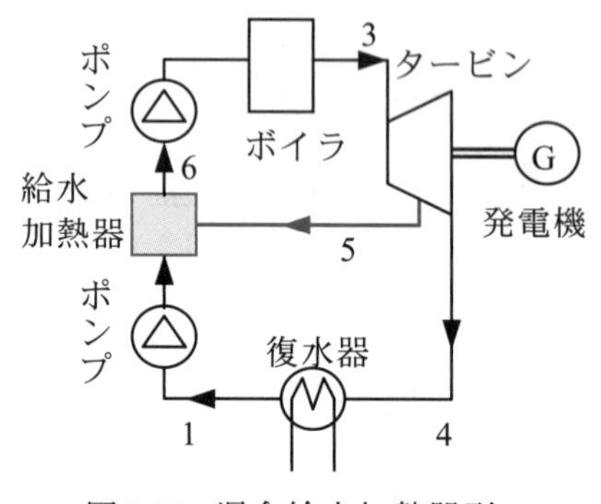

図9.17　混合給水加熱器型
再生サイクルの構成

混合給水加熱型の温度－エントロピー線図を図9.19に示す．タービン入口において単位質量が流れているとき，流量mだけ抽気するとすると，タービン出口の流量は$1-m$である．

ボイラ加熱量： $q_b = h_3 - h_6$ (9.62)

タービン仕事： $l_t = h_3 - h_5 + (1-m)(h_5 - h_4)$ (9.63)

復水器放熱量： $q_c = (1-m)(h_4 - h_1)$ (9.64)

より，ポンプ仕事を無視すれば理論熱効率は，

$$\eta = \frac{h_3 - h_5 + (1-m)(h_5 - h_4)}{h_3 - h_6} \quad (9.65)$$

となる．給水加熱器でのエネルギーのつり合いを考えると

$$mh_5 + (1-m)h_1 = h_6$$

より，抽気割合は

$$m = \frac{h_6 - h_1}{h_5 - h_1} \quad (9.66)$$

である．

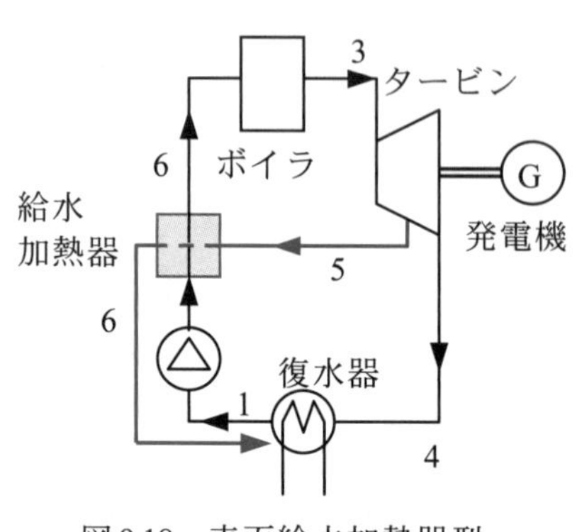

図9.18　表面給水加熱器型
再生サイクルの構成

表面給水加熱型の熱効率はポンプ仕事を無視すれば式(9.64)と同じである．給水加熱器でのエネルギーのつり合いを考えると

$$h_6 - h_1 = m\left(h_5 - h_6\right)$$

より，抽気割合は

$$m = \frac{h_6 - h_1}{h_5 - h_6} \tag{9.67}$$

である．実用的には6～7個の給水加熱器を直列に設置するのが普通であるが，混合給水加熱型ではその個数分ポンプを増設する必要があるため，表面給水加熱型を用いるのが主流である．

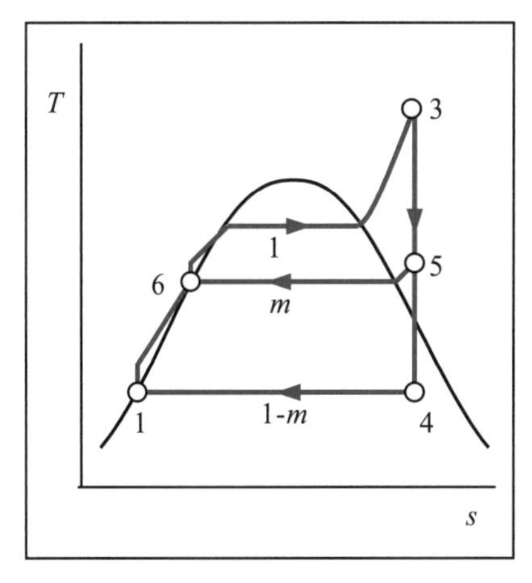

図9.19　混合給水加熱器型再生サイクルの $T-s$ 線図

9・4・4　複合サイクル (combined cycle)

熱エネルギーの中に占める有効エネルギーの割合は温度が高いほど大きいことは，高温熱源の温度が高いほどカルノーサイクルの熱効率が高いことからも理解される．別のいい方をすれば，温度の高い熱エネルギーほど質の高いエネルギーであるので，熱エネルギーは温度の高いうちに有効に利用して機械仕事に変換すべきである．また，1つの熱機関の排熱は捨てるのではなく，その熱機関より低い温度レベルで動作する別の熱機関の熱源として利用することによりエネルギーの有効利用を徹底しようという技術が進んでいる．複数の熱機関を組み合わせて，高温から低温まで熱エネルギーを有効にしようとするシステムのことを**複合サイクル**(combined cycle)という．

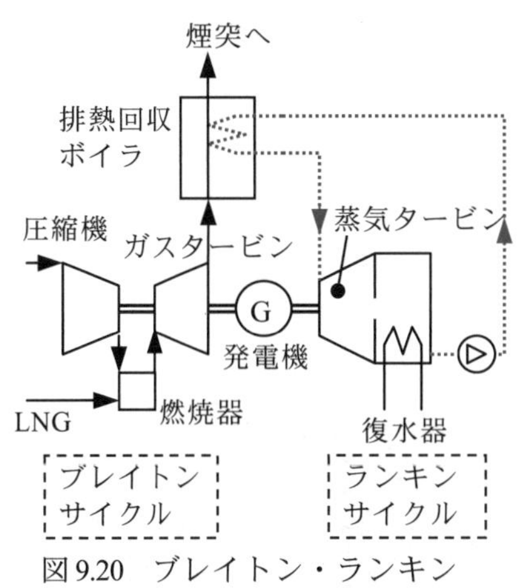

図9.20　ブレイトン・ランキン複合サイクルの構成

最も実用化されている複合サイクルは，発電プラント用の高温ガスタービンと蒸気サイクルの組み合わせである．サイクルの構成は図9.20に示すように，高温で動作するガスタービン排熱を排熱回収ボイラに導いて蒸気を発生させ，その蒸気で低温で動作する蒸気タービンを運転する．模式的な温度－エントロピー線図は図9.21のようになる．ガスタービン入口ガス温度は1300～1500 ℃で，ガスタービン出口ガスの温度は600～800 ℃である．この排気ガスのエネルギーを用いて排熱回収ボイラで水蒸気を発生させ，蒸気サイクルの熱源とするものである．ガスタービンサイクルの熱効率をη_G，ガスタービンに投入されたエネルギーに対して排熱回収ボイラで水蒸気として回収されたエネルギー割合をη_H，蒸気サイクルの熱効率をη_Sとすると，総合熱効率は

$$\eta = \eta_G + \eta_H \eta_S \tag{9.68}$$

と表される．最先端の複合発電の発電効率は50%を越えている．

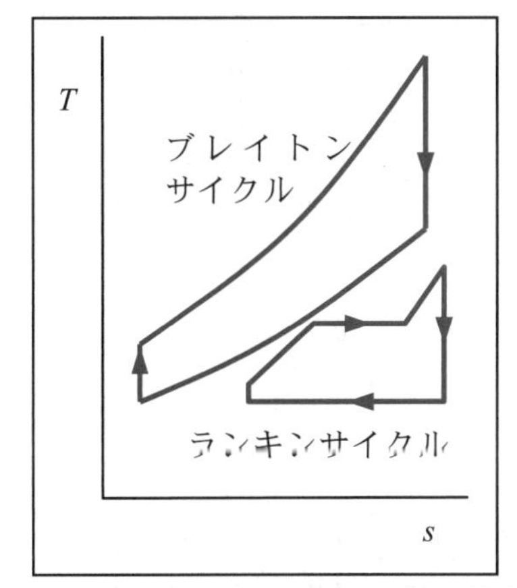

図9.21　ブレイトン・ランキン複合サイクルの $T-s$ 線図

＝＝＝＝＝　練習問題（*印は難問）　＝＝＝＝＝＝＝＝＝＝＝＝＝＝＝＝＝＝

（水蒸気の飽和物性は付表9.1を，過熱水蒸気の物性は付表9.2を参照して解くこと．）

【9・1】 500 ℃，10 MPaの過熱水蒸気をタービンにより5.0 kPaまで膨張させる．

(a) 蒸気タービンが可逆断熱膨張をするとき，タービン出口の乾き度と蒸気1 kgあたりの仕事を求めよ．

(b) 蒸気タービンの断熱効率が0.85のとき，タービン出口の乾き度と蒸気1

kg あたりの仕事を求めよ．

【9・2】 ある物質の 30 ℃における蒸発熱は 1600 kJ/kg である．この温度における乾き度 0.30 の湿り蒸気の比エンタルピーは 750 kJ/kg, 比エントロピーは 3.10 kJ/(kg･K)である．この温度の乾き飽和蒸気の比エンタルピーと比エントロピーを求めよ．

【9・3】 水を作動媒体とする再熱サイクルがある．高圧段タービン入口蒸気の圧力は 25 MPa，温度は 500 ℃，再熱圧力は 8.0 MPa で，500 ℃まで再熱される．低圧段タービンによって 3.0 kPa まで膨張するとき，熱効率を求めよ．ポンプ仕事は無視せよ．（ヒント：高圧段タービン出口蒸気の比エンタルピーは過熱蒸気の物性表を用いて，入口蒸気の比エントロピーと 8 MPa における比エントロピーが等しくなるように，300 ℃と 400 ℃の物性から内挿して求める）

【9・4】 ボイラで圧力 10 MPa，温度 600 ℃の蒸気を発生させ，圧力 5.0 kPa で復水させる 1 段混合給水加熱器型再生サイクルがある．抽気圧力は 0.8 MPa である(熱効率を最大にする抽気圧力は断熱熱落差を 2 等分する圧力で近似可能である)．ポンプ仕事は無視せよ．

(a) タービンから抽気される蒸気の比エンタルピーを求めよ．

(b) 抽気割合を求めよ．

(c) 熱効率を求めよ．

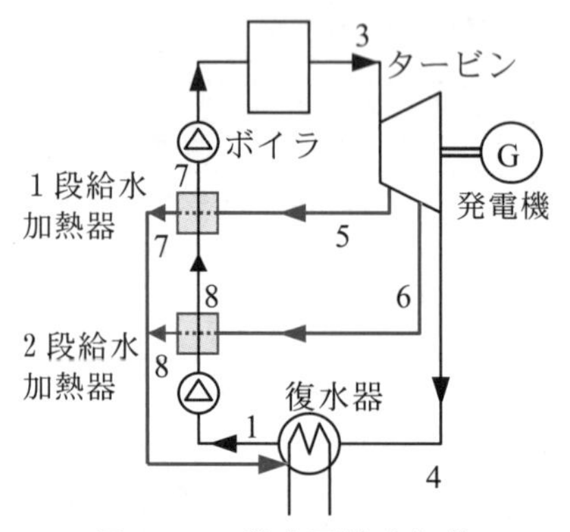

図 9.22　2 段表面給水加熱器型再生サイクル

【9・5*】 問 4 と同じ蒸気条件で動作する図 9.22 に示すような 2 段表面給水加熱器型再生サイクルがある．第 1 段の抽気圧力を 2.0 MPa とするとき，次の問いに答えよ．ただし，第 2 段の抽気圧力は，各給水加熱器の飽和液エンタルピーの上昇量が等しくなる($h_7 - h_8 = h_8 - h_1$)ように定め，ポンプ仕事は無視してよい．

(a) 各段の抽気割合を求めよ．

(b) 熱効率を求めよ．

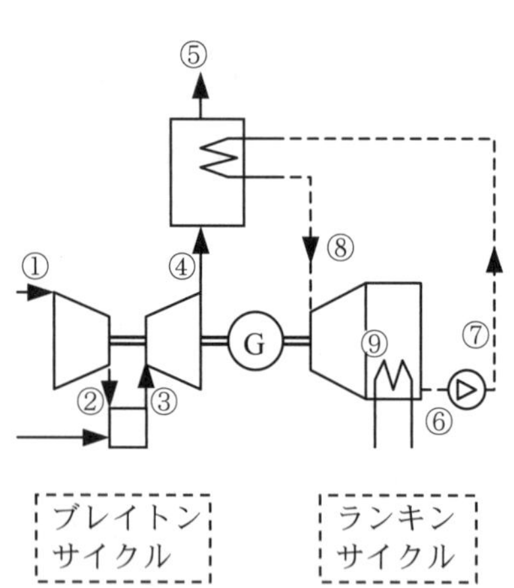

図 9.23　ブレイトン・ランキン複合サイクル

【9・6*】 図 9.23 に示すブレイトン・ランキン複合サイクルについて，次のことがわかっている．ブレイトンサイクルについて， $p_1 = 0.10\ \mathrm{MPa}$ ， $p_2 = 1.0\ \mathrm{MPa}$ ， $T_1 = 293\ \mathrm{K}$ ， $T_3 = 1620\ \mathrm{K}$ ， $T_5 = 430\ \mathrm{K}$ であり，作動媒体は比熱比 1.4, 気体定数 0.287 kJ/(kg･K)の理想気体である．圧縮機とガスタービンは可逆断熱変化をする．ランキンサイクルにおいて， $p_6 = p_9 = 5.0\ \mathrm{kPa}$ ， $p_7 = 1.0\ \mathrm{MPa}$ ， $T_8 = 473\ \mathrm{K}$ であり，作動媒体は水である．蒸気タービンは可逆断熱変化をし，ポンプ仕事は無視してよい．

(a) ブレイトンサイクルの熱効率を求めよ．

(b) ブレイトンサイクルに投入された熱エネルギーに対して，排熱回収ボイラで回収される熱エネルギーの割合を求めよ．ただし，排熱回収ボイラでの熱損失は無視せよ．

(c) ランキンサイクルの熱効率を求めよ．

(d) システム全体の熱効率を求めよ.

【9・7】 One kilogram of water is heated from a quality of 0.70 to a superheated vapor state at 400 ℃ under a constant pressure of 3.0 MPa. How much heat is absorbed by vapor?

【9・8】 What is the final entropy and the work output for one kilogram of steam expanded from 10 MPa and 500 ℃ to 3.0 kPa in a process with an isentropic efficiency of 80%?

【9・9】 A Rankine cycle operates on steam at 20 Mpa and at 600 ℃, exhausting at 3.0 kPa. Assuming an isentropic expansion of the turbine, find the quality at the turbine outlet and the thermal efficiency of the turbine.

【9・10】 A reheat cycle operates on steam at 20 Mpa and at 600 ℃, exhausting at 3.0 kPa. The steam is reheated when its pressure drops to 5.0 MPa. Assuming an isentropic expansion of the turbine, find the quality at the turbine outlet and the thermal efficiency of the turbine.

【解答】

1. (a) 0.773, 1364 kJ/kg (b) 0.858, 1159 kJ/kg
2. 1870 kJ/kg, 6.80 kJ/(kg・K)
3. 47.0%
4. (a) 2885 kJ/kg (b) 0.212 (c) 46.7%
5. (a) 第1段：0.151 第2段：0.129 (b) 47.9%
6. (a) 48.2% (b) 38.8% (c) 29.3% (d) 59.6%
7. 967 kJ
8. 7.56 kJ/(kg・K) 1133 kJ
9. 0.748 46.8%
10. 0.840 48.6%

第9章の文献

(1) 日本機械学会編, 流体の熱物性値集, (1983), 日本機械学会.

第 10 章

冷凍サイクルと空気調和

Refrigeration Cycle and Air Conditioning

10・1　冷凍の発生 (principle of refrigeration)

物質の加熱は電気ヒータや燃焼熱などの利用によって容易に行うことができるが，物質の冷却には特別の工夫が必要である．環境温度以上の物質を冷却するには環境にある空気や水を用いて冷却すればよいが，環境温度以下の低温を発生させるには，低温から熱を奪い高温の環境に熱を捨てなければならないので自然にはできない．そこで，外部より仕事を与えることによって低温部から高温部へと熱を移動させて冷凍する．高温の物質を低温にするには断熱膨張あるいは絞り膨張を用いるのが普通である．1 K 以下の極低温を得るには，断熱消磁法，原子核消磁法，希釈冷凍法などがあるが，特殊用途に限られている．

10・1・1　可逆断熱膨張 (reversible adiabatic expansion)

図 10.1 のように高圧の物質が可逆断熱膨張をしながら流れる系を考える．準静的変化の熱力学第 1 法則より，

$$T\mathrm{d}s = \mathrm{d}h - v\mathrm{d}p \qquad (10.1)$$

である．エントロピー一定のもとに膨張させると，$\mathrm{d}s = 0$，$\mathrm{d}p < 0$ より $\mathrm{d}h < 0$ となり，エンタルピーは減少する．エンタルピーは流体のエネルギーであるから，エンタルピーの減少により温度が低下する．エンタルピーの減少分は仕事として外部に取り出すことができる．

高圧ガス　タービン　仕事　低圧ガス

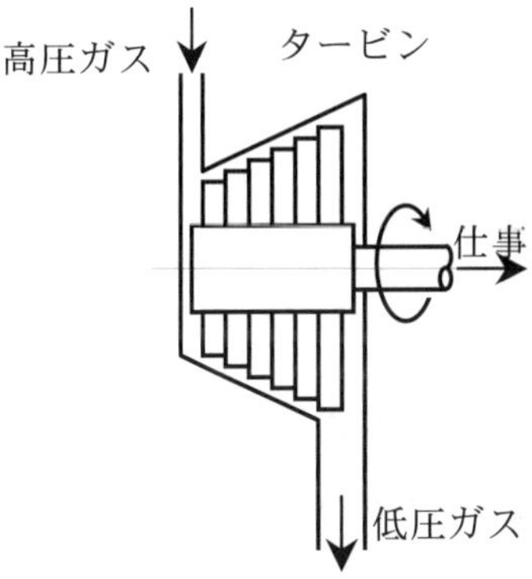

図 10.1　可逆断熱膨張の例

このように，可逆断熱膨張を用いることによりどのような物質でも低温を実現することができる．可逆断熱膨張を実現する装置として，タービンが用いられるが，高価なので，空気冷凍サイクルや極低温の液化機の一部にしか用いられていない．

10・1・2　絞り膨張 (throttle process)

多孔質体やオリフィスなどがある狭い流路を流れるとき，流速の変化を無視すると，断熱で外部に仕事を取り出すこともないので，エンタルピーが保存され等エンタルピー膨張(isenthalpic expansion)となる．これを絞り膨張，またはジュール・トムソン膨張(Joule-Thomson process)という．エンタルピー一定のもとに圧力を変化させたときの温度変化の割合をジュール・トムソン係数(Joule-Thomson coefficient) μ という．

$$\mu = \left(\frac{\partial T}{\partial p}\right)_h \qquad (10.2)$$

熱力学一般関係式より

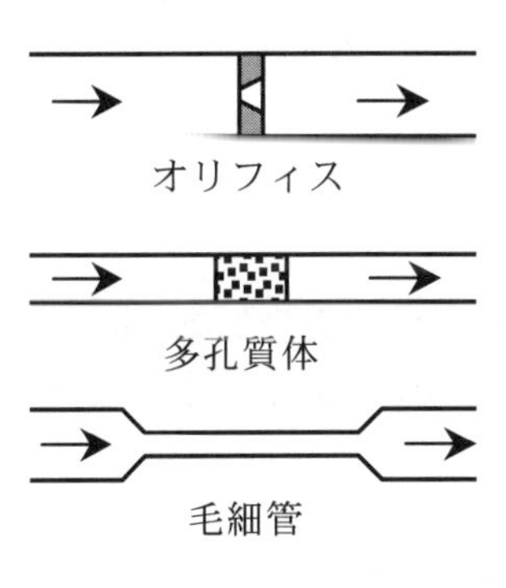

図 10.2　絞り膨張の例

$$\mathrm{d}s=\frac{c_p}{T}\mathrm{d}T-\left(\frac{\partial v}{\partial T}\right)_p\mathrm{d}p$$

これを熱力学第 1 法則の式(10.1)に代入し，ds を消去すると，

$$c_p\mathrm{d}T-T\left(\frac{\partial v}{\partial T}\right)_p\mathrm{d}p=\mathrm{d}h-v\mathrm{d}p \tag{10.3}$$

を得る．$\mathrm{d}h=0$ として両辺を $\mathrm{d}p$ で割ると，ジュール・トムソン係数は

$$\mu=\frac{T\left(\frac{\partial v}{\partial T}\right)_p-v}{c_p} \tag{10.4}$$

のように求められる．

物質が理想気体のときは $\mu=0$ となるので，絞り膨張で温度は変化しない．物質が理想気体の状態方程式に従わない実在気体の性質を示すときに，絞り膨張で温度は変化する．

$$\text{膨張時に温度が低下：}\ \mu>0 \tag{10.5}$$

$$\text{膨張時に温度が上昇：}\ \mu<0 \tag{10.6}$$

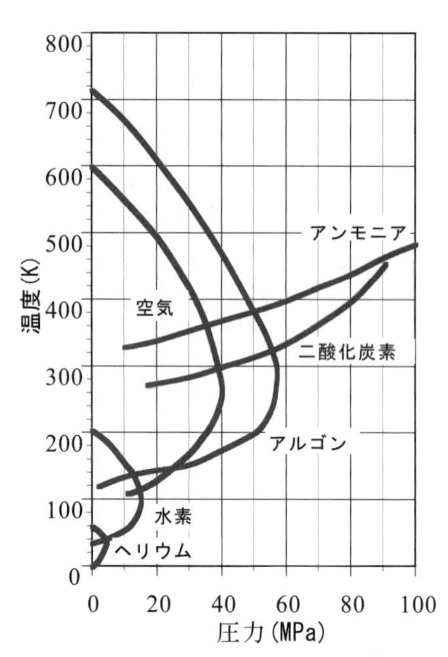

図 10.3　各種物質の逆転温度[1]

$\mu=0$ を満たす温度を逆転温度(inversion temperature)という．代表的な物質の逆転温度が図 10.3 に示されている．曲線の左側が $\mu>0$ の領域で，右側が $\mu<0$ の領域である．$\mu>0$ の温度，圧力領域で絞り膨張をすることにより低温を得ることができる．表 10.1 に各物質の最高逆転温度の概略値を示す．窒素や酸素は常温付近で $\mu>0$ であるため，絞り膨張により低温を発生できるが，水素やヘリウムは常温では $\mu<0$ となるので，逆転温度まで別の方法で冷却しなければならない．

表 10.1　最高逆転温度

物質	CO_2	O_2	N_2	空気	Ne	H_2	He
(K)	1500	760	620	600	250	200	40

10・2　動作係数 (coefficient of performance)

冷凍サイクルとは，図 10.4 に示すように低温熱源から熱を受け取り，高温熱源へ熱を放出する機械である．この機械は熱を低温熱源から高温熱源へ汲み上げるものであるが，低温熱源を冷却することに目的があるときは冷凍機(refrigerating machine)と呼び，高温熱源を加熱することに目的があるときはヒートポンプ(heat pump)と呼ぶ．冷凍機とヒートポンプをまとめてヒートポンプと総称することもある．サイクルの動作原理はどちらも同じで，目的が異なるのみである．

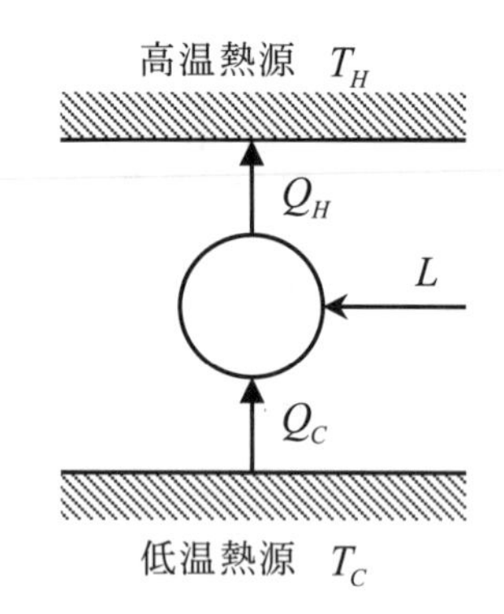

図 10.4　冷凍機・ヒートポンプ

冷凍機械の性能を表す指標は動作係数(coefficient of performance)または成績係数，COP と呼ばれ，冷凍目的，加熱目的の動作係数は次式(10.7)および式(10.8)で定義される．

$$\text{冷凍機　　：}\ \varepsilon_R=\frac{Q_C}{L} \tag{10.7}$$

$$\text{ヒートポンプ：}\ \varepsilon_H=\frac{Q_H}{L} \tag{10.8}$$

表 10.2　冷凍機の動作係数

$$\varepsilon_R=\frac{Q_C}{L}\cdots\text{冷凍機}$$

$$\varepsilon_H=\frac{Q_H}{L}\cdots\text{ヒートポンプ}$$

Q_C は低温熱源からの受熱量，Q_H は高温熱源への放熱量，L は仕事入力であ

る．エネルギーの保存関係から，$Q_H = Q_C + L$ であるので

$$\varepsilon_H = \varepsilon_R + 1 \tag{10.9}$$

が，ヒートポンプの動作係数は定義からわかるように$0 \le \varepsilon$であって，1 以下でなければならないという制限はない．エアコンの動作の様子を図 10.5 に示す．夏季においては，電気 L を用いて室内から熱量 Q_C を吸収して冷房し，屋外に $Q_H = Q_C + L$ だけ放出している．一方，冬季においては，電気 L を用いて屋外から熱量 Q_C を吸収し室内に熱量 $Q_H = Q_C + L$ 放出して暖房している．夏季の動作係数は式(10.7)で，冬季の動作係数は式(10.8)で表される．

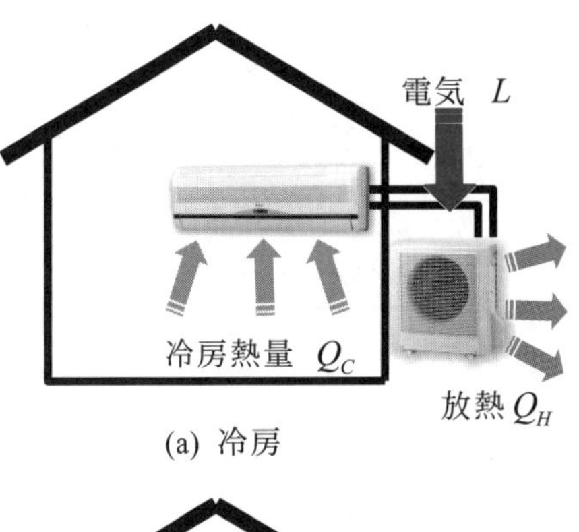

(a) 冷房

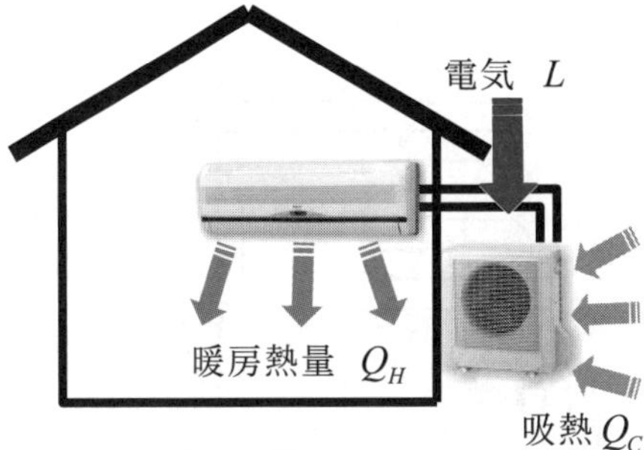

(b) 暖房

図 10.5　エアコンの動作

10・3　各種冷凍サイクル (refrigeration cycle)

10・3・1　逆カルノーサイクル (inverse Carnot cycle)

2 つの一定温度の熱源間に働く冷凍サイクルのうちで最も性能が高いのは，**逆カルノーサイクル**(inverse Carnot cycle)である．図 10.6 に示すように，サイクルの構成は，熱機関のカルノーサイクルと同じ可逆サイクルで，循環する向きが逆である．熱機関は時計と同方向に循環するのに対して，冷凍サイクルは時計と反対方向に循環する．

逆カルノーサイクルの 4 つの過程の中で，熱の授受があるのは 2 つの等温変化である．それぞれ，低温熱源から受熱し，高温熱源へ放熱する．単位質量流量あたりの熱量は，$\delta q = T\mathrm{d}s$ の関係を積分することにより

$$\text{受熱量：}\ q_C = T_C\left(s_2 - s_1\right) \tag{10.10}$$

$$\text{放熱量：}\ q_H = T_H\left(s_2 - s_1\right) \tag{10.11}$$

となる．外部からの仕事入力は式(10.11)と式(10.10)の差であるから，動作係数は

$$\text{冷凍機}\quad ：\varepsilon_R = \frac{T_C}{T_H - T_C} \tag{10.12}$$

$$\text{ヒートポンプ：}\varepsilon_H = \frac{T_H}{T_H - T_C} \tag{10.13}$$

と熱源の温度のみで表される．図 10.7 は，環境温度を 20 ℃としたときの逆カルノーサイクルの冷凍機とヒートポンプの動作係数を示している．冷凍機においては高温熱源を 20 ℃に，ヒートポンプでは低温熱源温度を 20 ℃にとり，他方の熱源温度を横軸にとっている．図から，2 つの熱源の温度差が小さいと動作係数は大きいが，温度差が大きくなるにしたがって，動作係数は低下してゆくことがわかる．

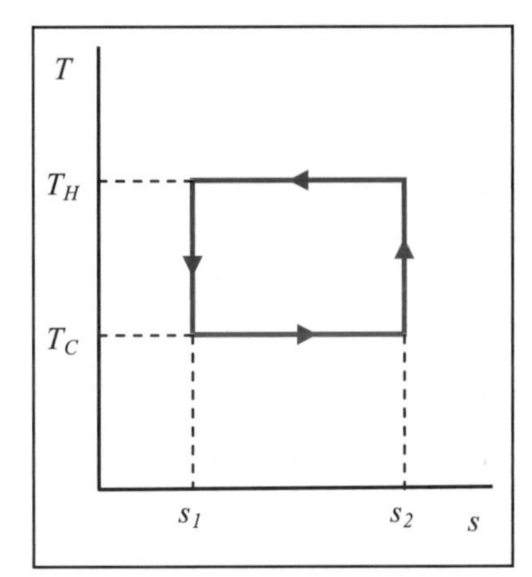

図 10.6　逆カルノーサイクルの $T-s$ 線図

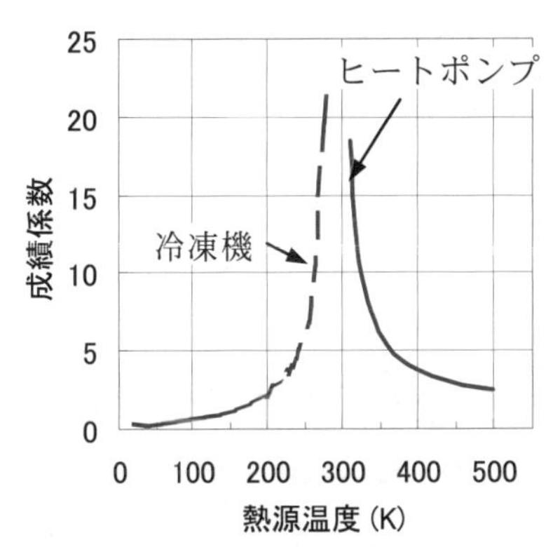

図 10.7　環境温度 20 ℃(293 K)の逆カルノーサイクルの動作係数

10・3・2 蒸気圧縮式冷凍サイクル (vapor compression refrigeration cycle)

図 10.8，および図 10.9 は，冷凍や空気調和のために一般的に用いられている蒸気圧縮式冷凍サイクルの構成を示している．電気モータまたはエンジンにより圧縮機が駆動され，凝縮器，膨張弁，蒸発器の順に作動物質が循環する．冷凍サイクルの作動物質を冷媒(refrigerant)という．基本冷凍サイクルの $T-s$

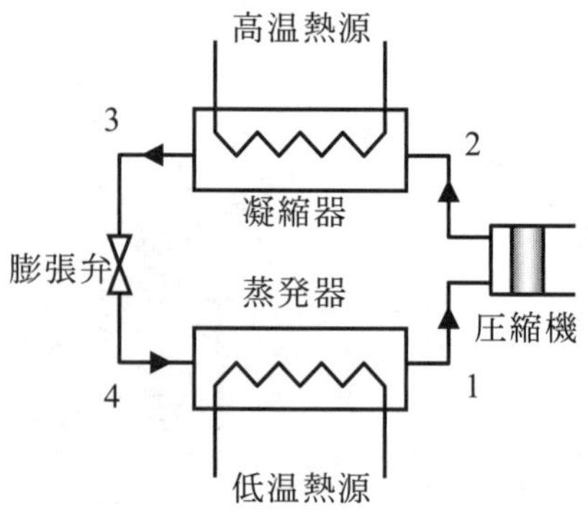

図 10.8　蒸気圧縮式冷凍サイクル

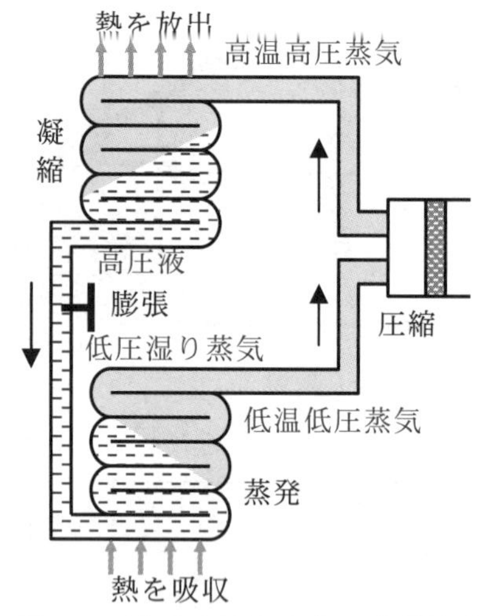

図 10.9　冷凍サイクル内の冷媒流動

線図と $p-h$ 線図をそれぞれ図 10.10，および図 10.11 に示す．飽和蒸気の冷媒が圧縮機(compressor)に吸入され，可逆断熱圧縮されて高圧の過熱蒸気となる（状態 1→2）．次に，凝縮器(condenser)において等圧的に冷却されて凝縮し飽和液となる（状態 2→3）．凝縮器では高温熱源に熱を放出する．膨張弁(expansion valve)を通過するときに絞り膨張をして低圧で低温の湿り蒸気となる（状態 3→4）．最後に，蒸発器(evaporator)において等圧的に加熱されて蒸発し飽和蒸気となる (状態 4→1)．蒸発器では低温熱源から熱を吸収する．

冷媒単位質量流量あたりの熱の授受と仕事入力について考えてみよう．圧縮機においては可逆断熱圧縮するので，開いた系の熱力学第 1 法則より，圧縮機仕事はエンタルピーの増加に等しい．

$$l_{12} = h_2 - h_1 \tag{10.14}$$

凝縮器では等圧冷却され，その放熱量は

$$q_{23} = h_2 - h_3 \tag{10.15}$$

である．膨張弁では外部との熱および仕事の出入りはないので，流体のエネルギーは保存される．

$$h_3 = h_4 \tag{10.16}$$

蒸発器では等圧加熱される．その受熱量は

$$q_{41} = h_1 - h_4 \tag{10.17}$$

である．冷凍目的，加熱目的の動作係数は以下のように，比エンタルピーの差で表される．

$$\varepsilon_R = \frac{q_{41}}{l_{12}} = \frac{h_1 - h_4}{h_2 - h_1} \tag{10.18}$$

$$\varepsilon_H = \frac{q_{23}}{l_{12}} = \frac{h_2 - h_3}{h_2 - h_1} \tag{10.19}$$

このように，冷凍サイクルの動作係数は比エンタルピーが重要な物性であるので，サイクルの設計にあたっては $p-h$ 線図が多用される．

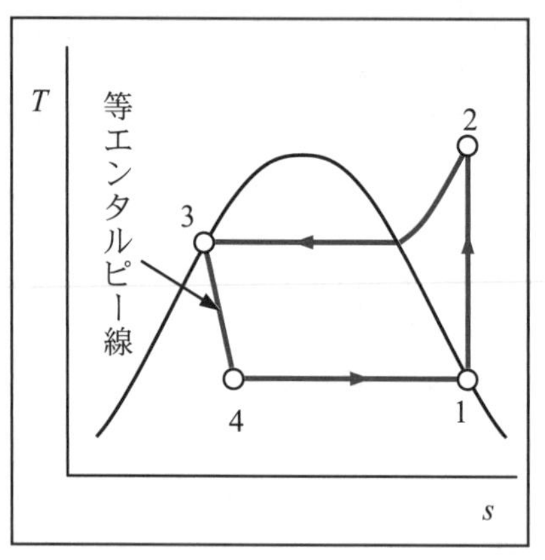

図 10.10　冷凍サイクルの $T-s$ 線図

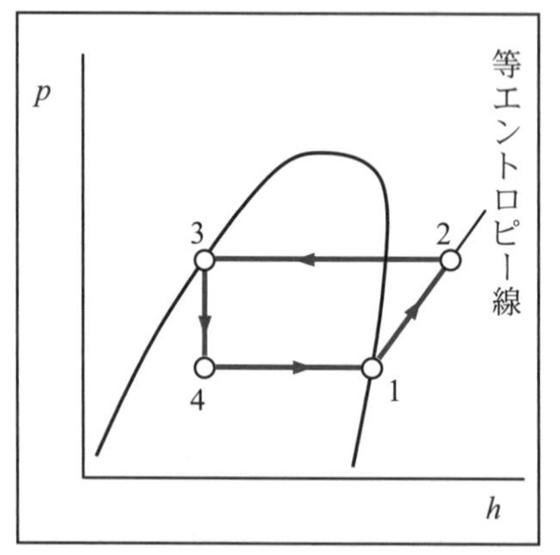

図 10.11　冷凍サイクルの $p-h$ 線図

蒸気圧縮式冷凍サイクルの冷媒として，フルオロカーボン(fluorocarbon)と呼ばれるフッ素化炭化水素が使われている．フルオロカーボンとはメタン CH_4 やエタン C_2H_6 など炭化水素の中の水素 H をフッ素 F または塩素 Cl で置換した物質の総称で，分子中の水素すべてをフッ素または塩素に置換したものをクロロ・フルオロカーボン(CFC)という．CFC は成層圏オゾン層破壊物質として 1996 年に全廃された．炭素のほかにフッ素と塩素と水素を含むものをハイドロ・クロロ・フルオロカーボン(HCFC)，フッ素と水素を含むものをハイドロ・フルオロカーボン(HFC)という．塩素を含む HCFC 類も成層圏オゾン層を破壊する物質として国際的な規制を受け，塩素を含まない冷媒 HFC 類へと転換が進んでいる．近年では，純物質の冷媒のほかに，複数の HFC 類を混合した混合冷媒や，二酸化炭素やアンモニアなどの物質も冷媒として使用されるようになっている．

表 10.3 に主要な冷媒の基本物性を，巻末の付図 10.1 に冷蔵庫やカーエアコンに用いられている冷媒 HFC-134a の圧力－エンタルピー線図を示す．

【例題 10・1】　＊＊＊＊＊＊＊＊＊＊＊＊＊＊＊＊＊＊＊＊＊＊＊＊＊

HFC-134a を冷媒とする基本冷凍サイクルがある．

(a) 冷房運転をしているときの蒸発温度は 10 ℃, 凝縮温度は 50 ℃であった．冷房動作係数を求めよ．

(b) 暖房運転をしているときの蒸発温度は 0 ℃, 凝縮温度は 40 ℃であった．暖房動作係数を求めよ．

【解答】 (a) 求める冷凍サイクルは図 10.12 のとおりである．付図 10.1 より 10 ℃の飽和蒸気の比エンタルピーと比エントロピーを読み取ると,

$$h_1 = 404\,\text{kJ/kg}, \quad s_1 = 1.722\,\text{kJ/(kg}\cdot\text{K)}$$

である．状態 1 を通る等エントロピー線と 50 ℃の飽和圧力 1.32 MPa の等圧線の交点が状態 2 である．その比エンタルピーは

$$h_2 = 428\,\text{kJ/kg}$$

と読み取れる．状態 3 は 50 ℃の飽和液であるので，その点の比エンタルピーを読み取ると,

$$h_3 = 272\,\text{kJ/kg}$$

である．$h_4 = h_3$ より，冷房動作係数を求めると,

$$\varepsilon_R = \frac{h_1 - h_4}{h_2 - h_1} = \frac{404 - 272}{428 - 404} = 5.50 \qquad \text{(ex10.1)}$$

である．

(b) 暖房運転のヒートポンプサイクルは図 10.13 のとおりである．付図 10.1 より 0 ℃の飽和蒸気の比エンタルピーと比エントロピーを読み取ると,

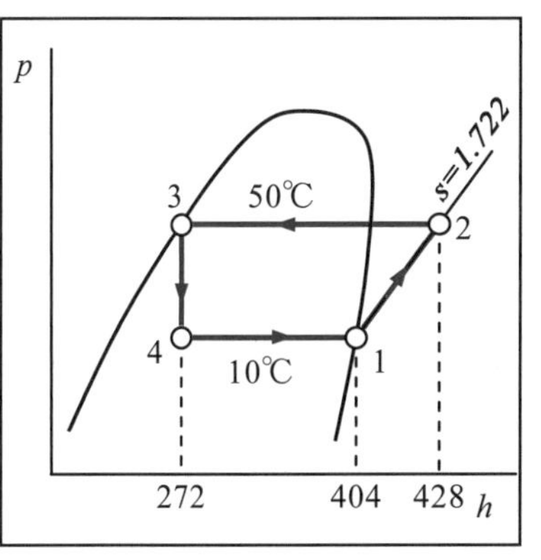

図 10.12　冷房運転の $p-h$ 線図

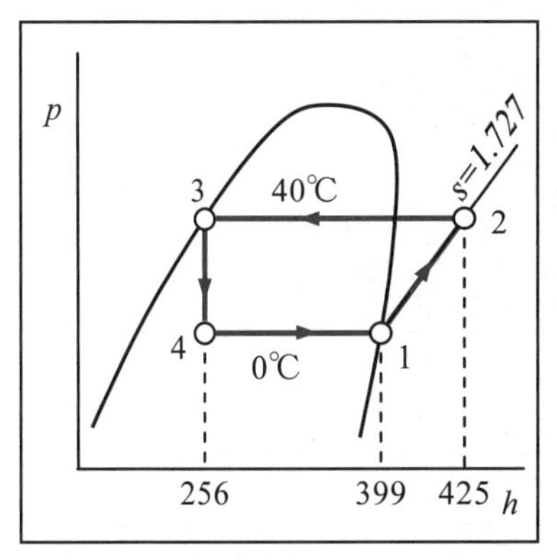

図 10.13　暖房運転の $p-h$ 線図

表 10.3　主要冷媒の熱物性値

	冷媒	化学式	沸点 (℃)	臨界温度 (℃)	臨界圧力 (MPa)	LT[a] (年)	ODP[b]	GWP[c]	可燃性[d]
純物質	CFC-11	CCl_3F	23.7	198.1	4.41	75	1.0	4000	不燃
	CFC-12	CCl_2F_2	-29.8	111.8	4.12	111	1.0	8500	不燃
	HCFC-22	$CHClF_2$	-40.8	96.2	4.99	15	0.055	1700	不燃
	HCFC-123	$CHCl_2CF_3$	27.7	183.7	3.67	1.6	0.02	93	不燃
	HCFC-141b	CH_3CCl_2F	32.2	204.2	4.25	8	0.11	630	6.5～15.5
	HCFC-142b	CH_3CClF_2	-9.3	137.2	4.12	19	0.065	2000	7.8～16.8
	HFC-23	CHF_3	-82.0	25.9	4.82	260	0	11700	不燃
	HFC-32	CH_2F_2	-51.7	78.4	5.83	5.0	0	650	13.6～28.4
	HFC-125	CHF_2CF_3	-48.5	66.3	3.63	29	0	2800	不燃
	HFC-134a	CH_2FCF_3	-26.2	101.2	4.07	13.8	0	1300	不燃
	HFC-143a	CH_3CF_3	-47.3	73.1	3.81	52	0	3800	8.1～21.0
	HFC-152a	CH_3CHF_2	-25.0	113.5	4.49	1.4	0	140	4.0～19.6
	二酸化炭素	CO_2	-78.4	31.06	7.38	—	0	1	不燃
	アンモニア	NH_3	-33.4	132.5	11.28	—	0	0	16～28
	プロパン	C_3H_8	-42.1	96.7	4.25	—	0	3	2.3～9.5
	イソブタン	C_4H_{10}	-11.7	135.0	3.65	—	0	3	1.8～8.4
混合物	R404A	HFC-125/143a/134a	-46.8	72.0	3.72	—	0	3300	不燃
	R407C	HFC-32/125/134a	-43.6	85.6	4.61	—	0	1500	不燃
	R410A	HFC-32/125	-51.6	71.5	4.92	—	0	1700	不燃

a：大気圏での寿命

b：成層圏オゾン層破壊能（CFC-11 を 1 とした相対的な値）

c：地球温暖化能（二酸化炭素を 1 とした相対値で，100 年間の評価値）

d：爆発限界で，空気中の容積%を示す

$$h_1 = 399\,\mathrm{kJ/kg}\,,\quad s_1 = 1.727\,\mathrm{kJ/(kg\cdot K)}$$

状態1を通る等エントロピー線と40 ℃の飽和圧力1.02 MPaの等圧線の交点が状態2である．その比エンタルピーは

$$h_2 = 425\,\mathrm{kJ/kg}$$

と読み取れる．状態3は40℃の飽和液であるので，その点の比エンタルピーを読み取ると，

$$h_3 = 256\,\mathrm{kJ/kg}$$

である．暖房動作係数を求めると，

$$\varepsilon_H = \frac{h_2 - h_3}{h_2 - h_1} = \frac{425 - 256}{425 - 399} = 6.50 \qquad \text{(ex10.2)}$$

である．

＊＊＊＊＊＊＊＊＊＊＊＊＊＊＊＊＊＊＊＊＊＊＊

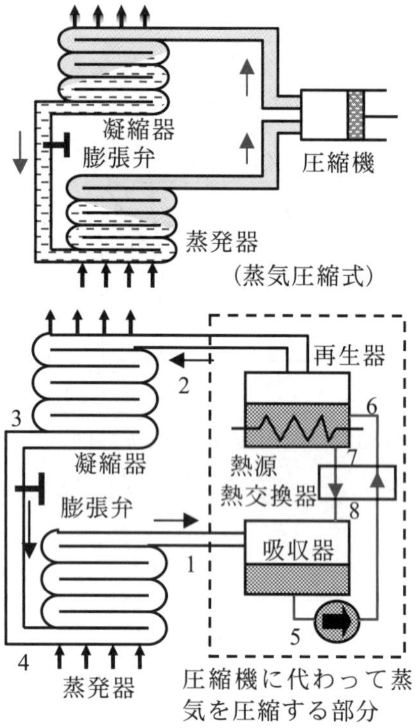

図10.14　単効用吸収冷凍サイクル

10・3・3　吸収冷凍サイクル (absorption refrigeration cycle)＊

蒸気圧縮式冷凍サイクルでは電気で駆動される圧縮機によって低圧蒸気を高圧蒸気に変換しているが，この圧縮を熱エネルギーを用いて行うのが吸収冷凍サイクルである．図 10.14 は吸収冷凍サイクルの原理を蒸気圧縮式と比較して示している．蒸気圧縮式冷凍サイクルと同様に蒸発器や凝縮器を有しており，それらを通って冷却効果を得る物質を冷媒(refrigerant)という．蒸気圧縮式では蒸気を圧縮するために圧縮機を用いているが，吸収冷凍サイクルでは冷媒蒸気を液に吸収させて液ポンプで昇圧している．この液ループを循環する物質を吸収剤(absorbent)という．

吸収剤は吸収器において蒸発器にある冷媒蒸気を吸収する．吸収剤と冷媒の混合溶液は沸点上昇が起こり，吸収器(absorber)の温度は蒸発器の温度（3～4 ℃）より高くすることが可能で，吸収するときに発生する冷媒の凝縮熱は常温の冷却水により除去される．吸収器で蒸気を吸収して希釈された吸収剤はポンプにより昇圧され，再生器(generator)で加熱濃縮される．この加熱に熱エネルギーが使われ，蒸発して出てきた高圧冷媒蒸気は凝縮器へ送られる．再生器から戻る吸収剤は温度が高いので，そのエネルギーを有効に使うために溶液熱交換器(solution heat exchanger)において吸収器から再生器へ送られる低温の吸収剤を加熱する．冷媒は凝縮器から膨張弁を通って蒸発器へ流入し，低温熱源から熱を奪うことによって蒸発する．

図 10.14 は最も簡単な構造をしている単効用吸収冷凍機で，図 10.15 はサイクルの効率を高めるために改良された二重効用吸収冷凍機の構成図である．図 10.14 において再生器で発生した高圧蒸気の熱エネルギーが凝縮器で冷却水にただ捨てられるのはもったいないとの考えから，図 10.15 では高温再生器(high-temperature generator)で発生した冷媒蒸気の凝縮熱を温度の低い低温再生器(low-temperature generator)での熱源に利用している．高温再生器で発生した高温蒸気は低温再生器で凝縮し，冷媒液は凝縮器へ流入する．低温再生器で発生した低温の蒸気は凝縮器で凝縮され，膨張弁を通って蒸発器へ送られる．単効用形に比べて二重効用形は同一の加熱量で蒸気を2回発生させることができるので，理想的には動作係数は2倍になる．

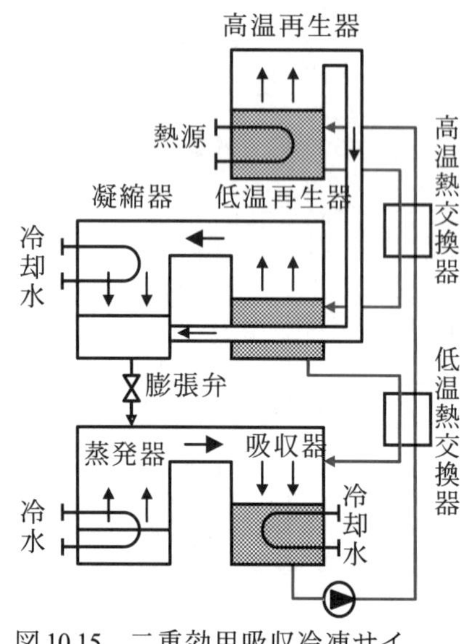

図10.15　二重効用吸収冷凍サイクル

吸収冷凍サイクルに用いられる作動物質には，水－臭化リチウム系，アン

モニアー水系がある．水－臭化リチウム系では水が冷媒，臭化リチウムが吸収剤の役割を果たし，大型建物の冷房専用機に広く使用されている．水は 0 ℃以下では氷結するので，0 ℃以下になることがある外気から吸熱するヒートポンプとしては使用できない．ヒートポンプとして用いるためには，アンモニアー水系などの 0 ℃以下でも氷結しない冷媒からなる作動物質を用いなければならない．図 10.16 に水－臭化リチウム系の圧力－温度線図を示す．臭化リチウムの濃度によって沸点上昇の程度が異なるので，線図内には臭化リチウムの濃度線が書かれている．

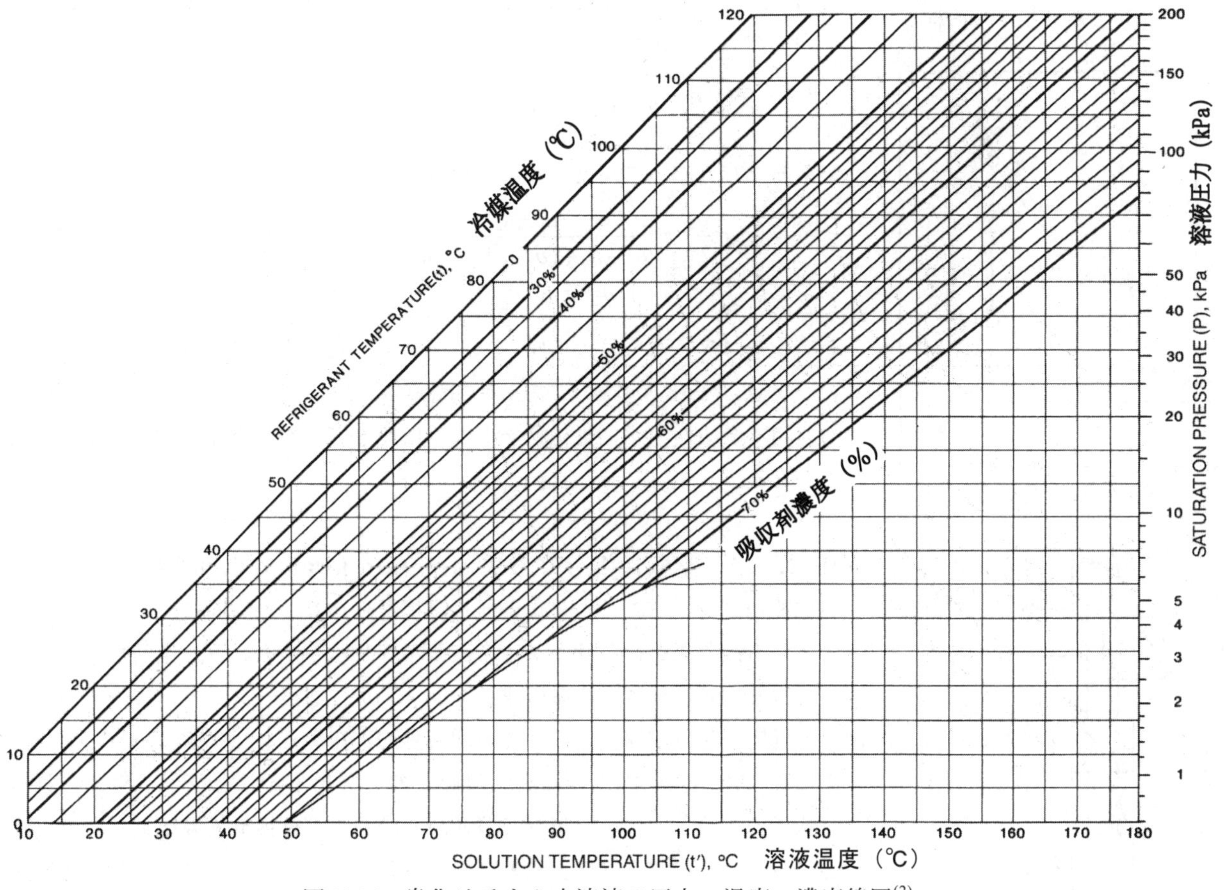

図 10.16　臭化リチウム水溶液の圧力－温度－濃度線図[2]

図 10.17 に単効用吸収冷凍サイクルの圧力－温度線図の代表例を示す．状態点は以下のように定義する．

1：蒸発器出口	2：凝縮器入口
3：凝縮器出口	4：蒸発器入口
5：吸収器出口	6：再生器入口
7：再生器出口	8：吸収器入口

溶液循環比 a を凝縮器，蒸発器を流れる冷媒流量に対する吸収器から再生器へ流れる吸収溶液流量の比と定義し，吸収器における吸収剤の質量保存を考えると，単位冷媒流量に対して，吸収器に流入する溶液流量は $a-1$，吸収器から流出する溶液流量は a であるから

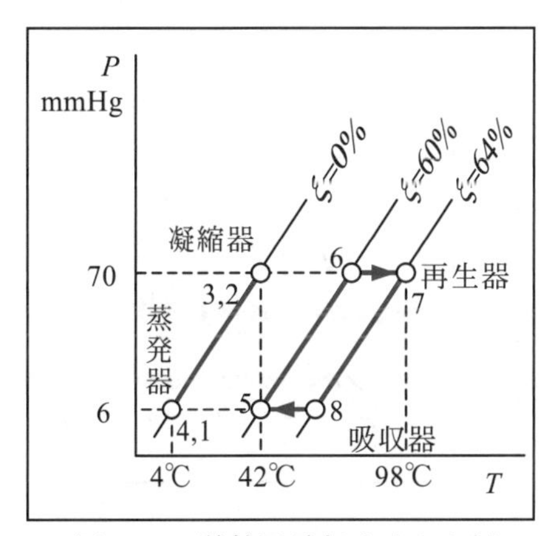

図 10.17　単効用吸収サイクル例

$$(a-1)\xi_7 = a\xi_5$$

と表される．ただし，希溶液濃度をξ_5，濃溶液濃度をξ_7としている．濃度とは吸収溶液中の吸収剤質量濃度である．aについて整理すると，

$$a=\frac{\xi_7}{\xi_7-\xi_5} \tag{10.20}$$

を得る．

蒸発器における単位冷媒蒸発量に対して熱量を考えると，蒸発器における冷凍効果は，

$$q_{41}=h_1-h_4 \tag{10.21}$$

である．一方，再生器における熱エネルギーの受熱量は，蒸気の発生と溶液の濃縮高温化の両方を考えなければならないので，

$$q_{67}=h_2-h_6+(a-1)(h_7-h_6) \tag{10.22}$$

である．したがって，冷房動作係数は

$$\varepsilon_R=\frac{q_{41}}{q_{67}}=\frac{h_1-h_4}{h_2-h_6+(a-1)(h_7-h_6)} \tag{10.23}$$

と表される．

アンモニア－水系は，冷媒がアンモニア，吸収剤が水である．アンモニアの三重点は－77 ℃なので暖房時に凝固する恐れはなくヒートポンプとしても使用できるが，水－臭化リチウム系に比べて冷房動作係数が低いという欠点がある．

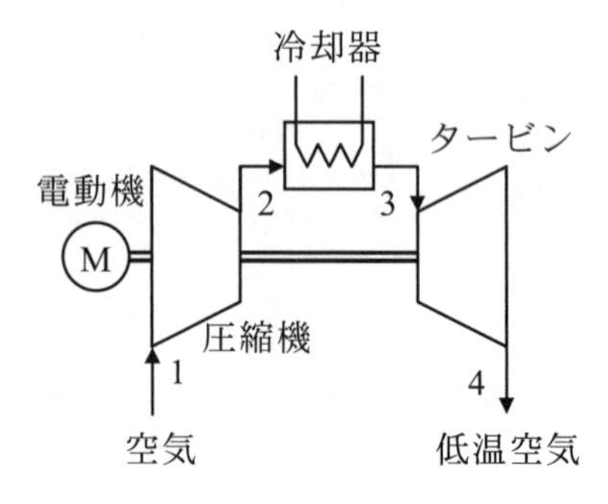

図 10.18　空気圧縮サイクルの構成

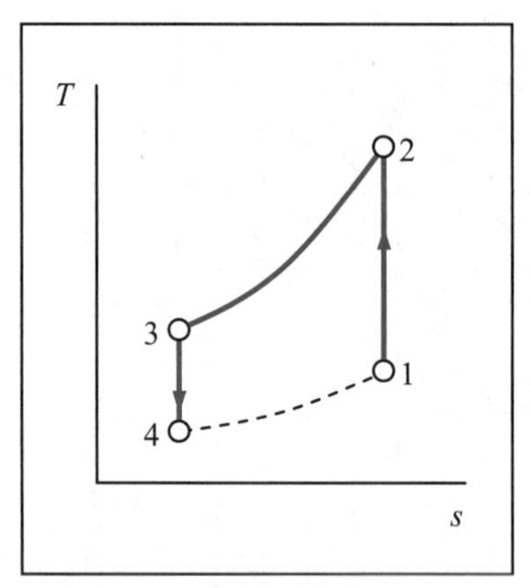

図 10.19　空気圧縮サイクル

10・3・4　空気冷凍サイクル (air refrigeration cycle) *

熱機関のブレイトンサイクルと同じ過程からなり，逆方向に変化させることにより冷凍効果を得るサイクルを空気冷凍サイクルという．作動物質は空気で，図 10.18 にサイクルの構成を，図 10.19 に温度－エントロピー線図を示す．低圧空気は圧縮機によって可逆断熱的に圧縮され（状態 1→2），高温高圧になった空気は等圧的に高温熱源に熱を放出することにより冷却される（状態 2→3）．次にタービンで可逆断熱膨張して低温低圧の空気となり（状態 3→4），この空気は低温熱源に放出され使用される．このように空気冷凍では低温空気を直接使用する開放システムが用いられる．

詳細は，8・4 節を参照されたい．空気冷凍機は，高圧空気がジェットエンジンから得られる航空旅客機のエアコンに用いられている．

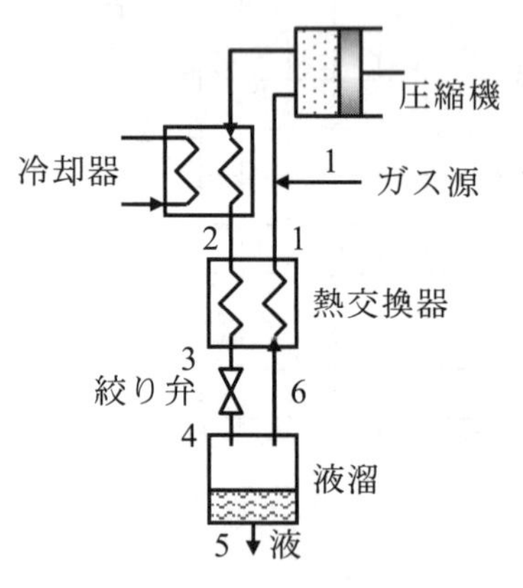

図 10.20　リンデサイクルの構成

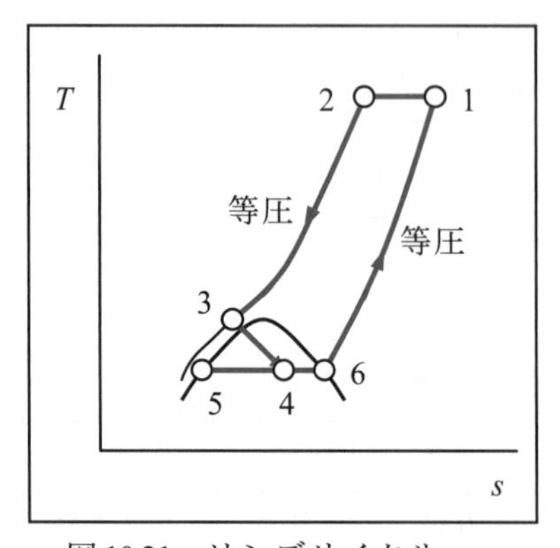

図 10.21　リンデサイクル

10・3・5　液化サイクル (liquefaction cycle) *

窒素，水素，ヘリウムなどの気体を液化する冷凍機を液化機といい，作動物質はその気体自身である．図 10.20 にリンデサイクル(Linde cycle)の構成図を，図 10.21 に温度－エントロピー線図を示す．圧縮機によって高圧になったガスは常温で冷却され(状態 2)，液溜から戻ってくるガスによって冷却される(状態 3)．絞り弁によりジュール・トムソン膨張した作動物質は湿り蒸気(状態 4)になり，液溜において気液が分離され，液(状態 5)は取り出され，残りのガス(状態 6)は高圧ガスと熱交換しながら圧縮機に戻されて再圧縮される．液化によって減少した分の作動物質は圧縮機入口において補給される．絞り膨張によって低温になるには，10・1・2 項のジュール・トムソン係数が正で

なければならず，空気，メタン，アルゴンなどは室温から冷却液化できる．しかし，ヘリウムや水素は室温ではジュール・トムソン係数が負となるので，室温からの液化はできない．したがって，液化するためには，別の何らかの方法でジュール・トムソン係数が正となる温度まで冷却するか，次のクロードサイクルを用いる．

図 10.22，図 10.23 はクロードサイクル(Claude cycle)の構成図と温度－エントロピー線図である．このサイクルでは高圧ガスの一部がタービンによって断熱膨張し，高圧ガスの冷却に使われる．

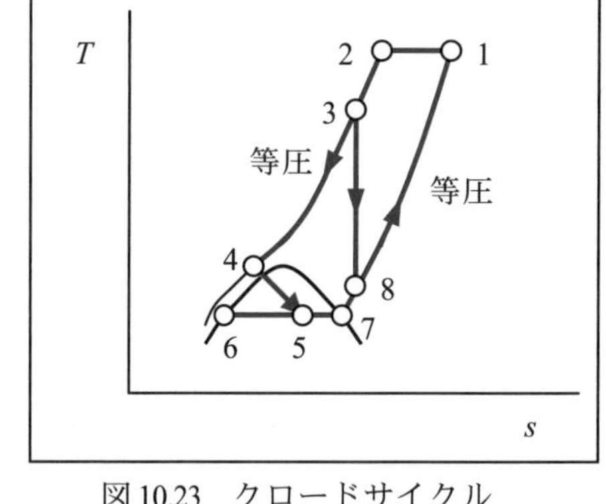

図 10.23 クロードサイクル

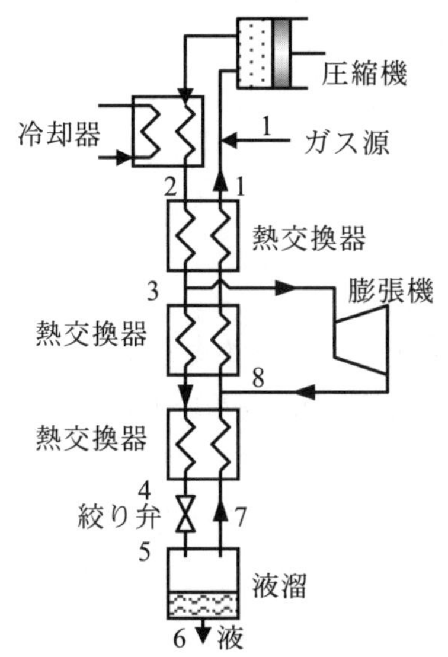

図 10.22 クロードサイクルの構成

10・4 空気調和 (air conditioning)

10・4・1 湿り空気の性質 (properties of moist air)

表 10.4 標準大気の体積百分率[3]

N_2	78
O_2	21
H_2O	1～2.8
Ar	0.93
CO_2	0.032
Ne	0.002

標準状態の大気は，表 10.4 に示されるような組成となっており，変動はほとんどみられないのに対し，大気中の水蒸気の濃度は地域や季節によって変動が大きい．室内空気環境の制御のことを空気調和(air conditioning)といい，それには温度とともに湿度の調整が重要となるため，空気中に水蒸気を含む気体のことを湿り空気(moist air)と呼び，その性質が詳しく調べられている．空気調和で扱われる湿り空気の圧力はそれほど高くなく，温度も極端に低くないため，湿り空気は理想気体としての乾き空気と水蒸気の混合気体として扱われる．ただし，通常の理想混合気体と違って，水蒸気には空気に混合することのできる限界の濃度が存在し，湿り空気を冷却すると，空気中の水蒸気濃度が限界を超えてしまい，結露することがある．これ以上水蒸気が空気に溶けることができない限界の湿り空気を飽和湿り空気(saturated moist air)という．飽和湿り空気の熱物性を付表 10.1 に示す．

温度 T (K)の湿り空気の全圧を p (Pa)，水蒸気分圧を p_v (Pa)とすると，飽和湿り空気の水蒸気分圧 p_{vs} (Pa)は，温度 T (K)の水の飽和蒸気圧（付表 9.1 参照）に等しい．湿り空気の質量を M (kg)，その中の水蒸気質量を m (kg)とすると，絶対湿度(absolute humidity)，相対湿度(relative humidity)，比較湿度(degree of saturation)はそれぞれ以下のように定義される．

絶対湿度：$x = \dfrac{m}{M-m}$　(10.24)

相対湿度：$\varphi = \dfrac{p_v}{p_{vs}}$　(10.25)

比較湿度：$\phi = \dfrac{x}{x_S}$　(10.26)

絶対湿度は湿り空気中の乾き空気 1 kg あたりの水蒸気の質量を表している．湿り空気中の乾き空気の質量を (kg′) という単位で表し，絶対湿度を x(kg/kg′) あるいは x(g/kg′) と書く．比較湿度は飽和度という場合もあり，式(10. 26)の分母 x_S は飽和湿り空気の絶対湿度である．

湿り空気は，1 kg の乾き空気と x(kg) の水蒸気の混合気体である．それぞれの状態方程式を記述すると，

$$(p - p_v)v_a = R_a T \tag{10.27}$$

$$p_v v_v = R_v T \tag{10.28}$$

となる．ただし，R_a，R_v は乾き空気，水蒸気の気体定数，v_a，v_v は乾き空気，水蒸気の比体積である．空気と水蒸気の比体積には，

$$v_a = x v_v \tag{10.29}$$

の関係があるので，式(10.29)を式(10.28)に代入して v_v を消去し，式(10.27)を式(10.28)の辺々で割り算を行うと，

$$\frac{p - p_v}{p_v} = \frac{R_a}{x R_v}$$

となり，絶対湿度は

$$x = \frac{R_a}{R_v}\frac{p_v}{p - p_v} \tag{10.30}$$

となる．$R_a = 287.0\,\mathrm{J/(kg \cdot K)}$，$R_v = 461.5\,\mathrm{J/(kg \cdot K)}$ より，$R_a / R_v = 0.622$ であるから，

$$x = 0.622\frac{p_v}{p - p_v} \tag{10.31}$$

が成り立つ．この式(10.31)は，絶対湿度と水蒸気分圧の関係を表している．

絶対湿度 x の湿り空気の比エンタルピーは，乾き空気 1 kg あたり

$$h = h_a + x h_v \tag{10.32}$$

と表される．ただし，h_a，h_v は乾き空気と水蒸気の比エンタルピーである．温度 t ℃における乾き空気の比エンタルピー h_a (kJ/kg′) は，基準を 0 ℃において 0 とすると，

$$h_a = c_{pa} t = 1.005 t \tag{10.33}$$

である．温度 t ℃における水蒸気の比エンタルピー h_v (kJ/kg) は，基準を 0 ℃の水を 0 とすると，

$$h_v = r_0 + c_{pv} t = 2501 + 1.846 t \tag{10.34}$$

である．ここで，$r_0 = 2501$ kJ/kg は 0 ℃における水の蒸発熱である．式(10.32)に代入すると，湿り空気の比エンタルピーは

$$h = c_{pa}t + x(r_0 + c_{pv}t) = 1.005t + x(2501 + 1.846t) \quad (\mathrm{kJ/kg'}) \tag{10.35}$$

となる．湿り空気の定圧比熱は

$$c_p = c_{pa} + xc_{pv} = 1.005 + 1.846x \quad (\mathrm{kJ/(kg'\cdot K)}) \tag{10.36}$$

である．

湿り空気の温度は図 10.24 に示す寒暖計によって測定される．左側は通常の感熱部が乾いた温度計で，測定される温度を乾球温度(dry-bulb temperature)という．右側の湿球温度計の感熱部には水で湿った布が巻かれており，飽和湿り空気でなければ，感熱部の水は空気から熱を受け取り，飽和蒸気圧と水蒸気分圧の差に相当する水が蒸発し，水温は低下する．その温度を湿球温度(wet-bulb temperature)といい，乾球温度との差が大きいほど湿度は低くなる．湿球温度計にあたる空気の流速が 5 m/s より大きければ，湿球温度は断熱飽和温度または熱力学的湿球温度(thermodynamic wet-bulb temperature)という．断熱飽和温度を t' (℃)とし，その温度における飽和湿り空気の比エンタルピーを h_s (kJ/kg')，絶対湿度を x_s (kg/kg')，水の比エンタルピーを h' (kJ/kg)とすると，感熱部では

$$h_s - h = h'(x_s - x) \tag{10.37}$$

の関係が成り立つ．また，湿り空気を冷却して水蒸気分圧がある温度の飽和水蒸気圧に等しくなると，結露をはじめる．この温度のことを露点温度(dew point temperature)という．

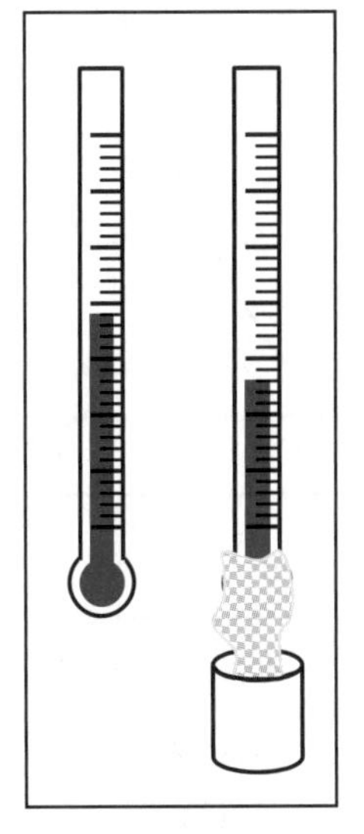

図 10.24　乾湿計

10・4・2　湿り空気線図 (psychrometric chart)

湿り空気の各種物性間には前項で説明したとおり相互に関連がある．それらをまとめて図式化したものを湿り空気線図(psychrometric chart)という（付図 10.2 参照）．図 10.25 に図の読み方を示す．横軸が乾球温度，右縦軸が絶対湿度と水蒸気分圧で，左上には湿球温度軸と比エンタルピー軸がある．任意の 2 つの物性から線図を読み取ることによって他の物性を求めることができる．また，線図を用いることによって湿り空気の加熱，冷却，混合などの空気調和操作を簡単に計算することができる．

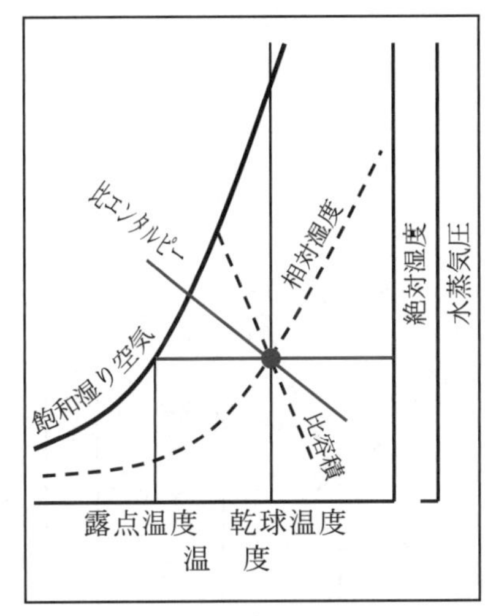

図 10.25　湿り空気線図の見方

(1) 湿り空気の加熱

図 10.26 に示すように，乾き空気の質量流量 $\dot{m}_a$ の湿り空気が加熱装置に供給され，$\dot{q}$ の熱を受ける．この結果，湿り空気の比エンタルピーが h_1 から h_2 に増加したとすると，等圧加熱過程であるから，加えられた熱はエンタルピーの増加にかえられる．

$$\dot{q} = \dot{m}_a (h_2 - h_1) \tag{10.38}$$

加熱過程では空気中の水蒸気量は変化しないので，入口状態 1 と出口状態 2 の絶対湿度は等しい．

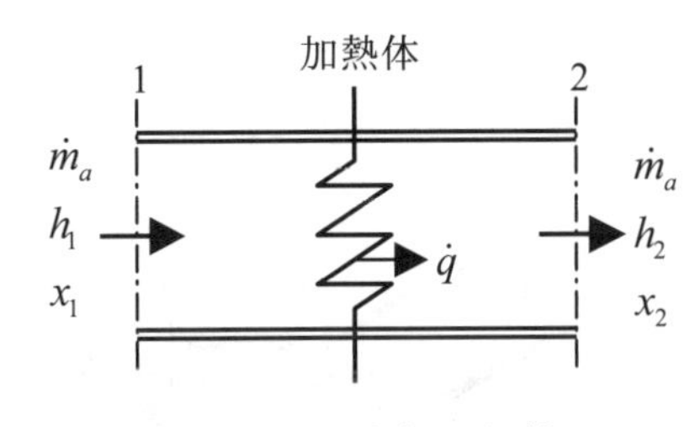

図 10.26　湿り空気の加熱

【例題 10・2】　＊＊＊＊＊＊＊＊＊＊＊＊＊＊＊＊＊＊＊＊＊＊＊＊＊

5.0 ℃の飽和湿り空気が流量 2000 m^3/h で加熱器に入り，40 ℃で流出する．必要な加熱量を求めよ．

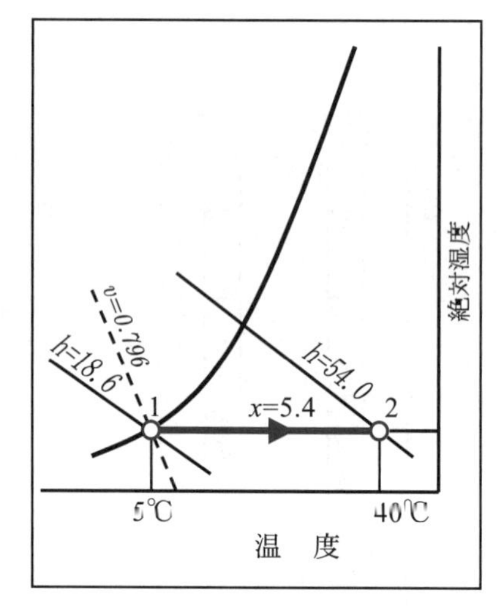

図 10.27　例題 10・2 の図解

【解答】 図 10.27 は図式解法を示している．入口状態 1 は 5.0 ℃の飽和線上にある．付図 10.2 または付表 10.1 より読み取ると，その絶対湿度は $x_1 = 5.4\,\mathrm{g/kg'}$，比エンタルピーは $h_1 = 18.6\,\mathrm{kJ/kg'}$，比体積は $v_1 = 0.794\,\mathrm{m^3/kg'}$ である．出口状態 2 は $t = 40$ ℃と $x_2 = x_1 = 5.4\,\mathrm{g/kg'}$ の線の交点である．比エンタルピーを読み取ると，$h_2 = 54.0\,\mathrm{kJ/kg'}$ である．乾き空気の質量流量は

$$\dot{m}_a = 2000/0.794/3600 = 0.700\,\mathrm{kg'/s} \tag{ex10.3}$$

であるから，式(10.38)より

$$\dot{q} = 0.700(54.0 - 18.6) = 24.8\,\mathrm{kW} \tag{ex10.4}$$

＊＊＊＊＊＊＊＊＊＊＊＊＊＊＊＊＊＊＊＊＊＊＊

(2) 湿り空気の冷却

冷却過程においては，入口空気の露点温度以下の伝熱面で冷却すると水蒸気が凝縮して分離が起こる．図 10.28 は冷却過程を模式的に表したもので，分離された水は湿り空気の出口温度まで冷却されて，比エンタルピー h_w で系外に流出すると考える．物質保存とエネルギー保存式は

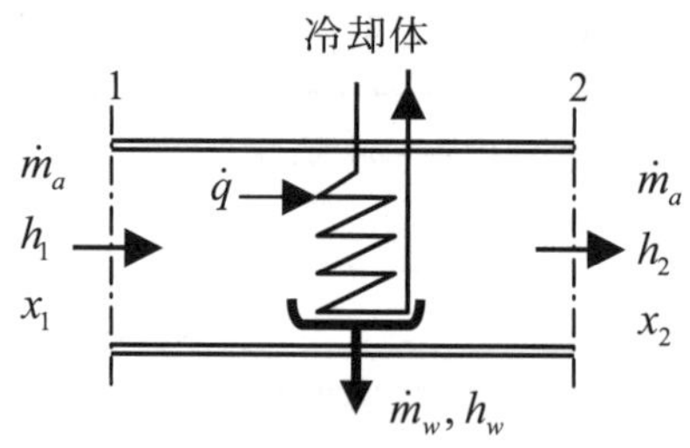

図 10.28　湿り空気の冷却

$$\dot{m}_a x_1 = \dot{m}_a x_2 + \dot{m}_w$$
$$\dot{m}_a h_1 = \dot{m}_a h_2 + \dot{m}_w h_w + \dot{q}$$

と表される．したがって，

$$\dot{m}_w = \dot{m}_a (x_1 - x_2) \tag{10.39}$$

$$\dot{q} = \dot{m}_a \left[(h_1 - h_2) - (x_1 - x_2) h_w \right] \tag{10.40}$$

である．なお，水蒸気の凝縮が起こらない場合は $x_2 = x_1$ とすればよい．

【例題 10・3】　＊＊＊＊＊＊＊＊＊＊＊＊＊＊＊＊＊＊＊＊＊＊＊

乾球温度 30 ℃，相対湿度 50%の湿り空気が 14200 m³/h で冷却器に入り，15 ℃の飽和湿り空気まで冷却される．必要な冷却熱量を求めよ．

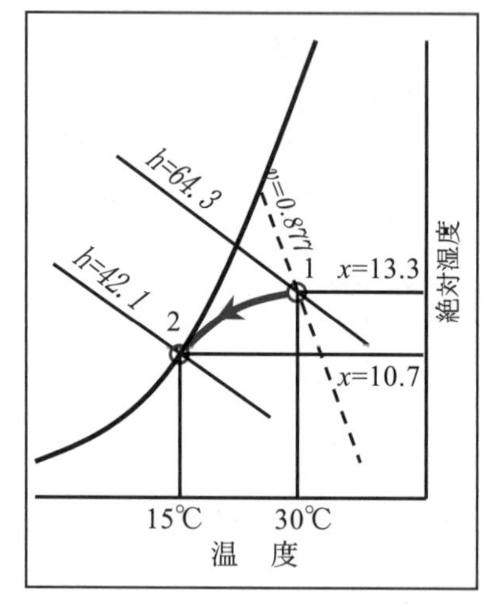

図 10.29　例題 10・3 の図解

【解答】図 10.29 は図式解法を示している．入口状態 1 は $t = 30$ ℃と $\varphi = 50\%$ の交点である．図より読み取って，$h_1 = 64.3\,\mathrm{kJ/kg'}$，$x_1 = 13.3\,\mathrm{g/kg'}$，$v_1 = 0.877\,\mathrm{m^3/kg'}$ であり，露点温度は 18.4 ℃であるから，15 ℃まで冷却すると凝縮が起こる．したがって，出口状態 2 は $t = 15$ ℃の飽和線上にあり，付図 10.2 または付表 10.1 より $h_2 = 42.1\,\mathrm{kJ/kg'}$，$x_2 = 10.7\,\mathrm{g/kg'}$ である．15 ℃の飽和水の比エンタルピーは付表 9.2(a)より，$h_w = 62.98\,\mathrm{kJ/kg}$ である．乾き空気の質量流量は

$$\dot{m}_a = 14200/0.877/3600 = 4.50\,\mathrm{kg'/s} \tag{ex10.5}$$

であるから，式(10.40)より

$$\dot{q} = 4.50\left[(64.3 - 42.1) - (0.0133 - 0.0107)62.98 \right] = 99.2\,\mathrm{kW} \tag{ex10.6}$$

＊＊＊＊＊＊＊＊＊＊＊＊＊＊＊＊＊＊＊＊＊＊＊

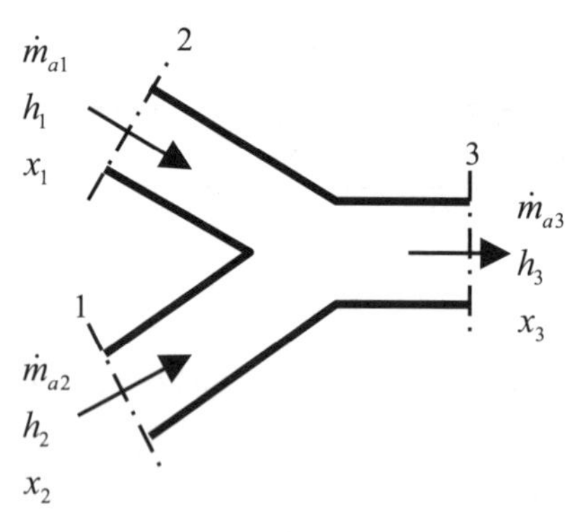

図 10.30　湿り空気の断熱混合

(3) 湿り空気の混合

空気調和では湿り空気の断熱的混合は頻繁に起こる過程である．図 10.30 は

第10章　練習問題

2 種類の湿り空気の断熱混合を模式的に示したものである．物質保存とエネルギー保存式は

$$\dot{m}_{a1} + \dot{m}_{a2} = \dot{m}_{a3}$$
$$\dot{m}_{a1}x_1 + \dot{m}_{a2}x_2 = \dot{m}_{a3}x_3$$
$$\dot{m}_{a1}h_1 + \dot{m}_{a2}h_2 = \dot{m}_{a3}h_3$$

である．3 式から $\dot{m}_{a3}$ を消去すると

$$\frac{h_2 - h_3}{h_3 - h_1} = \frac{x_2 - x_3}{x_3 - x_1} = \frac{\dot{m}_{a1}}{\dot{m}_{a2}} \tag{10.41}$$

を得る．これは，混合後の状態 3 は，混合前の状態 1 と 2 を直線で結んだ線上に存在し，その位置は式(10.41)で示すように状態 1 と 2 の乾き空気の流量比に応じて内分したところにある．

【例題 10・4】　＊＊＊＊＊＊＊＊＊＊＊＊＊＊＊＊＊＊＊＊＊

乾球温度 4.0 ℃，湿球温度 2.0 ℃の湿り空気 8000 m^3/h と乾球温度 25 ℃，相対湿度 50%の湿り空気 25000 m^3/h を混合させるとき，混合空気の乾球温度と湿球温度を求めよ．

【解答】　図 10.31 は図式解法を示している．状態 1 と 2 の比体積は，$v_1 = 0.789\,m^3/kg$，$v_2 = 0.858\,m^3/kg$ と読み取ることができ，乾き空気の質量流量は，

$$\dot{m}_{a1} = 8000/0.789 = 10140\,kg'/h \tag{ex10.7}$$

$$\dot{m}_{a2} = 25000/0.858 = 29140\,kg'/h \tag{ex10.8}$$

である．式(10.41)より

$$\frac{\dot{m}_{a1}}{\dot{m}_{a2}} = \frac{10140}{29140} = 0.348 \tag{ex10.9}$$

であるから，状態 3 は，$\overline{13}:\overline{32} = 1:0.348$ に内分する点である．その点の乾球温度と湿球温度を読み取ると，それぞれ 19.5 ℃，14.6 ℃である．

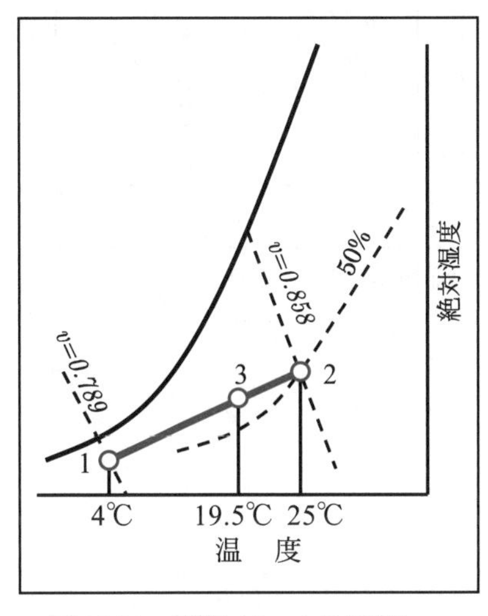

図 10.31　例題 10・4 の図解

＊＊＊＊＊＊＊＊＊＊＊＊＊＊＊＊＊＊＊＊＊＊＊＊

＝＝＝＝＝　練習問題（*印は難問）　＝＝＝＝＝＝＝＝＝＝＝＝＝＝＝＝＝

【10・1】　冷媒 HFC134a を用いる蒸気圧縮式冷凍サイクルがある．凝縮器では等圧的に冷却され，凝縮温度は 50 ℃，凝縮器出口は温度 45 ℃の圧縮液である．蒸発器では等圧的に加熱され，蒸発温度は 10 ℃，蒸発器出口は温度 15 ℃の過熱蒸気である．膨張弁では等エンタルピー膨張を行い，圧縮機の断熱効率が 0.70 であるとき，以下の問いに答えよ．（ヒント：圧縮機の断熱効率は図 10.32 に示すように，$(h_2' - h_1)/(h_2 - h_1)$ で定義される）

(a) 圧縮機出口の温度，比エンタルピー，凝縮器出口および蒸発器出口の比エンタルピーを求めよ．

(b) 本システムの冷房動作係数を求めよ．

(c) 本システムで 3.0 kW の冷房効果を得るために必要な冷媒の循環量を求めよ．

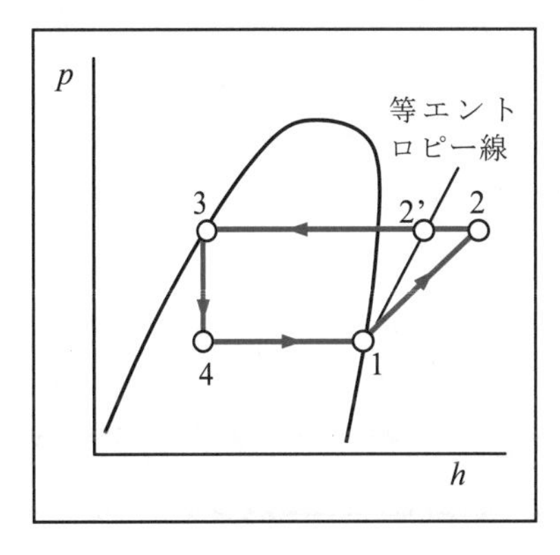

図 10.32　冷凍サイクルの圧縮機断熱効率

【10・2*】　低温用冷凍機では，圧縮機の圧力比が大きいので 2 段に分けて

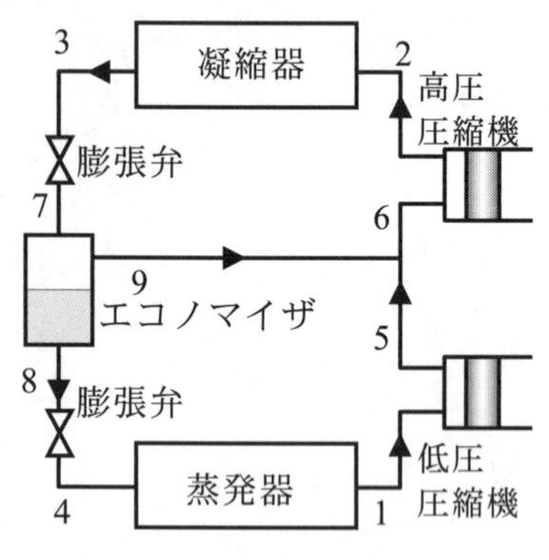

図 10.33　2段冷凍サイクル

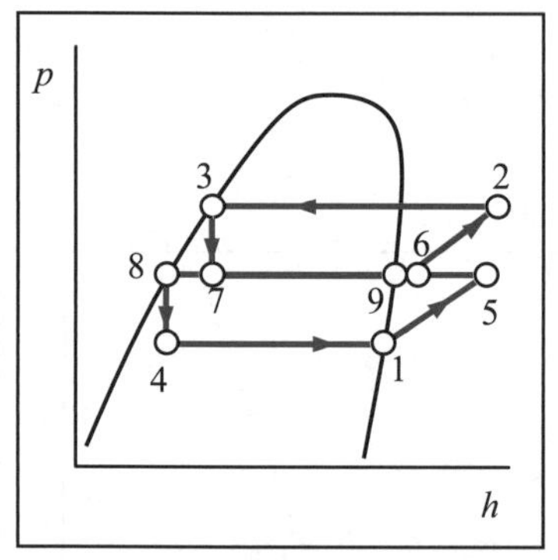

図 10.34　2段冷凍サイクルの $p-h$ 線図

圧縮する2段圧縮冷凍サイクルが用いられる. 図 10.33, 10.34 に示すように, 膨張過程の中間にエコノマイザと呼ばれる気液分離器を設け, 低温ガスを低圧圧縮機の出口に混合させて圧縮ガスを冷却する. いま, 冷媒に HFC134a を用い, 蒸発温度を－30 ℃, 凝縮温度を 40 ℃とし, 中間の蒸気圧を 0.30 MPa とするとき, 以下の問いに答えよ.

(a) 凝縮器を流れる冷媒流量に対して, エコノマイザで分離されるガスの流量の割合を求めよ.

(b) 高圧圧縮機入口の冷媒の比エンタルピーを求めよ.

(c) 冷凍機としての動作係数を求めよ.

【10・3】 図 10.18 に示す空気冷凍機について, 圧縮機により圧力 0.10 MPa, 温度 25 ℃の空気が 1.0 MPa まで可逆断熱圧縮され, 冷却器により 25 ℃まで等圧冷却される. その後, タービンにより 0.10 MPa まで可逆断熱膨張し, 低温空気を生成する. 生成される空気温度と動作係数を求めよ. ただし, 空気は比熱比 1.4, 気体定数 0.287 kJ/(kg･K)の理想気体とする.

【10・4】 湿り空気線図を用いて, 乾球温度 30 ℃, 湿球温度 24 ℃の湿り空気の

(a) 露点温度

(b) 絶対湿度

(c) 相対湿度

(d) 比エンタルピー

を求めよ.

【10・5】 大気圧, 乾球温度 27 ℃, 湿度 80%の空気 50 m^3 を除湿し, 25 ℃, 50%にしたい. 冷却熱量を求めよ.

【10・6】 温度 0 ℃の飽和湿り空気が 400 m^3/h, 乾球温度 30 ℃, 相対湿度 70%の空気が 600 m^3/h の割合で混合している. 混合空気の乾球温度と湿球温度を求めよ. 圧力は大気圧とする.

【10・7】 5.0 kW の発熱と 0.60 kg/h の水分発生のある部屋を換気することにより, 乾球温度 25 ℃, 湿度 30%に保ちたい. 送る空気の流量を 700 kg'/h とする時, その乾球温度と絶対湿度を求めよ. 圧力は大気圧とする.

【10・8】 A reverse Cornot cycle with reservoirs at 50 ℃ and －10 ℃ is set into operation. If 10 kW are removed from the low-temperature reservoir, find the (a) COP and (b) work input.

【10・9】 A refrigeration cycle uses HFC134a as a refrigerant. The condensation and evaporation temperatures are 30 ℃ and －20 ℃, respectively. If the vapor, which leaves the evaporator and the liquid leaving the condenser, are both saturated, and the compression is isentropic, find the (a) COP for cooling and the (b) mass flow rate of the refrigerant per 1.0 kW of refrigeration.

【10・10*】 One kilogram of air at 30 ℃ dry-bulb and 25 ℃ wet-bulb temperatures is cooled to 15 ℃ and has a relative humidity of 70%. Find (a) the total heat dissipated, (b) the sensible heat radiated, (c) the latent heat removed, (d) the initial dew point, and (e) the mass of the condensed moisture.

【解答】

1. (a) 圧縮機出口：68 ℃，445 kJ/kg　凝縮器出口：264 kJ/kg
   蒸発器出口：409 kJ/kg　(b) 4.03　(c) 0.021 kg/s
2. (a) 0.28　(b) 404 kJ/kg　(c) 3.3
3. －118 ℃，1.08
4. (a) 21.4 ℃　(b) 0.0164 kg/kg’　(c) 61%　(d) 72 kJ/kg’
5. 1230 kJ
6. 17 ℃，17 ℃
7. 12.4 ℃，0.0051 kg/kg’
8. (a) 4.38　(b) 2.28 kW
9. (a) 4.03，0.0069 kg/s
10. (a) 41.3 kJ　(b) 15.0 kJ　(c) 26.3 kJ　(d) 23 ℃　(e) 10.5 g

第 10 章の文献

(1) 日本冷凍空調学会編, 第 5 版冷凍空調便覧第 1 編, (1993).
(2) ASHRAE, Fundamental Handbook, (1997).
(3) 理科年表, 丸善.

付表 9.1(a)　水の飽和表（温度基準）[1]

温　度		圧力	比体積　m³/kg		密度 kg/m³	比エンタルピー　kJ/kg			比エントロピー　kJ/(kg·K)		
℃	K	MPa	v'	v''	ρ''	h'	h''	$h''-h'$	s'	s''	$s''-s'$
*0	273.15	0.00061121	0.00100021	206.140	0.00485108	-0.04	2500.89	2500.93	-0.00015	9.15576	9.15591
0.01	273.16	0.00061166	0.00100021	205.997	0.00485443	0.00	2500.91	2500.91	0.00000	9.15549	9.15549
5	278.15	0.00087257	0.00100008	147.017	0.00680194	21.02	2510.07	2489.05	0.07625	9.02486	8.94861
10	283.15	0.0012282	0.00100035	106.309	0.00940657	42.02	2519.23	2477.21	0.15109	8.89985	8.74876
15	288.15	0.0017057	0.00100095	77.8807	0.0128401	62.98	2528.36	2465.38	0.22447	8.78037	8.55590
20	293.15	0.0023392	0.00100184	57.7615	0.0173126	83.92	2537.47	2453.55	0.29650	8.66612	8.36962
25	298.15	0.0031697	0.00100301	43.3414	0.0230726	104.84	2546.54	2441.71	0.36726	8.55680	8.18954
30	303.15	0.0042467	0.00100441	32.8816	0.0304122	125.75	2555.58	2429.84	0.43679	8.45211	8.01532
35	308.15	0.0056286	0.00100604	25.2078	0.0396702	146.64	2564.58	2417.94	0.50517	8.35182	7.84665
40	313.15	0.0073844	0.00100788	19.5170	0.0512373	167.54	2573.54	2406.00	0.57243	8.25567	7.68324
50	323.15	0.012351	0.00101214	12.0279	0.0831403	209.34	2591.31	2381.97	0.70379	8.07491	7.37112
60	333.15	0.019946	0.00101711	7.66766	0.130418	251.15	2608.85	2357.69	0.83122	7.90817	7.07696
70	343.15	0.031201	0.00102276	5.03973	0.198423	293.02	2626.10	2333.08	0.95499	7.75399	6.79899
80	353.15	0.047415	0.00102904	3.40527	0.293663	334.95	2643.01	2308.07	1.07539	7.61102	6.53563
90	363.15	0.070182	0.00103594	2.35915	0.423882	376.97	2659.53	2282.56	1.19266	7.47807	6.28542
100	373.15	0.10142	0.00104346	1.67186	0.598136	419.10	2675.57	2256.47	1.30701	7.35408	6.04706
110	383.15	0.14338	0.00105158	1.20939	0.826863	461.36	2691.07	2229.70	1.41867	7.23805	5.81938
120	393.15	0.19867	0.00106033	0.891304	1.12195	503.78	2705.93	2202.15	1.52782	7.12909	5.60128
130	403.15	0.27026	0.00106971	0.668084	1.49682	546.39	2720.09	2173.7	1.63463	7.02641	5.39178
140	413.15	0.36150	0.00107976	0.508519	1.96649	589.20	2733.44	2144.24	1.73929	6.92927	5.18998
150	423.15	0.47610	0.00109050	0.392502	2.54776	632.25	2745.92	2113.67	1.84195	6.83703	4.99508
160	433.15	0.61814	0.00110199	0.306818	3.25926	675.57	2757.43	2081.86	1.94278	6.74910	4.80633
170	443.15	0.79205	0.00111426	0.242616	4.12174	719.21	2767.89	2048.69	2.04192	6.66495	4.62303
180	453.15	1.0026	0.00112739	0.193862	5.15832	763.19	2777.22	2014.03	2.13954	6.58407	4.44453
190	463.15	1.2550	0.00114144	0.156377	6.39481	807.57	2785.31	1977.74	2.23578	6.50600	4.27022
200	473.15	1.5547	0.00115651	0.127222	7.86026	852.39	2792.06	1939.67	2.33080	6.43030	4.09950
210	483.15	1.9074	0.00117271	0.104302	9.58755	897.73	2797.35	1899.62	2.42476	6.35652	3.93176
220	493.15	2.3193	0.00119016	0.0861007	11.6143	943.64	2801.05	1857.41	2.51782	6.28425	3.76643
230	503.15	2.7968	0.00120901	0.0715102	13.9840	990.21	2803.01	1812.80	2.61015	6.21306	3.60291
240	513.15	3.3467	0.00122946	0.0597101	16.7476	1037.52	2803.06	1765.54	2.70194	6.14253	3.44059
250	523.15	3.9759	0.00125174	0.0500866	19.9654	1085.69	2801.01	1715.33	2.79339	6.07222	3.27884
260	533.15	4.6921	0.00127613	0.0421755	23.7105	1134.83	2796.64	1661.82	2.88472	6.00169	3.11697
270	543.15	5.5028	0.00130301	0.0356224	28.0722	1185.09	2789.69	1604.60	2.97618	5.93042	2.95424
280	553.15	6.4165	0.00133285	0.0301540	33.1631	1236.67	2779.82	1543.15	3.06807	5.85783	2.78975
290	563.15	7.4416	0.00136629	0.0255568	39.1285	1289.80	2766.63	1476.84	3.16077	5.78323	2.62246
300	573.15	8.5877	0.00140422	0.0216631	46.1615	1344.77	2749.57	1404.80	3.25474	5.70576	2.45102
310	583.15	9.8647	0.00144788	0.0183389	54.5290	1402.00	2727.92	1325.92	3.35058	5.62430	2.27373
320	593.15	11.284	0.00149906	0.0154759	64.6165	1462.05	2700.67	1238.62	3.44912	5.53732	2.08820
330	603.15	12.858	0.00156060	0.0129840	77.0179	1525.74	2666.25	1140.51	3.55156	5.44248	1.89092
340	613.15	14.600	0.00163751	0.0107838	92.7314	1594.45	2622.07	1027.62	3.65995	5.33591	1.67596
350	623.15	16.529	0.00174007	0.00880093	113.624	1670.86	2563.59	892.73	3.77828	5.21089	1.43261
360	633.15	18.666	0.00189451	0.00694494	143.990	1761.49	2480.99	719.50	3.91636	5.05273	1.13637
370	643.15	21.043	0.00222209	0.00494620	202.176	1892.64	2333.50	440.86	4.11415	4.79962	0.68547
373.946	647.096	22.064	0.00310559	0.00310559	322	2087.55	2087.55	0	4.41202	4.41202	0

* この行に示す状態では準安定な過冷却液体である．この温度と圧力で安定な状態は氷である．

付表 9.1(b)　水の飽和表（圧力基準）[1]

圧力	温度	比体積　m^3/kg		密度　kg/m^3	比エンタルピー　kJ/kg			比エントロピー　kJ/(kg·K)		
MPa	℃	v'	v''	ρ''	h'	h''	$h''-h'$	s'	s''	$s''-s'$
0.001	6.970	0.00100014	129.183	0.00774094	29.30	2513.68	2484.38	0.10591	8.97493	8.86902
0.0015	13.020	0.00100067	87.9621	0.0113685	54.69	2524.75	2470.06	0.19557	8.82705	8.63148
0.002	17.495	0.00100136	66.9896	0.0149277	73.43	2532.91	2459.48	0.26058	8.72272	8.46214
0.0025	21.078	0.00100207	54.2421	0.0184359	88.43	2539.43	2451.00	0.31186	8.64215	8.33030
0.003	24.080	0.00100277	45.6550	0.0219034	100.99	2544.88	2443.89	0.35433	8.57656	8.22223
0.005	32.875	0.00100532	28.1863	0.0354782	137.77	2560.77	2423.00	0.47625	8.39391	7.91766
0.01	45.808	0.00101026	14.6706	0.0681637	191.81	2583.89	2392.07	0.64922	8.14889	7.49968
0.02	60.059	0.00101714	7.64815	0.130751	251.40	2608.95	2357.55	0.83195	7.90723	7.07528
0.03	69.095	0.00102222	5.22856	0.191257	289.23	2624.55	2335.32	0.94394	7.76745	6.82351
0.04	75.857	0.00102636	3.99311	0.250431	317.57	2636.05	2318.48	1.02590	7.66897	6.64307
0.05	81.317	0.00102991	3.24015	0.308628	340.48	2645.21	2304.74	1.09101	7.59296	6.50196
0.07	89.932	0.00103589	2.36490	0.422851	376.68	2659.42	2282.74	1.19186	7.47895	6.28709
0.1	99.606	0.00104315	1.69402	0.590311	417.44	2674.95	2257.51	1.30256	7.35881	6.05625
0.101325	99.974	0.00104344	1.67330	0.597623	418.99	2675.53	2256.54	1.30672	7.35439	6.04766
0.15	111.35	0.00105272	1.15936	0.862547	467.08	2693.11	2226.03	1.43355	7.22294	5.78939
0.2	120.21	0.00106052	0.885735	1.12901	504.68	2706.24	2201.56	1.53010	7.12686	5.59676
0.3	133.53	0.00107318	0.605785	1.65075	561.46	2724.89	2163.44	1.67176	6.99157	5.31980
0.4	143.61	0.00108356	0.462392	2.16267	604.72	2738.06	2133.33	1.77660	6.89542	5.11882
0.5	151.84	0.00109256	0.374804	2.66806	640.19	2748.11	2107.92	1.86060	6.82058	4.95998
0.6	158.83	0.00110061	0.315575	3.16882	670.50	2756.14	2085.64	1.93110	6.75917	4.82807
0.80	170.41	0.00111479	0.240328	4.16099	721.02	2768.30	2047.28	2.04599	6.66154	4.61555
1.00	179.89	0.00112723	0.194349	5.14539	762.68	2777.12	2014.44	2.13843	6.58498	4.44655
1.20	187.96	0.00113850	0.163250	6.12558	798.50	2783.77	1985.27	2.21630	6.52169	4.30539
1.40	195.05	0.00114892	0.140768	7.10389	830.13	2788.89	1958.76	2.28388	6.46752	4.18364
1.60	201.38	0.00115868	0.123732	8.08198	858.61	2792.88	1934.27	2.34381	6.42002	4.07621
1.80	207.12	0.00116792	0.110362	9.06107	884.61	2795.99	1911.37	2.39779	6.37760	3.97980
2.00	212.38	0.00117675	0.0995805	10.0421	908.62	2798.38	1889.76	2.44702	6.33916	3.89214
2.50	223.96	0.00119744	0.0799474	12.5082	961.98	2802.04	1840.06	2.55443	6.25597	3.70155
3.00	233.86	0.00121670	0.0666641	15.0006	1008.37	2803.26	1794.89	2.64562	6.18579	3.54017
3.50	242.56	0.00123498	0.0570582	17.5260	1049.78	2802.74	1752.97	2.72539	6.12451	3.39912
4.00	250.36	0.00125257	0.0497766	20.0898	1087.43	2800.90	1713.47	2.79665	6.06971	3.27306
5.0	263.94	0.00128641	0.0394463	25.3509	1154.50	2794.23	1639.73	2.92075	5.97370	3.05296
6.0	275.59	0.00131927	0.0324487	30.8179	1213.73	2784.56	1570.83	3.02744	5.89007	2.86263
7.0	285.83	0.00135186	0.0273796	36.5236	1267.44	2772.57	1505.13	3.12199	5.81463	2.69264
8.0	295.01	0.00138466	0.0235275	42.5034	1317.08	2758.61	1441.53	3.20765	5.74485	2.53720
9.0	303.35	0.00141812	0.0204929	48.7973	1363.65	2742.88	1379.23	3.28657	5.67901	2.39244
10.0	311.00	0.00145262	0.0180336	55.4521	1407.87	2725.47	1317.61	3.36029	5.61589	2.25560
12.0	324.68	0.00152633	0.0142689	70.0822	1491.33	2685.58	1194.26	3.49646	5.49412	1.99766
14.0	336.67	0.00160971	0.0114889	87.0408	1570.88	2638.09	1067.21	3.62300	5.37305	1.75005
16.0	347.36	0.00170954	0.00930813	107.433	1649.67	2580.80	931.13	3.74568	5.24627	1.50059
18.0	356.99	0.00183949	0.00749867	133.357	1732.02	2509.53	777.51	3.87167	5.10553	1.23386
20.0	365.75	0.00203865	0.00585828	170.699	1827.10	2411.39	584.29	4.01538	4.92990	0.91452
22.0	373.71	0.00275039	0.00357662	279.593	2021.92	2164.18	142.27	4.31087	4.53080	0.21993
22.064	373.946	0.00310559	0.00310559	322	2087.55	2087.55	0	4.41202	4.41202	0

付表 9.2　圧縮水，過熱水蒸気表[1]

圧力 MPa (飽和温度℃)		温度 ℃ 100	200	300	400	500	600	700	800
0.01 (45.808)	v	17.197	21.826	26.446	31.064	35.680	40.296	44.912	49.528
	h	2687.43	2879.59	3076.73	3279.94	3489.67	3706.27	3929.91	4160.62
	s	8.4488	8.9048	9.2827	9.6093	9.8997	10.1631	10.4055	10.6311
0.02 (60.059)	v	8.5857	10.907	13.220	15.530	17.839	20.147	22.455	24.763
	h	2686.19	2879.14	3076.49	3279.78	3489.57	3706.19	3929.85	4160.57
	s	8.1262	8.5842	8.9624	9.2892	9.5797	9.8431	10.0855	10.3112
0.05 (81.317)	v	3.4188	4.3563	5.2841	6.2095	7.1339	8.0578	8.9814	9.9048
	h	2682.40	2877.77	3075.76	3279.32	3489.24	3705.96	3929.67	4160.44
	s	7.6952	8.1591	8.5386	8.8658	9.1565	9.4200	9.6625	9.8882
0.1 (99.606)	v	1.6960	2.1725	2.6389	3.1027	3.5656	4.0279	4.4900	4.9520
	h	2675.77	2875.48	3074.54	3278.54	3488.71	3705.57	3929.38	4160.21
	s	7.3610	7.8356	8.2171	8.5451	8.8361	9.0998	9.3424	9.5681
0.2 (120.21)	v	0.0010434	1.0805	1.3162	1.5493	1.7814	2.0130	2.2444	2.4755
	h	419.17	2870.78	3072.08	3276.98	3487.64	3704.79	3928.80	4159.76
	s	1.3069	7.5081	7.8940	8.2235	8.5151	8.7792	9.0220	9.2479
0.3 (133.53)	v	0.0010434	0.71644	0.87534	1.0315	1.1867	1.3414	1.4958	1.6500
	h	419.25	2865.95	3069.61	3275.42	3486.56	3704.02	3928.21	4159.31
	s	1.3069	7.3132	7.7037	8.0346	8.3269	8.5914	8.8344	9.0604
0.4 (143.61)	v	0.0010433	0.53434	0.65488	0.77264	0.88936	1.0056	1.1215	1.2373
	h	419.32	2860.99	3067.11	3273.86	3485.49	3703.24	3927.63	4158.85
	s	1.3068	7.1724	7.5677	7.9001	8.1931	8.4579	8.7012	8.9273
0.5 (151.84)	v	0.0010433	0.42503	0.52260	0.61729	0.71095	0.80410	0.89696	0.98967
	h	419.40	2855.90	3064.60	3272.29	3484.41	3702.46	3927.05	4158.4
	s	1.3067	7.0611	7.4614	7.7954	8.0891	8.3543	8.5977	8.8240
0.6 (158.83)	v	0.0010432	0.35212	0.43441	0.51373	0.59200	0.66977	0.74725	0.82457
	h	419.47	2850.66	3062.06	3270.72	3483.33	3701.68	3926.46	4157.95
	s	1.3066	6.9684	7.3740	7.7095	8.0039	8.2694	8.5131	8.7395
0.7 (164.95)	v	0.0010432	0.29999	0.37141	0.43976	0.50704	0.57382	0.64032	0.70665
	h	419.55	2845.29	3059.50	3269.14	3482.25	3700.90	3925.88	4157.50
	s	1.3065	6.8884	7.2995	7.6366	7.9317	8.1976	8.4415	8.6680
0.8 (170.41)	v	0.0010431	0.26087	0.32415	0.38427	0.44332	0.50186	0.56011	0.61820
	h	419.62	2839.77	3056.92	3267.56	3481.17	3700.12	3925.29	4157.04
	s	1.3065	6.8176	7.2345	7.5733	7.8690	8.1353	8.3794	8.6060
0.9 (175.36)	v	0.0010430	0.23040	0.28739	0.34112	0.39376	0.44589	0.49773	0.54941
	h	419.70	2834.10	3054.32	3265.98	3480.09	3699.34	3924.70	4156.59
	s	1.3064	6.7538	7.1768	7.5172	7.8136	8.0803	8.3246	8.5513
1.0 (179.89)	v	0.0010430	0.20600	0.25798	0.30659	0.35411	0.40111	0.44783	0.49438
	h	419.77	2828.27	3051.70	3264.39	3479.00	3698.56	3924.12	4156.14
	s	1.3063	6.6955	7.1247	7.4668	7.7640	8.0309	8.2755	8.5024
1.5 (198.30)	v	0.0010427	0.13244	0.16970	0.20301	0.23516	0.26678	0.29812	0.32928
	h	420.15	2796.02	3038.27	3256.37	3473.57	3694.64	3921.18	4153.87
	s	1.3059	6.4537	6.9199	7.2708	7.5716	7.8404	8.0860	8.3135
2.0 (212.38)	v	0.0010425	0.0011561	0.12550	0.15121	0.17568	0.19961	0.22326	0.24674
	h	420.53	852.57	3024.25	3248.23	3468.09	3690.71	3918.24	4151.59
	s	1.3055	2.3301	6.7685	7.1290	7.4335	7.7042	7.9509	8.1791

v : 比容積 m^3/kg,　h : 比エンタルピー kJ/kg,　s : 比エントロピー kJ/(kg · K)

付表 9.2　つづき

圧力 MPa (飽和温度℃)		温度 ℃ 100	200	300	400	500	600	700	800
3 (233.86)	v	0.0010420	0.0011550	0.081175	0.099377	0.11619	0.13244	0.14840	0.16419
	h	421.28	852.98	2994.35	3231.57	3457.04	3682.81	3912.34	4147.03
	s	1.3048	2.3285	6.5412	6.9233	7.2356	7.5102	7.7590	7.9885
4 (250.36)	v	0.0010415	0.0011540	0.058868	0.073432	0.086441	0.098857	0.11097	0.12292
	h	422.03	853.39	2961.65	3214.37	3445.84	3674.85	3906.41	4142.46
	s	1.3040	2.3269	6.3638	6.7712	7.0919	7.3704	7.6215	7.8523
5 (263.94)	v	0.0010410	0.0011530	0.045347	0.057840	0.068583	0.078703	0.088515	0.098151
	h	422.70	853.80	2925.64	3196.59	3434.48	3666.83	3900.45	4137.87
	s	1.3032	2.3254	6.2109	6.6481	6.9778	7.2604	7.5137	7.7459
6 (275.59)	v	0.0010405	0.0011521	0.036191	0.047423	0.056672	0.065264	0.073542	0.081642
	h	423.53	854.22	2885.49	3178.18	3422.95	3658.76	3894.47	4133.27
	s	1.3024	2.3238	6.0702	6.5431	6.8824	7.1692	7.4248	7.6583
8 (295.01)	v	0.0010395	0.0011501	0.024280	0.034348	0.041769	0.048463	0.054825	0.061005
	h	425.04	855.06	2786.38	3139.31	3399.37	3642.42	3882.42	4124.02
	s	1.3009	2.3207	5.7935	6.3657	6.7264	7.0221	7.2823	7.5186
10 (311.00)	v	0.0010385	0.0011482	0.0014471	0.026439	0.032813	0.038377	0.043594	0.048624
	h	426.55	855.92	1401.77	3097.38	3375.06	3625.84	3870.27	4114.73
	s	1.2994	2.3177	3.3498	6.2139	6.5993	6.9045	7.1696	7.4087
15 (342.16)	v	0.0010361	0.0011435	0.0013783	0.015671	0.020828	0.024921	0.028619	0.032118
	h	430.32	858.12	1338.06	2975.55	3310.79	3583.31	3839.48	4091.33
	s	1.2956	2.3102	3.2275	5.8817	6.3479	6.6797	6.9576	7.2039
20 (365.75)	v	0.0010337	0.0011390	0.0013611	0.0099496	0.014793	0.018184	0.021133	0.023869
	h	434.10	860.39	1334.14	2816.84	3241.19	3539.23	3808.15	4067.73
	s	1.2918	2.3030	3.2087	5.5525	6.1445	6.5077	6.7994	7.0534
25	v	0.0010313	0.0011346	0.0013459	0.0060048	0.011142	0.014140	0.016643	0.018922
	h	437.88	862.73	1331.06	2578.59	3165.92	3493.69	3776.37	4044.00
	s	1.2881	2.2959	3.1915	5.1399	5.9642	6.3638	6.6706	6.9324
30	v	0.0010290	0.0011304	0.0013322	0.0027964	0.0086903	0.011444	0.013654	0.015629
	h	441.67	865.14	1328.66	2152.37	3084.79	3446.87	3744.24	4020.23
	s	1.2845	2.2890	3.1756	4.4750	5.7956	6.2374	6.5602	6.8303
40	v	0.0010245	0.0011224	0.0013083	0.0019107	0.0056249	0.0080891	0.0099310	0.011523
	h	449.27	870.12	1325.41	1931.13	2906.69	3350.43	3679.42	3972.81
	s	1.2773	2.2758	3.1469	4.1141	5.4746	6.0170	6.3743	6.6614
50	v	0.0010201	0.0011149	0.0012879	0.0017309	0.0038894	0.0061087	0.0077176	0.0090741
	h	456.87	875.31	1323.74	1874.31	2722.52	3252.61	3614.76	3925.96
	s	1.2703	2.2631	3.1214	4.0028	5.1759	5.8245	6.2180	6.5226
60	v	0.0010159	0.0011077	0.0012700	0.0016329	0.0029516	0.0048336	0.062651	0.0074568
	h	464.49	880.67	1323.25	1843.15	2570.40	3156.95	3551.39	3880.15
	s	1.2634	2.2509	3.0982	3.9316	4.9356	5.6528	6.0815	6.4034
80	v	0.0010078	0.0010945	0.0012398	0.0015163	0.0021880	0.0033837	0.0045161	0.0054762
	h	479.75	891.85	1324.85	1808.76	2397.56	2988.09	3432.92	3793.32
	s	1.2501	2.2280	3.0572	3.8339	4.6474	5.3674	5.8509	6.2039
100	v	0.0010002	0.0010826	0.0012148	0.0014432	0.0018932	0.0026723	0.0035462	0.0043355
	h	495.04	903.51	1328.92	1791.14	2316.23	2865.07	3330.76	3715.19
	s	1.2373	2.2066	3.0215	3.7638	4.4899	5.1580	5.6640	6.0405

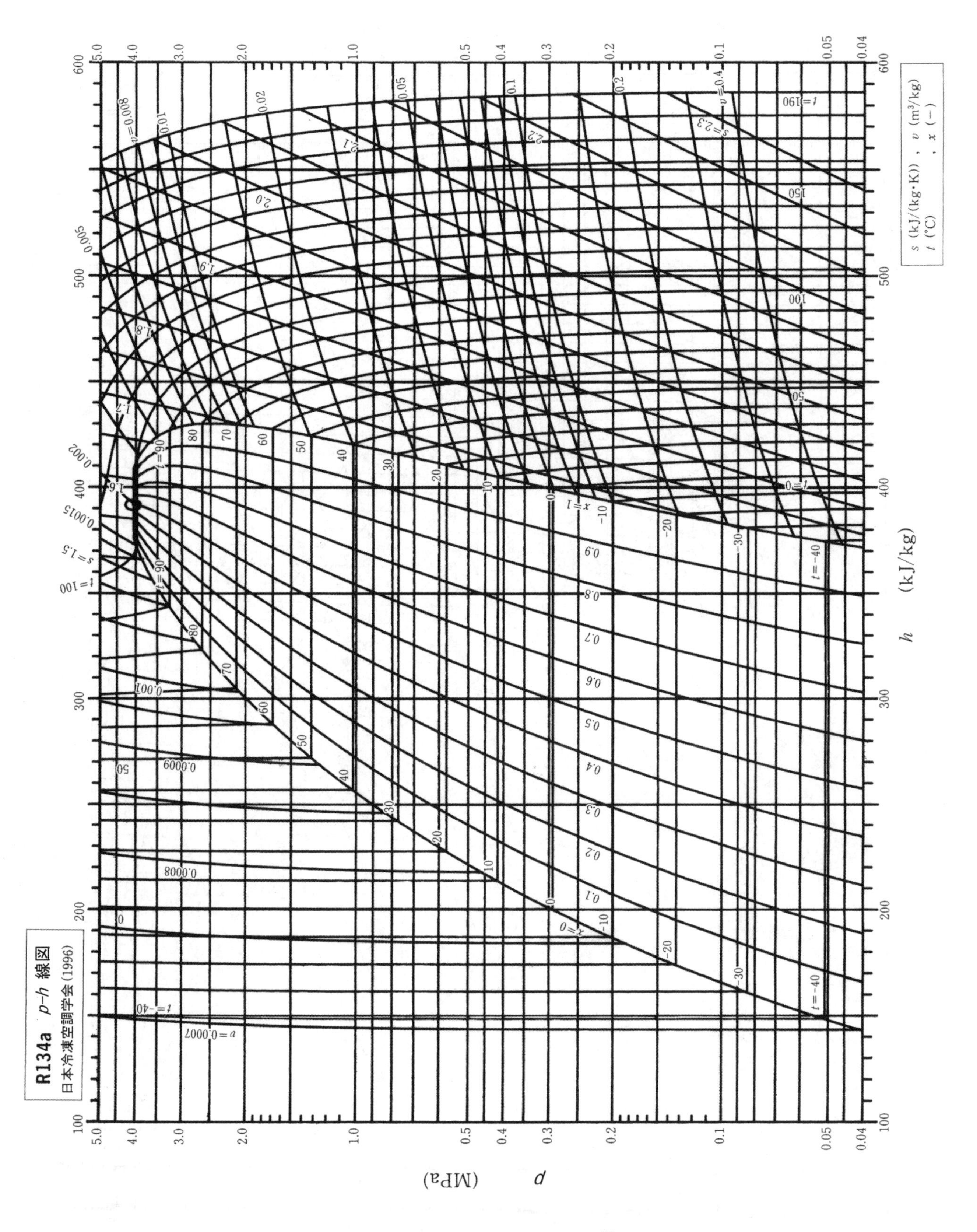

付図 10.1　HFC-134a の $p-h$ 線図[2]

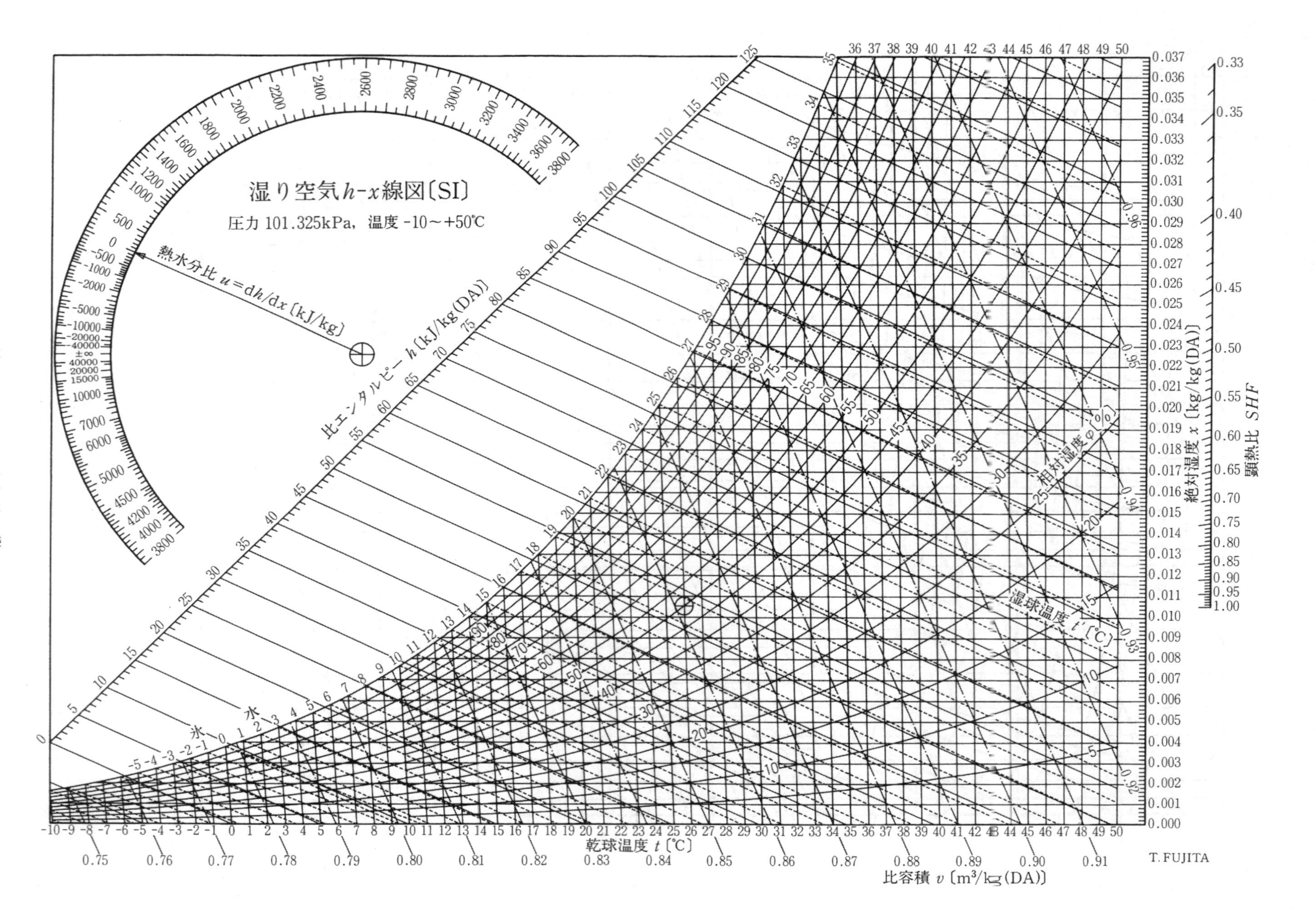

付図 10.2　湿り空気線図(3)

付表 10.1　飽和湿り空気表（大気圧，0℃）[4]

温度	絶対湿度	容積	エンタルピ	エントロピ	圧力
℃	kg/kg'	m^3/kg'	kJ/kg'	kJ/(kg'·K)	kPa
-30	0.0002346	0.6884	-29.597	-0.1145	0.03802
-29	0.0002602	0.6912	-28.529	-0.1101	0.04217
-28	0.0002883	0.6941	-27.454	-0.1057	0.04673
-27	0.0003193	0.6970	-26.372	-0.1013	0.05175
-26	0.0003533	0.6999	-25.282	-0.0969	0.05725
-25	0.0003905	0.7028	-24.184	-0.0924	0.06329
-24	0.0004314	0.7057	-23.078	-0.0880	0.06991
-23	0.0004762	0.7086	-21.961	-0.0835	0.07716
-22	0.0005251	0.7115	-20.834	-0.0790	0.08510
-21	0.0005787	0.7144	-19.695	-0.0745	0.09378
-20	0.0006373	0.7173	-18.545	-0.0699	0.10326
-19	0.0007013	0.7202	-17.380	-0.0653	0.11362
-18	0.0007711	0.7231	-16.201	-0.0607	0.12492
-17	0.0008473	0.7261	-15.006	-0.0560	0.13725
-16	0.0009303	0.7290	-13.793	-0.0513	0.15068
-15	0.0010207	0.7320	-12.562	-0.0465	0.16530
-14	0.0011191	0.7349	-11.311	-0.0416	0.18122
-13	0.0012262	0.7379	-10.039	-0.0367	0.19852
-12	0.0013425	0.7409	-8.742	-0.0318	0.21732
-11	0.0014690	0.7439	-7.421	-0.0267	0.23775
-10	0.0016062	0.7469	-6.072	-0.0215	0.25991
-9	0.0017551	0.7499	-4.693	-0.0163	0.28395
-8	0.0019166	0.7530	-3.283	-0.0110	0.30999
-7	0.0020916	0.7560	-1.838	-0.0055	0.33821
-6	0.0022811	0.7591	-0.357	-0.0000	0.36874
-5	0.0024862	0.7622	1.164	-0.0057	0.40178
-4	0.0027081	0.7653	2.728	-0.0115	0.43748
-3	0.0029480	0.7685	4.336	-0.0175	0.47606
-2	0.0032074	0.7717	5.995	-0.0236	0.51773
-1	0.0034874	0.7749	7.706	-0.0299	0.56268
0	0.0037895	0.7781	9.473	0.0364	0.61117
0*	0.003789	0.7781	9.473	0.0364	0.6112
1	0.004076	0.7813	11.203	0.0427	0.6571
2	0.004381	0.7845	12.982	0.0492	0.7060
3	0.004707	0.7878	14.811	0.0559	0.7581
4	0.005054	0.7911	16.696	0.0627	0.8135
5	0.005424	0.7944	18.639	0.0697	0.8725
6	0.005818	0.7978	20.644	0.0769	0.9353
7	0.006237	0.8012	22.713	0.0843	1.0020
8	0.006683	0.8046	24.852	0.0919	1.0729
9	0.007157	0.8081	27.064	0.0997	1.1481
10	0.007661	0.8116	29.352	0.1078	1.2280
11	0.008197	0.8152	31.724	0.1162	1.3128
12	0.008766	0.8188	34.179	0.1248	1.4026
13	0.009370	0.8225	36.726	0.1337	1.4979
14	0.010012	0.8262	39.370	0.1430	1.5987
15	0.010692	0.8300	42.113	0.1525	1.7055
16	0.011413	0.8338	44.963	0.1624	1.8185
17	0.012178	0.8377	47.926	0.1726	1.9380
18	0.012989	0.8417	51.008	0.1832	2.0643
19	0.013848	0.8457	54.216	0.1942	2.1979
20	0.014758	0.8498	57.555	0.2057	2.3389
21	0.015721	0.8540	61.035	0.2175	2.4878
22	0.016741	0.8583	64.660	0.2298	2.6448
23	0.017821	0.8627	68.440	0.2426	2.8105
24	0.018963	0.8671	72.385	0.2559	2.9852
25	0.020170	0.8717	76.500	0.2698	3.1693
26	0.021448	0.8764	80.798	0.2842	3.3633
27	0.022798	0.8811	85.285	0.2992	3.5674
28	0.024226	0.8860	89.976	0.3148	3.7823
29	0.025735	0.8910	94.878	0.3311	4.0084
30	0.027329	0.8962	100.006	0.3481	4.2462

温度	絶対湿度	容積	エンタルピ	エントロピ	圧力
℃	kg/kg'	m^3/kg'	kJ/kg'	kJ/(kg'·K)	kPa
31	0.029014	0.9015	105.369	0.3658	4.4961
32	0.030793	0.9069	110.979	0.3842	4.7586
33	0.032674	0.9125	116.857	0.4035	5.0345
34	0.034660	0.9183	123.011	0.4236	5.3245
35	0.036756	0.9242	129.455	0.4446	5.6280
36	0.038971	0.9303	136.209	0.4666	5.9468
37	0.041309	0.9366	143.290	0.4895	6.2812
38	0.043778	0.9431	150.713	0.5135	6.6315
39	0.046386	0.9498	158.504	0.5386	6.9988
40	0.049141	0.9568	166.683	0.5649	7.3838
41	0.052049	0.9640	175.265	0.5923	7.7866
42	0.055119	0.9714	184.275	0.6211	8.2081
43	0.058365	0.9792	193.749	0.6512	8.6495
44	0.061791	0.9872	203.699	0.6828	9.1110
45	0.065411	0.9955	214.164	0.7159	9.5935
46	0.069239	1.0042	225.179	0.7507	10.0982
47	0.073282	1.0132	236.759	0.7871	10.6250
48	0.077556	1.0226	248.955	0.8253	11.1754
49	0.082077	1.0323	261.803	0.8655	11.7502
50	0.086858	1.0425	275.345	0.9077	12.3503
51	0.091918	1.0532	289.624	0.9521	12.9764
52	0.097272	1.0643	304.682	0.9988	13.6293
53	0.102948	1.0760	320.596	1.0480	14.3108
54	0.108954	1.0882	337.388	1.0998	15.0205
55	0.115321	1.1009	355.137	1.1544	15.7601
56	0.122077	1.1143	373.922	1.2120	16.5311
57	0.129243	1.1284	393.798	1.2728	17.3337
58	0.136851	1.1432	414.850	1.3370	18.1691
59	0.144942	1.1588	437.185	1.4050	19.0393
60	0.15354	1.1752	460.863	1.4768	19.9439
61	0.16269	1.1926	486.036	1.5530	20.8858
62	0.17244	1.2109	512.798	1.6337	21.8651
63	0.18284	1.2303	541.266	1.7194	22.8826
64	0.19393	1.2508	571.615	1.8105	23.9405
65	0.20579	1.2726	603.995	1.9074	25.0397
66	0.21848	1.2958	638.571	2.0106	26.1810
67	0.23207	1.3204	675.566	2.1208	27.3664
68	0.24664	1.3467	715.196	2.2385	28.5967
69	0.26231	1.3749	757.742	2.3646	29.8741
70	0.27916	1.4049	803.448	2.4996	31.1986
71	0.29734	1.4372	852.706	2.6448	32.5734
72	0.31698	1.4719	905.842	2.8010	33.9983
73	0.33824	1.5093	963.323	2.9696	35.4759
74	0.36130	1.5497	1025.603	3.1518	37.0063
75	0.38641	1.5935	1093.375	3.3496	38.5940
76	0.41377	1.6411	1167.172	3.5644	40.2369
77	0.44372	1.6930	1247.881	3.7987	41.9388
78	0.47663	1.7498	1336.483	4.0553	43.7020
79	0.51284	1.8121	1433.918	4.3368	45.5248
80	0.55295	1.8810	1541.781	4.6477	47.4135
81	0.59751	1.9572	1661.552	4.9921	49.3670
82	0.64724	2.0422	1795.148	5.3753	51.3680
83	0.70311	2.1373	1945.158	5.8045	53.4746
84	0.76624	2.2446	2114.603	6.2882	55.6337
85	0.83812	2.3666	2307.436	6.8373	57.8658
86	0.92062	2.5062	2528.677	7.4658	60.1727
87	1.01611	2.6676	2784.666	8.1914	62.5544
88	1.12800	2.8565	3084.551	9.0393	65.0166
89	1.26064	3.0800	3439.925	10.0419	67.5581
90	1.42031	3.3488	3867.599	11.2455	70.1817

* 準平衡な過冷却液

参考文献

(1) 日本機械学会編：蒸気表, (1999).

(2) 日本冷凍空調学会編：R134a *p-h* 線図, (1996).

(3) 日本冷凍空調学会編：湿り空気表.

(4) ASHRAE Fundamental Handbook, (1997).

Subject Index

J

K

L

M

N

O

P

T

U

V

W

索引

サ行

タ行

ナ行

ハ行

マ行

ヤ行

ラ行

JSME テキストシリーズ出版分科会

主査　宇高義郎（横浜国立大学）
幹事　高田　一（横浜国立大学）
顧問　鈴木浩平（首都大学東京）
委員　相澤龍彦（芝浦工業大学）
石綿良三（神奈川工科大学）
遠藤順一（神奈川工科大学）
加藤典彦（三重大学）
川田宏之（早稲田大学）
喜多村直（九州工業大学）
木村康治（東京工業大学）
後藤　彰（㈱荏原製作所）
志澤一之（慶應義塾大学）
清水伸二（上智大学）
新野秀憲（東京工業大学）
杉本浩一（東京工業大学）
田中英一郎（早稲田大学）
武田行生（東京工業大学）
陳　玳珩（東京理科大学）
辻　知章（中央大学）
寺田英嗣（山梨大学）
戸澤幸一（芝浦工業大学）
中村　元（防衛大学校）
中村仁彦（東京大学）
西尾茂文（東京大学）
花村克悟（東京工業大学）
原　利昭（新潟大学）
北條春夫（東京工業大学）
松岡信一（明治大学）
松野文俊（京都大学）
円山重直（東北大学）
三浦秀士（九州大学）
三井公之（慶應義塾大学）
水口義久（山梨大学）
村田良美（明治大学）
森田信義（静岡大学）
森棟隆昭（湘南工科大学）
湯浅栄二（東京都市大学）
吉沢正紹（慶應義塾大学）

JSME テキストシリーズ一覧

〔各巻〕A4判

JSME テキストシリーズ　JSME Textbook Series
熱　力　学　Thermodynamics

2002年6月28日　初　版　発　行
2023年3月13日　初版第18刷発行
2023年7月18日　第2版第1刷発行

著作兼発行者　一般社団法人　日本機械学会
（代表理事会長　伊藤　宏幸）

印刷者　柳　瀬　充　孝
昭和情報プロセス株式会社
東京都港区三田 5-14-3

発行所　東京都新宿区新小川町4番1号
KDX 飯田橋スクエア2階
郵便振替口座　00130-1-19018番
電話（03）4335-7610　FAX（03）4335-7618　https://www.jsme.or.jp
一般社団法人　日本機械学会

発売所　東京都千代田区神田神保町2-17
神田神保町ビル
電話（03）3512-3256　FAX（03）3512-3270
丸善出版株式会社

© 日本機械学会　2002　本書に掲載されたすべての記事内容は，一般社団法人日本機械学会の許可なく転載・複写することはできません。

ISBN 978-4-88898-332-7　C 3353

本書の内容でお気づきの点は　textseries@jsme.or.jp　へお知らせください。出版後に判明した誤植等は http://shop.jsme.or.jp/html/page5.html　に掲載いたします。

付表 2-1　単位換算表

長さの単位換算

m	mm	ft	in
1	1000	3.280840	39.37008
10^{-3}	1	3.280840×10^{-3}	3.937008×10^{-2}
0.3048	304.8	1	12
0.0254	25.4	1/12	1

面積の単位換算

m^2	cm^2	ft^2	in^2
1	10^4	10.76391	1550.003
10^{-4}	1	1.076391×10^{-3}	0.1550003
9.290304×10^{-2}	929.0304	1	144
6.4516×10^{-4}	6.4516	1/144	1

体積の単位換算

m^3	cm^3	ft^3	in^3	リットル L	備　考
1	10^6	35.31467	6.102374×10^4	1000	英ガロン： 1 m^3 = 219.9692 gal(UK) 米ガロン： 1 m^3 = 264.1720gal(US)
10^{-6}	1	3.531467×10^{-5}	6.102374×10^{-2}	10^{-3}	
2.831685×10^{-2}	2.831685×10^4	1	1728	28.31685	
1.638706×10^{-5}	16.38706	1/1728	1	1.638706×10^{-2}	
10^{-3}	10^3	3.531467×10^{-2}	61. 02374	1	

速度の単位換算

m/s	km/h	ft/s	mile/h
1	3.6	3.280840	2.236936
1/3.6	1	0.911344	0.6213712
0.3048	1.09728	1	0.6818182
0.44704	1.609344	1.466667	1

力の単位換算

N	dyn	kgf	lbf
1	10^5	0.1019716	0.2248089
10^{-5}	1	1.019716×10^{-6}	2.248089×10^{-6}
9.80665	9.80665×10^5	1	2.204622
4.448222	4.448222×10^5	0.4535924	1

圧力の単位換算

Pa ($N\cdot m^{-2}$)	bar	atm	Torr (mmHg)	$kgf\cdot cm^{-2}$	psi ($lbf\cdot in^{-2}$)
1	10^{-5}	9.86923×10^{-6}	7.50062×10^{-3}	1.01972×10^{-5}	1.45038×10^{-4}
10^5	1	0.986923	750.062	1.01972	14.5038
1.01325×10^5	1.01325	1	760	1.03323	14.6960
133.322	1.33322×10^{-3}	1.31579×10^{-3}	1	1.35951×10^{-3}	1.93368×10^{-2}
9.80665×10^4	0.980665	0.967841	735.559	1	14.2234
6.89475×10^3	6.89475×10^{-2}	6.80459×10^{-2}	51.7149	7.03069×10^{-2}	1